画法几何及水利土建制图

第三版

蒲小琼　　陈　玲　　熊　艳　编著

北京邮电大学出版社
·北京·

内 容 提 要

本书根据"画法几何及水利土建制图"课程教学基本要求，采用最新国家制图标准，在 1995 年四川科学技术出版社出版的由苏宏庆主编的《画法几何及水利土建制图》第二版的基础上修订而成。

本书除绪论外，共分 15 章，其主要内容包括：制图的基本知识与技能，点、直线、平面的投影，投影变换，立体，组合体，轴测图，曲线和曲面，立体表面展开，视图、剖视图、断面图，标高投影，水利工程图，房屋建筑图，透视图，机械图，计算机绘图基础。

本书可作为高等学校本科水利类、土建类各专业画法几何及工程制图教材，也可供电视大学、函授大学、职工大学、各类专科学校等相关专业选用，还可供有关工程技术人员参考。

与本书配套使用的《画法几何及水利土建制图习题集》由北京邮电大学出版社同时出版。

图书在版编目（CIP）数据

画法几何及水利土建制图/蒲小琼，陈玲，熊艳编著. —北京：北京邮电大学出版社，2005（2018.8 重印）
ISBN 7-5635-1147-1

Ⅰ.画… Ⅱ.①蒲…②陈…③熊… Ⅲ.①画法几何—高等学校—教材②水利工程—工程制图—高等学校—教材③建筑制图—高等学校—教材 Ⅳ.TV222.1②TU204

中国版本图书馆 CIP 数据核字（2005）第 107497 号

书　　名	画法几何及水利土建制图
作　　者	蒲小琼　陈　玲　熊　艳
责任编辑	刘　茵　徐凤琨
出版发行	北京邮电大学出版社
社　　址	北京市海淀区西土城路 10 号（100876）
发 行 部	电话：010-62282185　传真：62283578
E-mail	publish@bupt.edu.cn
经　　销	各地新华书店
印　　刷	北京玺诚印务有限公司
开　　本	850 mm×1 168 mm　1/16
印　　张	29.25
字　　数	704 千字
插　　页	8
版　　次	2005 年 9 月第 3 版　2018 年 8 月第 7 次印刷

ISBN 978-7-5635-1147-1　　　　　　　　　　　　　定价：59.00 元

· 如有印装质量问题请与北京邮电大学出版社发行部联系 ·

第三版序

本版根据《画法几何及水利土建制图课程教学基本要求》，采用最新国家制图标准，在1995年四川科学技术出版社出版的由苏宏庆主编的《画法几何及水利土建制图》第二版的基础上修订而成。同时对与本书配套使用的《画法几何及水利土建制图习题集》也进行了相应的修订。

在本次修订中，本板基本保持了第二版原有的结构体系和特点，仅将部分章节进行了合并、增减和修改。

在结构体系和内容上，本版主要做了以下几个方面的修订：

1. 将第二版原投影法的基本知识和点、直线，平面、直线与平面，平面与平面的相对位置五章内容合并为一章，并对部分内容进行了删改、增加；

2. 将第二版的立体、平面与立体相交，直线与立体、立体与立体表面相交三章内容合并为一章，删除了直线与立体相交部分的内容；

3. 在曲线与曲面部分增加了少量工程图例；

4. 将第二版的视图、剖视图和剖面图按新标准做了修改，对原有结构进行了适当调整，增加了一些内容和图例；

5. 按新标准对水利工程图部分的内容和结构进行了适当的修改和调整，增加了部分内容和图例；

6. 按新标准对房屋建筑图做了部分修改，增加了少量内容；

7. 在第二版的基础上，增加了计算机绘图部分的内容；

8. 本版力求反映新的国家标准和行业标准，所采用的标准有GB/T14689-1993、水利电力部1995年《水利水电制图标准》、2002年国家标准《房屋建筑制图统一标准》。

本修订版由原第一版、第二版的主编苏宏庆老师和四川大学工程画教研室的马俊老师担任主审。审阅人为本版提出了许多宝贵的意见和建议，在此，我们表示衷心的感谢。

参加本次修订编写工作的有蒲小琼（序、第一章、第二章、第四章、第九章、第十一章）、陈玲（第三章、第六章、第七章、第八章、第十章、第十二章、第十三章）、熊艳（第五章、第十四章、第十五章）。由蒲小琼主持本版的编写修订工作。

在此，对本书第一、第二版的主编苏宏庆老师及其他编著者（李光树、张碧华、施淑芬、周锦容、苟桂华、伏国龙等老师）表示感谢；对为本教材第一版、第二版做出过贡献的各位前辈表示感谢；对在此版修订过程中给予编者大力支持和参与讨论的胡义、钟清林、马俊、干静、杨随先、周兵、王玫、尚利、牟柳晨、尹湘云、孙雁、蒋春林、万华伟、杨平生等老师表示感谢；对参与本修订版图形绘制工作的李玉婷、刘斯俊、张洵、张宇、张岚、宫勇、陈立宝等表示感谢。

本版在编写和修订过程中参考了相关的文献，在这里，对文献作者表示诚挚的谢意。

由于编者水平有限，疏漏及错误在所难免，敬请读者批评指正。

编者

2005年8月

第二版序

《画法几何及水利土建制图》第二版是在第一版的基础上进行修订的。

本版与第一版比较，在体系和章节方面都没有变动。本版保持了第一版联系实际、突出重点，文字叙述简洁、通畅，概念确切、论述严谨等特点。在内容方面，本版教材增加了单叶双曲回转面、螺旋楼梯、同坡屋面等内容。在第十八章充实了建筑类专业用的剖面、断面等内容。本版习题集增加了与教材所增加内容相应的作业。在基本作图和投影制图等大作业中增加了建筑类的制图内容。

本教材第十五章的剖视、剖面内容是以能源部、水利部颁布的《水利水电制图标准》修订本为依据而编写的，专供水利类各专业使用。有关土建类使用的剖面、断面内容是按1986年以后发布的国家标准《建筑制图》编写而集中地编入房屋建筑图的第十八章中，专供土建类专业使用。

本教材可作为高等院校水利类各专业、土建类专业本科学生的画法几何及工程制图课的教材，并可供相应专业大专学生使用。也可作为相应专业函授大学、职工大学、夜大、电大等成人教育的画法几何及工程制图课的教材，还可作为水工、农水等专业拓宽知识面的建筑制图的教材。

本教材由四川联合大学机械系苏宏庆任主编，李光树、张碧华任副主编。参加修订工作的有苏宏庆(第二版序、绪论、第一至第十一章)、李光树（第十二、十三、十六、十九章）、张碧华(第十七、十八章)、施淑芬(第十四章)、周锦容(第十五章)、苟桂华(第二十章)、伏国龙第二十一章)。

本教材由汤铁山教授主审。

北京水利电力函授学院张莲芳、新疆石河子农学院董兆芬、内蒙古农牧学院胡守仁、南昌大学张维奇、郑州工学院张甫、福州大学王恩典、河北农业大学刘铭甲、大连水产学院董莉锋、云南农业大学王穗、广西大学黄建凤、贵州工学院张蓉蓉、江苏农学院魏海等老师对本教材的修订提出了许多宝贵意见，并得到了西安理工大学、重庆交通学院、青海大学等院校教材科的支持。特在此表示衷心的感谢。

由于编者的水平有限，缺点、错误在所难免，欢迎读者批评指正。

编者
1995年1月

第一版序

本教材是根据高等工业学校《画法几何及土木建筑制图课程教学基本要求》和1989年7月本教材审稿会议纪要，并总结和吸取多年的教学经验编写而成的。

本教材有下列特点：

一、本教材章节的编排在适当考虑系统性的情况下，尽量做到章节与授课次序相对应，以便学生预习和复习。

二、本教材房屋建筑图一章使用1986年及以后发布的国家标准《建筑制图》，机械图一章使用1984年及以后发布的国家标准《机械制图》，其余有关制图各章所使用的标准均以能源部水利部颁布的《水利水电工程制图标准》修订本为依据。

三、本教材重视加强基础，并在联系实际、突出结合专业方面做了一些新的尝试。在内容选择上突出重点；在文字叙述上力求简洁、通畅；在编写上力求概念确切、论述严谨，并在一些理论章节后面附有复习思考题，便于学生自学。

四、与本教材配套出版的《画法几何及水利土建制图习题集》中编有各大作业指示书，以便节省讲授时间，培养学生的独立工作能力。

本教材可作为高等院校水利类各专业、工民建专业和给水排水专业工程制图课的教材，也可作为水工、农水专业拓宽专业知识面的建筑制图课的教材，还可作为水利、土建类专业人员的参考书。

本教材由成都科技大学苏宏庆任主编。参加编写的同志有苏宏庆（前言、绪论、第一至十二章，其中第一章的仿宋字部分由陈钰编写）、李光树（第十三、十六、十九章）、施淑芬（第十四章）、周锦容（第十五章）、张碧华（第十七、十八章）、苟桂华（第二十章）、伏国龙（第二十一章）。

参加本教材审稿的同志有成都科技大学钟应华（主审）、新疆八一农学院汤铁山（主审）、大连理工大学王恩磊（主审）、太原工业大学万式梁、福州大学王恩典、云南农业大学王穗、河北农业大学刘铭甲、北京水利电力函授学院张莲芳、贵州工学院张蓉蓉、青海大学祁瑞兰、陕西机械学院范桦、重庆交通学院周维乔、塔里木农垦大学侯丽、东北水利水电专科学校郎宝敏、云南工学院赵雪兰、内蒙古农牧学院梁宗智、南昌水利水电专科学校潘洪豪。

本教材定稿后邀请到丁宇明同志审阅第十五章，韩礼鸿同志审阅第十九章，蔡国佩同志审阅第二十一章。

本教材在审稿会和编写过程中得到乐山市政协副主席卢祥麟、云南工学院杨叔磷、新疆石河子农学院钱明格、江西工业大学张维奇、郑州工学院张甫、沈阳农业大学张延、北京水利电力经济管理学院朱惠仁、北京农业工程大学邓建荣、山东工业大学张玉南、江苏农学院魏海、广西大学黄建凤、重庆交通学院周常宣、大连水产学院张良汉、能源部成都勘测设计院职工大学童乃德、孙光奎、成都科技大学工程画教研室胡义、刘光霁以及成都科技大学教材科同志们的帮助和支持，在此表示衷心的感谢。

由于编者水平有限，缺点、错误在所难免，欢迎读者批评指正。

编者
2003年7月

绪　论

一、本课程的性质和任务

工程图样是工程设计、工程施工、加工生产和技术交流的重要技术文件，主要用于反映设计思想、指导施工、制造加工等，被称为"工程界的技术语言"。

本课程是高等院校工科类专业的一门既有系统理论又有较强实践性的专业技术基础课。

本课程的内容包括画法几何、工程制图（水利、建筑、机械制图）和计算机绘图基础三个部分。画法几何部分是研究如何运用正投影法来图示空间形体及图解空间几何问题的原理和方法；工程制图部分是在国家或行业制图标准规定的基础上，研究水利、建筑工程图样的绘制与阅读方法；计算机绘图基础部分是介绍如何运用现代化手段（AutoCAD）绘制工程图样的方法。

本课程的主要任务是：

1. 学习投影法的基本理论及其应用，着重培养空间想象能力、分析能力和空间几何问题的图解能力；
2. 掌握制图的基本知识和规范，培养绘制和阅读工程图样的基本能力；
3. 初步掌握计算机绘制图形的基本方法；
4. 培养自学能力、分析和解决问题的能力以及创新能力；
5. 培养认真负责的工作态度和严谨细致的工作作风。

二、本课程的特点及学习方法

本课程的特点是既有系统理论又有较强的实践性，需要不断进行理论和实践结合的训练。

画法几何的特点是系统性强、逻辑严谨。学习时应注意上课认真听讲，重点做笔记；复习时应先阅读教材中的相应内容，弄懂课堂所讲授的基本原理和基本作图方法，最好能亲自动手，完成课堂上一些典型图例的作图过程，以检查自己对相关内容的掌握情况；独立地完成一定数量的作业，加强对所学内容的理解和掌握。在学习过程中，要注意运用正投影原理加强空间形体和平面图形之间的对应关系，进行由物到图和由图到物的反复练习，不断提高空间想象能力和空间分析能力。

工程制图的特点是实践性强。只有通过一定数量的画图、读图练习和多次实践，才能逐步掌握画图和读图的方法，提高画图和读图的能力。在完成大作业之前，要仔细阅读作业指导书，然后按指导书的要求（如投影正确，作图准确，字体端正，图面美观等），并遵循国家和行业制图标准，正确使用绘图工具，严肃认真、耐心细致地完成画图和读图作业。

计算机绘图部分可以利用教材和绘图软件上机进行反复图形绘制练习，以熟练掌握这一技术。

目 录

第一章 制图的基本知识和基本技能 1

- 第一节 制图基本规定 1
  - 一、图纸幅面和格式 1
  - 二、比例 4
  - 三、字体 5
  - 四、图线 8
  - 五、尺寸标注的基本规则 11
- 第二节 绘图工具、仪器及其使用方法 18
  - 一、常用的绘图工具 18
  - 二、其他绘图工具 23
  - 三、手工绘图机 23
- 第三节 几何作图 24
  - 一、内接正多边形 24
  - 二、斜度和锥度 25
  - 三、椭圆的画法 26
  - 四、圆弧连接 28
- 第四节 平面图形的分析与作图步骤 30
  - 一、平面图形的尺寸分析和线段分析 30
  - 二、绘图的一般方法和步骤 32

第二章 点、直线、平面 37

- 第一节 投影法的基本知识 37
  - 一、投影法概述 37
  - 二、工程上常用的四种投影图 39
  - 三、物体的三面正投影图 41
- 第二节 点 43
  - 一、点在两面体系中的投影 43
  - 二、点在三面体系中的投影 45
  - 三、两点的相对位置 47
- 第三节 直线 49
  - 一、直线的投影 49
  - 二、直线对投影面的相对位置 50
  - 三、用直角三角形法求一般位置直线段的实长及其对投影面的倾角 53
  - 四、点与直线的从属关系 55
  - 五、两直线的相对位置 57
  - 六、直线的迹点 62
  - 七、一边平行于投影面直角的投影 63

第四节　平面 …………………………………………………………………… 64
　　　一、平面的表示法 …………………………………………………………… 64
　　　二、各种位置平面的投影 …………………………………………………… 66
　　　三、平面内的直线和点 ……………………………………………………… 70
　　第五节　直线与平面、平面与平面的相对位置 ………………………………… 75
　　　一、平行 ……………………………………………………………………… 75
　　　二、相交问题 ………………………………………………………………… 78
　　　三、垂直 ……………………………………………………………………… 85
　　　四、点、直线、平面的综合作图 …………………………………………… 90

第三章　投影变换 ………………………………………………………………………… 93
　　第一节　概述 …………………………………………………………………… 93
　　　一、问题的提出 ……………………………………………………………… 93
　　　二、投影变换方法 …………………………………………………………… 93
　　第二节　换面法 ………………………………………………………………… 94
　　　一、基本概念 ………………………………………………………………… 94
　　　二、点的换面 ………………………………………………………………… 95
　　　三、直线的换面 ……………………………………………………………… 98
　　　四、平面的换面 ……………………………………………………………… 99
　　　五、换面法作图举例 ………………………………………………………… 101
　　第三节　绕垂直轴旋转法 ……………………………………………………… 103
　　　一、基本概念 ………………………………………………………………… 103
　　　二、点绕垂直轴旋转 ………………………………………………………… 104
　　　三、直线绕垂直轴旋转 ……………………………………………………… 105
　　　四、平面绕垂直轴旋转 ……………………………………………………… 108

第四章　立体 ……………………………………………………………………………… 110
　　第一节　立体的投影及其表面上取点取线 …………………………………… 110
　　　一、平面立体的投影及在其表面上取点取线 ……………………………… 110
　　　二、曲面立体的投影及在其表面上取点取线 ……………………………… 115
　　第二节　平面与立体相交 ……………………………………………………… 123
　　　一、平面与平面立体相交 …………………………………………………… 124
　　　二、平面与曲面立体相交 …………………………………………………… 126
　　第三节　立体与立体表面相交 ………………………………………………… 134
　　　一、两平面立体表面相交 …………………………………………………… 135
　　　二、平面立体与曲面立体表面相交 ………………………………………… 136
　　　三、两曲面立体表面相交 …………………………………………………… 137
　　　四、同坡屋面的交线 ………………………………………………………… 152

第五章　组合体 …………………………………………………………………………… 155
　　第一节　概述 …………………………………………………………………… 155
　　　一、组合体的形成及表面连接形式 ………………………………………… 155
　　　二、组合体的三视图 ………………………………………………………… 157

第二节　组合体视图的画法 157
　　一、形体分析 157
　　二、视图选择 158
　　三、画出各视图 161
第三节　组合体的尺寸标注 162
　　一、基本形体的尺寸标注 162
　　二、组合体的尺寸标注 163
第四节　组合体的读图 169
　　一、读图的基本知识 169
　　二、组合体的读图方法 170
　　三、组合体的读图步骤 173
　　四、由两视图补画第三视图 174

第六章　轴测图 179
第一节　轴测投影的基本知识 179
　　一、轴测投影的定义及术语 179
　　二、轴测投影的基本性质 179
　　三、轴测图的分类 180
第二节　正等测 180
　　一、正等测的轴间角和轴向伸缩系数 180
　　二、平面立体的正等测 180
　　三、曲面立体的正等测 182
　　四、组合体的正等测图 186
第三节　斜轴测图 187
　　一、正面斜二测图 187
　　二、水平面斜轴测图 191
第四节　轴测图中物体的剖切 192
　　一、轴测图中物体的剖切 192
　　二、轴测图中剖面图例的画法 192
　　三、轴测图的剖切画法举例 193

第七章　曲线与曲面 194
第一节　曲线 194
　　一、概述 194
　　二、圆的投影 194
第二节　曲面的形成和分类 196
　　一、曲面的形成 196
　　二、曲面的分类 196
　　三、曲面投影的表示法 196
第三节　建筑物中的常见曲面 197
　　一、柱面 197
　　二、锥面 198
　　三、扭面 201

四、双曲抛物面 ……………………………………………………………………………… 205
　　　五、单叶双曲回转面 …………………………………………………………………………… 206
　　　六、锥状面 …………………………………………………………………………………… 207
　　　七、柱状面 …………………………………………………………………………………… 208
　　第四节　螺旋线和正螺旋面 ……………………………………………………………………… 209
　　　一、螺旋线 …………………………………………………………………………………… 209
　　　二、正螺旋面 ………………………………………………………………………………… 210

第八章　立体表面的展开 …………………………………………………………………………… 213
　　第一节　平面立体的表面展开 …………………………………………………………………… 213
　　第二节　曲面立体的展开 ………………………………………………………………………… 215
　　　一、可展曲面的展开 ………………………………………………………………………… 215
　　　二、不可展曲面的近似展开 ………………………………………………………………… 219

第九章　视图、剖视图、断面图 …………………………………………………………………… 221
　　第一节　视图 ……………………………………………………………………………………… 221
　　　一、基本视图 ………………………………………………………………………………… 221
　　　二、特殊视图 ………………………………………………………………………………… 222
　　　三、斜视图 …………………………………………………………………………………… 224
　　第二节　剖视图 …………………………………………………………………………………… 224
　　　一、剖视图的概念及形成 …………………………………………………………………… 224
　　　二、剖视图的画法 …………………………………………………………………………… 225
　　　三、剖视图的标注 …………………………………………………………………………… 226
　　　四、常用建筑材料图例 ……………………………………………………………………… 227
　　　五、剖切面与剖切方法 ……………………………………………………………………… 228
　　　六、工程上常见的几种剖视图及其画法 …………………………………………………… 229
　　　七、剖视图的尺寸注法 ……………………………………………………………………… 235
　　第三节　断面图 …………………………………………………………………………………… 236
　　　一、断面图的概念 …………………………………………………………………………… 236
　　　二、断面图的种类 …………………………………………………………………………… 237
　　　三、重合断面 ………………………………………………………………………………… 237
　　　四、移出断面 ………………………………………………………………………………… 237
　　第四节　综合应用举例 …………………………………………………………………………… 239
　　　一、工程形体的读图 ………………………………………………………………………… 239
　　　二、工程形体的表达 ………………………………………………………………………… 239
　　第五节　第三角投影法简介 ……………………………………………………………………… 239

第十章　标高投影 …………………………………………………………………………………… 242
　　第一节　概述 ……………………………………………………………………………………… 242
　　第二节　直线和平面的标高投影 ………………………………………………………………… 243
　　　一、直线的标高投影 ………………………………………………………………………… 243
　　　二、平面的标高投影 ………………………………………………………………………… 245
　　第三节　曲面的标高投影 ………………………………………………………………………… 251

一、正圆锥面 ……………………………………………………………… 251
　　　二、同坡曲面 ……………………………………………………………… 252
　　　三、地形面 ………………………………………………………………… 254
　第四节　工程实例 ………………………………………………………………… 256

第十一章　水利工程图 …………………………………………………………… 264

　第一节　水工图的分类和特点 …………………………………………………… 264
　　　一、水工图的分类 ………………………………………………………… 264
　　　二、水工图的特点 ………………………………………………………… 266
　第二节　水工图的表达方法 ……………………………………………………… 266
　　　一、水工图表达的一般规定 ……………………………………………… 266
　　　二、水工图的基本表达方法 ……………………………………………… 268
　　　二、水工图的其他表达方法（规定画法） ………………………………… 271
　第三节　水工图的尺寸标注 ……………………………………………………… 278
　　　一、高度尺寸的注法 ……………………………………………………… 278
　　　二、平面尺寸的注法 ……………………………………………………… 278
　　　三、曲线尺寸的注法 ……………………………………………………… 279
　　　四、封闭尺寸和重复尺寸 ………………………………………………… 280
　　　五、尺寸的简化注法 ……………………………………………………… 280
　第四节　水工图的阅读 …………………………………………………………… 280
　　　一、阅读水工建筑物结构图 ……………………………………………… 280
　　　二、阅读某河流域二级水电站枢纽的几张主要图纸 …………………… 285
　第五节　水工图的绘制 …………………………………………………………… 289
　　　一、绘制水工图的一般步骤 ……………………………………………… 289
　　　二、描绘分水闸设计图并作指定位置的剖视图 ………………………… 290
　第六节　钢筋混凝土结构图 ……………………………………………………… 290

第十二章　房屋建筑图 …………………………………………………………… 291

　第一节　概述 ……………………………………………………………………… 291
　　　一、影响房屋建筑设计的主要因素 ……………………………………… 291
　　　二、房屋建筑的分类 ……………………………………………………… 291
　　　三、房屋建筑的分级 ……………………………………………………… 292
　　　四、房屋施工图的分类 …………………………………………………… 292
　　　五、房屋建筑图的国家标准 ……………………………………………… 294
　第二节　房屋图的视图表达和特点 ……………………………………………… 294
　　　一、图样画法 ……………………………………………………………… 294
　　　二、剖面图和断面图 ……………………………………………………… 295
　　　三、简化画法 ……………………………………………………………… 302
　　　四、房屋图的特点 ………………………………………………………… 304
　第三节　房屋建筑施工图的阅读 ………………………………………………… 309
　　　一、总平面图 ……………………………………………………………… 309
　　　二、平面图 ………………………………………………………………… 310
　　　三、立面图 ………………………………………………………………… 314

四、剖面图 …………………………………………………………………………… 314
　　　五、建筑详图 ……………………………………………………………………… 317
　　　六、断面图 ………………………………………………………………………… 321
　第四节　房屋建筑施工图的绘制 ………………………………………………………… 322
　　　一、平面图的绘制步骤 …………………………………………………………… 323
　　　二、立面图的绘制步骤 …………………………………………………………… 324
　　　三、剖面图的绘制步骤 …………………………………………………………… 324
　第五节　房屋结构施工图的阅读 ………………………………………………………… 324
　　　一、概述 …………………………………………………………………………… 324
　　　二、基础图 ………………………………………………………………………… 326
　　　三、楼层结构平面图 ……………………………………………………………… 328
　　　四、钢筋混凝土构件详图 ………………………………………………………… 329
　第六节　室内给水排水工程图 …………………………………………………………… 334
　　　一、概述 …………………………………………………………………………… 334
　　　二、室内给水工程图 ……………………………………………………………… 335
　　　三、室内排水工程图 ……………………………………………………………… 339

第十三章　透视图 …………………………………………………………………………… 342

　第一节　概述 ……………………………………………………………………………… 342
　　　一、基本概念 ……………………………………………………………………… 342
　　　二、基本术语 ……………………………………………………………………… 343
　　　三、点的透视 ……………………………………………………………………… 343
　第二节　直线的透视 ……………………………………………………………………… 344
　　　一、直线的透视特性 ……………………………………………………………… 344
　　　二、直线的透视画法 ……………………………………………………………… 345
　第三节　立体的透视 ……………………………………………………………………… 349
　　　一、透视图的分类 ………………………………………………………………… 349
　　　二、平面立体的透视 ……………………………………………………………… 349
　第四节　房屋的透视 ……………………………………………………………………… 352
　　　一、视点、画面和建筑物的相对位置 …………………………………………… 352
　　　二、房屋形体基本轮廓的透视 …………………………………………………… 353
　　　三、建筑细部的透视 ……………………………………………………………… 355

第十四章　机械图 …………………………………………………………………………… 360

　第一节　螺纹紧固件和圆柱齿轮 ………………………………………………………… 360
　　　一、螺纹和螺纹紧固件 …………………………………………………………… 360
　　　二、圆柱齿轮 ……………………………………………………………………… 365
　第二节　零件图 …………………………………………………………………………… 368
　　　一、零件图的内容 ………………………………………………………………… 368
　　　二、零件的视图选择 ……………………………………………………………… 368
　　　三、零件的其他表达方法 ………………………………………………………… 371
　　　四、零件的工艺结构及其在视图中的画法 ……………………………………… 372
　　　五、零件图中的尺寸标注 ………………………………………………………… 374

  六、公差与配合 …………………………………………………………………… 375
  七、零件的表面粗糙度 ………………………………………………………… 379
 第三节 装配图 ……………………………………………………………………… 380
  一、装配图的内容 ……………………………………………………………… 380
  二、装配图的特殊表达方法 …………………………………………………… 381
  三、装配图的阅读 ……………………………………………………………… 382

第十五章 计算机绘图 ………………………………………………………………… 386

 第一节 AutoCAD 软件概述 ……………………………………………………… 386
  一、AutoCAD 2005 主界面 …………………………………………………… 386
  二、对图形文件的操作 ………………………………………………………… 387
 第二节 AutoCAD 绘图初步 ……………………………………………………… 388
  一、计算机绘图的基本绘图流程 ……………………………………………… 388
  二、AutoCAD 的命令和数据输入 …………………………………………… 389
  三、AutoCAD 的基本绘图命令 ……………………………………………… 390
 第三节 图形的编辑命令 ………………………………………………………… 397
  一、构造选择集 ………………………………………………………………… 397
  二、常用的编辑命令 …………………………………………………………… 398
 第四节 显示控制 …………………………………………………………………… 401
  一、视图缩放 …………………………………………………………………… 401
  二、视图平移 …………………………………………………………………… 402
 第五节 精确绘图 …………………………………………………………………… 402
  一、捕捉和栅格 ………………………………………………………………… 403
  二、对象捕捉 …………………………………………………………………… 403
  三、功能键和控制键 …………………………………………………………… 405
 第六节 图形的管理 ………………………………………………………………… 405
  一、图层的概念及操作 ………………………………………………………… 405
  二、设置线型比例 ……………………………………………………………… 407
  三、图块和属性 ………………………………………………………………… 408
 第七节 文字和尺寸标注 ………………………………………………………… 411
  一、标注文字 …………………………………………………………………… 411
  二、标注尺寸 …………………………………………………………………… 414
 第六节 实例示范 …………………………………………………………………… 419

第一章 制图的基本知识和基本技能

图样是工程技术界的共同语言，是产品或工程设计结果的一种表达形式，是产品制造和工程施工的依据，是组织和管理生产的重要技术文件。为了便于技术信息交流，对图样必须作出统一的规定，这个统一的规定就是制图标准。

标准主要有：由国家指定专门机关负责组织制定的全国范围内执行的标准，称为"国家标准"，简称"国标"，代号为"GB"；使用范围较小的"部颁标准"和"地区标准"；"国际标准化组织"制定的世界范围内使用的国际标准，代号为"ISO"。

目前，国内执行的制图标准主要有：《技术制图标准》、《机械制图标准》、《建筑制图标准》、《水利水电工程制图标准》、《港口工程制图标准》、《道路工程制图标准》等。

无论哪一类制图标准，其工程图的基本内容都必须统一，这些基本内容包括图纸的幅面及格式、比例、字体、图线、尺寸标注等，本章将分别就这些内容作择要介绍。为了提高绘图质量和速度，本章也将对绘图工具的使用、基本几何作图、绘图方法与步骤等基本技能作简要介绍。

第一节 制图基本规定

一、图纸幅面和格式

1. 图纸幅面

图纸幅面和格式由 GB/T 14689—1993《技术制图图纸的幅面及格式》规定。

图纸幅面是指由图纸宽度 B 与长度 L 所组成的图面。绘图时，图纸可以横放（长边 L 水平放置）或竖放（长边 L 垂直放置）。

1）基本幅面

GB/T 14689—1993 规定，绘制技术图样时应优先采用表 1-1 所规定的五种基本幅面（第一选择），其代号为 A0、A1、A2、A3、A4，尺寸为 $B \times L$（mm×mm）。图 1-1 中粗实线所示为第一选择。

表 1-1 图纸幅面及图框格式尺寸　　　　　　　　　　　　　　　　　　　mm

幅面代号	A0	A1	A2	A3	A4
$B \times L$	841×1 189	594×841	420×594	297×420	210×297
a	25				
c	10			5	
e	20			10	

2) 加长幅面

必要时，允许选用由基本幅面的短边成整数倍增加后所得的加长幅面（第二选择和第三选择）。A0、A2、A4 幅面的加长量应按 A0 幅面长边的 1/8 倍数增加，A1、A3 幅面的加长量应按 A0 幅面短边的 1/4 倍数增加，如图 1-1 中细实线（第二选择）和虚线（第三选择）所示。

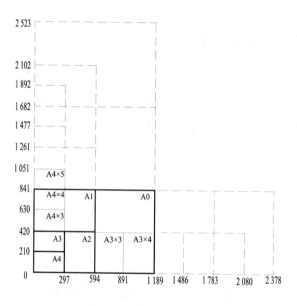

图 1-1　图纸幅面

2．图框格式及标题栏和会签栏

图框是指图纸上限定绘图区域的线框。图框格式分为不留装订边和留装订边两种，同一种产品只能采用同一种格式。无论装订与否，均用粗实线画出图框线。

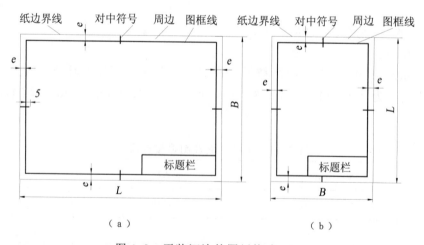

图 1-2　无装订边的图纸格式

不需要装订的图纸，图框格式如图 1-2 所示，其尺寸按表 1-1 规定。需要装订的图纸，其图框格式如图 1-3 所示，一般采用 A3 幅面横装或 A4 幅面竖装。

加长幅面的图框尺寸，按所选用的基本幅面大一号的图框尺寸确定。例如，A3×4的图框尺寸，应按A2的图框尺寸绘制。

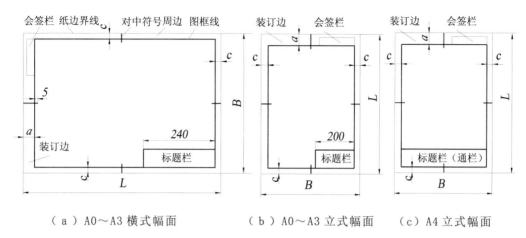

（a）A0～A3横式幅面　　（b）A0～A3立式幅面　　（c）A4立式幅面

图 1-3　有装订边的图纸格式

标题栏是图纸提供图样信息、图样所表达的产品信息及图样管理信息等内容的栏目。每张图纸都必须画出标题栏，其基本要求、内容、格式和尺寸按 GB/T 10609-1－1989 的规定绘制，水利和建筑专业一般采用图 1-4（a）所示格式，具体尺寸、格式及分区可根据工程需要选择。签字区应包含实名列和签名列。涉外工程的标题栏内，各项主要内容的中文下方应附有译文，设计单位的上方或左方应加"中华人民共和国"字样。

本课程制图作业的标题栏可采用图 1-4（b）所示的简化格式。

会签栏应按图 1-4（c）所示格式绘制，其尺寸应为 100 mm×20 mm，栏内应填写会签人员所代表的专业、姓名、日期（年、月、日）；一个会签栏不够时，可另外加一个，两个会签栏应并列；不需要会签栏的图纸可不设会签栏。

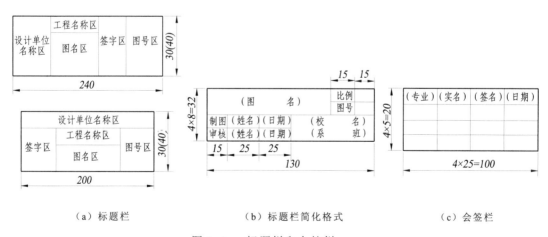

（a）标题栏　　　　（b）标题栏简化格式　　　　（c）会签栏

图 1-4　标题栏和会签栏

当标题栏按图 1-2（a）和图 1-3（a）所示的形式配置时，构成 X 型图纸；按图 1-2（b）和图 1-3（b）所示的形式配置时，构成 Y 型图纸。在这两种情况下，看图的方向始终与看标题栏的方向一致。

为了利用预先印制好图框及标题栏的图纸绘图，允许将 X 型和 Y 型图纸按图 1-5 所示放置使用，但需在图纸的下边对中符号处画出方向符号，如图 1-5 所示。方向符号是用细实线绘制的等边三角形，其尺寸如图 1-6 所示。

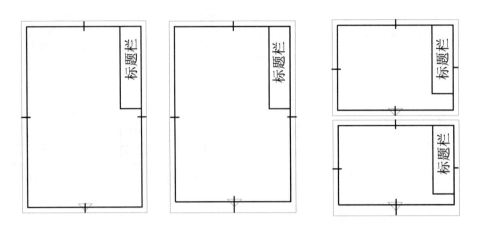

图 1-5　利用预先印好的图纸规定

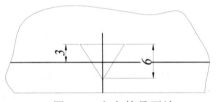

图 1-6　方向符号画法

为了复制或缩微摄影时方便定位，应在各号图纸边长（不是图框边长）的中点处用粗实线（线宽不小于 0.5 mm）分别画出对中符号，其长度是从纸边开始直至伸入图框内约 5 mm。若对中符号伸入标题栏范围内时，伸入部分应当省略。

二、比　例

1．比例的概念

比例是指图中图形与实物相应要素的线性尺寸之比，即：

$$比例 = \frac{图上线段长度}{实际线段长度}$$

当绘制的图形与相应实物一样大时，比值为 1，称为原值比例；当绘制的图形比相应实物小时，比值小于 1，称为缩小比例；当绘制的图形比相应实物大时，比值大于 1，称为放大比例。

2．比例的选择

根据 GB/T14690—1993《技术制图比例》规定，绘制技术图样时应优先采用表 1-2 所规定系列中适当的比例；必要时也可选取表 1-3 中的比例。

为了方便读图和进行空间分析，绘制图样时应尽量按实物真实大小选用原值比例绘制。

3．标注的方法

当整张图纸的各个视图采用同一比例时，其比例应填写在标题栏的"比例"栏中；当某

一视图需采用不同比例时,必须另行标注在视图名称的下方或右侧,如:

$$\underline{\text{平面图}\ 1:200} \qquad \underline{\dfrac{B}{1:100}} \qquad \underline{\dfrac{A-A}{2:1}} \qquad \underline{\dfrac{\text{平面图}}{1:200}} \qquad \underline{\dfrac{\text{墙板位置图}}{1:200}}$$

在特殊情况下,允许在同一个视图中的铅垂和水平方向采用不同的比例,但两个不同比例之间不得超过 5 倍。

表 1-2 一般选用的比例

种 类	绘 图 的 比 例		
原值比例	1:1		
放大比例	5:1 $5\times10^n:1$	2:1 $2\times10^n:1$	$1\times10^n:1$
缩小比例	1:2 $1:2\times10^n$	1:5 $1:5\times10^n$	1:10 $1:1\times10^n$

注:n 为正整数。

表 1-3 允许选用的比例

种 类	绘 图 的 比 例				
放大比例	4:1 $4\times10^n:1$	2.5:1 $2.5\times10^n:1$			
缩小的比例	1:1.5 $1:1.5\times10^n$	1:2.5 $1:2.5\times10^n$	1:3 $1:3\times10^n$	1:4 $1:4\times10^n$	1:6 $1:6\times10^n$

注:n 为正整数。

三、字体

GB/T 14691—1993《技术制图 字体》中,规定了技术图样及有关文件中书写的汉字、数字、字母的结构形式及基本尺寸。

基本要求:字体端正,笔划清楚,间隔均匀,排列整齐。

字体的高度(也称字体的号数,用 h 表示):其公称尺寸系列为 1.8、2.5、3.5、5、7、10、14、20 mm。若需要书写大于 20 号的字,其字体高度应按 $\sqrt{2}$ 的比率递增。

1. 汉字

国家标准规定,汉字应写成长仿宋体,并采用国家正式公布的简化字。汉字只能写成直体,其高度 h 不宜小于 3.5 mm,字宽一般为 $h/\sqrt{2}$(即约为字高的三分之二)。

汉字的基本笔划有点、横、竖、撇、捺、挑、勾、折八种。

汉字除单体字外,其字形结构一般由上、下或左、右几部分组成,常见的情况是各部分分别占整个汉字宽度或高度的 1/2、1/3、2/3、2/5、3/5 等,如图 1-7 所示。

长仿宋体汉字的书写示例如图1-8所示。

图 1-7 汉字的字形结构

10号字

字体端正 笔划清楚 排列整齐 间隔均匀

7号字

横平竖直注意起落结构均匀填满方格

5号字

国家标准技术机械制图电子航空汽车船舶运输水文水利土木建筑矿山井坑巷口

3.5号字

零件装配剖视斜锥度深沉最大小球后直网纹均布旋转前后表面展开水平镀抛光研磨两端中心孔销键螺纹齿轮轴

图 1-8 长仿宋体汉字示例

2. 数字和字母

数字和字母分为A型和B型，A型字体的笔划宽度 d 为字高 h 的1/14；B型字体的笔划宽度 d 为字高 h 的1/10。在同一图样上只允许采用同一形式的字体。

数字和字母有斜体和直体两种，通常采用斜体。斜体字头向右倾斜，与水平线成75°倾角。

数字。工程上常用的数字有阿拉伯数字和罗马数字，分别如图1-9和图1-10所示。

拉丁字母。写法如图1-11和图1-12所示。

希腊字母。写法如图1-13和图1-14所示。

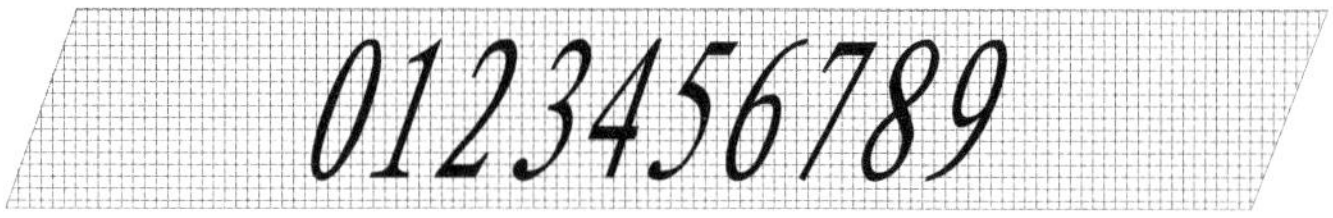

0123456789

图 1-9　阿拉伯数字示例（A 型）

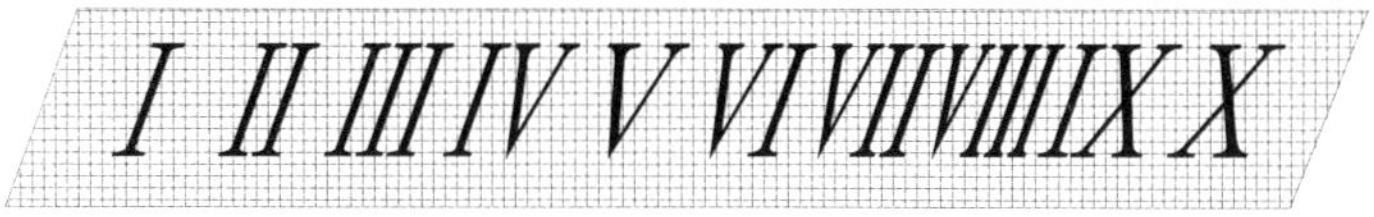

I II III IV V VI VII VIII IX X

图 1-10　罗马数字示例（A 型）

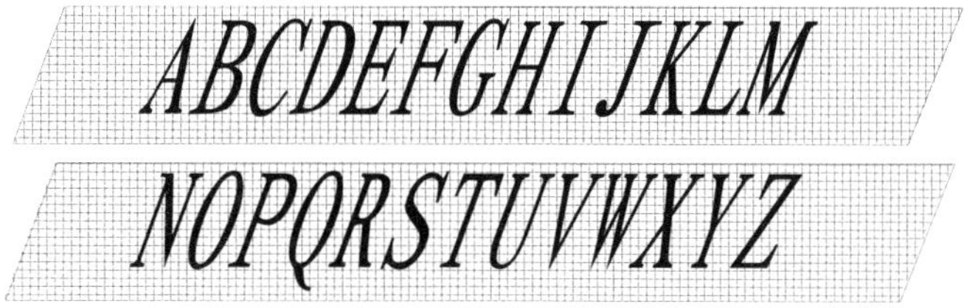

ABCDEFGHIJKLM
NOPQRSTUVWXYZ

图 1-11　拉丁字母大写示例（A 型）

abcdefghijklm
nopqrsthuvwxyz

图 1-12　拉丁字母小写示例（A 型）

ΑΒΓΔΕΖΗΘΙ
ΚΛΜΝΞΟΠΡ
ΣΤΥΦΧΨΩ

图 1-13　希腊字母大写示例（A 型）

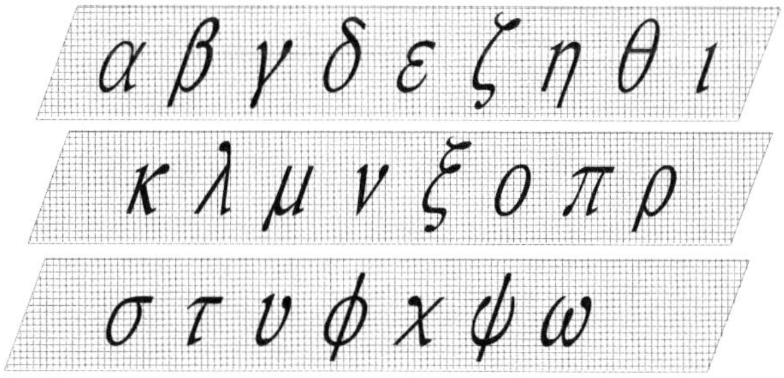

αβγδεζηθι
κλμνξοπρ
στυφχψω

图 1-14　希腊字母小写示例（A 型）

其他应用。用作指数、分数、极限偏差、注脚等的数字及字母一般采用小一号的字体；图样中的数学符号、物理量符号、计算单位符号及其他符号、代号应符合国家有关法令和标准的规定，其示例如图 1-15 所示。

为了保证字体的大小一致和整齐，书写时最好按所选字号的高宽尺寸画好格子。

$$10^3 \qquad S^{-1} \qquad D_1 \qquad T_d \qquad 7^{°+1°}_{-2°}$$

$$\varnothing 20^{+0.016}_{-0.008} \qquad \varnothing 30\frac{H6}{m5} \qquad \frac{II}{2:1} \qquad \frac{B-B}{5:1} \qquad \frac{5}{9}$$

图 1-15　其他应用示例

四、图线

GB/T 17450－1998 和 GB/T 4457.4－1984 规定了图样中图线的线型、尺寸和画法。

1．基本线型

GB/T 17450－1998 中规定了 15 种基本线型以及多种线型的变形和图线的组合。表 1-4 中列出了投影制图中常用的四种基本线形、一种基本线形的变形——波浪线和一种图线组合——双折线。表 1-5 中列出了工程建设中常用的基本图线。

常用的图线分为粗线、中粗线和细线三种。粗线的宽度 b 应按图的大小和复杂程度在 0.5～2 mm 之间选择，粗、中、细线的宽度比率约为 4：2：1。

表 1-4、表 1-5 及图 1-16 列出了各种形式图线的名称、形式、宽度及主要用途，其他用途可查国家标准。绘制图样时，应采用表中规定的各种图线。

2．图线的尺寸

GB/T 17450－1998 规定，所有线型的图线宽度（b），应按图样的类型和尺寸大小在下列推荐系列中选择（系数公比为 $1:\sqrt{2}$，单位为 mm）：

0.13、0.18、0.25、0.35、0.5、0.7、1.0、1.4、2

3．应注意的问题

1）为了保证图样清晰、易读和便于缩微复制，应尽量避免在图样中出现宽度小于 0.18 mm 的图线。

2）在同一图样中，同类图线的宽度应基本一致。虚线、点画线及双点画线的线段长度和间隔应大致相同。点画线和双点画线中的"点"应画成长约 1 mm 的短划，短划不能与短划或长段相交。点画线和双点画线的首尾两端应是线段而不是短划。

3）两条平行线间的距离应不小于粗实线的两倍，其最小距离不得小于 0.7 mm。

4）绘制圆的对称中心线时，圆心应是线段的交点。

5）绘制轴线、对称中心线、双折线和作为中断线的双点画线时，宜超过轮廓线约 2～5 mm。

6）在较小的图形上绘制点画线时，可用细实线代替。

7）当虚线是粗实线的延长线时，粗实线应画到分界点，虚线应留有空隙。当虚线与粗实线或虚线相交时，不应留有空隙。当虚线圆弧和虚线直线相切时，虚线圆弧的线段应画至切点，虚线直线则留有空隙。

8）粗实线与虚线或点画线重叠，应画粗实线。虚线与点画线重叠，应画虚线。

4．图线的应用及画法举例

图线的应用如图 1-16 所示，图线的画法如图 1-17 所示。

表 1-4 图线的名称、型式、宽度和主要用途

代码	图线名称	图线型式及代号	图线宽度	主要用途
01	粗实线	代号 A	b	可见轮廓线，可见过渡线，钢筋、结构分缝线，材料分界线
01	细实线	代号 B	$b/2$	尺寸线，尺寸界线，剖面线，引出线，重合剖面的轮廓线，示坡线，钢筋图的结构轮廓线，曲面上的素线，螺纹的牙底线，齿轮的齿根线，分界线，范围线
02	虚线	代号 F	$b/2$	不可见轮廓线，不可见过渡线，不可见结构分缝线
04	细点画线	代号 G	$b/2$	轴线，对称线，中心线，轨迹线，节圆及节线
04	粗点画线	代号 J	b	有特殊要求的线或表面的表示线
05	双点画线	代号 K	$b/2$	相邻辅助零件的轮廓线，极限位置的轮廓线，假想投影轮廓线，中断线
基本线形的变形	波浪线	代号 C	$b/2$	构件断裂处的边界线，视图和剖视的分界线
图线的组合	双折线	代号 D	$b/2$	构件断裂处的边界线

表1-5 工程建设常用图线

名　称		线　型	线宽	一　般　用　途
实线	粗	——————————	b	主要可见轮廓线
	中	——————————	$0.5b$	可见轮廓线
	细	——————————	$0.25b$	可见轮廓线、图例线等
虚线	粗	– – – – – – –	b	见有关专业制图标准
	中	– – – – – – – ≈1 3~6	$0.5b$	不可见轮廓线
	细	– – – – – – –	$0.25b$	不可见轮廓线、图例线等
单点长画线	粗	—·—·—·—·—	b	见有关专业制图标准
	中	—·—·—·—·— 3~5 10~30	$0.5b$	见有关专业制图标准
	细	—·—·—·—·—	$0.25b$	中心线、对称线等
双点长画线	粗	—··—··—··—	b	见有关专业制图标准
	中	—··—··—··— ≈5 10~30	$0.5b$	见有关专业制图标准
	细	—··—··—··—	$0.25b$	假想轮廓线、成型前原始轮廓线
折断线		～∧～	$0.25b$	断开界线
波浪线		～～～	$0.25b$	断开界线

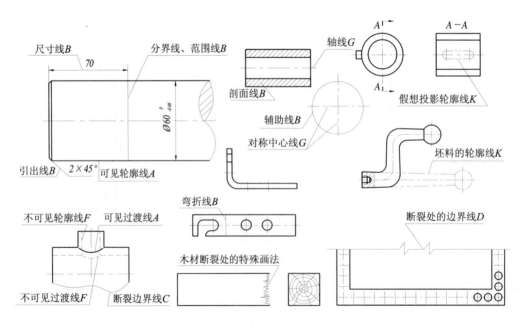

（a）

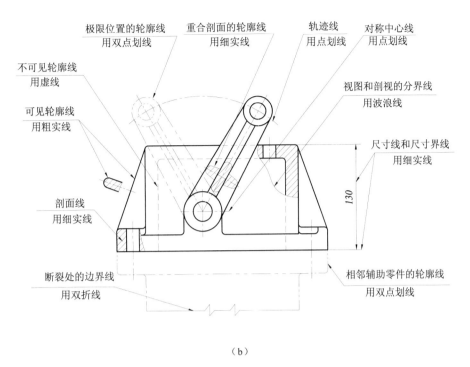

(b)

图 1-16 图线的应用示例

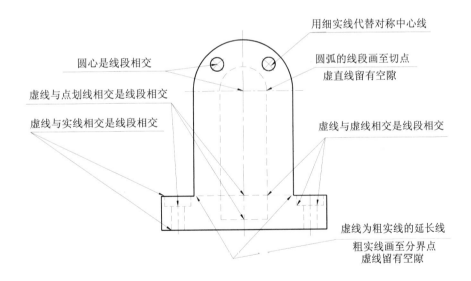

图 1-17 图线的画法示例

五、尺寸标注的基本规则

形体的尺寸是工程施工的重要依据，因此，工程图样上除了表示出形体的形状结构外，还必须标注尺寸来确定形体的实际形状结构大小和各部分的相互位置。

尺寸标注的基本要求是：正确、合理，完整统一，清晰整齐。

尺寸标注对各专业图样有不同的要求，这里仅介绍尺寸标注应遵守的一般规则，其他内容将在以后的有关章节里介绍。

1. 尺寸的组成

一个完整的尺寸应包括尺寸界线、尺寸线、尺寸的起止符号和尺寸数字，如图 1-18（a）、(b) 所示。

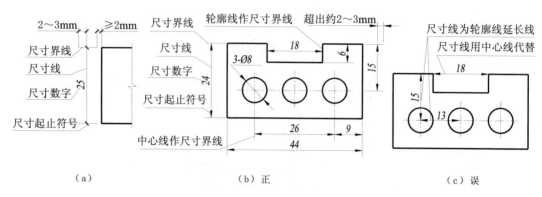

图 1-18　尺寸的组成

1）尺寸界线：表示尺寸的范围。

（1）尺寸界线用细实线绘制，并应由图形的轮廓线、轴线或对称中心线处引出，轮廓线、轴线或对称中心线也可作为尺寸界线，如图 1-18（b）所示。

（2）在水工和建筑图中，尺寸界线与轮廓线之间一般需要留有≥2 mm 的间隙，如图 1-18（a）所示。

2）尺寸线：表示尺寸的度量方向。

（1）尺寸线应用细实线绘制，并与被标注的线段平行，如图 1-18（a）、(b) 所示。

（2）在一般情况下，尺寸线应与尺寸界线相垂直，尺寸界线宜超出尺寸线 2~3 mm，如图 1-18（a）、(b) 所示。

（3）图样中的轮廓线、轴线、中心线及其延长线均不能作为尺寸线，如图 1-18（c）所示。

（4）尺寸线应接近被注线段，且尽可能画在轮廓线外边。

（5）尺寸线两端应指到且不超出尺寸界线，如图 1-19 (a) 所示。

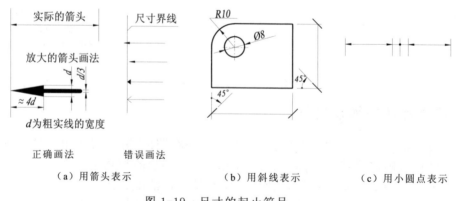

图 1-19　尺寸的起止符号

3）尺寸起止符号：是尺寸起迄处所画的符号，可以用箭头或斜线来表示。

（1）直线尺寸的起止符号一般用箭头表示，箭头的画法如图1-19（a）所示。

（2）直线尺寸的起止符号也可以用与尺寸界线顺时针方向成45°的细实线短画绘制，短画应通过尺寸线与尺寸界线的交点，长约3 mm。水平方向和垂直方向尺寸短画的方向如图1-19（b）所示。

（3）直径、半径、角度的尺寸起止符号均采用箭头，如图1-19（b）所示。

（4）同一张图上的直线尺寸应统一采用箭头或短画，且箭头或短画的粗细长短力求整齐一致。

（5）尺寸界线过密时，尺寸起止符号可用小圆点表示，如图1-19（c）所示。

4）尺寸数字：表示尺寸的真实大小。

（1）尺寸数字一般标注在尺寸线上方的中部，任何图线都不得穿过或分隔尺寸数字，不可避免时，必须将图线断开，如图1-20所示。

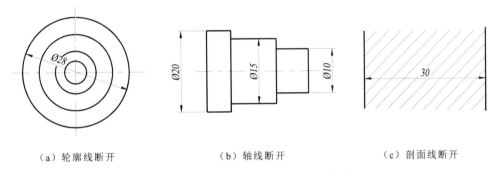

(a) 轮廓线断开　　　　(b) 轴线断开　　　　(c) 剖面线断开

图1-20　尺寸数字不能被任何图线穿过

（2）图上的尺寸数字是构件的实际尺寸数字，与图样所采用的比例和作图的准确性无关。

（3）尺寸数字应按标准字体书写，且在同一图样内采用同一高度的数字。

（4）当尺寸为水平位置时，尺寸数字头朝上；垂直位置时，字头朝左；倾斜位置时，要使字头有朝上的趋势，如图1-21（a）所示，应尽量避免在该图中30°范围内标注尺寸，无法避免时，可按图1-21（b）所示标注。

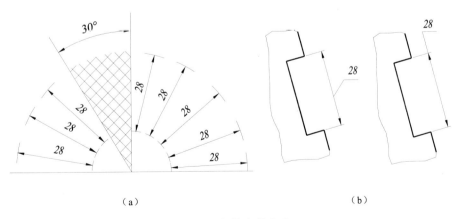

(a)　　　　　　　　　　　(b)

图1-21　尺寸数字的方向

(5) 图样中的尺寸以 mm 为单位时,不需标注计量单位的代号或名称。如采用其他单位,则必须注明相应计量单位的代号或名称,如度(°)、厘米 (cm)、米(m)等。通常,水工图中的标高、桩号及规划图、总布置图均以米为单位。

(6) 图样中所标注的尺寸数字为该图所示构件最后完工后的尺寸,否则应另加说明。

(7) 构件的每一尺寸,一般只标注一次,并应标注在反映该结构最清晰的图形上。

2. 各类尺寸的标注

1) 线性尺寸的标注

(1) 平行尺寸的标注。在标注几个相互平行的尺寸时,应把小尺寸标在里面,大尺寸标在外面,尽量避免尺寸线与尺寸界线相交。尺寸线与轮廓线之间,平行尺寸线之间的距离建议在 6~10 mm 之间,如图 1-22 所示。

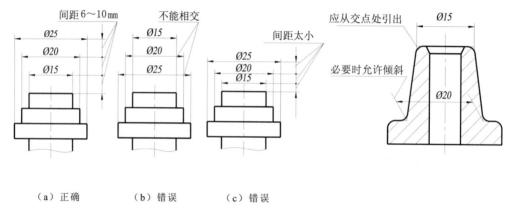

图 1-22 平行尺寸的标注　　　　　图 1-23 必要时倾斜的尺寸界线

(2) 线性尺寸的尺寸界线一般应与尺寸线垂直,必要时允许倾斜。在光滑过渡处标注尺寸时,必须用细实线将轮廓线延长,从它们的交点处引出尺寸界线,如图 1-23 所示。

(3) 对称构件的图形画出一半时,尺寸线应略超过对称中心线;如画出多于一半时,尺寸线应略超过断裂线。以上两种情况都只在尺寸线的一端画出箭头,如图 1-24 所示。

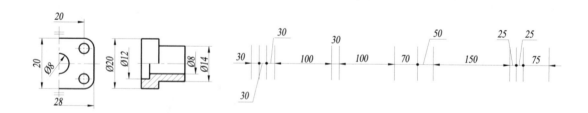

图 1-24　对称尺寸的标注　　　　　图 1-25　尺寸界线距离较小时的尺寸标注

(4) 当尺寸界线距离较小时,最外边的尺寸数字可标注在尺寸界线外侧,中间的小尺寸可以用引出线写在尺寸线的上方。若两尺寸界线的距离很短,没有足够的位置画箭头时,可以用圆点代替箭头,如图 1-25 所示。

2) 直径、半径及球径的尺寸标注

(1) 直径的标注

标注圆或大于 180° 圆弧的直径时,尺寸数字前加注直径符号"∅"(金属材料用 ∅,其他材料用 D），标注直径的尺寸线要通过圆心。若为大直径，则过圆心的尺寸线两端的箭头应从圆内指向圆周，如图 1-26（a）所示；若直径较小时，则可以按图 1-26（b）所示标注，其中心线可用细实线代替点画线。

（2）半径的标注

标注小于或等于 180°圆弧的半径时，尺寸线自圆心引向圆弧，只画一个箭头，尺寸数字前加注半径符号"R"，如图 1-28（a）所示。半径很小圆弧的尺寸线可将箭头从圆外指向圆弧，但尺寸线的延长线要经过圆心，如图 1-28（b）所示。当圆弧的半径过大或在图纸范围内无法标出圆心位置时，尺寸线可采用折线形式，如图 1-28（c）所示。若不需要标出其圆心位置时，可按图 1-28（d）所示的形式标注。

（3）球径的标注

标注球面的直径或半径尺寸时，应在符号"∅"或"R"的前面再加"S"，如图 1-27 所示。

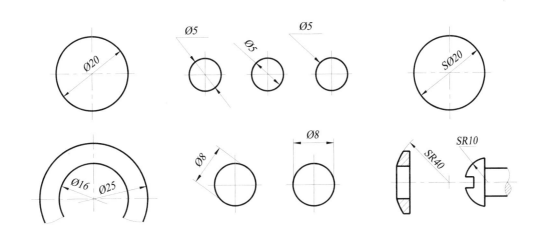

（a）较大直径的标注　　　　　　（b）较小直径的标注

图 1-26　直径的标注　　　　　　　　　　　　　　　图 1-27　球径的标注

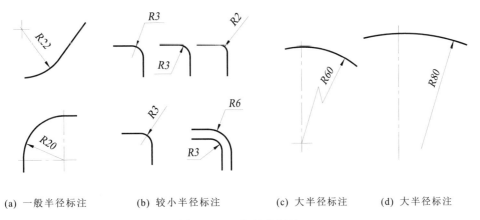

(a) 一般半径标注　　(b) 较小半径标注　　(c) 大半径标注　　(d) 大半径标注

图 1-28　半径的标注

3）角度、弧长、弦长的尺寸标注

（1）标注角度尺寸时，其尺寸界线应沿径向引出，尺寸线以角顶为圆心画成圆弧，角度数字应水平书写，一般填写在尺寸线的中断处，如图 1-29 (a) 所示。必要时可写在上方或外侧，也可引出标注，如图 1-29 (b) 所示。

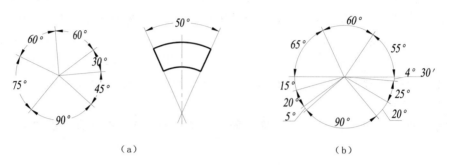

图 1-29　角度的尺寸标注

（2）标注弦长尺寸时，其尺寸界线应平行于弦的垂直平分线，如图 1-30（a）所示。

（3）标注弧长尺寸时，尺寸界线应垂直于弦，当弧度较大时，可沿径向引出；尺寸线为同心圆弧，尺寸数字上方应加注符号"⌒"，如图 1-30（b）、（c）所示。

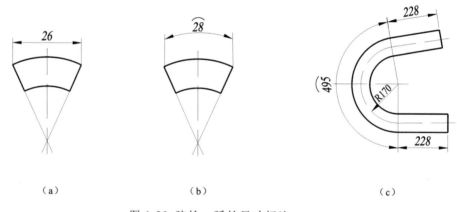

图 1-30　弦长、弧长尺寸标注

4）标高的标注

水工图上高程的基准与测量的基准一致，单位为米，图上不必注明。例如高程为 9.400 时，即表示这个位置高于基准面 9.400 m，如图 1-31 所示。高程数字前，应加注高程符号。

（1）平面标高

平面图中的标高符号采用如图 1-31（a）所示的形式，矩形框及圆周用细实线画出。

（2）立面标高

立视图和铅垂方向的剖视图、剖面图中，标高符号一律采用如图 1-31（b）所示的符号(为 45° 等腰三角形)用细实线画出，其中 h 约为尺寸数字高的 2/3。标高符号的尖端向下指，也可以向上指，但尖端必须与被标注高度的轮廓线或引出线接触，如图 1-32 所示。

（3）水面标高

水面标高(简称水位)的符号如图 1-31（a）所示，水面以下绘三条细实线。特征水位(如正常蓄水位)标高的标注形式如图 1-31（a）所示。

图 1-32 所示为标高符号的标注实例。

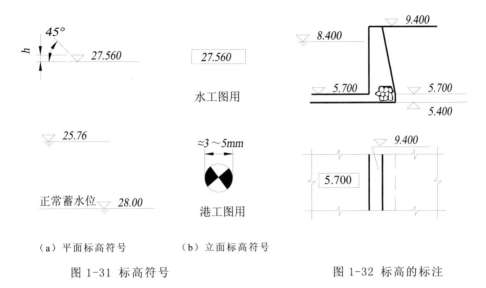

（a）平面标高符号　　（b）立面标高符号

图 1-31 标高符号　　　　　　　　图 1-32 标高的标注

5）坡度的标注

坡度：直线上任意两点之间的高度差与两点间的水平距离之比。

当坡度较缓时，标注坡度也可用百分数表示。

（1）坡度表示一条直线或一个平面对某水平面的倾斜程度。坡度是直线上任意两点之间的高度差与两点间水平距离之比。

$$坡度 = \frac{两点间的高度差}{两点间的水平距离}$$

如图 1-33 所示的直角三角形 ABC 中，A、B 两点的高差为 BC，其水平距离为 AC，则 AB 的坡度=BC／AC。设 BC=1，AC=3，则其坡度=1／3，标注为 1:3，如图 1-33（b）所示。

（2）当坡度较缓时，标注坡度也可用百分数表示，如 $i=n\%(n／100)$，此时在相应的图中应画出箭头，如图 1-33（c）所示。

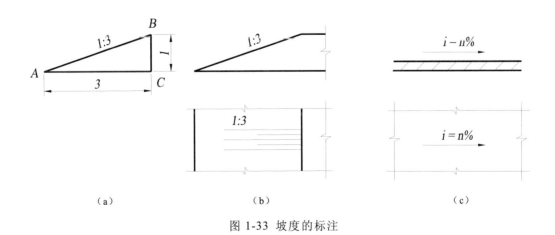

（a）　　　　　　　　（b）　　　　　　　　（c）

图 1-33 坡度的标注

第二节 绘图工具、仪器及其使用方法

常用的绘图工具和仪器有铅笔、图板、丁字尺、三角板、比例尺、圆规、分规、曲线板、直线笔、绘图墨水笔等。正确使用绘图工具和仪器，既能提高绘图的准确度，保证绘图质量，又能加快绘图速度。下面介绍几种常用的绘图工具。

一、常用的绘图工具

1. 铅笔

铅笔笔芯的硬度用字母 H 和 B 标识。H 越高铅芯越硬，如 2H 的铅芯比 H 的铅芯硬；B 越高铅芯越软，如 2B 的铅芯比 B 的铅芯软；HB 是中等硬度。通常，铅笔的选用原则如下：

H 或 HB 铅笔用于画底稿以及细实线、点画线、双点画线、虚线、写字、箭头等；

HB 或 B 铅笔用于画粗实线；

2B 或 3B 铅笔用于圆规画粗实线。

铅笔要从没有标记的一端开始削，以便保留笔芯软硬的标记。将画底稿或写字用铅笔的木质部分削成锥形，铅芯外露约 6~8 mm，如图 1-34（a）所示；用于加深图线的铅笔芯可以磨成图 1-34（b）所示的形状。铅芯的磨法如图 1-34（c）所示。

铅笔绘图时，用力要均匀，不宜过大，以免划破图纸或留下凹痕。铅笔尖与尺边的距离要适中（如图 1-35 所示），以保持线条位置的准确。

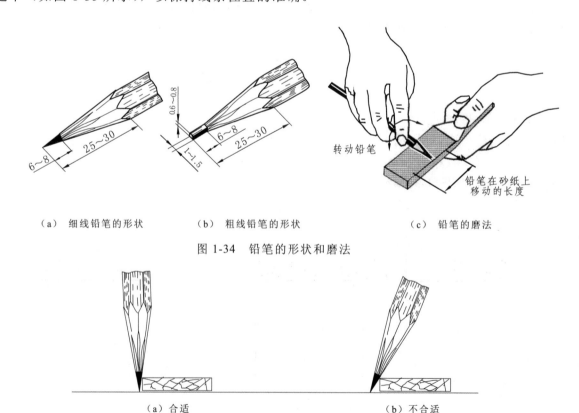

(a) 细线铅笔的形状　　(b) 粗线铅笔的形状　　(c) 铅笔的磨法

图 1-34　铅笔的形状和磨法

(a) 合适　　(b) 不合适

图 1-35　铅笔笔尖的位置

画线时，铅笔的前后方向均与纸面垂直，且向画线前进方向倾斜30°，如图1-36所示。画长的细线时可适当转动铅笔，使线条粗细一致。

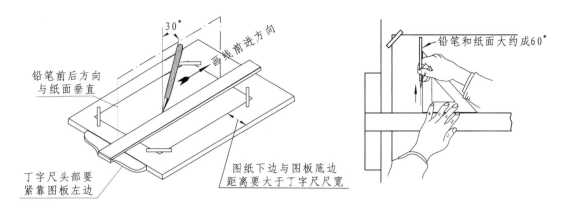

图1-36 用铅笔画线的方法

2．图板、丁字尺和三角板

图板是铺放图纸的垫板，它的工作表面必须平坦光洁。图板左边用作导边，必须平直。

丁字尺主要用来画水平线。画图时，使尺头的内侧紧靠图板左侧的导边。画水平线必须自左向右画。

三角板除了直接用来画直线外，它和丁字尺配合可以画铅垂线和与水平线成30°、45°、60°的倾斜线，并且用两块三角板结合丁字尺可以画出与水平线成15°、75°的倾斜线。

图板、丁字尺、三角板的使用方法如图1-37所示。

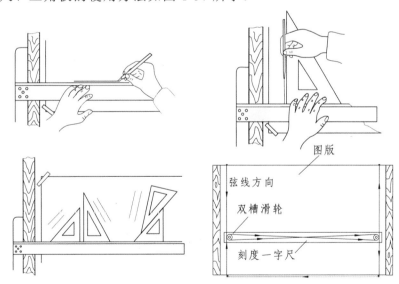

图1-37 图板、丁字尺、三角板的使用方法

3．比例尺

比例尺是刻有不同比例的直尺，有三棱式和板式两种，如图1-38（a）、（b）所示。尺面上有各种不同比例的刻度，每一种刻度可用作几种不同的比例。比例尺只能用来量取尺寸，不可用来画线，如图1-38（d）所示。

如图1-38（c）所示是刻有1∶200的比例尺，当它的每一小格（实长为1 mm）代表2 mm

时，比例是 1∶2；当它的每一小格代表 20 mm 时，比例是 1∶20； 当它的每一小格代表 0.2 mm 时，比例则是 5∶1。

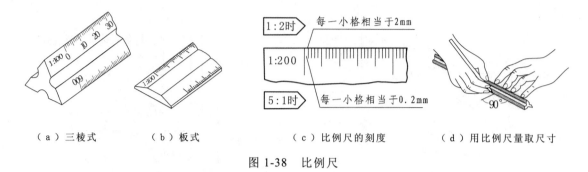

（a）三棱式　　　（b）板式　　　　　（c）比例尺的刻度　　　（d）用比例尺量取尺寸

图 1-38　比例尺

4．圆规、分规和直线笔

成套绘图仪器如图 1-39 所示，其主要元件有圆规、分规和直线笔。

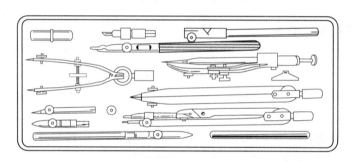

图 1-39　成套绘图仪器

1）圆规

圆规是画圆或圆弧的工具。使用圆规之前，应先进行调整，使针尖略长于铅芯。铅芯供安装在圆规上画圆用，画细线圆时，铅芯应磨成铲形（如图 1-40（a）所示），并使斜面向外，以便修磨；描粗时，铅芯应磨成矩形（如图 1-40（b）所示）。圆规的铅芯应比画直线的铅笔软一号(如用 B 的铅笔描直线，就应用 2B 铅芯装圆规)，这样画出的直线和圆弧色调深浅才能一致。圆规针脚的型式及选用原则如图 1-41 所示。

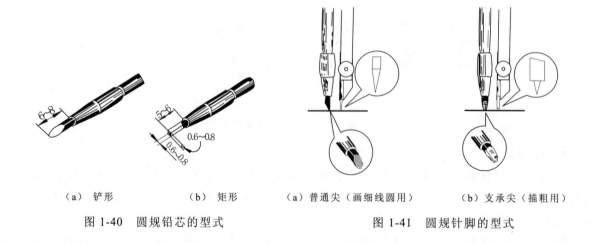

（a）铲形　　（b）矩形　　　（a）普通尖（画细线圆用）　（b）支承尖（描粗用）

图 1-40　圆规铅芯的型式　　　　　图 1-41　圆规针脚的型式

用圆规画圆时，应将圆规略向前进方向倾斜，如图 1-42（a）所示；画较大的圆时，可用加长杆来增大所画圆的半径，并且使圆规两脚都与纸面垂直，如图 1-42（b）所示。画一般直径圆和大直径圆时，手持圆规的姿势如图 1-43 所示；画小圆时宜用弹簧圆规或点圆规。

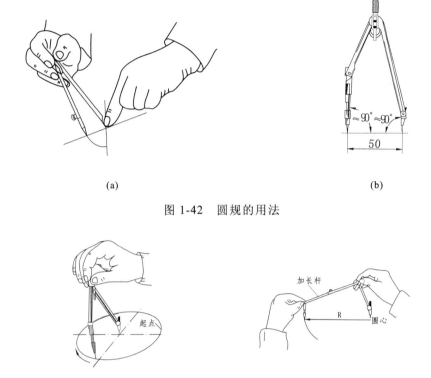

图 1-42 圆规的用法

（a）画一般直径圆　　　　（b）画较大直径圆

图 1-43 用圆规画圆的方法

2）分规

分规的主要用途是移植尺寸和等分线段（如图 1-44 所示）。为了保证移植尺寸和等分线段的准确性，分规两个针尖并拢时必须对齐。

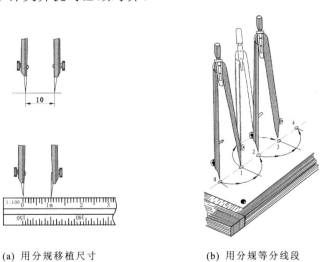

(a) 用分规移植尺寸　　　　(b) 用分规等分线段

图 1-44 分规的使用

3）直线笔与绘图墨水笔

直线笔又名鸭嘴笔。直线笔是描图时用来描绘直线的工具。加墨水时，可用墨水瓶盖上的吸管或蘸水钢笔把墨水加到两叶片之间，笔内所含墨水高度一般为 5～6 mm，墨水太少画墨线时会中断，太多容易跑墨。如果直线笔叶片的外表面占有墨水，必须及时用软布拭净，以免描线时沾污图纸。

如图 1-45 所示，描直线时，直线笔必须位于铅垂面内，将两叶片同时接触纸面，并使直线笔向前进方向稍微倾斜。当直线笔向铅垂面内倾时，将造成墨线不光洁；而外倾时容易跑墨，将使笔内墨水沾在尺边或渗入尺底而弄脏图纸。

直线笔在使用完毕后，应及时将笔内墨水用软布拭净，并放松螺母。

目前已广泛地用绘图墨水笔代替直线笔，它主要用来上墨描线，其笔端是不同粗细的针管，常用的规格有：0.2、0.3、0.4、0.5、0.6、0.7、0.8、1、1.2 mm 等，可按所需线型宽度选用，针管与笔杆内储存碳素墨水的笔胆相连。绘图墨水笔比直线笔有较大优越性，它不需要调节螺母来控制图线的宽度，也不需经常加墨水，因此可以提高绘图速度，并且用它描绘非圆曲线，效果更好。

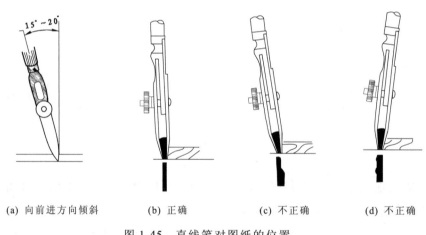

(a) 向前进方向倾斜　　(b) 正确　　(c) 不正确　　(d) 不正确

图 1-45　直线笔对图纸的位置

5．模板

为了提高绘图效率可使用各种模板，如曲线板、多用模板、专用模板等。

曲线板（如图 1-46 所示）用来绘制非圆曲线。使用时，首先徒手用细线将曲线上各点轻轻地连成曲线；接着从某一端开始，找出与曲线板吻合且包含四个连续点的一段曲线（如图 1-47 所示），沿曲线板画 1～3 点之间的曲线；再由 3 点开始找出 3～6 四个点，用同样的方法逐段画出曲线，直到最后的一段。点愈密，曲线准确度愈高。必须注意，前后绘制的两段曲线应有一小段（至少三个点，如图中的 2、3、4 点）是重合的，这样画出的曲线才显得圆滑。

常见模板示例如图 1-48 所示。

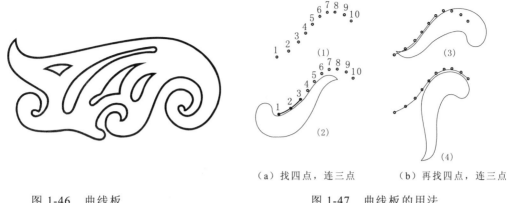

图 1-46 曲线板　　　　　　　　图 1-47 曲线板的用法

(a) 找四点，连三点　　　(b) 再找四点，连三点

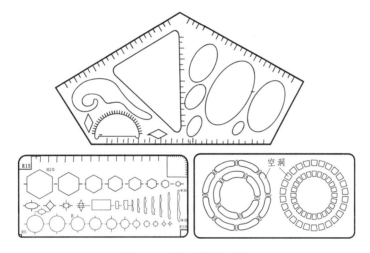

图 1-48 常见模板示例

二、其他绘图工具

其他绘工具如图 1-49 所示。

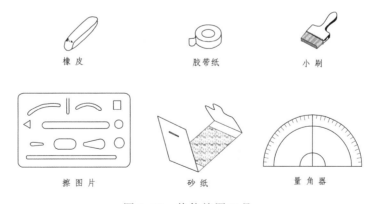

图 1-49 其他绘图工具

三、手工绘图机

图 1-50 所示为钢带式手工绘图机。固结在一起的横直尺和纵直尺可以在桌上自由移动，

可以画出任一位置的水平线及垂直线。调节分度盘，可以改变两条直尺的角度，从而画出各种位置的斜线。

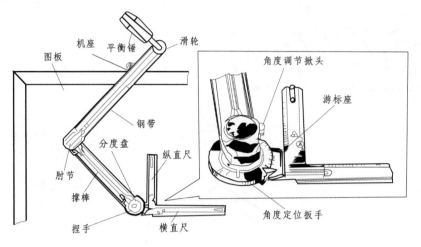

图 1-50　手工绘图机

第三节　几 何 作 图

技术图样中的图形多种多样，但它们几乎都是由直线段、圆弧和其他一些曲线所组成，因而，在绘制图样时，常常要作一些基本的几何图形，下面就此进行简单介绍。

一、内接正多边形

画正多边形时，通常先作出其外接圆，然后等分圆周，最后依次连接各等分点。

1．正六边形

方法一：以正六边形对角线 AB 的长度为直径作出外接圆，根据正六边形边长与外接圆半径相等的特性，用外接圆的半径等分圆周得六个等分点，连接各等分点即得正六边形（见图 1-35（a））。

方法二：作出外接圆后，利用 60°三角板与丁字尺配合画出（见图 1-51（b））。

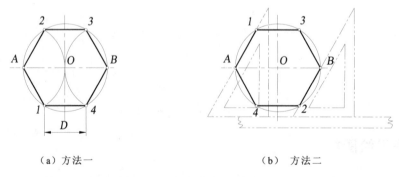

　（a）方法一　　　　　　　　　　　　（b）　方法二

图 1-51　正六边形的画法

2．正五边形

如图 1-52 所示，作水平半径 OB 的中点 G，以 G 为圆心、GC 之长为半径作圆弧交 OA 于 H 点，CH 即为圆内接正五边形的边长；以 CH 为边长，截得点 E、F、M、N，即可作出圆内接正五边形。

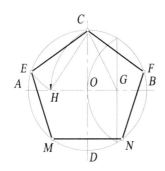 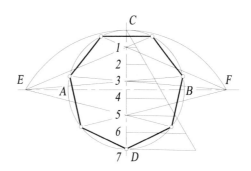

图 1-52　正五边形的画法　　　　图 1-53　正 n 边形的画法

3．正 n 边形

如图 1-53 所示，n 等分铅垂直径 CD（图中 $n=7$）。以 D 为圆心、DC 为半径画弧交水平中垂线于点 E、F；将点 E、F 与直径 CD 上的奇数分点(或偶数分点)连线并延长与圆周相交得各等分点，顺序连线得圆内接正 n 边形。

二、斜度和锥度

1．斜度

斜度是指一直线对另一直线或一平面对另一平面的倾斜程度，一般用直角三角形两直角边的比值 H/L 来表示，斜度的大小就是它们夹角 α 的正切值。斜度用符号标注，一般标注在指引线上，大小以 $1:n$ 表示，如图 1-54(a)所示。必须注意，符号的方向应与图中所画的斜度的方向一致。

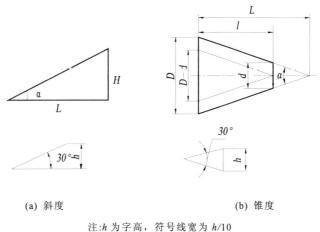

(a) 斜度　　　　　　(b) 锥度

注：h 为字高，符号线宽为 $h/10$

图 1-54　斜度、锥度概念及图形符号

$$斜度 = H : L = \tan\alpha = 1 : \frac{H}{L} = 1 : n$$

下面以图 1-55 所示的槽钢截面斜边为例，说明斜度的作法和标注方法。从左下角点 A 起，在横线上取 10 个单位长度得到点 B，在竖线上取 1 个单位长度得到点 C，两点的连线对底边的斜度即为 1∶10。然后，过已知点 M(由尺寸 s 和 t 确定)作连线 BC 的平行线，即为槽钢截面的斜边。

2. 锥度

锥度是指正圆锥底圆直径与其高度之比，正圆台的锥度则为两底圆的直径差与其高度之比。锥度的大小是圆锥素线与轴线夹角正切值的两倍，即

$$锥度 = D/L = \frac{D-d}{l} = 2\tan\alpha = 1 : n$$

锥度用符号标注如图 1-54(b)所示。锥度一般注在指引线上，大小以 1∶n 表示。必须注意，符号的方向应与图中所画锥度的方向一致，如图 1-56 所示。

现以图 1-56 所示的轴锥形段为例，说明锥度的标注方法和作图步骤。

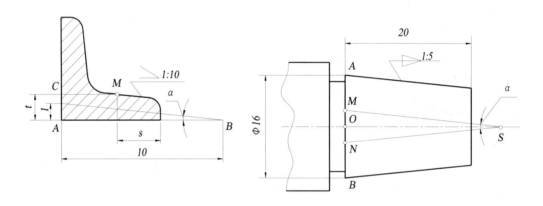

图 1-55 斜度的画法　　　　图 1-56 锥度的画法

已知锥形段轴大端直径为 16 mm、高为 20 mm、锥度为 1∶5，求作此圆台。首先在轴线上取 OS 为 5 个单位长度；再过 O 点各取 OM、ON 为 $\frac{1}{2}$ 个单位长度，即得 1∶5 的锥度线 SM、SN；过 A、B 两点作 SM、SN 的平行线，即为所求圆台的轮廓线。

三、椭圆的画法

已知椭圆的长、短轴或共轭直径均可以画出椭圆，下面分别介绍。

1. 已知长短轴画椭圆

1）用同心圆法画椭圆，如图 1-57 所示。

（1）画出长、短轴 AB、CD，以 O 为圆心，分别以 AB、CD 为直径画两个同心圆，见图 1-57（a）；

（2）过 O 点作一系列射线分别与两圆交于点 E、E_1，F、F_1 等，过点 E 作短轴的平行线，过点 E_1 作长轴的平行线，二平行线交于点 E_0，点 E_0 即为椭圆上的点；用类似的方法可求得点 F_0、G_0 等，如图 1-57（b）所示；

（3）用曲线板顺序光滑连接 A、E_0、F_0 等各点，即得到椭圆，如图 1-57（c）所示。

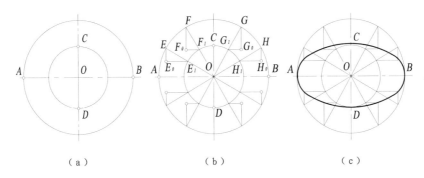

图 1-57　同心圆法画椭圆

2）用四心圆法画椭圆（椭圆的近似画法），如图 1-58 所示。

（1）画出长、短轴 AB、CD，如图 1-58（a）所示。

（2）以 O 为圆心、OA 为半径画弧交短轴的延长线于点 K，连 AC；再以 C 为圆心、CK 为半径画弧交 AC 于点 P，作 AP 的中垂线交长、短轴于点 O_3、O_1，取 $OO_2=OO_1$、$OO_4=OO_3$，得 O_2、O_4 点，连 O_1O_3、O_1O_4、O_2O_3、O_2O_4，如图 1-58（b）所示；

（3）分别以 O_1 和 O_2 为圆心、O_1C 为半径画弧与 O_1O_3、O_1O_4 和 O_2O_3、O_2O_4 交于 E、G 和 F、H 点；再以 O_3 和 O_4 为圆心、O_3A 为半径画弧 $\widehat{EF}$、$\widehat{GH}$，即得近似椭圆，如图 1-58（c）所示。

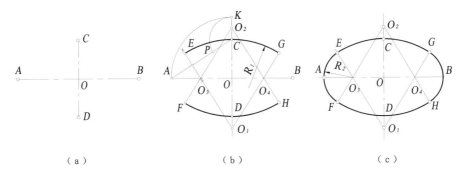

图 1-58　四心圆法画椭圆

2. 已知共轭直径 MN、KL 画椭圆（八点法）

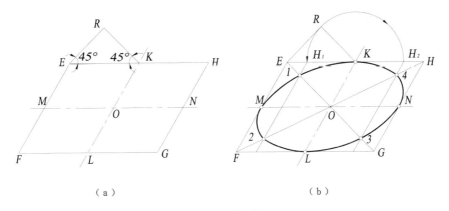

图 1-59　八点法画椭圆

1）过共轭直径的端点 M、N、K、L 作平行于共轭直径的两对平行线而得平行四边形 EFGH，过 E、K 两点分别作与直线 EK 成 45°的斜线交于 R，如图 1-59（a）所示。

2）如图 1-59（b）所示，以 K 为圆心，KR 为半径作圆弧，交直线 EH 于 H_1 及 H_2，分别通过 H_1 及 H_2 作直线平行于 KL，分别与平行四边形的对角线交于 1、2、3、4 四点，用曲线板把 K、1、M、2、L、3、N、4 依次光滑地连成椭圆。

四、圆弧连接

在绘制构件的图形时，常遇到用已知半径的圆弧将两已知线段（直线或圆弧）光滑地连接起来，这一作图过程称为圆弧连接。这种光滑连接实质上就是相切，其切点称为连接点，起连接作用的圆弧称为连接弧。画图时，为保证光滑地进行连接，必须准确地求出连接弧的圆心和连接点。

1．圆弧连接的作图原理

1）与已知直线 AB 相切的、半径为 R 的圆弧，如图 1-60（a）所示，其圆心的轨迹是一条与直线 AB 平行且距离为 R 的直线。从选定的圆心 O_1 向已知直线 AB 作垂线，垂足 T 即为连接点。

2）与半径为 R_1 的已知圆弧 $\stackrel{\frown}{AB}$ 相切的、半径为 R 的圆弧，其圆心的轨迹为已知圆弧的同心圆弧。当外切时，同心圆的半径 $r_0=R_1+R$，如图 1-60（b）所示；内切时，同心圆的半径 $r_0=|R_1-R|$，如图 1-60（c）所示。连接点为两圆弧连心线与已知圆弧的交点 T。

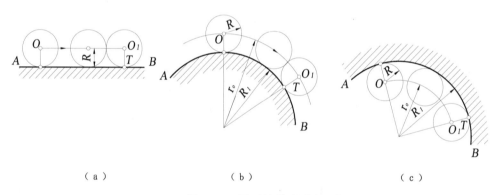

图 1-60 圆弧连接的作图原理

2．圆弧连接形式

圆弧连接的形式有三种：用圆弧连接两已知直线；用圆弧连接两已知圆弧；用圆弧连接已知直线和圆弧。现分别介绍如下。

1）用圆弧连接两已知直线

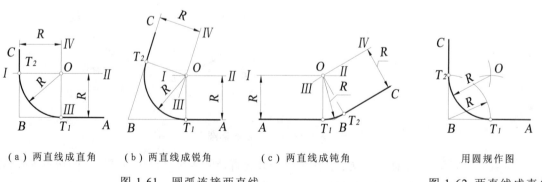

（a）两直线成直角　　（b）两直线成锐角　　（c）两直线成钝角　　　　用圆规作图

图 1-61 圆弧连接两直线　　　　　　　　　　　图 1-62 两直线成直角

用半径为 R 的圆弧连接两直线 AB、BC，如图 1-61 所示，其作图步骤如下：

（1）求连接弧圆心 O：在与 AB、BC 距离为 R 处，分别作它们的平行线 $I\,II$、$III\,VI$，其交点 O 即为连接弧圆心；

（2）求连接点 T_1、T_2：过圆心 O 分别作 AB、BC 的垂线，其垂足 T_1、T_2 即为连接点；

（3）画连接弧 $\overset{\frown}{T_1T_2}$：以 O 为圆心，R 为半径画连接弧 $\overset{\frown}{T_1T_2}$。

当相交两直线成直角时，也可用圆规直接求出连接点 T_1、T_2 和连接弧圆心 O，如图 1-62 所示。

2）用圆弧连接两已知圆弧

用半径为 R 的圆弧连接半径为 R_1、R_2 的两已知圆弧，如图 1-63 所示，作图步骤如下。

（1）求连接弧圆心 O。分别以 O_1 和 O_2 为圆心、r_1 和 r_2 为半径画圆弧，其交点 O 即为连接弧圆心。不同情况的连接，其 r_1 和 r_2 不同。外切时，$r_1=R_1+R$，$r_2=R_2+R$，见图 1-63（a）；内切时，$r_1=|R-R_1|$，$r_2=|R-R_2|$，见图 1-63（b）；内、外切时，$r_1=R_1+R$，$r_2=|R-R_2|$，见图 1-63（c）。

（2）求连接点 T_1、T_2。连接 OO_1、OO_2 与已知圆弧的交点 T_1、T_2 即为连接点。

（3）画连接弧 $\overset{\frown}{T_1T_2}$。以 O 为圆心、R 为半径画连接弧 $\overset{\frown}{T_1T_2}$。

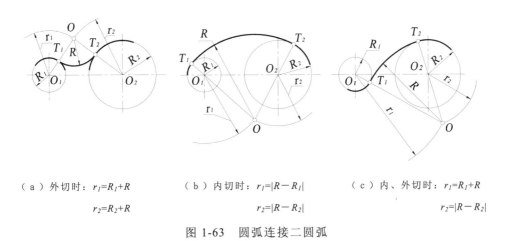

（a）外切时：$r_1=R_1+R$　　　　（b）内切时：$r_1=|R-R_1|$　　　　（c）内、外切时：$r_1=R_1+R$
　　　　　　$r_2=R_2+R$　　　　　　　　　　　$r_2=|R-R_2|$　　　　　　　　　　　$r_2=|R-R_2|$

图 1-63　圆弧连接二圆弧

3）用圆弧连接一直线与一圆弧

用半径为 R 的圆弧连接一已知直线 AB 与半径为 R_1 的已知圆弧 O_1，如图 1-64 所示，作图步骤如下。

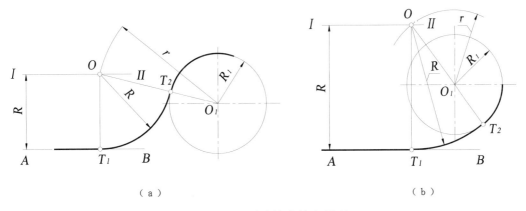

（a）　　　　　　　　　　　　　　（b）

图 1-64　圆弧连接直线和圆弧

（1）求连接弧圆心 O。距离 AB 为 R 处作 AB 的平行线 $I\,II$；再以 O_1 为圆心、r 为半径画圆弧，与直线 $I\,II$ 的交点 O 即为连接弧圆心，外切时，$r=R_1+R$，见图 1-64（a）；内切时，$r=|R-R_1|$，如图 1-64（b）所示。

（2）求连接点 T_1、T_2。过点 O 作 AB 的垂线得垂足 T_1，连 OO_1，与已知圆弧交于点 T_2，T_1、T_2 即为连接点。

（3）画连接弧 $\overset{\frown}{T_1T_2}$。以 O 为圆心、R 为半径画连接弧 $\overset{\frown}{T_1T_2}$。

第四节　平面图形的分析与作图步骤

平面图形的分析包括尺寸分析和线段分析。分析图形的主要目的是从尺寸中弄清楚图形中线段之间的关系，从而确定正确的作图步骤。

一、平面图形的尺寸分析和线段分析

1．平面图形的尺寸分析

1）尺寸基准

标注尺寸的起点，称为尺寸基准。用平面图形的对称线、圆的中心线和较长的直线等作基准线。平面图形是二维图形，需要两个方向的尺寸基准。图 1-65 中，对称线为长方向基准，底线为高方向基准。同一方向可以有多个基准。

2）尺寸分类

平面图形的尺寸按其作用分为定形尺寸和定位尺寸两类。

（1）定形尺寸

确定图中线段长短、圆弧半径大小、角度大小等的尺寸称为定形尺寸，如图 1-65 中的 $\varnothing 20$、$R32$，图 1-66 中的 7、11 等尺寸就是定形尺寸。

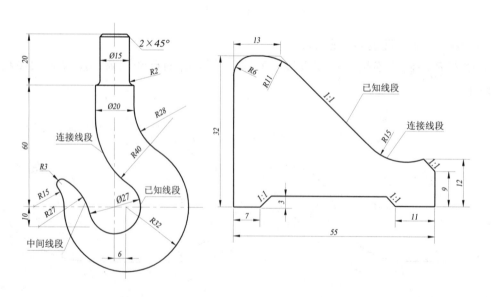

图 1-65　吊钩　　　　　　　　图 1-66　滚水坝

（2）定位尺寸

确定图中各部分（线段或图形）之间相互位置的尺寸称为定位尺寸。平面图形的定位尺寸有水平和铅垂两个方向，每一个方向的尺寸都必有一个标注尺寸的起点，即尺寸基准。在平面图形中，常用的基准是对称轴线、中心线和边线。图 1-65 中已知圆 Ø 27 的两条互相垂直的中心线就分别是水平方向和垂直方向的尺寸基准。图 1-66 中的底边就是垂直方向的基准。

2．平面图形的线段分析

按图上所给尺寸齐全与否，图中线段可分为已知线段、中间线段和连接线段三类。

1）**已知线段**

具备齐全的定形尺寸和定位尺寸，不需依靠其他线段而能直接画出的线段称为已知线段。圆弧既有定形尺寸(半径或直径)，又有圆心的两个定位尺寸，如图 1-65 所示直径为 Ø 27 的圆，具有定形尺寸 Ø 27，圆的两条中心线就是两个方向的尺寸基准，圆心的位置是确定的。直线具有两个端点或一个端点及直线方向。如图 1-66 所示的直线都是已知线段。

2）**中间线段**

定形尺寸已定，圆心的两个定位尺寸中缺少一个，需要依靠与其一端相切的已知线段才能确定它的圆心位置的线段称为中间线段。如图 1-65 所示的半径为 27 的圆弧，只给出了一个垂直方向的定位尺寸 10，必须利用 Ø 27 的圆才能确定 R27 的圆心位置。

3）**连接线段**

定形尺寸已定，圆心的两个定位尺寸都没有注出，需要依靠其两端相切的线段才能确定圆心位置的线段称为连接线段，如图 1-65 所示的 R28、R40、R3，图 1-66 所示中的 R6、R11、R15 等均为连接线段。

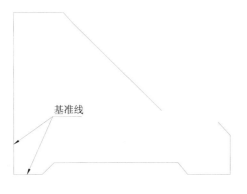 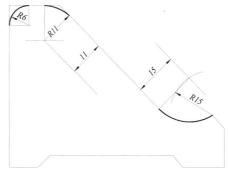

(a) 画基准线和已知线段　　　　　　　(b) 画连续线段

图 1-67　平面图形的绘图步骤

3．作图步骤

画圆弧连接的图形时，如图 1-65 所示，吊钩各段圆弧中有已知线段、中间线段和连接线段顺次连接在一起，应先画已知线段，后画中间线段，最后画连接圆弧。

图 1-66 所示滚水坝剖面只有已知线段和连接线段，则其作图步骤如下。

1）画上下和左右两个方向的基准线（见图 1-67（a））。
2）画已知线段（见图 1-67（a））。
3）画连接线段（见图 1-67（b））。作与已知直线(坝面斜线)的距离为 R 的平行线，以已知点（圆弧与斜线的交点）为圆心，R 为半径画弧，圆弧与该平行线的交点即连接圆弧的圆心。

4）完成全图（见图 1-66）。

【例 1-4-1】 马蹄形的画法。

（1）已知宽度 AB 作马蹄形，如图 1-68(a)所示。

① 过 AB 的中心 O 作该线的垂线 CD；

② 以 O 为圆心，OA 为半径作半圆 ACB；

③ 分别以 A、B 两点为圆心，AB（即 $2R$）为半径作圆弧 BE 和 AF；

④ 以 C 为圆心，$2R$ 为半径作圆弧分别交 BE 于 E 点，交 AF 于 F 点。曲线 $ACBEDF$ 即为所求。

（2）已知宽度 AB 作光滑曲线的马蹄形，如图 1-68（b）所示。

本题的作图方法与图 1-68（a）基本相同，下面只介绍连接圆弧的作图。

① 本题的连接圆弧半径为 $0.3R$。以 C 为圆心，以 $2R-0.3R$ 为半径作弧；

② 分别以 A、B 为圆心，以 $AB-0.3R$ 为半径作弧，交前一圆弧于 O_1、O_2 两点；

③ 连 CO_1、BO_1 并延长之，得连接弧的两个连接点(切点)K、L，同法可求得另两个连接点 M、N；

④ 分别以 O_1、O_2 为圆心，$0.3R$ 为半径，即可作出连接弧 KL 和 MN。

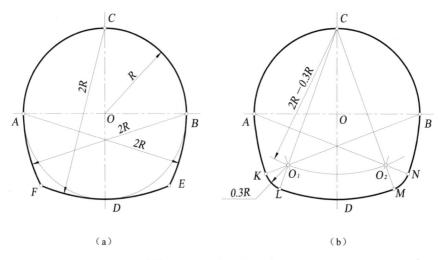

图 1-68 马蹄形的画法

二、绘图的一般方法和步骤

为了满足对图样的不同需求，常用的绘图方法有尺规绘图、徒手绘图和计算机绘图。为了提高绘图的质量与速度，除了掌握常规绘图工具和仪器的使用外，还必须掌握各种绘图方法和步骤。

1. 尺规绘图

使用绘图工具和仪器画出的图称为工作图。工作图对图线、图面质量等方面要求较高，所以画图前应做好准备工作，然后再动手画图。画图又分为画底稿和加深图线(或上墨)两个步骤。

用尺规绘制图样时，一般可按下列步骤进行。

1）做好绘图前的准备工作

（1）准备绘图工具和仪器

将铅笔和圆规的铅芯按照绘制不同线型的要求削、磨好；调整好圆规两脚的长短；图板、丁字尺和三角板等用干净的布或软纸擦拭干净；工作地点选择在使光线从图板的左前方射入的地方，并且将需要的工具放在方便之处，不用的物品不要放在图板上，以便顺利地进行制图工作。

（2）选择图纸幅面

根据所绘图形的大小、比例及所确定图形的多少、分布情况选取合适的图纸幅面。注意，选取时必须遵守表 1-1 和图 1-1 的规定。

（3）固定图纸

丁字尺尺头紧靠图板左边，图纸按尺身找正后用胶纸条固定在图板上。注意使图纸下边与图板下边之间保留 1~2 个丁字尺尺身宽度的距离，以便放置丁字尺和绘制图框与标题栏。绘制较小幅面图样时，图纸尽量靠左固定，以充分利用丁字尺根部，保证作图准确度较高。图纸固定方法可参见图 1-36。

2）画底稿

画底稿时，所有图线均应使用细线(绘制底稿时，点画线和虚线均用极淡的细实线代替，以提高绘图速度和描黑后的图线质量)，即用较硬的 H 或 2H 铅笔轻轻地画出。画线要尽量细和轻淡，以便于擦除和修改，但要清晰（铅芯磨成锥形，参见图 1-34（a），圆规铅芯可用 H）。对于需上墨的底稿，在线条的交接处可画出头，以便辨别上墨的起止位置。

（1）画图框及标题框

按表 1-1 及图 1-4 的要求用细线画出图框及标题栏，可暂不将粗实线描黑，留待与图形中的粗实线一次同时描黑。

（2）布图

根据图形的大小和标注尺寸的位置等因素进行布图。图形在图纸上分布要均匀，不可偏向一边，相互之间既不可紧靠，也不能相距甚远。总之布置图形应力求匀称、美观。

确定位置后，按所设想好的布图方案先画出各图形的基准线，如中心线、对称线等。

（3）画图形

先画物体主要平面（如零件底面、基面）的线；再画各图形的主要轮廓线；然后绘制细节，如小孔、槽和圆角等；最后画其他符号、尺寸线、尺寸界线、尺寸数字横线和仿宋字的格子等。

绘制底稿时要按图形尺寸准确绘制，要尽量利用投影关系，几个图形同时绘制，以提高绘图速度。绘制底稿出现错误时，为了利于图纸清洁，不要急于擦除、修正，可作出标记，留待底稿完成后仔细检查校对，一次擦除和修改。

3）加深

铅笔加深时，铅笔的选用见第二节第一条。加深图线时用力要均匀，使图线均匀地分布在底稿线的两侧。用铅笔加深图形的步骤与画底稿时不同，一般顺序为：

（1）先细后粗；

（2）先圆后直；

（3）先左后右；

（4）先上后下。

4）完成其余内容

画符号和箭头，注尺寸，写注解，画图框及填写标题栏等。

5）检查

全面检查，如有错误，立即更正，并作必要的修饰。

6）上墨

上墨的图样一般用描图纸，其步骤与用铅笔加深的步骤相同，但上墨时应注意如下几点：

（1）用直线笔和圆规上的直线笔头上墨时，应根据线宽调节直线笔的螺母，并在纸片上试画满意后，再在图纸上描线。

（2）线笔内的墨水干结时，应将墨污擦净后再用。如用绘图墨水笔上墨，只要按线宽选用不同粗细笔头的笔，在笔胆内注入墨水，即可画线。

（3）相同宽度的图线应一次画完。如用直线笔上墨，可避免由于经常调整直线笔的螺母而使宽度相同的图线粗细不一；若用绘图墨水笔上墨，可避免经常换笔，提高制图效率。

（4）修改上墨图或去掉墨污时，待图中墨水干涸后，在图纸下垫一光洁硬物（如三角板），用薄型刀片轻轻修刮，同时用橡皮擦拭干净，即可继续上墨。

2．徒手绘图

目测比例徒手画出的图样，称为徒手图，亦称草图。当今，对于每个工程技术人员，具有熟练的徒手绘制草图能力尤为重要。

对徒手图的要求是：投影正确，线型分明，字体工整，图面整洁，图形及尺寸标注无误。要画好徒手图，必须掌握徒手画各种图形的手法。

1）直线的画法

画直线时，手腕不宜紧贴纸面，沿着画线方向移动，眼睛看着终点，使图线画直。为了控制图形的大小比例，可利用方格纸画草图。

画水平线时，图纸倾斜放置，从左至右画出，如图 1-69（a）所示。画垂直线时，应由上而下画出，如图 1-69（b）所示。画倾斜线时，应从左下角至右上角画出，或从左上角至右下角画出，如图 1-69（c）所示。

 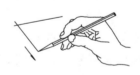 

（a）画水平线　　　　　　（b）画垂直线　　　　　　（c）画斜线

图 1-69　徒手画直线

画 30°、45°、60°的倾斜线时，可利用直角三角形直角边的比例关系近似确定两端点，然后连接而成，如图 1-70 所示。

2）圆和椭圆的画法

画直径较小的圆时，先画中心线定圆心，并在两条中心线上按半径大小取四点，然后过四点画圆，如图 1-71（a）所示。

画较大的圆时，先画圆的中心线及外切正方形，连对角线，按圆的半径在对角线上截取四点，然后过这些点画圆，如图 1-71（b）所示。

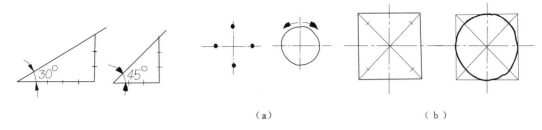

图 1-70 成特殊角度倾斜线的徒手画法　　　图 1-71 圆的徒手画法

当圆的直径很大时，可用如图 1-72（a）所示的方法，取一纸片标出半径长度，利用它从圆心出发定出许多圆周上的点，然后通过这些点画圆。或者如图 1-72（b）所示，用手作圆规，以小手指的指尖或关节作圆心，使铅笔与它的距离等于所需的半径，用另一只手小心地慢慢转动图纸，即可得到所需的圆。

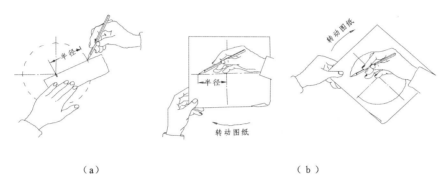

图 1-72 画大圆的方法

画椭圆时，可利用长、短轴尺寸定出椭圆上的四点，然后过点画椭圆，如图 1-73（a）所示。这种画法不易准确。为了提高绘图的准确度，可按图 1-73（b）所示方法进行。先按长短轴尺寸定出椭圆上四个端点 A、B、C、D；然后过 A、B、C、D 作矩形 EFGH，连接对角线 HF 和 GE，目测定出 EC、CF、GD 和 DH 的中点 1、2、3、4，连 A1、A4、B2、B3 分别与对角线相交得椭圆上点 5、8、6、7；最后光滑连接椭圆上各点得椭圆。

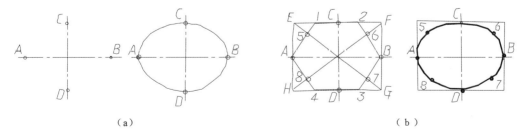

图 1-73 椭圆的徒手画法

3）正多边形的画法

圆内接正三角形的画法如图 1-74（a）所示。画一圆与中心线交于 1、2、3、4 点；过半径 O2 的中点 A 作中心线 34 的平行线，与圆交于 5、6 点；连接 1、5、6 得正三角形；圆内接正六边形的画法如图 1-74（b）所示。画一圆与中心线交于 1、2、3、4 点；分别过半径

O_2、O_1 的中点 A、B 作直线 34 的平行线,并与圆交于 5、6 及 7、8 点。连接 1752681,即得正六边形。

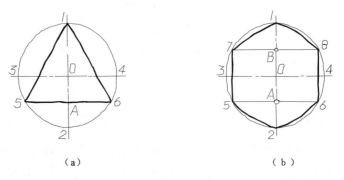

（a）　　　　　　　　　（b）

图 1-74　正多边形的画法

4）弧线连接的画法

画弧线连接时,先自测比例定出已知线段的位置,然后画已知线段,再画连接线段,如图 1-75 所示。画圆及圆弧时,尽量利用与正方形、菱形相切的特点画出连接线段,如图 1-76 所示。

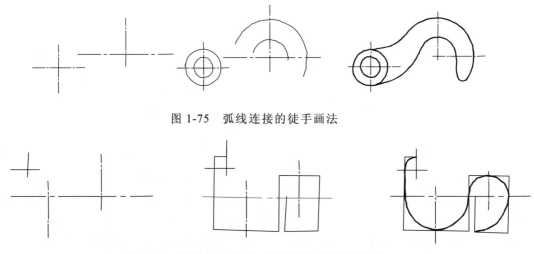

图 1-75　弧线连接的徒手画法

图 1-76　利用与正方形、菱形相切画弧线连接

3. 计算机绘图

随着计算机技术的迅猛发展,计算机绘图技术也在各行各业中得到日益广泛的应用,它具有作图精度高、出图速度快等特点,具体内容将在以后章节介绍。

第二章　点、直线、平面

点、线、面是构成空间形体最基本的几何元素，要解决形体的投影问题，首先要研究点、线、面的投影。

第一节　投影法的基本知识

一、投影法概述

1．投影的概念及分类

1）投影的概念

在日常生活中，常看到物体呈现影子的现象。夜晚，拿一个四棱台放在灯光和地面之间，这个四棱台在地面上便投下了影子，如图 2-1（a）所示。但是影子只反映了四棱台底面的外形轮廓，至于四棱台顶面和四个侧棱面的轮廓均未表示出来。如果要把它们都表示清楚，就需要这种自然射影现象进行科学的改造，即按投影的方法进行投影，如图 2-1（b）所示。发出的光线只将形体上各顶点和棱线的影子投射到平面 P 上，这样所得到的图形便称为投影，如图 2-1（b）所示。

投影的方法是：假定空间点 S 为光源，点 S 称为投影中心，影子所投落的平面称为投影面，经过四棱台的点（A、B…）的光线称为投影线（如 SA、SB…等），投影线与投影面的交点（如 a、b…）称为点在该投影面上的投影。把相应各顶点的投影连接起来，即得四棱台的投影。投影线、被投影的物体和投影面就是进行投影时必具的三个条件。

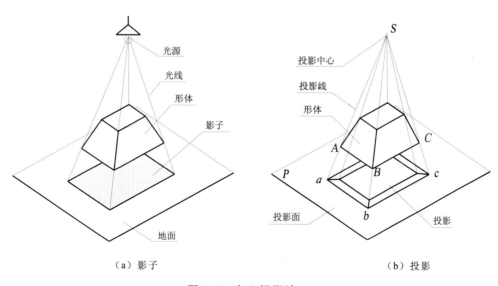

（a）影子　　　　　　　　　　　（b）投影

图 2-1　中心投影法

2）投影法的分类

投影法可分为中心投影法和平行投影法两类。

（1）中心投影法

当投影中心距投影面为有限远时，所有的投射线都会交于一投影中心点，这种投影法称为中心投影法（见图 2-1（b））。用这种方法所得的投影称为中心投影。

（2）平行投影法

当投影中心距投影面为无限远时，所有的投射线到达被投影物体时均视为互相平行，这种投影法称为平行投影法，如图 2-2 所示。用这些互相平行的投射线作出的形体的投影，称为平行投影。

根据投影线与投影面的倾角不同，平行投影法又分斜投影法和正投影法两种。

（1）斜投影法。

当投影线倾斜于投影面时，称为斜投影法，所得到的平行投影称为斜投影，如图 2-2（a）所示。

（2）正投影法。

当投影线垂直于投影面时，称为正投影法，投射方向垂直于投影面，所得到的平行投影称为正投影，如图 2-2（b）所示。

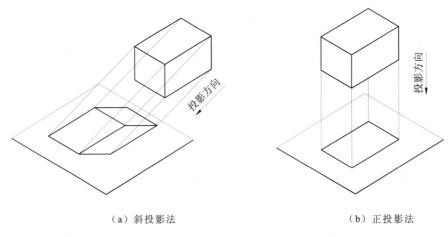

（a）斜投影法　　　　　　　（b）正投影法

图 2-2　平行投影法

2. 正投影的基本性质

正投影的性质是用正投影法为作图的依据，基本性质如下所述。

1）从属性

直线上点的投影仍在直线的投影上。如图 2-3 所示，点 C 在直线 AB 上，必有 c 在 ab 上。这种投影性质称为投影的从属性。

2）定比性

点分线段所成两线段长度之比等于该两线段的投影长度之比，如图 2-3 所示，$AC/CB=ac/cb$；两平行线段长度之比等于它们的投影长度之比，如图 2-3 所示，$AB/EF=ab/ef$。这种投影性质称为投影的定比性

3）平行性

两平行直线的投影仍互相平行。如图 2-3 所示，若已知 $AB//EF$，必有 $ab//ef$。这种投影

性质称为投影的平行性。

4）全等性

若线段或平面图形平行于投影面，则其投影反映实长或实形。如图 2-4 所示，已知 $DE\parallel P$ 面，必有 $DE=de$。已知 $\triangle ABC\parallel P$ 面，必有 $\triangle ABC\cong\triangle abc$。这种投影性质称为投影的全等性。

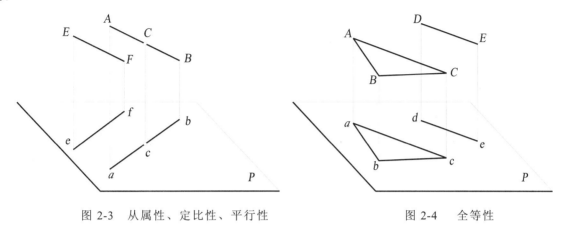

图 2-3　从属性、定比性、平行性　　　　　图 2-4　全等性

5）积聚性

若线段或平面图形垂直于投影面，其投影积聚为一点或一直线段。如图 2-5 所示，$DE\perp P$ 面，则点 d 与 e 重合；$\triangle ABC\perp P$ 面，则积聚成直线段 abc。这种投影性质称为投影的积聚性。

6）类似性

在图 2-6 中，空间平面图形对投影面来说，既不平行也不垂直而是倾斜的，这时，它在 P 投影面上的投影既不反映实形也无积聚性，而是比原形小、与原形类似的图形。这种投影性质称为投影的类似性。

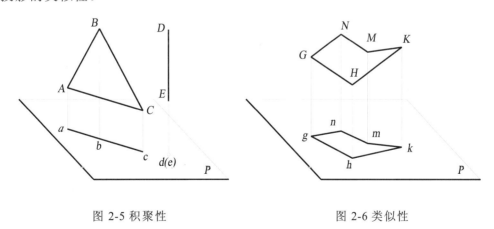

图 2-5 积聚性　　　　　图 2-6 类似性

二、工程上常用的四种投影图

图样是用来表示物体形状的，工程上对图样的基本要求是：1)度量性好，能准确清晰地反映物体的形状和大小；2)直观性强，富于立体感，使人们易于了解空间物体的形状；3)作图简便。

工程上常用的投影图有透视投影图、轴测投影图、多面正投影图及标高投影图。

1. 透视投影图

透视投影图简称为透视图,它是按中心投影法绘制的单面投影图,如图 2-7 所示。透视投影图的优点是形象逼真,与肉眼看到的情况很相似,特别适用于画大型建筑物的直观图。其缺点是度量性差、作图复杂。

图 2-7 透视投影图　　图 2-8 轴测投影图　　图 2-9 多面正投影图

2. 轴测投影图

轴测投影图简称轴测图,它是采用平行投影法(正投影法或斜投影法)得到的一种单面投影图。它是将空间的几何形体连同其所在的直角坐标系,一并投影到一个选定的投影面上,使其投影能同时呈现物体的三维形状或三维尺度(X, Y, Z),如图 2-8 所示。这种投影图的优点是立体感强,直观性好,其缺点是度量性不够理想,作图比较麻烦,工程中常用作辅助图样。

3. 多面正投影图

用正投影法把物体向两个或三个互相垂直的投影面进行投影,然后展开投影面所得到的图样称为多面正投影图,简称正投影图,如图 2-9 所示。这种投影图的优点是能准确地反映物体形状和结构,作图方便,度量性好,所以在工程上广泛采用。其缺点是立体感差,需要掌握一定的投影知识才能看懂。

4. 标高投影图

标高投影图是一种单面正投影图,多用来表达地形及复杂曲面。图 2-10(a)是图 2-10(b)所示的小山丘的标高投影图。它是假想用一组高差相等的水平面切割地面,如图 2-10(b)所示,将所得的一系列交线(称等高线)投射在水平投影面上,并用数字标出这些等高线的高程而得到的投影图。标高投影图的缺点是立体感差,其优点是在一个投影面上能表达不同高度的形状,所以常用它来表达复杂的曲面和地形面。

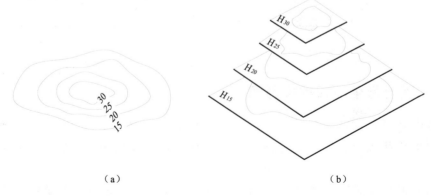

(a)　　(b)

图 2-10 标高投影图

三、物体的三面正投影图

1．三面投影图的形成

如图 2-11 所示，三个不同形状的物体，它们在水平面 H 上的投影都是相同的，所以，在一般情况下，只凭物体的一个投影不能确定该物体的形状和大小。

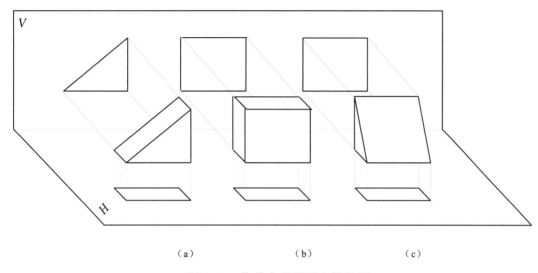

（a） （b） （c）

图 2-11 物体在投影面上的投影

一般说来，两面投影可以确定物体的形状。但如图 2-11（b）、（c）所示的两个不同形状的物体，它们在 V、H 面上的同投影面上的投影都是相同的，因此，根据它们那两个相应的投影还不能确定它们的空间形状。如果增加第三个投影，这个问题就可以得到解决。增加第三个投影面 W，使其同时与 V、H 面垂面，这样就形成了一个三投影面体系，简称为三面体系，如图 2-12（a）所示。

把正立投影面 V 称为正面，水平投影面 H 称为水平面，侧立投影面 W 称为侧面。物体在这三个投影面上的投影分别称为正面投影、水平投影、侧面投影。为了使物体的表面反映实形，作投影图时，尽可能使物体的表面平行于投影面，然后把物体分别向各投影面进行投影。图 2-12（a）中，使三角块的前表面平行于 V 面，底面平行于 H 面，则三角块的正面投影反映它的前表面的实形，水平投影反映它的底面的实形，侧面投影反映它的右侧面的实形，如果拿开物体，根据这三个投影就能确定物体的形状。但是，三个投影是分别在三个不同的投影面上的，而实际作图只能在同一个平面的图纸上，所以必须把它展开成一个平面。为此，固定 V 面，让 H 面和 W 面分别绕它们与 V 面的交线旋转到与 V 面重合的位置。在实际作图时，只需画出物体的三个投影面而不需画投影面的边框，如图 2-12（b）所示。

2．三面投影图的对应关系

1）**度量对应关系**

根据图 2-12 所示的三面投影图可知：正面投影反映物体的长和高；水平投影反映物体的长和宽；侧面投影反映物体的宽和高。由于每两个投影反映物体的长、宽、高三个方面的尺寸，并且每两个投影中就有一个共同的尺寸。故得三面投影图的度量对应关系如下：

（1）正面投影和水平投影的长度相等，并且互相对正；

（2）正面投影和侧面投影的高度相等，并且互相平齐；

(3) 水平投影和侧面投影的宽度相等。

该度量对应关系可简化为：长对正、高平齐、宽相等。这种关系称为三面投影图的投影规律，简称三等规律。

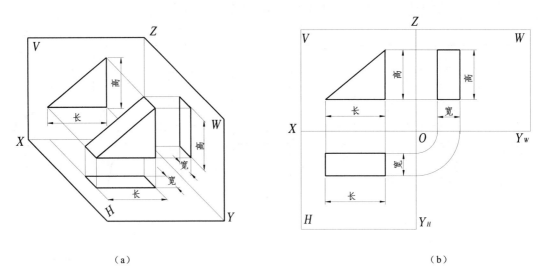

（a） （b）

图 2-12 三面投影图

2）位置对应关系（见图 2-13）

三面投影图的位置对应关系是：水平投影在正面投影之下，侧面投影在正面投影之右。

物体的三面投影图与物体之间的位置对应关系为：

（1）正面投影反映了物体的上、下、左、右的位置；
（2）水面投影反映了物体的前、后、左、右的位置；
（3）侧面投影反映了物体的上、下、前、后的位置。

应当注意，水平投影和侧面投影中远离正面投影的一边都是物体的前面。

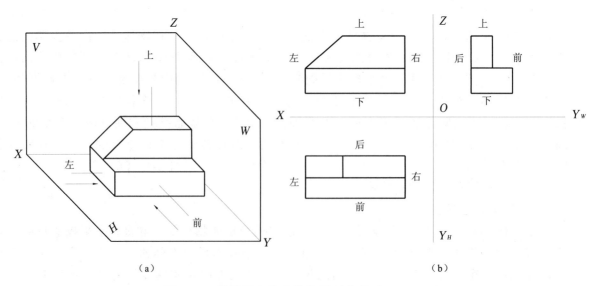

（a） （b）

图 2-13 投影图和物体的位置对应关系

第二节 点

一、点在两面体系中的投影

点是组成空间形体最基本的几何元素，所以要解决形体的投影问题，首先要研究点的投影。

1. 两面投影体系的建立

如图 2-11 中已经说明，仅凭物体的一个投影不能确定该物体的空间形状。同样，仅凭点的一个投影不能确定该点的空间位置。如图 2-14（a）所示，若投影方向确定，A 点在 H 面内就有唯一确定的投影 a。但如图 2-14（b）所示，仅凭 B 点的水平投影 b，并不能确定 B 点的空间位置。为此，需要研究点的多面投影问题，这里，首先讨论两面投影体系。

两投影面体系是由垂直相交的两个投影面组成的。如图 2-15 所示，假定空间有两个互相垂直的投影面，其中，竖直放置的投影面，称为正面，记作 V；水平放置的投影面，称为水平面，记作 H；两投影面的交线称为投影轴线，记作 OX。V 面、H 面和 OX 轴构成了一个两投影面体系（简称两面体系）。在该两面体系中，OX 轴线把 V 面分为上下两部分，把 H 面分为前后两部分，它包含了确定空间点所必须的左右、前后、上下三个方向上的尺度。

两面体系的整个空间被相互垂直 V 面和 H 面分为四个部分，每一部分称为一个分角，四个分角 I、II、 III、IV 的划分顺序如图 2-15 所示。

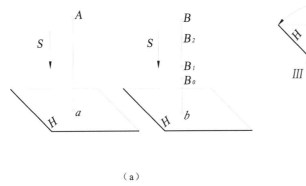

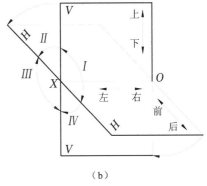

（a）　　　　　　　　　　　　　　　　　　（b）

图 2-14　物体在投影面上的投影　　　图 2-15　两投影面体系

2. 点在两面体系中的投影

如图 2-16（a）所示，第一分角内有一点 A，由 A 点向 V 面作垂线，其垂足称为 A 点的正面投影，用 a′表示；由 A 点向 H 面作垂线，其垂足称为 A 点的水平投影，用 a 表示（空间点用大写字母 A、B、C…表示，正面投影用 a′、b′、c′…表示；水平投影用 a、b、c…表示）。现在如果移去 A 点，并过正面投影 a′作 V 面的垂线 a′A，过水平投影 a 作 H 面的垂线 aA，这两条垂线必交于 A 点。因此，根据空间一点的两个投影就可以唯一地确定空间点的位置。

如图 2-16（a）所示，A 点的两个投影 a′和 a 分别在两个不同的平面内。但画投影图时，要把这两个投影画在同一平面内，因此需把空间的两个投影面展开成同一个平面。其方法是：如图 2-16（b）所示，V 面不动，H 面绕 OX 轴向下旋转 90°，使 H 面与 V 面重合。由此可得到 A 点的两面投影，如图 2-16（c）所示。

由于投影面的范围大小与作图无关，画投影图时，一般不画投影面的边界，只画投影轴 OX，在投影图中也不标记 V、H，如图 2-16（d）所示。

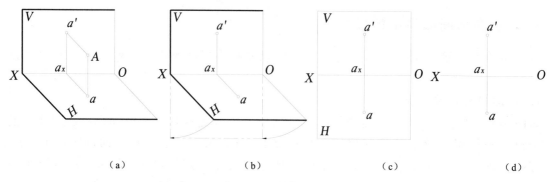

图 2-16　点的两面投影及其投影规律

3．点在两面体系中的投影规律

如图 2-16（a）所示，由于投影线 Aa 和 Aa' 构成的平面 Aaa_xa' 垂直于 H 面和 V 面，所以不难推论出该面必定垂直于 OX 轴，因而平面 Aaa_xa' 上过 a_x 的直线 aa_x 和 $a'a_x$ 均垂直于 OX 轴，即 $aa_x \perp OX$，$a'a_x \perp OX$。当 a 随 H 面绕 OX 轴旋转展开与 V 面重合后，a、a_x、a' 三点共线，且 $a'a \perp OX$ 轴，如图 2-16（c）、（d）所示。

在图 2-16（a）中，矩形平面 Aaa_xa' 的对边相等，$a'a_x=Aa$（即 A 到 H 面的距离）；$aa_x=Aa'$（即 A 到 V 面的距离）。

综上所述，点的两面投影规律可总结为：

1）点的正面投影与水平投影的连线垂直于 OX 轴；

2）点的正面投影到 OX 轴的距离等于该点到 H 面的距离，点的水平投影到 OX 轴的距离等于该点到 V 面的距离（即 $a'a_x=Aa$，$aa_x=Aa'$）。

4．点在两面体系中各种位置的投影

点的两面投影规律不仅适用于两面体系中的第一分角，也适用于点在其他分角中的任何位置。如图 2-17（a）所示，空间四点 A、B、C、D 分在 Ⅰ、Ⅱ、Ⅲ、Ⅳ 四个分角内，E 点在 H 面上，F 点在 OX 轴上，它们的空间情况如图 2-17（a）所示，其相应的投影图如图 2-17（b）所示。

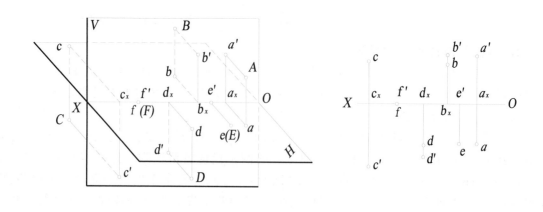

图 2-17　点在两面体系中不同分角的投影

二、点在三面体系中的投影

1. 三面投影体系的建立

在两投影面体系的基础上增加一个与 V 面和 H 面都垂直且处于侧立位置的投影面,从而构成了三投影面体系,这个新添加的投影面称为侧立投影面,记作 W,如图 2-18(a)所示。在三投影面体系中,V 面与 H 面的交线为 OX 轴;H 面与 W 面的交线为 OY 轴;V 面与 W 面的交线为 OZ 轴。三条投影轴的交点为投影原点,记作 O。

三个投影面把空间分成八个部分,称为八个卦角。卦角 I~VIII 的划分顺序如图 2-18(a)所示。

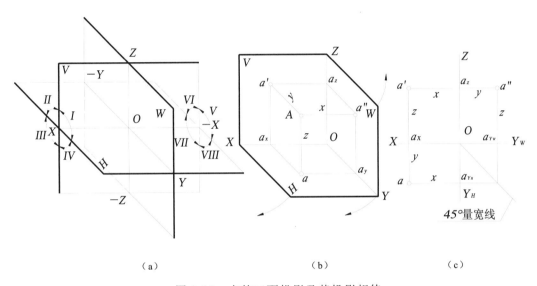

（a） （b） （c）

图 2-18 点的三面投影及其投影规律

2. 点的三面投影

位于第一卦角内的 A 点分别向 V、H、W 面作垂线 Aa'、Aa、Aa'',其垂足 a'、a、a'' 为 A 点的三个投影,其中为 A 点在 W 面上的投影 a'',称为 A 点的侧面投影,侧面投影用 a''、b''、c''、…表示,如图 2-18(b)所示。

3. 点的三面投影与直角坐标系的关系

投影面展开时,移去空间点 A,仍然规定 V 面不动,将 H 面绕 OX 轴向下旋转 90°到与 V 面重合的位置,W 面绕 OZ 轴向左旋转 90°到与 V 面重合的位置,使 V、H、W 处于同一个竖直位置,如图 2-18(b)所示。随 H 面向下旋转的 OY 轴用 Y_H 表示,随 W 面向右旋转的 OY 轴用 Y_W 表示,旋转后即得 A 点的三面投影图,如图 2-18(c)所示。投影图中不必画出投影面的边界。

如图 2-18(a)所示,将三面体系对应笛卡尔直角坐标系,则投影面 V、H、W 相当于坐标面,投影轴 OX、OY、OZ 相当于坐标轴 X、Y、Z,投影原点 O 相当于坐标原点 O。原点把每一轴分成两部分,并规定:OX 轴从 O 向左为正,向右为负;OY 轴向前为正,向后为负;OZ 轴向上为正,向下为负。因此,第 I 卦角内的点,其坐标值均为正。

分析图 2-18 可知,空间点的三面投影与该点的空间坐标有如下关系:

1)空间点的任一投影,均反映了该点的某两个坐标值,即:a(X_A, Y_A)、a'(X_A, Z_A)、a''(Y_A, Z_A);

2）空间点的每一个坐标值，反映该空间点到某投影面的距离，即

$aa_y = a'a_z = x$　　反映 A 点到 W 面的距离。

$aa_x = a''a_z = y$　　反映 A 点到 V 面的距离。

$a'a_x = a''a_y = z$　　反映 A 点到 H 面的距离。

由此可知（见图 2-18（b）），点的每一个投影由该点的两个坐标值确定，点的任两个投影都能反映该点的三个坐标值。如果已知点 A 的一组坐标值 $A(X_A, Y_A, Z_A)$，就能唯一地确定该点的三面投影（a', a, a''）；反之亦然。

4．点的三面投影规律

空间点 A 的两面投影规律中有 $aa' \perp OX$，同理可得，点 A 的正面投影与侧面投影的连线垂直于 OZ 轴，即 $a'a'' \perp OZ$。空间点 A 的水平投影到 OX 轴的距离和侧面投影到 OZ 轴的距离均反映该点的 Y 坐标，故 $aa_x = a''a_z = Y_A$。

综上所述，点的三面投影规律为：

1）点的正面投影和水平投影的连线垂直于 OX 轴（即 $a'a \perp OX$）；

2）点的正面投影和侧面投影的连线垂直于 OZ 轴（即 $a'a \perp OZ$）；

3）点的水平投影到 OX 轴的距离等于该点的侧面投影到 OZ 轴距离（即 $aa_x = a''a_z$）。

【例 2-2-1】 已知点 A 的坐标为（15，8，12），求作点 A 的三面投影。

作图：

① 如图 2-19（a）所示，画出投影轴。由 O 沿 OX 取 X=15，得 a_x 点，沿 OY_H 取 Y=8，得 a_{yH} 点，沿 OZ 取 Z=12，得 a_z 点；

② 如图 2-19（b）所示，过 a_x 点作 OX 轴的垂线，它与过 a_{yH} 点而与 OX 平行的直线的交点，即为点 A 的水平投影 a；与过 a_z 点而与 OX 平行的直线的交点，即为点 A 的正面投影 a'；

③ 由 $aa_x = a_{YH}O = a_{YW}O = a''a_z$，在 $a'a_z$ 延长线上即可得到点的侧面投影 a''。作图方法如图 2-19（c）或（d）所示。

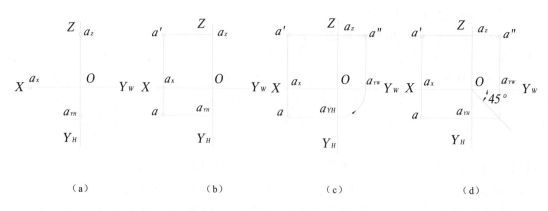

图 2-19　求作点 A 的三面投影

【例 2-2-2】 如图 2-20（a），根据点的三面投影图，作该点的立体图。

作图：

① 画出三投影面体系，如图 2-20（b）所示；

② 在 OX 轴、OY 轴、OZ 轴上分别作出 Oa_x、Oa_y、Oa_z，求出 a'、a、a''，如图 2-20（c）所示；

③ 过 a'、a、a'' 分别作相应投影轴 OY、OZ、OX 的平行线，平行线的交点即为所求的空间点 A，如图 2-20（d）所示。

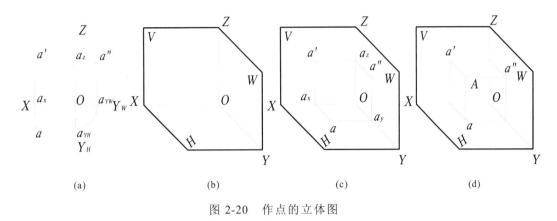

图 2-20 作点的立体图

【例 2-2-3】如图 2-21 所示，已知点 C 的二面投影 c'、c''，求作其第三投影 c。

作图：

① 如图 2-21（b）所示，过 c' 作 OX 轴的垂线；
② 过 c'' 作 OY_W 的垂线交于 C_{YW} 点；
③ 以 O 为圆心，OC_{YW} 为半径画弧即可求得 C_{YH} 点，再求出 c 点，如图 2-21（b）所示。

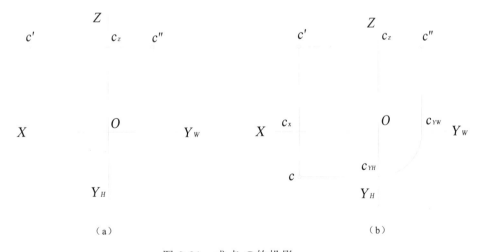

图 2-21 求点 C 的投影 c

三、两点的相对位置

两点的相对位置是指空间两点之间上下、左右、前后的相对位置的关系。

1. 两点相对位置的判别和确定

空间两点的相对位置可根据两点同面投影（在同一投影面上的投影称为同面投影）的坐标关系来判别。如图 2-22 所示，已知 a'、a、a'' 和 b'、b、b''。$x_A > x_B$ 表示 A 点在 B 点之左；$y_A > y_B$ 表示 A 点在 B 点之前；$Z_A > Z_B$ 表示 A 点在 B 点之上，即 A 点在 B 点的左、前、上方。

若知其确切位置则可用两点的坐标差（即两点在三个方向上分别对各投影面的距离差）来确定。在图 2-22 中，A 点在 B 点左方 $x_A - x_B$ 处；A 点在 B 点前方 $y_A - y_B$ 处；A 点在 B 点上方 $Z_A - Z_B$ 处。由于 A、B 两点的坐标差已确定，这两点的相对位置就完全确定了，如图 2-22（b）所示为 A 点的立体图。

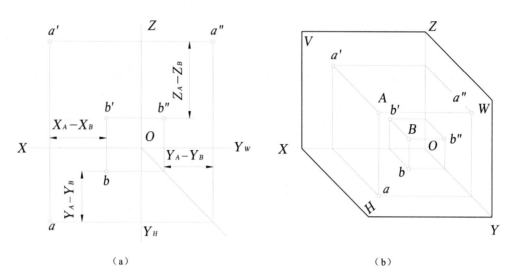

图 2-22 两点的相对位置

2. 重影点及其可见性

位于某一投影面的同一条投影面垂直线（即投射线）上的两点，在该投影面上的投影重合为一点，这两点被称为对该投影面的重影点。在图 2-23 中，A、B 两点位于同一条 H 面的垂直线上，它们在 H 面的投影重合为一点 $a(b)$，这时，则称 A、B 两点为对 H 面的重影点（其正面投影不重合）。同理，称 C、D 两点为对 V 面的重影点（其水平投影不重合）。由此可判断出，A 点位于 B 点的正上方，C 点位于 D 点的正前方。

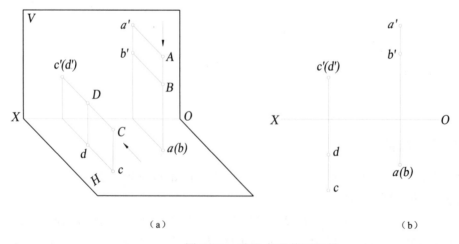

图 2-23 重影点及其可见性

当空间两点在某一投影面上的投影重合时，其中必定有一点遮住了另一点，这就存在着可见性问题。在图 2-23 中，A 点和 B 点在 H 面上的投影重合为 a（b）点，依箭头方向正对 H 面观察时，由于 A 点在 B 点的正上方，即 $Z_A>Z_B$，所以 A 点遮住了 B 点，因此 A 点的水平投影 a 是可见的，B 点的水平投影（b）是不可见的（点的某一投影是不可见加括号来表示），当然 A、B 两点的正面投影 a'、b' 都是可见的。同理 $y_C>y_D$，c' 为可见，（d'）为不可见，其水平投影 c、d 均为可见。显而易见，判别重影点的可见与不可见，是根据它们不重合的同面投影来判别的，坐标值大的为可见，坐标值小的为不可见，即上遮下、左遮右、前遮后。

第三节　直　线

一、直线的投影

1．直线的确定

任何直线的位置均可由该直线上任意两点来确定，也可由直线上一点及直线的方向（例如平行于另一条已知直线）来确定。直线是无限延伸的，通常用有限长度的线段（两定点之间的部分）表示直线，在本节及以后章节中所讲的"直线"均指用线段表示的直线。

2．直线的投影

直线的投影一般仍为直线，只有当直线平行于投影方向时，其投影才积聚为一点，如图 2-24（a）所示。

直线可视为点的集合，直线的投影就是直线上点投影的集合。而确定一条直线只需要两个点，所以直线的投影可由直线上两点的同面投影来确定。若要作出如图 2-24（b）所示直线 AB 的三面投影，只要分别作出 A、B 的同面投影 a、b，a'、b'，a''、b''，然后同面投影相连即得 ab、$a'b'$、$a''b''$。直线 AB 的三面投影如图 2-24（c）所示。

直线的两个投影就能唯一确定该直线的空间位置。

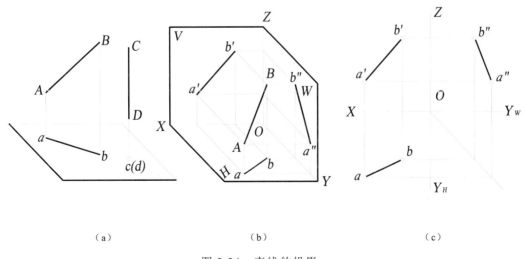

图 2-24　直线的投影

二、直线对投影面的相对位置

在三面投影体系中，根据直线与投影面所处的相对位置不同，可将直线分为投影面平行线、投影面垂直线和一般位置直线三种。前两种均称为特殊位置直线。直线对 H、V、W 三投影面的倾角，分别用 α、β、γ 来表示。

1. 投影面平行线

只平行于一个投影面而与其他两个投影面倾斜的直线称为投影面平行线。只平行于 V 面的直线称为正平线；只平行于 H 面的直线称为水平线；只平行于 W 面的直线称为侧平线。

下面以水平线为例讨论投影面平行线的投影特点，如图 2-25 所示。

1）水平线 AB 的正面投影 $a'b'$，平行于 OX 轴，侧面投影 $a''b''$ 平行于 OY_W 轴。

2）水平线 AB 的水平投影反映线段实长，即 $ab=AB$。

3）水平线 AB 的水平投影 ab 与 OX 轴的夹角，反映直线对 V 面的倾角 β；ab 与 OY_H 轴的夹角，反映直线对 W 面的倾角 γ。

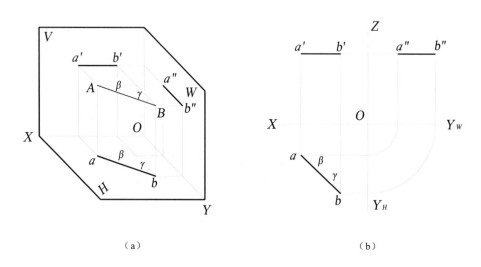

(a)   (b)

图 2-25 水平线的三面投影图

投影面平行线的投影特点如表 2-1 所示。

表 2-1 投影面平行线的投影特点

	正 平 线	水 平 线	侧 平 线
立体图			

续表

	正平线	水平线	侧平线
投影图	![正平线投影图]	![水平线投影图]	![侧平线投影图]
投影特点	1. $a'b'=AB$ 2. ab // OX 轴 　$a''b''$ // OZ 轴 3. $a'b'$ 与 OX 和 OZ 轴的夹角分别反映 α 和 γ	1. $ab=AB$ 2. $a'b'$ // OX 轴 　$a''b''$ // OY_W 轴 3. ab 与 OX 轴和 OY_H 轴的夹角分别反映 β 和 γ	1. $a''b''=AB$ 2. $a'b'$ // OZ 轴 　ab // OY_H 轴 3. $a''b''$ 与 OZ 轴和 OY_W 轴的夹角分别反映 β 和 α

分析表 2-1，可归纳出投影面平行线的投影特性：

（1）直线在它所平行的投影面上的投影，反映该线段的实长和对其他两投影面的倾角；

（2）直线在其他两个投影面上的投影分别平行于相应的投影轴，且都小于该线段的实长。

2．投影面垂直线

投影面垂直线是指垂直于某投影面，且平行于其余两投影面的直线。与正面垂直的直线，称为正垂线；与水平面垂直的直线，称为铅垂线；与侧面垂直的直线，称为侧垂线。

如图 2-26 所示，以铅垂线为例来讨论投影面垂直线的投影特点。

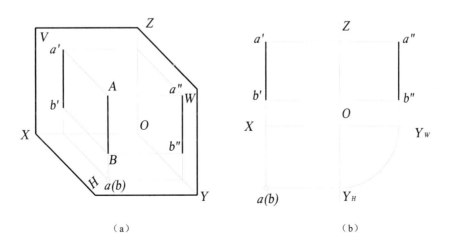

图 2-26　铅垂线的三面投影

1) 铅垂线 AB 的水平投影积聚为一点，即 a（b）为一点；
2) 线 AB 的正面投影 a'b' 垂直于 OX 轴，侧面投影 a"b" 垂直于 OY_W 轴；
3) 铅垂线 AB 的正面投影和侧面投影均反映线段实长，即 a'b'=AB，a"b"=AB。

投影面垂直线的投影特点如表 2-2 所示。

表 2-2 投影面垂直线的投影特点

	正垂线	铅垂线	侧垂线
立体图	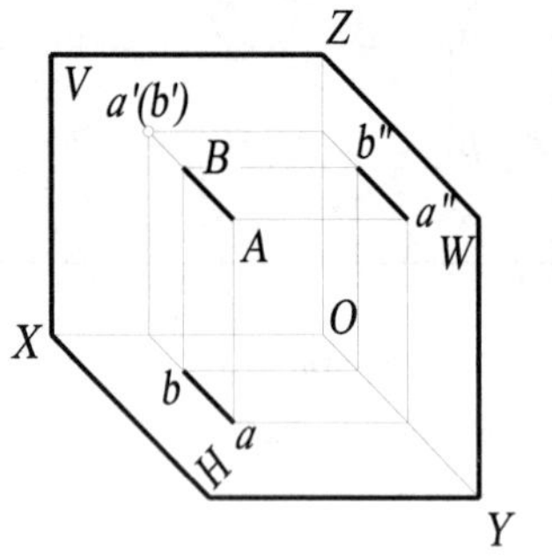	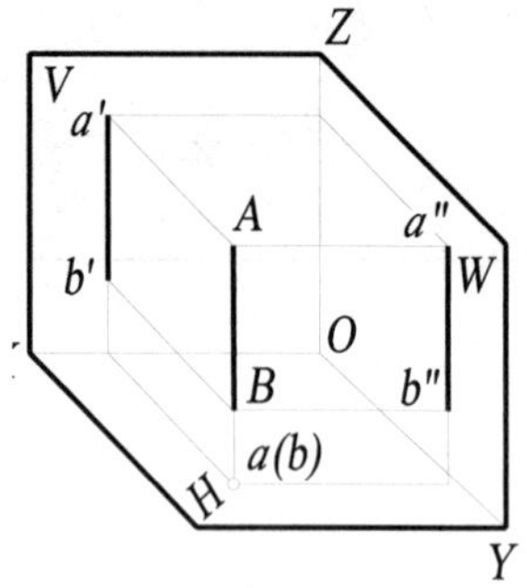	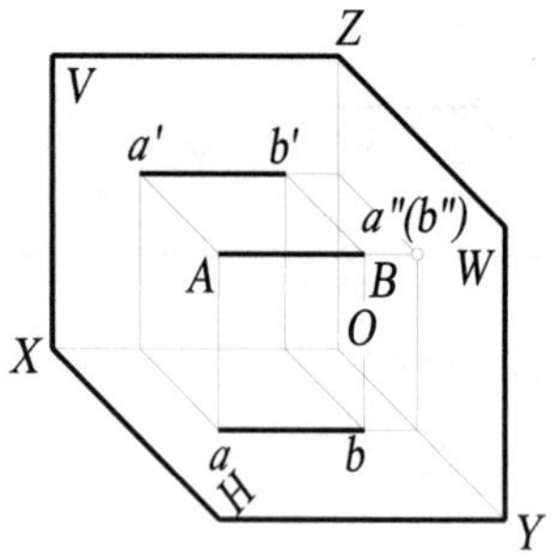
投影图	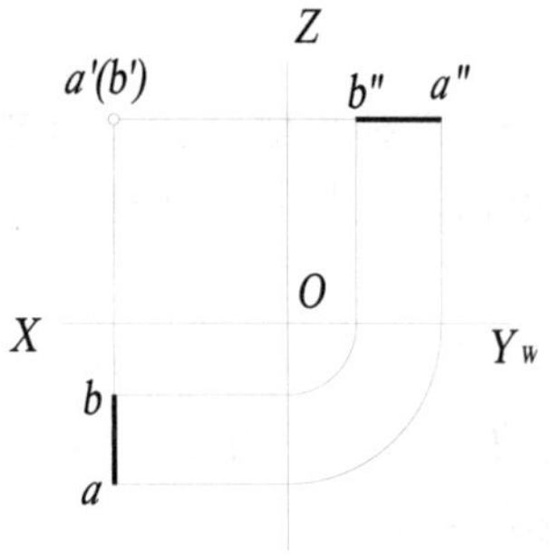	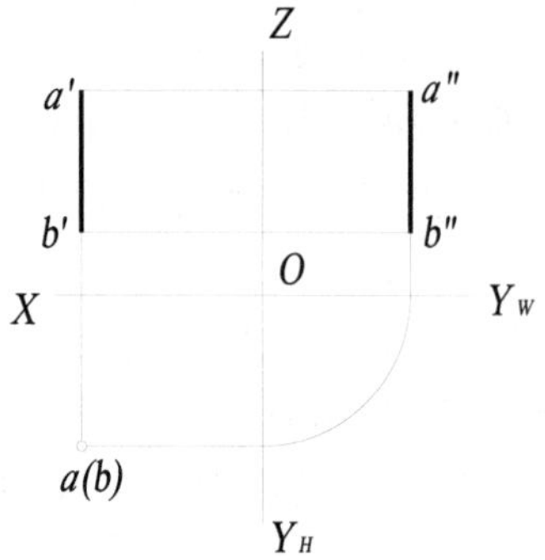	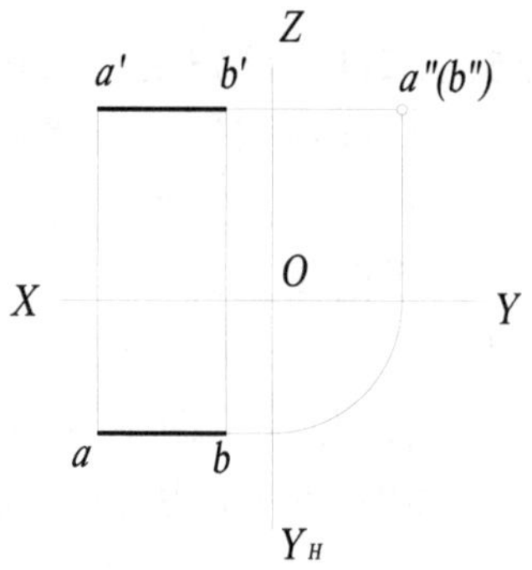
投影特点	1. $ab \perp OX$ 轴 　$a"b" \perp OZ$ 轴 2. $a'b'$ 积聚为一点 3. $ab=a"b"=AB$	1. $a'b' \perp OX$ 轴 　$a"b" \perp OY_W$ 轴 2. ab 积聚为一点 3. $a'b'=a"b"=AB$	1. $a'b' \perp OZ$ 轴 　$ab \perp OY_H$ 轴 2. $a"b"$ 积聚为一点 3. $a'b'=ab=AB$

分析表 2-2，可归纳出投影面垂直线的投影特性：

（1）直线在它所垂直的投影面上的投影积聚成一点；

（2）直线在其他两个投影面上的投影分别垂直于相应的投影轴，且反映该直线段实长。

3. 一般位置直线的投影

对三个投影面都处于倾斜位置的直线称为一般位置的直线。如图 2-27（a）所示，直线 AB 同时倾斜于 H、V、W 三个投影面，它与 H、V、W 的倾角分别为 α、β、γ。

由于一般位置直线倾斜于三个投影面，故有下述投影特点：

1）直线的各投影均不反映线段的实长，也无积聚性。如图 2-27（a）所示，直线的三面投影的长度都短于实长，其投影长度与直线对各投影面的倾角有关，即 $ab = AB\cos\alpha$、$a'b' = AB\cos\beta$、$a''b'' = AB\cos\gamma$。

2）直线的三面投影均倾斜于投影轴，它们与投影轴的夹角均不反映空间直线与任何投影面的倾角。图 2-27（a）中，直线 AB 与 H 面的倾角 α 就是直线 AB 与 ab 的夹角，但此夹角并不在图 2-27（b）中任一投影与投影轴的夹角中反映出来，要解决这个问题必需进一步分析线段与其投影之间的关系。

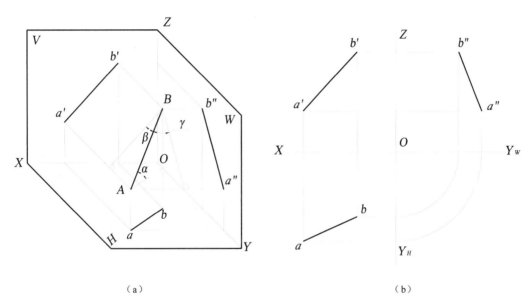

图 2-27 一般位置直线的投影

三、用直角三角形法求一般位置直线段的实长及其对投影面的倾角

一般位置线段的投影不反映线段实长，它的投影与投影轴的夹角也不反映线段对投影面的倾角。但是线段的两个投影已经完全确定了它在空间的位置，所以它的实长和倾角是可以求出来的，其最基本的方法是直角三角形法，下面以线段的两面投影来研究直角三角形法的原理和作图方法。

在图 2-28（a）中，空间线段 AB 和水平投影 ab 构成一垂直于 H 面的平面 ABba。过点 A 作 AB_0//ab，并交投影线 Bb 于点 B_0，则 AB_0B 构成一直角三角形。该直角三角形中，一直角边 $AB_0 = ab$，另一直角边 $BB_0 = Z_B - Z_A$（即线段 AB 两端点的 Z 坐标差）；斜边即为线段 AB 的实长，AB 与 AB_0 的夹角 $\angle BAB_0 = \alpha$（本书图中线段的实长均用 T.L 表示）。

根据以上分析，该直角三角形的具体作法如图 2-28（c）所示。

1）以 ab 为直角边；
2）过 b 作 $bb_0 \perp ab$，取 $bb_0 = Z_B - Z_A$；
3）连 ab_0，则 ab_0 即为 AB 的实长，ab_0 与 ab 的夹角即为线段 AB 对 H 面的倾角 α。

此直角三角形也可用如图 2-28（d）、（e）所示的方法作出。

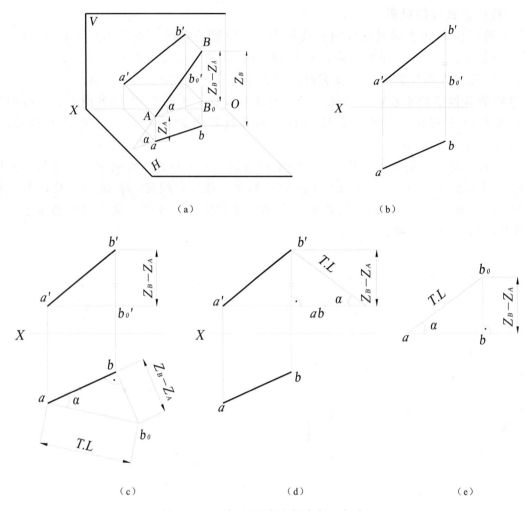

图 2-28 一般位置线段的实长及倾角 α

同理,利用线段 AB 的正面投影长度 $a'b'$,以及该线段两端点的 Y 坐标差组成直角三角形,可求出线段的实长及其对 V 面的倾角 β,如图 2-29(a)、(b)、(c) 所示。

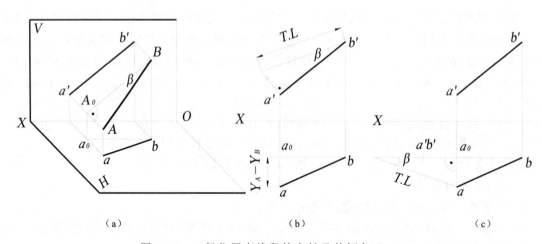

图 2-29 一般位置直线段的实长及其倾角 β

由上可知，直角三角形法作图的一般规则如下：

以线段在某一投影面上的投影为一直角边，以线段两端点到该投影面的距离差（即坐标差）为另一直角边，所构成直角三角形的斜边就是线段的实长，而且此斜边与该投影的夹角，就等于该线段对投影面的倾角。由此可知，实长与水平投影的夹角是 α，而 α 的对边一定是 z 坐标差；实长与正面投影的夹角是 β，β 的对边一定是 y 坐标差；实长与侧面投影的夹角是 γ，γ 的对边一定是 x 坐标差。

根据直角三角形的性质，在直角三角形的四要素（某投影长、坐标差、实长及倾角）中，只要知道其中任意两个，就可以作出该直角三角形，即可求出其他要素。这四个几何要素的配组关系是严格不变的，即

1）线段的实长、水平投影长度、两端点的 Z 坐标差、α 构成一组；
2）线段的实长、正面投影长度、两端点的 Y 坐标差、β 构成一组；
3）线段的实长、侧面投影长度、两端点的 X 坐标差、γ 构成一组。

【例 2-3-1】如图 2-30（a）所示，已知线段 AB 的水平投影 ab 和 A 点的正面投影 a'，并知 AB 对 H 面的倾角 $\alpha=30°$，试求 AB 的实长及在 V 面上的投影 $a'b'$。

分析：要求出 AB 的实长，只需作出由 ab、α 组成的直角三角形即可，根据已知条件，此直角三角形可作出；因 a' 已知，要作出 $a'b'$，只需求出 A、B 两点的 Z 坐标之差 Z_a-Z_b 即可，而在前面所作出的直角三角形中，Z_a-Z_b 已得出，故此题可求解。

作图：如图 2-30 所示。

① 如图 2-30（c）所示，以 ab 为一直角边，过 a 对 ab 作 30° 斜线，此斜线与过 b 点的垂线交于 B_0 点，aB_0 即为 AB 实长，而 bB_0 则为 A、B 两点的 Z 坐标之差；

② 如图 2-30（b）所示，利用 bB_0 即可确定 b'；

③ 连 a'、b' 两点即为所求。

此题有两解，另一解由读者作出。

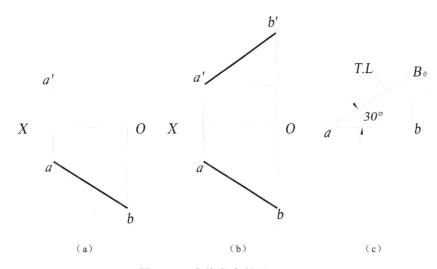

图 2-30 求线段实长及 $a'b'$

四、点与直线的从属关系

点与直线的从属关系有点在直线上和点不在直线上两种情况。

1. 直线上的点的投影

1）点在直线上，则该点的各个投影一定在直线的同面投影上，且符合点的投影规律。反之，点的各投影都在直线的同面投影上，且符合点的投影规律，则该点一定在该直线上。在图 2-31 中，点 C 在直线 AB 上，则其水平投影 c 一定在 ab 上，正面投影 c' 一定在 $a'b'$，侧面投影 c'' 一定在 $a''b''$ 上。反之，在投影图中，若点的各个投影在直线的同面投影上，且符合点的投影规律，则该点必定在此直线上，如图 2-31 所示。

2）在直线段上的点将直线段分成定比，则该点的各个投影必定将该直线段的同面投影分成相同的比例，这个关系称为定比关系。在图 2-31 中，点 C 将线段 AB 分为 AC、CB 两段，则 $AC:CB=ac:cb=a'c':c'b'=a''c'':c''b''$。

2. 不在直线上的点

若点不在直线上，则点的投影不具备上述性质。

在图 2-32 中，虽有 k 在 ab 上，但 k' 不在 $a'b'$ 上，故点 K 不在直线 AB 上。

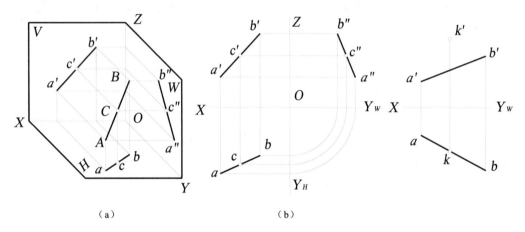

图 2-31　在直线上的点　　　　图 2-32　不在直线的点

3. 点与直线的从属关系的判断

1）点是否在一般位置直线上的判断

对于点是否在一般位置直线上，可由任意两面投影进行判断。如图 2-31（b）所示中点 C 是否在直线 AB 上的判断。

2）点是否在投影面平行线上的判断

对于点是否在投影面平行线上，一般可以用以下两种方法进行判断。

（1）由该直线所平行的投影面上的投影及另一投影进行判断。如图 2-33（a）所示；

（2）利用点分直线段成定比的性质进行判断。如图 2-33（b）所示，由于 $a'k':k'b'\neq ak:kb$，故点 K 不在直线 AB 上。

【例 2-3-2】如图 2-34 所示，在直线 AB 上取点 C，使 $AC:CB=2:3$，求点 C 的投影。

分析：利用属于直线的点分线段成定比的性质求解。

作图：

① 过 a 任作射线 ab_0；

② 将 ab_0 分为五等分，取 c_0，使 $ac_0:c_0b_0=2:3$；

③ 连 bb_0，过 c_0 作 $c_0c//b_0b$，得 c，即点 C 的水平投影；

④ 由 c 即可求得 c'。

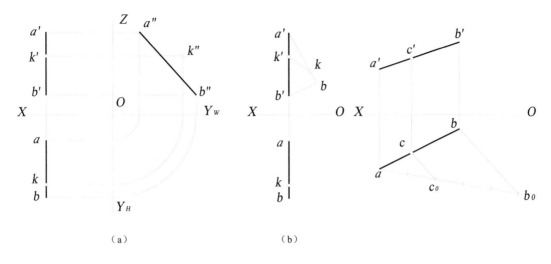

图 2-33 判断点与直线的从属关系　　　图 2-34 求 C 点的投影

五、两直线的相对位置

两直线在空间的相对位置有相交、平行和交叉三种情况。其中相交或平行的两直线属共面直线，交叉的两直线属异面直线。下面分别讨论它们的投影特性。

1. 相交两直线

两直线相交的几何条件是：空间两直线如果相交，则此两直线的各同面投影一定相交，且交点的投影必定符合点的投影规律。反之，如果两直线的各同面投影均相交，且各投影的交点符合点的投影规律，则此两直线在空间也一定相交。

在图 2-35 中，直线 AB 与 CD 相交，其同面投影 a′b′ 与 c′d′、ab 与 cd、a″b″ 与 c″d″ 均相交，其交点 k′、k、k″ 即为 AB 与 CD 的交点 K 的三面投影。

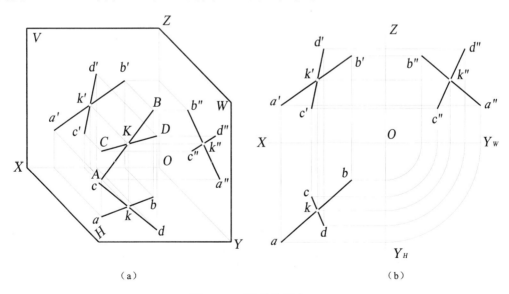

图 2-35 两直线相交

在投影图上判断空间两直线是否相交的方法为：

1）当两直线都处于一般位置时，则只需观察两组同面投影即可。如图 2-36（a）所示，可判定 AB 和 CD 是相交两直线；如图 2-36（b）所示，AB 和 CD 的水平投影积聚成一直线，这就表明这两直线是在垂直于 H 面的同一平面内，所以它们是相交的，交点为 K。

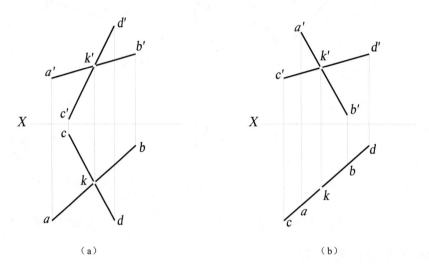

图 2-36　两直线相交

2）当两直线中的一直线平行于某一投影面时，一般要看直线所平行的那个投影面上的投影才能确定它们是否相交。在图 2-37 中，两直线 AB 和 CD 的正面投影和水平投影均相交，由于 AB 是一侧平线，这时可以利用侧面投影检查其交点是否符合点的投影规律。从图中可以看出正面投影的交点和侧面投影的交点连线不垂直于 OZ 轴，所以 AB 和 CD 不相交。

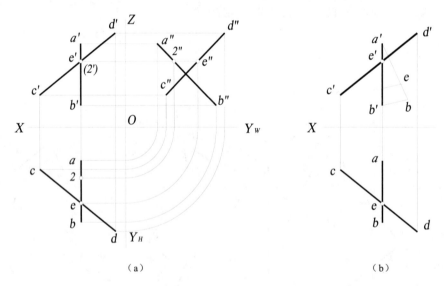

图 2-37　判断两直线是否相交

此例也可以利用定比关系来判断直线是否相交。在图 2-37（b）中，$a'e':e'b' \neq ae:ed$，可以判定 E 点不是直线 AB 上的点，即 E 点不是两直线的交点，所以 AB 与 CD 不相交。

2．平行两直线

如果空间两直线互相平行，则此两直线的各组同面投影必定相互平行。在图 2-38 中，AB // CD，则 ab // cd、a'b' // c'd'、a"b" // c"d"。反之，如果两直线的各组同面投影互相平行，则此两直线在空间也一定互相平行。

在投影图上判断空间两直线是否平行的方法为：

1）当两直线都处于一般位置时，如图 2-38（b）所示，仅根据它们的水平投影和正面投影是否相互平行，就可判断两条直线在空间也相互平行。这是因为，如图 2-38（a）所示，各投影及其投影线所形成的平面 ABba//CDdc，ABb'a'//CDd'c'，所以两对平行平面的交线也必互相平行，即 AB//CD。

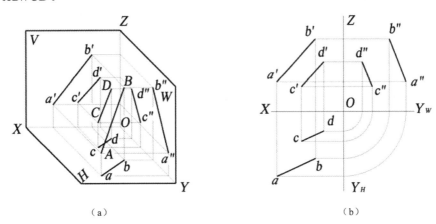

图 2-38 两直线平行

2）当两直线同时平行于某一投影面时，一般可以用下面几种方法判断它们是否平行：

（1）先检查 AB 和 CD 在向前或向后、向上或向下的指向是否一致，若不一致，则 AB 和 CD 交叉，如图 2-39（a）所示。若一致，再用下面方法判断。

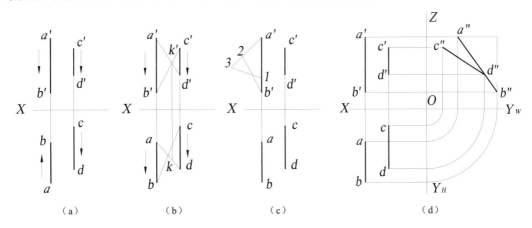

图 2-39 判断两直线是否平行

（2）若 AB 和 CD 向前或向后、向上或向下的指向一致，如图 2-39（b）所示，可分别连接 A 和 D、B 和 C，检查 a'd' 与 b'c' 的交点 k' 和 ad 与 bc 的交点 k 是否在 OX 轴的同一条垂线上。若在同一条垂线上，则 AD 和 BC 相交，点 A、B、C、D 共面，AB 和 CD 平行。若不在同一条垂线上，则 AD 和 BC 交叉，点 A、B、C、D 不共面，AB 和 CD 也交叉。由作图结果可判断出图 2-39（b）中 AB 和 CD 交叉。

（3）若 AB 和 CD 向前或向后、向上或向下的指向一致，可再通过检查 a'b':ab 是否等于与 c'd': cd 来判断。相等时 AB 和 CD 平行，不相等时 AB 和 CD 交叉。其作图过程是：如图 2-39（c）所示，在 a'b' 找出 1 点，使 a'1=ab，然后过 a' 任作一直线，在其上量出 a'2=c'd'、a'3=cd，连接 2 和 b'、3 和 1。由于 2 b' 与 31 不平行，即 a'b':ab 不等于 c'd': cd，所以 AB 和

CD 交叉。

（4）可以通过检查两直线所平行的那个投影面上的投影是否平行来判断两直线是否平行。直线 AB、CD 都是侧平线，它们的正面投影和水平投影都是相互平行的，但它们的侧面投影 a″b″ 不平行 c″d″，故 AB 与 CD 不平行，如图 2-39（d）所示。

3．交叉两直线

在空间既不平行也不相交的两直线，称为交叉两直线。交叉两直线不具备平行两直线和相交两直线的投影特点，在投影图上，凡是不符合平行或相交条件的两直线都是交叉两直线。

交叉两直线的同面投影可能有两组同面投影都互相平行，但不可能三组同面投影都互相平行，如图 2-39 所示。交叉两直线的三组同面投影可能均相交，但其三个交点不符合同一点的投影规律，这种交点实际上是重影点的投影，即两直线上不同两点在某投影面上的重合投影。如图 2-40（a）所示，直线 AB 和 CD 的水平投影 ab 和 cd 的交点 3（4），只是 AB 上的 III 点和 CD 上的 IV 点在 H 面上的重合投影；c′d′ 和 a′b′ 的交点 1′（2′）也只是 CD 上的 I 点和 AB 上的 II 点在 V 面上的重合投影。在投影图上，如图 2-40（b）所示，正面投影的交点 1′（2′）和水平投影的交点 3（4）的连线不垂直于 OX 轴，即不符合点的投影规律，这说明 AB 和 CD 是交叉两直线。

交叉两直线的重影点，也存在着可见性的问题。如图 2-40（a）所示，I 点和 II 点是对 V 面的一对重影点，因为 $Y_I > Y_{II}$，即 I 点离 V 面较远，也就是说直线 CD 上的 1 点挡住了 AB 上的 II 点，所以 I 点可见，II 点不可见。在如图 2-40（b）所示投影图中，CD 和 AB 的正面投影有一交点 1′（2′），过此点向下作一铅垂直线，先交 ab 于 2 点，后交 cd 于 1 点，从图中可以看出 $Y_I > Y_{II}$，即 I 点在前，II 点在后，所以 I 点可见，II 点不可见。

同理，III 点和 IV 点是对 H 面的一对重影点，因 $Z_{III} > Z_{IV}$，所以 III 点可见，IV 点不可见。

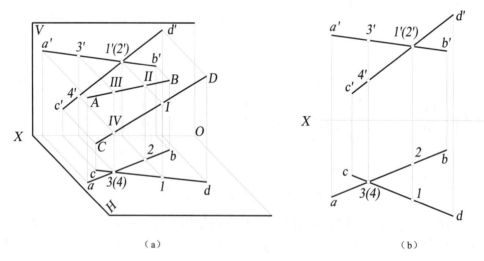

图 2-40　交叉两直线

【例 2-3-3】 判断图 2-41 中两直线的相对位置。

分析：根据两直线平行、相交、交叉的投影特点进行判断。

判断：

在图 2-41（a）中，直线 AB、CD 为一般位置直线，正面投影 a′b′、c′d′ 相交于 k′，水平投影 ab、cd 相交于 k。k′、k 是点 K 的二面投影，故 AB、CD 是相交两直线。

在图 2-41（b）中，直线 AB、CD 是正平线，且正面投影 a'b' // c'd'，水平投影 ab//cd，故 AB、CD 是平行两直线。

在图 2-41（c）中，直线 AB 为一般位置直线，CD 为侧平线，它们的正面投影和水平投影分别相交。但由于 $c'k':k'd' \neq ck:kd$，点 K 不属于直线 CD，故直线 AB、CD 没有共有点，为交叉两直线。

此题亦可由两直线的侧面投影进行判断。

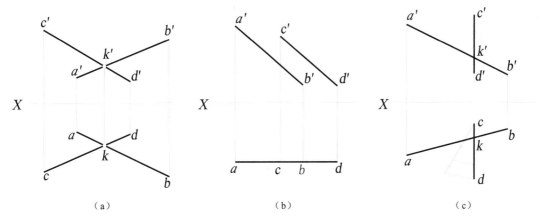

图 2-41 判断两直线的相对位置

【例 2-3-4】如图 2-42（a）所示，已知两直线 AB、CD 及点 M 的正面投影 m'，试过点 M 作直线 MN // CD 并与直线 AB 相交。

分析：直线 AB、CD 均为一般位置直线，若 MN // CD，则 MN 与 CD 的各面投影平行；若直线 MN 与 AB 相交，则 MN 与 AB 的各面投影均相交，且两直线具有共有点。

作图：如图 2-42（b）所示。
① 过 m' 作 m'n' // c'd' 且与 a'b' 相交于 n'，n' 即为直线 AB、MN 的共有点 N 的正面投影。
② 由 n' 求出 n；
③ 过 n 作 mn // cd，由 m' 求出 m。m'n'、mn 即为所求。

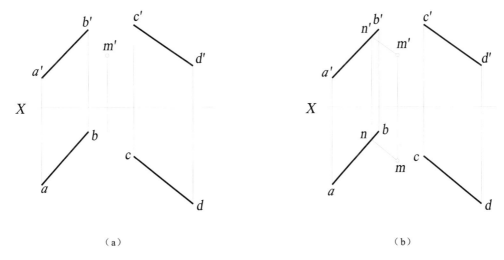

图 2-42 过 M 点作直线与 AB 相交且平行于 CD

六、直线的迹点

1. 迹点

直线与投影面的交点,称为直线的迹点。直线与 H 面的交点称为水平迹点,记作 M;直线与 V 面的交点称为正面迹点,记作 N;直线与 W 面的交点称为侧面迹点,记作 S。

由于迹点是直线与投影面的交点,所以迹点同时具有属于直线的点和属于投影面的点的投影特点。利用直线迹点的这些投影特点,即可在投影图中求出直线的迹点。

2. 迹点的作图

1) 水平迹点

（1）分析

在图 2-43（a）中,水平迹点 M 是既属于直线 AB 又属于 H 面的点,即是直线 AB 和 H 面的共有点,因此,其正面投影 m' 必属于 X 轴,且在 $a'b'$ 的延长线上；水平投影 m 与 M 重合,且 m 在 ab 的延长线上。

（2）作图步骤

如图 2-43（b）所示。

① 延长直线 AB 的正面投影 $a'b'$,与 X 轴相交,交点即为 m',如图 2-43（a）所示；

② 自 m' 引 X 轴的垂线与直线 AB 的水平投影 ab 的延长线相交,交点即为 m,如图 2-43（b）所示。

2) 正面迹点

（1）分析

在图 2-43（a）中,正面迹点 N 是属于直线 AB 和属于 V 面的共有点,其水平投影 n 必属于 X 轴且在 ab 的延长线上；正面投影 n' 与点 N 重合且 n' 在 $a'b'$ 的延长线上。

（2）作图步骤

如图 2-43（b）所示。

① 延长直线 AB 的水平投影 ab 与 X 轴相交得 n；

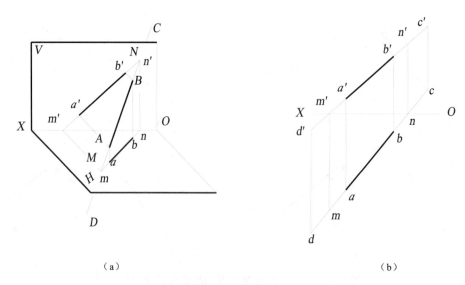

图 2-43 直线的迹点

② 自 n 引 X 轴的垂线与直线 AB 的正面投影 a'b'的延长线相交得 n'。

3．讨论

由于直线的长度没有限制，可以用直线的投影及其迹点来判断该直线所穿过的投影面和所经过的分角。在图 2-43（b）中，直线在 MN 区间属于 I 分角，经过 N 点穿过 V 面进入 II 分角，经过 M 点穿过 H 面进入 IV 分角，故直线在空间的位置是由 II 分角→V 面→I 分角→H 面→IV 分角。

七、一边平行于投影面直角的投影

空间相交或交叉成直角的两条直线的投影可能是直角或不是直角。当直角的两边同时平行于一投影面时，它在该投影面上的投影仍为直角；当直角的两边都不平行于投影面时，其投影肯定不是直角。除这两种情况以外，还有另外一种情况，这就是常用的直角的投影定理。

一边平行于投影面的直角的投影定理(简称直角投影定理)如下所述。

定理：垂直相交的两条直线，如果其中一条为某一投影面的平行线（另一条不一定平行于该投影面），则这两直线在该投影面上的投影反映直角。

逆定理：若相交的两条直线在某一投影面上的投影成直角，且其中有一条平行于该投影面，则这两直线在空间必定相互垂直。

如图 2-44（a）所示，已知 $BC \perp AB$，且 $BC // H$ 面，但 AB 不平行于 H 面，也不垂直于 H 面，求证 $cb \perp ab$。

证：如图 2-44(b)所示，因为 $BC \perp AB$，$BC \perp Bb$，故 $BC \perp$ 平面 ABba，又因 $BC // H$ 面，所以 $bc // BC$，则 $bc \perp$ 平面 ABba，故 $bc \perp ab$，即 $\angle abc$ 为直角。

由此可知，当相交两直线的某一投影反映直角时，还要观察其中是否有一直线为该投影面的平行线，才能确定该两直线是否互相垂直。在图 2-45 中，由于 $\angle a'b'c'=90°$，BC 为正平线（因 bc//OX 轴），所以空间两直线 AB 和 CD 互相垂直。

直角的投影定理既适用于相互垂直的相交两直线,也适用于交叉垂直的两直线。如图 2-46 所示，AB、CD 是垂直交叉两直线，因为 ab//OX 轴，AB 是正平线，$a'b' \perp c'd'$，所以 AB 和 CD 是互相垂直的，这称为交叉垂直。

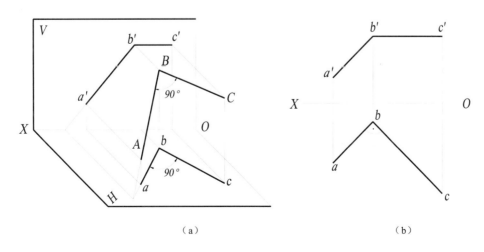

图 2-44 直角的投影

【例 2-3-5】如图 2-47 所示，求 A 点到水平线 BC 的距离。

分析：直线 BC 是水平线，过 A 点向 BC 所作的垂线 AK 是一般位置线，按直角的投影定理可知：要使 AK⊥BC，则要求 ak⊥bc。

作图：

① 过 a 作 ak⊥bc，得交点 k；
② 由 k 作 OX 轴的垂线交 b'c' 于 k'；
③ 连 a'、k'，则 a'k' 和 ak 即为所求距离的两个投影；
④ 用直角三角形法求出距离的实长 a'K_0，即为所求距离。

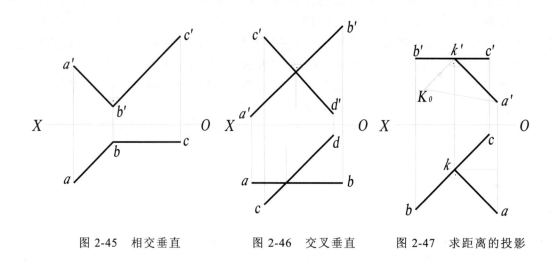

图 2-45　相交垂直　　图 2-46　交叉垂直　　图 2-47　求距离的投影

第四节　平　　面

一、平面的表示法

1. 用几何元素表示平面

根据初等几何学可以知道，任何一个平面均可由下列任一组几何元素确定它的空间位置：

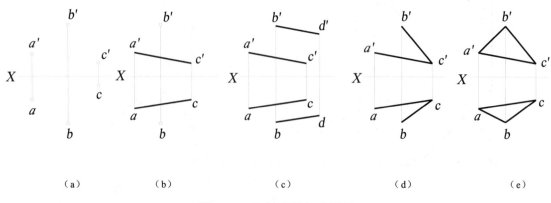

(a)　　　(b)　　　(c)　　　(d)　　　(e)

图 2-48　几何元素表示平面

1）不在同一条直线上的三个点，如图 2-48（a）所示；
2）一直线和该直线外一点，如图 2-48（b）所示；
3）平行两直线，如图 2-48（c）所示；
4）相交两直线，如图 2-48（d）所示；
5）平面图形，如图 2-48（e）所示。

2．用迹线表示平面

1）迹线

平面与投影面的交线称为平面的迹线。在图 2-49（a）中，平面 P 与投影面 V 的交线称为正面迹线，用 P_V 表示；平面 P 与 H 面的交线，称为水平迹线，用 P_H 表示；平面 P 与 W 面的交线，称为侧面迹线，用 P_W 表示。

如图 2-49 所示的平面 P，实质上就是相交两直线 P_H 与 P_V 所表示的平面；如图 2-50 所示的平面 Q，实质上也就是平行两直线 Q_H 和 Q_V 所表示的平面。

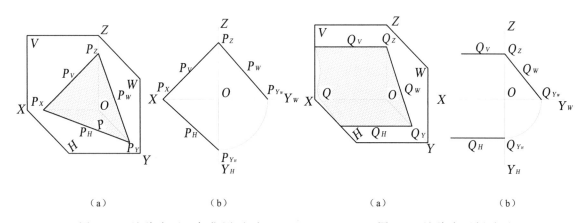

图 2-49　迹线表示一般位置平面　　　　图 2-50　迹线表示侧垂面

2）迹线的性质

（1）根据三面共点原理，迹线如果相交，其交点必在投影轴上，如图 2-49（a）中，P、V、H 三面共点于 P_X；P、H、W 三面共点于 P_Y；P、V、W 三面共点于 P_Z。P_X、P_Y、P_Z 称为迹线的集合点。

（2）由于迹线是平面与投影面的交线，所以它具有属于投影面内直线的投影特点，即它的一个投影属于迹线本身，其余投影在投影轴上。

（3）迹线也是平面内所有直线的同面迹点的集合。在图 2-51（a）中，直线 AB、BC 的正面迹点 N_1、N_2 集合于 P_V，水平迹点 M_1、M_2 集合于 P_H。

3）迹线的作图

如图 2-51（a）中，平面由相交两直线 AB、BC 表示，其两面投影如图 2-51（b）所示，该平面迹线的作图过程如图 2-51（c）所示。

（1）求直线 AB 的正面迹点 N_1（n_1'，n_1）和水平迹点 M_1（m_1'，m_1）；
（2）求直线 BC 的正面迹点 N_2（n_2'，n_2）和水平迹点 M_2（m_2'，m_2）；
（3）连接 n_1'、n_2' 得平面的正面迹线 P_V，连 m_1、m_2 得平面的水平迹线 P_H。

规定：在投影图中，只需将迹线与本身重合的那个投影画出并标记符号（如 P_V、P_H 等）即可，迹线与投影轴重合的那个投影均不画，如 P_V 的水平投影和 P_H 的正面投影在 X 轴上，投影图中不予画出。

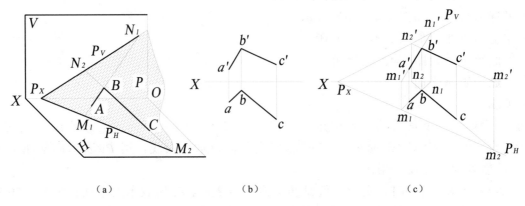

图 2-51 平面迹线的作法

二、各种位置平面的投影

在三投影面体系中，根据平面与投影面的相对位置不同，平面可分为投影面垂直面、投影面平行面和一般位置平面。前两种平面称为特殊位置平面。平面对 V、H、W 三投影面的倾角是指平面与投影面之间的夹角，分别用 β、α、γ 表示。

1．投影面垂直面

投影面垂直面是垂直于某投影面，倾斜于其余两个投影面的平面。与正面垂直的平面称为正垂面；与水平面垂直的平面称为铅垂面；与侧面垂直的平面称为侧垂面。

现以图 2-52（a）所示的正垂面为例来讨论投影面垂直面的投影特点。

1）正垂面 $ABCD$ 的正面投影 $a'b'c'd'$ 积聚为一倾斜于投影轴 OX、OZ 的直线段，如图 2-52（b）所示。若该平面用迹线表示，则其正面迹线 P_V 与 $a'b'c'd'$ 重合，如图 2-52（c）所示。

2）正垂面的水平投影和侧面投影是与平面 $ABCD$ 形状类似的图形，如图 2-52（b）所示。若平面用迹线表示，则其水平迹线 $P_H \perp OX$ 轴，侧面迹线 $P_W \perp OZ$ 轴，如图 2-52（c）所示。

3）正垂面的正面投影 $a'b'c'd'$ 或正面迹线 P_V，与 OX 轴的夹角反映了该平面对 H 面的倾角 α，与 OZ 轴的夹角反映了该平面对 W 面的倾角 γ，如图 2-52（b）、（c）所示。

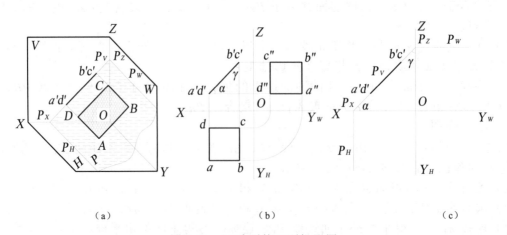

图 2-52 正垂面的三面投影图

铅垂面和侧垂面的投影特点如表 2-3 所示。

表 2-3 投影面垂直面

	正 垂 面	铅 垂 面	侧 垂 面
立体图	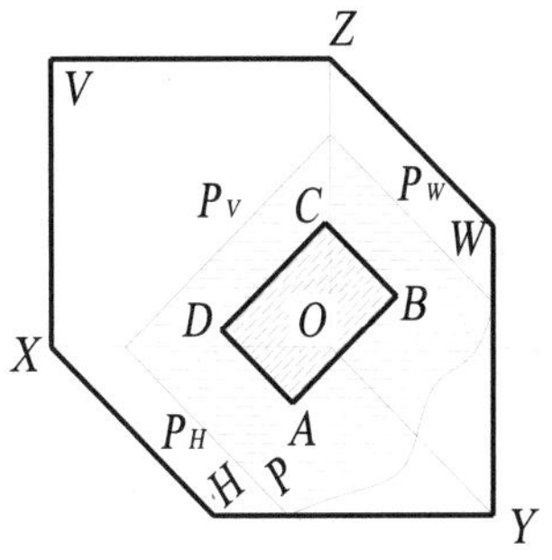	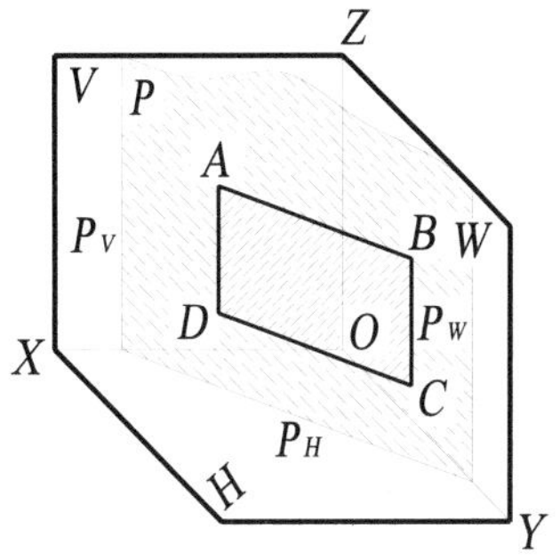	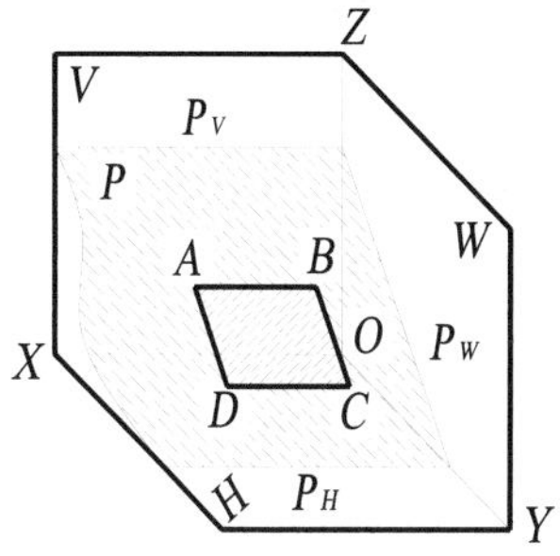
投影图	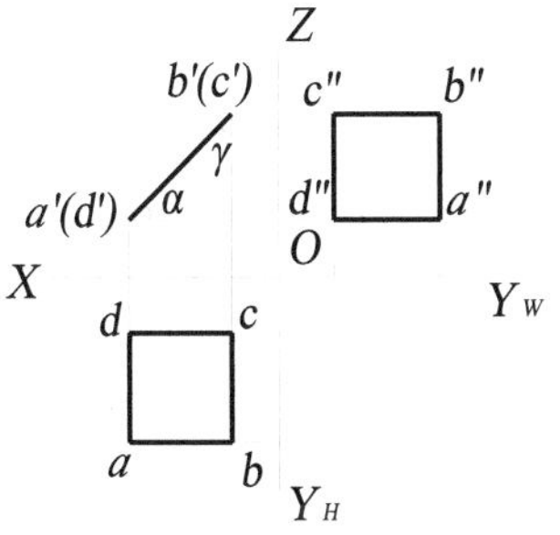	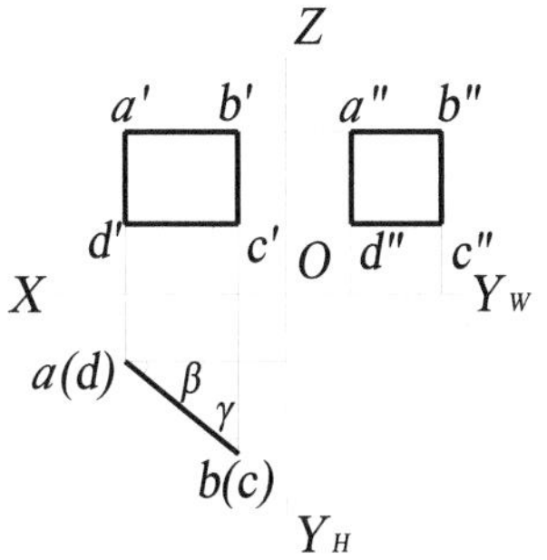	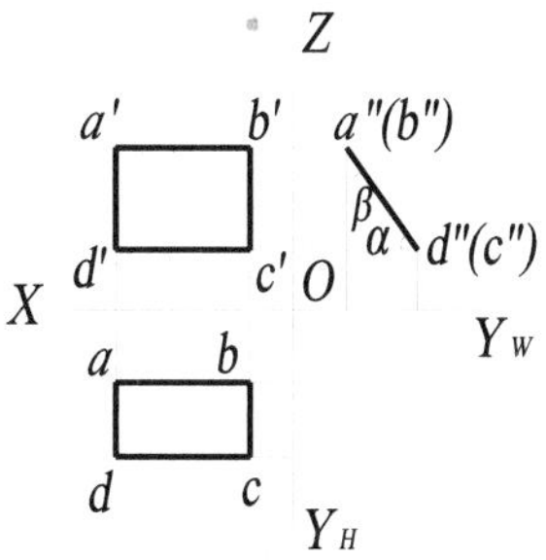
用迹线表示	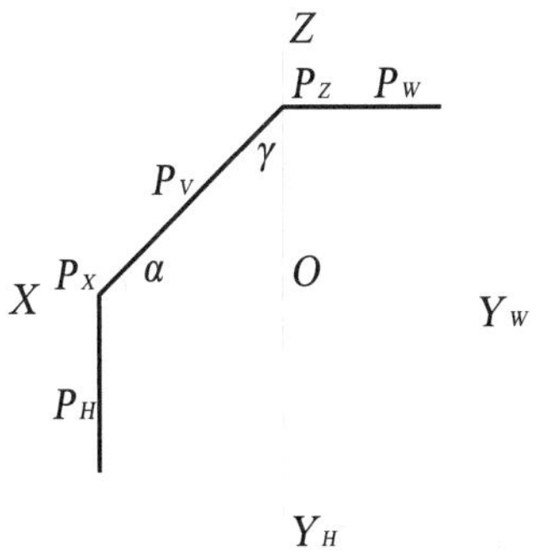	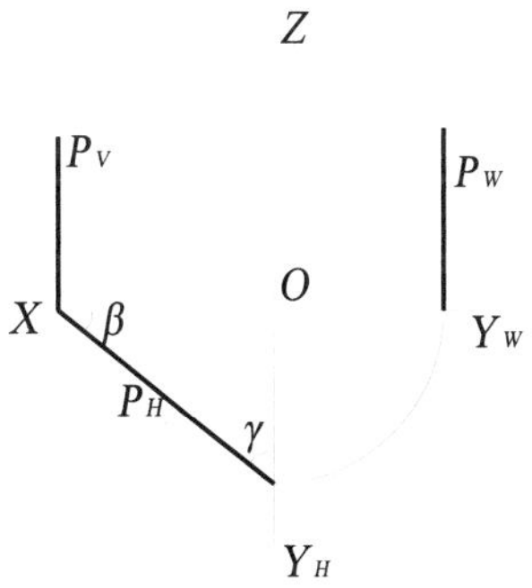	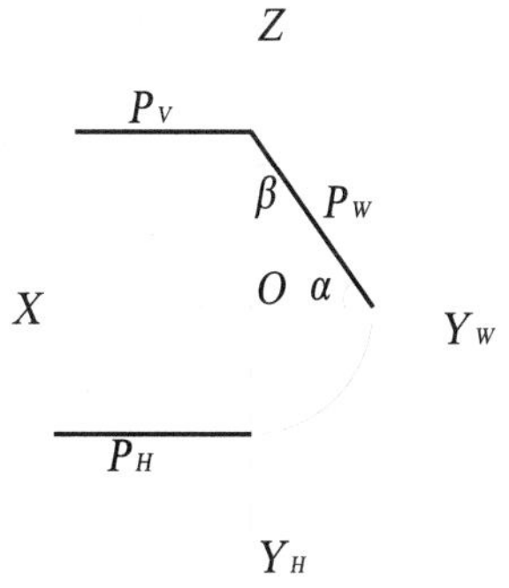
投影特点	1. 正面投影 $a'b'c'd'$ 或 P_V 积聚为一倾斜于投影轴 OX、OZ 的直线。 2. 水平投影 $abcd$ 和侧面投影 $a''b''c''d''$ 具有类似性；$P_H \perp OX$ 轴，$P_W \perp OZ$ 轴。 3. 正面投影 $a'b'c'd'$ 或 P_V 与 OX 轴、OZ 轴的夹角分别反映 α 和 γ。	1. 水平投影 $abcd$ 或 P_H 积聚为一倾斜于投影轴 OX、OY_H 的直线。 2. 正面投影 $a'b'c'd'$ 和侧面投影 $a''b''c''d''$ 具有类似性；$P_V \perp OX$ 轴，$P_W \perp OY_W$ 轴。 3. 水平投影 $abcd$ 或 P_H 与 OX 轴、OY_H 轴的夹角分别反映 β 和 γ。	1. 侧面投影 $a''b''c''d''$ 或 P_W 积聚为一倾斜于投影轴 OZ、OY_W 的直线。 2. 正面投影 $a'b'c'd'$ 和水平投影 $abcd$ 具有类似性；$P_H \perp OY_H$ 轴，$P_V \perp OZ$ 轴。 3. 侧面投影 $a''b''c''d''$ 或 P_W 与 OZ 轴、OY_W 轴的夹角分别反映 β 和 α。

分析表 2-3，总结出投影面垂直面的投影特性如下：

1）平面在其所垂直的投影面上的投影积聚成一倾斜直线，此直线与投影轴所成夹角即为平面对相应投影面的倾角；

2）平面的其它两投影均为类似形。

2. 投影面平行面

投影面平行面是平行于某投影面，垂直于其余两个投影面的平面。平行于正面的平面称为正平面；平行于水平面的平面称为水平面；平行于侧面的平面称为侧平面。

现以图 2-53 所示的水平面为例，讨论投影面平行面的投影特点。

（1）水平面 *ABCD* 的水平投影 *abcd* 反映该平面图形的实形 *ABCD*，如图 2-53（b）所示。若平面用迹线表示，则该平面没有水平迹线，如图 2-53（c）所示。

（2）水平面的正面投影 *a'b'c'd'* 和侧面投影 *a"b"c"d"* 均积聚为直线段，且 *a'b'c'd'*// *OX* 轴，*a"b"c"d"*//OY_W 轴，如图 2-53（b）所示。若平面用迹线表示，则该平面的正面迹线 P_V 和侧面迹线 P_W 分别与 *a'b'c'd'* 和 *a"b"c"d"* 重合，如图 2-53（c）所示。

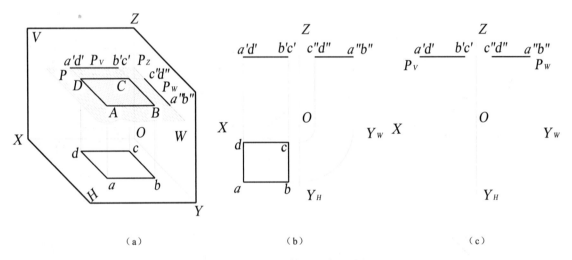

（a）　　　　　　　　（b）　　　　　　　　（c）

图 2-53　水平面的三面投影图

正平面和侧平面的投影特点如表 2-4 所示。

表 2-4　投影面平行面

	正 平 面	水 平 面	侧 平 面
立体图			

续表

	正 平 面	水 平 面	侧 平 面
投影图	(图示:正平面投影，$a'b'c'd'$矩形在V面，$a''b''$、$c''d''$积聚为线平行OZ，ad、cb积聚为线平行OX)	(图示:水平面投影，$a'd'$、$b'c'$、$c''d''$、$a''b''$积聚为线，$abcd$矩形在H面)	(图示:侧平面投影，$a'b'$、$c'd'$积聚为线平行OZ，ad、bc积聚为线平行OY_H，$a''b''c''d''$矩形在W面)
用迹线表示	(图示:P_W为铅垂线在W面，P_H为水平线在H面，平行OX)	(图示:P_V、P_W为水平线，平行于OY_W轴方向)	(图示:P_V在V面平行OZ，P_H在H面平行OY_H)
投影特点	1．水平投影 $abcd$ 或 P_H 有积聚性，且平行于 OX 轴 2．侧面投影 $a''b''c''d''$ 或 P_W 有积聚性，且平行于 OZ 轴 3．正面投影 $a'b'c'd'$ 反映实形，无正面迹线	1．正面投影 $a'b'c'd'$ 或 P_V 有积聚性，且平行于 OX 轴 2．侧面投影 $a''b''c''d''$ 或 P_W 有积聚性，且平行于 OY_W 轴 3．水平投影 $abcd$ 反映实形，无水平迹线	1．正面投影 $a'b'c'd'$ 或 P_V 有积聚性，且平行于 OZ 轴 2．水平投影 $abcd$ 或 P_H 有积聚性，且平行于 OY_H 轴 3．侧面投影 $a''b''c''d''$ 反映实形，无侧面迹线

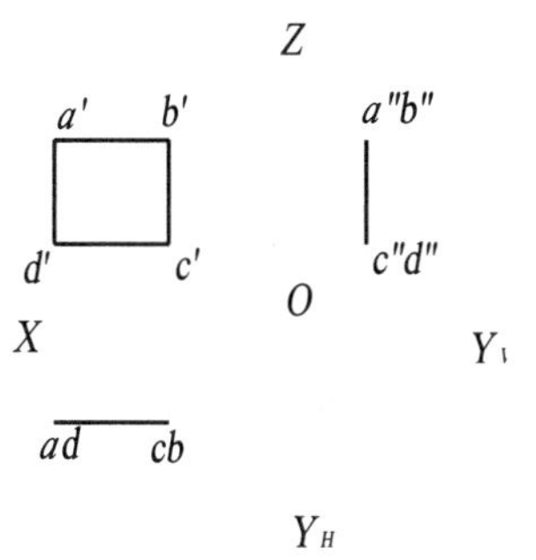

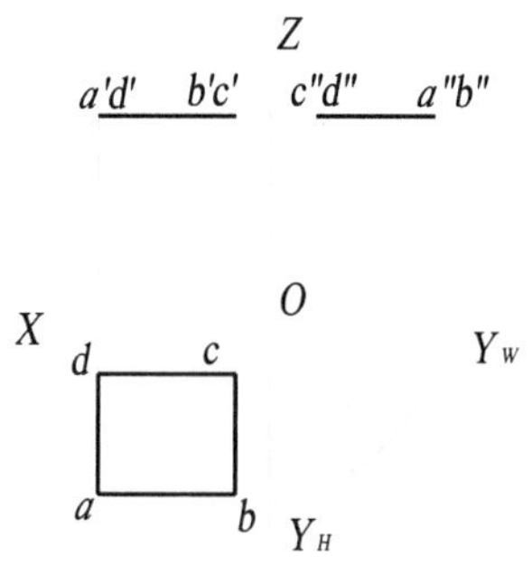

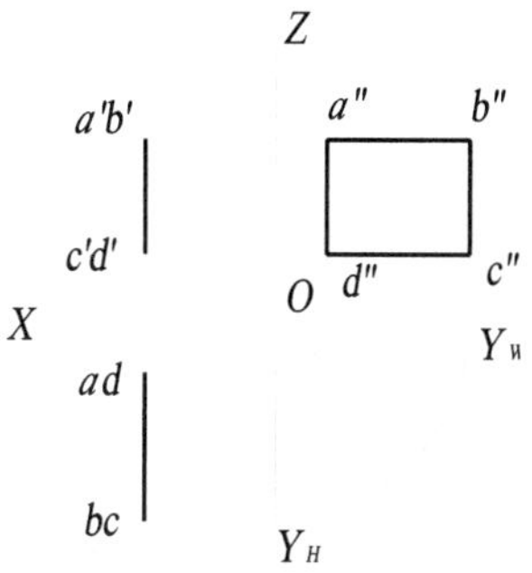

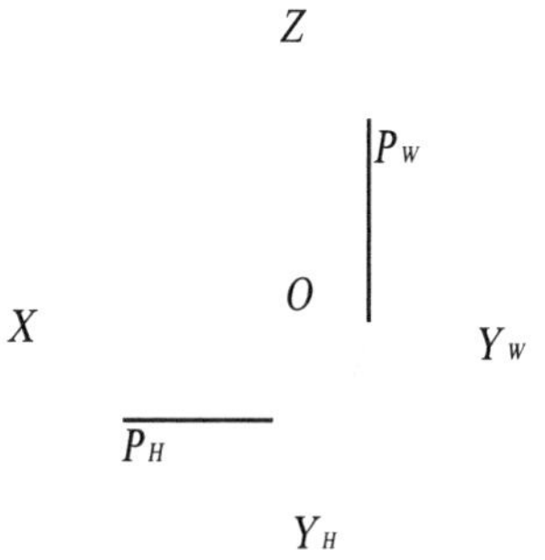

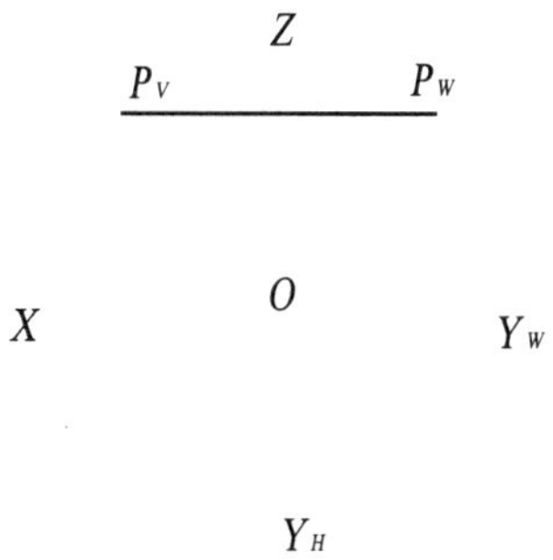

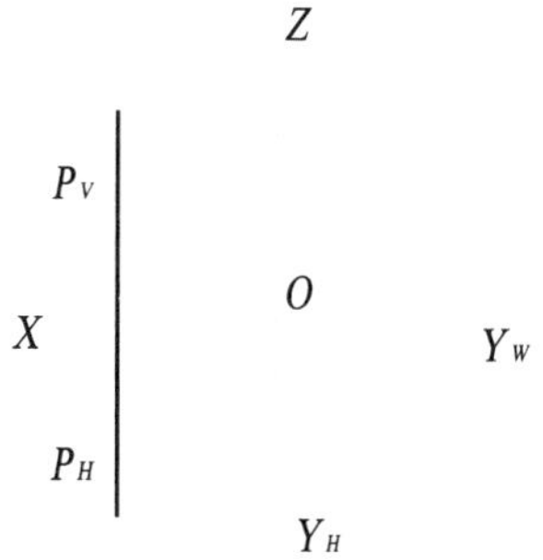

分析表 2-4，总结出投影面平行面的投影特性如下：

（1）平面在其所平行的投影面上的投影反映实形；

（2）平面的其他两投影积聚成水平直线或铅垂直线，即平行于相应的投影轴。

3．一般位置平面

用平面图形表示的一般位置平面的各个投影既没有积聚性，也不反映实形，但各个投影均为类似形，如图 2-54（a）所示。用迹线表示的一般位置平面的各迹线均倾斜于投影轴，且与各投影轴的夹角都不反映平面对投影面的倾角，如图 2-54（b）所示。

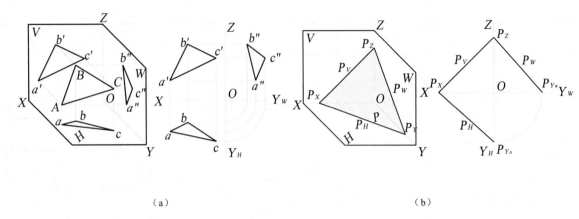

图 2-54 一般位置平面的三面投影图

三、平面内的直线和点

1. 在平面内取直线和点

1) 直线在平面内的几何条件

（1）若直线通过平面内的两个已知点，则该直线在平面内。如图 2-55（a）所示，平面 P 是由两相交直线 AB 和 BC 所确定的。在 AB 和 BC 上各取一点 D 和 E，则由该两点所决定的直线 DE 一定在平面 P 内。

（2）若直线通过平面内一已知点，且平行于该平面内的一直线，则该直线在此平面内。如图 2-55（b）所示的 CF。

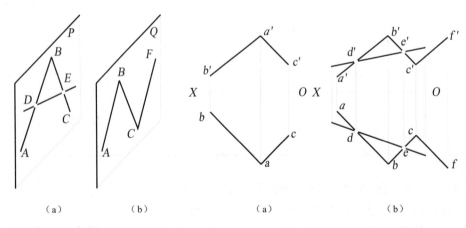

图 2-55 直线在平面内的条件　　　图 2-56 在平面内取直线

2) 在平面内取直线的方法

（1）在平面内取两个已知点连成直线；

（2）在平面内过一已知点作一直线，使所作的直线与该平面内某一已知直线平行。

【例 2-4-1】 如图 2-56（a）所示，平面由相交二直线 AB、BC 所确定，试在该平面内任作一直线。

作图：如图 2-56（b）所示，在直线 AB 上任取一点 D（d'、d），又在直线 BC 上任取一点 E（e'、e），则直线 DE（d'e'、de）就一定在已知平面内；通过平面内一已知点 C（c'、c），作直线 CF（c'f'、cf）//AB，则 CF 也必在已知平面内。

3）点在平面内的几何条件 若点在平面内的任一直线上，则此点必在此平面内。

4）在平面内取点的方法

（1）直接在平面内的已知直线上取点；

（2）先在平面内取直线（该直线要满足直线在平面内的几何条件），然后在该直线上取符合要求的点。

【**例 2-4-2**】如图 2-57（a）所示，平面由平行两直线 AB、CD 所确定，已知 K 点在此平面内，并知 K 的水平投影 k，求 k'。

作图：如图 2-57（b）所示，过 K 作一直线，使与 AB、CD 交于 I、II 点，即过 k 任作一直线交 ab 于 1 点，交 cd 于 2 点，然后求 1'、2'，连 1'、2'，再在 1'2' 上求 k'。

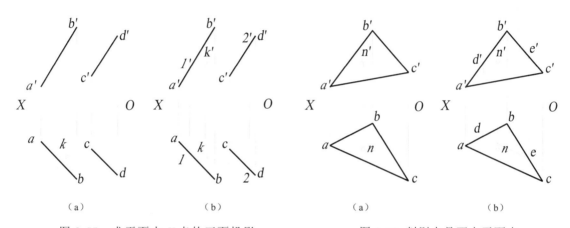

图 2-57 求平面内 K 点的正面投影　　图 2-58 判别点是否在平面内

【**例 2-4-3**】试检查图 2-58（a）中的 N（n'、n）点是否是平面 ABC 内的点。

作图：如图 2-58（b）所示，在平面 ABC 内任作一条辅助直线 DE（d'e'、de），使 d'e'过 n'（或使 de 过 n）再作 de。若 de 也通过 n（或 d'e'过 n'），则 N 点一定在△ABC 内，从图 2-58（b）可知 N 点不在△ABC 内。如 N 点在△ABC 外，检查的方法也是一样，因为△ABC 只代表平面的空间位置，并不是平面的大小。

讨论：如果要在图 2-58 所示的△ABC 中，求作一点 K，使 K 距 H 面为 10mm，距 V 为 15mm。其作图方法是：在△ABC 内取一距 H 面为 10 的水平线，再在△ABC 内取一与 V 面距离为 15 的正平线，这两条在△ABC 内的直线的交点 K 即为所求。

2. 包含直线或点作平面

如果没有附加条件，包含一直线可作无数个平面。

1）包含一般位置直线可作一般位置平面和投影面垂直面

（1）作一般位置平面　如图 2-59 所示，过已知直线 AB 上任一点 K 作一直线 CD，则 AB 与 CD 决定的平面必包含直线 AB。

（2）作投影面垂直面　要包含直线 AB 作投影面垂直面，就必须利用投影面垂直面的积聚性进行作图。如图 2-60 所示为作图方法，其中图 2-60（b）为迹线面。

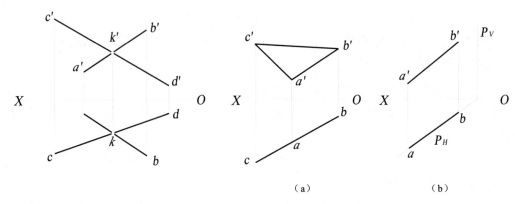

图 2-59 过直线作一般位置平面　　　图 2-60 过直线作铅垂面

2）包含投影面垂直线作平面。

如图 2-61 所示,包含投影面垂直线不能作一般位置平面,只能作投影面垂直面(图 2-61 (a))和投影面平行面(图 2-61 (b))。请读者自己分析这两种平面各能作多少个。

3）包含投影面平行线作平面

包含投影面平行线可以作投影面平行面,如图 2-62 (a) 所示,也可作投影面垂直面,如图 2-62 (b) 所示。作上述两种平面时有什么条件限制?请读者自行分析。

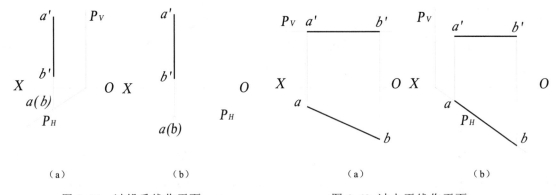

图 2-61 过铅垂线作平面　　　图 2-62 过水平线作平面

4）包含空间一点作平面

包含空间一点作平面时,如果没有附加条件,可以作无数个平面。作图时一般先过已知点作直线,再利用上述方法包含直线作平面。

3．平面内的特殊位置直线

平面内的投影面平行线和最大斜度线,都是平面内的特殊位置直线。这些特殊位置直线在工程中应用很广泛。

1）平面内的投影面平行线

由于平面内的投影面平行线可分别平行于 H、V、W 面,所以有平面内的水平线,正平线和侧平线三种。平面内的投影面平行线,既是平面内的直线,又是投影面平行线,它除具有一般投影面平行线的投影特性外,还具有直线在平面内的几何条件。若为迹线面,还平行于它所在面的相应迹线。如图 2-63 所示,直线 AB 是平面 P 内的水平线,它的投影除了具有水平线的投影特点(即 AB 的正面投影 $a'b'$ 平行于 OX 轴)外,它的水平投影 ab 也平行于水

平迹线 P_H。由此，就可以在投影图中作出平面内的投影面平行线。

【例 2-4-4】 如图 2-64 所示，△ABC 是一平面，试在此平面内作水平线。

作图： 过 △ABC 内一已知点 A（a'、a），作水平线 AD。因为水平线的正面投影平行于 OX 轴，所以过 a'作 a'd'//OX 轴而与 b'c'交于 d'，由 d'作出 d，连 a、d 即得 AD 的水平投影 ad。

【例 2-4-5】 如图 2-65 所示，△ABC 是一平面，试在此平面内作正平线。

作图： 在 △ABC 内作正平线 AD，根据正平线的投影性质过 a 作 ad//OX 轴，再由 ad 作出 a'd'，即为所求。

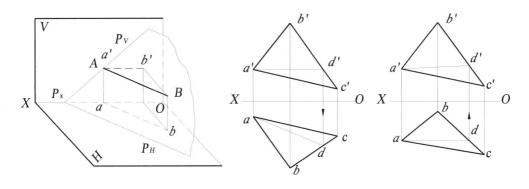

图 2-63 平面内的水平线　　图 2-64 作水平线　　图 2-65 作正平线

2）平面内的最大斜度线

（1）平面内的最大斜度线的含义

平面内对投影面成最大倾角的直线，称为平面内对该投影面的最大斜度线。在图 2-66（a）中，设平面 P 内的直线 AK 垂直于该平面内的水平线 BC 或 P 面的水平迹线 P_H，则 AK 就是 P 面内对水平面的最大斜度线。

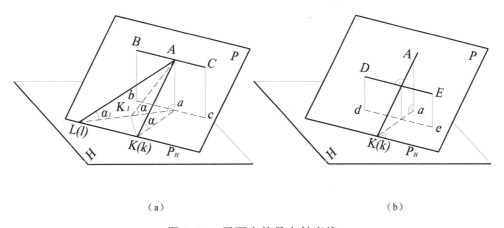

(a)　　　　　　　　　　　(b)

图 2-66 平面内的最大斜度线

（2）最大斜度线对投影面的倾角最大

作 AK 的水平投影 ak，AK 与 ak 的夹角 α 就是直线 AK 对 H 面的倾角。在 P 面内过 A 点任作另一条直线 AL，它与 H 面的倾角为 $α_1$。由于 AK⊥P_H，则在直角三角形 AKL 中 AL>AK，观察两直角三角形 ALa 和 AKa，它们有相等的直角边 Aa，因 AL>AK，al>ak，故把 K 转到 K_1 的位置后，α 是 △ALK_1 的外角，所以有 α>$α_1$，即 α 是直线 AK 对 H 面的最大倾角。而

AK 是平面 P 内对 H 面的最大斜度线,由此可得:最大斜度线对投影面的倾角最大。

(3) 最大斜度线的投影特性

在图 2-66 (b) 中,$DE/\!/P_H$,$AK \perp DE$,根据直角的投影定理,$ak \perp de$,$ak \perp P_H$,即平面内对水平面的最大斜度线的水平投影必垂直于该平面内水平线的水平投影(包括水平迹线)。同理,平面内对正面(或侧面)的最大斜度线的正面(或侧面)投影必垂直于该平面内正平线(或侧平线)的正面(或侧面)投影(包括正面迹线或侧面迹线)。

(4) 最大斜度线的几何意义

① 确定空间唯一平面

对某投影面的最大斜度线一经给定,则与其垂直相交的投影面平行线即被确定,此相交二直线所确定的平面就唯一确定了。如图 2-67 所示,对 V 面的最大斜度线 AB,与正平线 CD 决定了唯一的平面 Q。

② 可确定平面对投影面的倾角

如图 2-66 所示,因 $AK \perp P_H$,$ak \perp P_H$ 故 AK 与 ak 的夹角即为 P 面与 H 面的二面角,它代表 P 面与 H 面的倾角。也就是说,平面内对水平面的最大斜度线与水平面的倾角就代表该平面与水平面的倾角。在工程上,称平面内对水平面的最大斜度线为坡度线,工程中常用坡度线来解决平面对水平面的倾角问题。

【例 2-4-6】 如图 2-68 (a) 所示,已知 AB 为平面对 V 面的最大斜度线,试作出该平面的投影图。

分析:过 AB 上任一点(如点 B),作正平线垂直于 AB,即可得所求平面。

作图:如图 2-68 (b) 所示。

① 过 b' 作 $c'd' \perp a'b'$;

② 过 b 作 $cd /\!/ X$ 轴。相交两直线 AB、CD 所确定的平面即为所求。

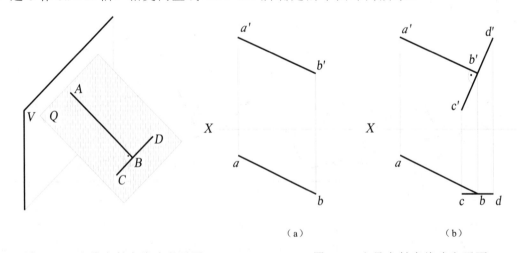

图 2-67 由最大斜度线确定平面　　图 2-68 由最大斜度线确定平面

【例 2-4-7】 试求如图 2-69 所示平面 ABC 对 H 面的倾角 α。

作图: $\triangle ABC$ 平面对 H 面的倾角就是该平面内对 H 面的最大斜度线与 H 面的倾角。因为平面内对 H 面的最大斜度线应垂直于平面内的水平线,所以解题的关键是:必须首先在此平面内任作出一条水平线。为此,先过 a' 作 $a'd'/\!/OX$ 轴,找出相应的 ad,再作 $bk \perp ad$,bk 即为最大斜度线的水平投影。如图 2-69 (b) 所示,根据 bk 作出 $b'k'$。最后用直角三角形法在图 2-69（c）中的水平投影中作出 BK 的实长 kB_0，kB_0 与 kb 之间的夹角即为所求的 α 角。

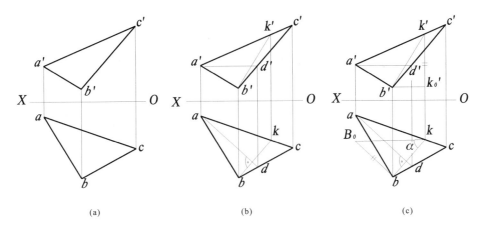

图 2-69　求平面对水平面的倾角 α

第五节　直线与平面、平面与平面的相对位置

直线与平面、平面与平面的相对位置是指空间一直线与一平面之间、或空间两平面之间的平行、相交和垂直三种情况。

一、平行

1．直线与平面平行

1）直线与平面平行的几何条件

如果平面外一直线与平面内的任何一直线平行，则此直线与该平面平行。如图 2-70 所示，直线 AB 平行于平面 P 内一直线 CD，则直线 AB 平行于平面 P。反之，如果平面内作不出与空间直线平行的直线，即可确定此直线不与该平面平行。这一定理是解决投影图中直线与平面平行问题的依据。

2）投影作图

（1）作直线平行于平面

【例 2-5-1】如图 2-71（a）所示，过点 K 作直线 KL 平行于 $\triangle ABC$ 平面。

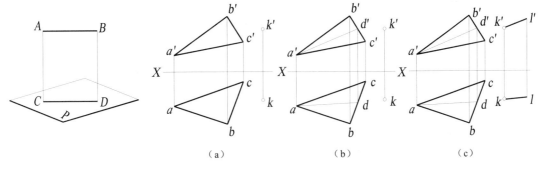

图 2-70　直线平行于平面　　　　　图 2-71　作直线平行于平面

作图：

① 在平面△ABC内作任一直线AD（a'd'，ad），如图2-71（b）所示；

② 过k'作k'l'∥a'd'，过k作kl∥ad，则直线KL（k'l'，kl）平行于平面△ABC，如图2-71（c）所示。

讨论： 过平面外一定点，可作无数条直线与已知平面平行，其轨迹是过定点与已知平面平行的平面。

（2）作平面平行于定直线

【**例2-5-2**】如图2-72（a）所示，过点K作平面KLM平行于直线AB。

作图：

① 过k'作k'l'∥a'b'，过k作kl∥ab，如图2-72（b）所示；

② 过点K再作任一直线KM（k'm'，km），平面KLM（k'l'm'，klm）平行于直线AB，如图2-72（c）所示。

讨论： 由于包含定直线可作无数平面，故过线外一点可作无数平面平行于定直线。

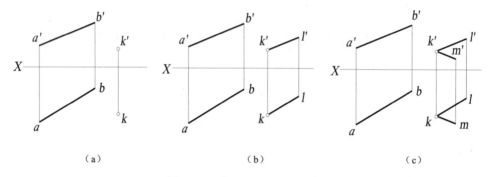

图2-72 作平面平行于定直线

3）直线与平面平行的判别

判别直线与平面或平面与直线是否平行，是在投影图中能否找到直线与平面相互平行的几何条件，若能找出，则二者平行，否则不平行。

在图2-73中，虽然a'c'∥d'e'，ab∥de，但是不具备AC∥DE（a'c'∥d'e'，ac∥de），或AB∥DE（a'b'∥d'e'，ab∥de）的几何条件，故直线DE与平面△ABC不平行。

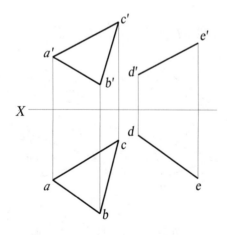 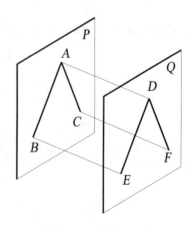

图2-73 直线与平面平行的判别　　图2-74 两平面平行的条件

2．平面与平面平行

1）两平面平行的几何条件

如果一平面内的相交两直线对应地平行于另一平面内的相交两直线，则该两平面互相平行。如图 2-74 所示，由于平面 P 内的相交二直线 AB、AC 对应平行于平面 Q 内的相交二直线 DE、DF，则平面 $P // Q$。

2）投影作图

【例 2-5-3】 如图 2-75（a）所示，已知 $AB // CD$，过点 K（k', k）作平面平行于直线 AB、CD 所组成的已知平面。

分析： 过点 K 作相交二直线对应平行于已知平面的相交二直线，则此二平面平行。

作图：

① 作直线 MN（$m'n'$, mn）与 AB、CD 相交，如图 2-75（b）所示；

② 如图 2-75（c）所示，过 k' 作 $e'f' // a'b'$、$g'h' // m'n'$，过 k 作 $ef // ab$、$gh // mn$，则由相交二直线 EF、GH 所确定的平面即为所求。

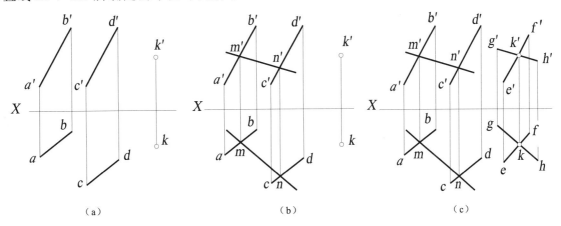

图 2-75　作平面平行于平面

3）两平面平行的判别

根据平面与平面平行的几何条件，即可判别两平面是否平行。凡在两平面内能作出一对对应平行的相交二直线，则此二平面平行，否则不平行。

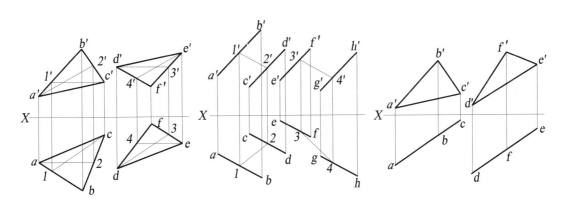

（a）两平面平行　　　　　（b）两平面不平行

图 2-76　两平面平行的判别　　　　　图 2-77　两垂直面平行

如图 2-76（a）所示，△ABC 面内相交的正平线和水平线对应平行于△DEF 面内相交的正平线和水平线，故△ABC∥△DEF。

如图 2-76（b）所示，两平面都由平行二直线（AB∥CD、EF∥GH）所确定，且二面投影对应平行，但由于在此两平面内不可能作出一对对应平行的相交二直线，故此二平面不平行。

当给出的两平面都垂直于同一投影面时，可直接根据有积聚性的投影来判别两平面是否互相平行。如图 2-77 所示两铅垂面的水平投影互相平行，这两个平面必然互相平行。

二、相交问题

直线与平面不平行必定相交，平面与平面不平行也必定相交。

直线与平面相交会产生交点，并且只有一个交点，该交点既属于直线又属于平面，是相交的直线与平面的共有点。求直线与平面的交点问题，实质上就是求直线与平面的共有点问题。

相交两平面的交线为直线，该直线是两平面的共有线，只要求出两平面的两个共有点（或一个共有点和交线的方向），即可确定两平面的交线。因此，求两平面交线的问题，实质上就是求两平面的两个共有点的问题。

当视相交的直线、平面为有限范围，需要对相交要素投影重叠区域进行可见性判别时，交点是直线投影可见与不可见的分界点，交线是平面投影可见与不可见的分界线。

判别可见性的方法有两种：

1）直接观察法。利用直线或平面具有积聚性的投影直接观察判别可见性，如图 2-78 所示。

2）重影点判别法。利用直线与平面或平面与平面相交时在某投影面上的重影点来判别可见性，如图 2-79 所示。

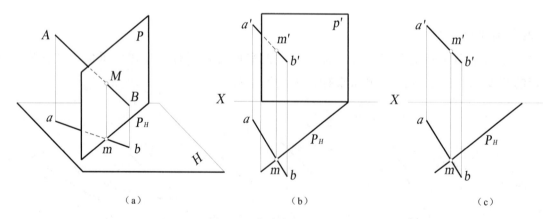

图 2-78 直线与铅垂面 P 相交

1. 直线与特殊位置平面相交

特殊位置平面至少有一个投影（或迹线）有积聚性，所以，利用这个特性就可以从图上直接求出交点。

如图 2-78（a）所示，直线 AB 和铅垂面 P 交于 M 点，因为 M 点是直线与平面的共有点，所以 M 点的各个投影一定在直线 AB 的同面投影上，又因 P 面具有积聚性，所以 M 点的水平投影一定积聚在直线 P_H 上，这样，M 点的水平投影 m 就是 ab 和 P_H 的交点。为此，在如图 2-78（b）所示投影图中，可由 m 作出 m'，m' 和 m 即为所求交点的两个投影。可见性判别：由于 P 面为铅垂面，水平投影不存在可见性问题，所以只对其正面投影进行可见性判别。如图 2-78（b）所示，由水平投影可直接观察到，直线段 AB 在 M 点之前的部分可见，之后的部分被 P 面遮住不可见，m' 点为可见与不可见的分界点。因此，必须在正面投影中将 $a'b'$ 被遮住的部分画成虚线。

本书规定，在投影图中，迹线平面不判别可见性。例如：将图 2-78（a）中的 P 面用迹线平面表示，那么其正面投影 $a'm'$ 就不画成虚线，如图 2-78（c）所示。

如图 2-79（a）所示，求直线 MN 和铅垂面 $\triangle ABC$ 相交的交点。由于 $\triangle ABC$ 的水平投影积聚成一直线，因此 MN 的水平投影 mn 与 $\triangle ABC$ 的水平投影 abc 的交点 k，便是交点 K 的水平投影。由 k 求得 k'，k 和 k' 即为所求交点的两个投影。判别直线 MN 的可见性：由于 $\triangle ABC$ 为铅垂面，显然，水平投影不存在可见性问题，只有 $m'n'$ 与 $\triangle a'b'c'$ 相重叠的部分才存在可见性判别问题。由此，可以在 $m'n'$ 与 $\triangle a'b'c'$ 相重叠的部分任意找一个重影点，如图 2-79（b）中的 $1'（2'）$ 点。由水平投影可看出，I、II 两点分别是交叉两直线 MN 和 BC 上的点，$m'n'$ 与 $b'c'$ 的交点 $1'（2'）$ 是交叉两直线对 V 面的重影点的重合投影。可以看出，位于 MN 上的 I 点的 y 坐标比 BC 上的 II 点的 y 坐标值大些，因此对 V 面来说 $n'k'$ 可见，而交点的正面投影 k' 是可见与不可见的分界点，所以 $k'm'$ 线段上被 $\triangle a'b'c'$ 遮挡部分为不可见，故画成虚线，如图 2-79（b）所示。

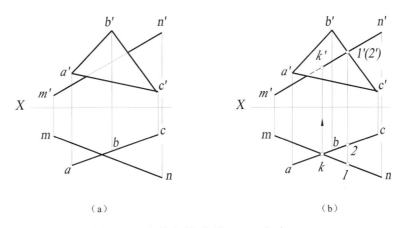

图 2-79 直线与铅垂面 $\triangle ABC$ 相交

2．一般位置平面与特殊位置平面相交

求两平面的交线问题，可看作是求两个平面的两个共有点的问题。在图 2-80（a）中，一般位置平面 $\triangle ABC$ 与铅垂面 P 相交，$\triangle ABC$ 中的两边 AB 与 AC 与 P 面相交，其交点 M 和 N 可直接求出，则 M 和 N 就是两平面的两个共有点，连 MN 即得两平面的交线，图 2-80（b）为其投影图。由于平面 P 为铅垂面，所以水平投影不存在可见性问题，不用判别可见性。由水平投影和正面投影可以直接观察出 $b'c'$ 可见，而 $m'n'$ 可见（交线永远可见），因此，$m'n'c'b'$ 所围成的范围可见。由于 $m'n'$ 为可见与不可见的分界线，所以在正投影图上将不可见部分画成了虚线。

由上可知，求一般位置平面与特殊位置平面的交线问题，可归结为求一般位置平面内的两条直线与特殊位置平面的两个交点问题，而这个问题的解决方法就是前一问题的应用。

在图 2-81 中，一般位置平面的平行四边形 DEFG 与水平面 △ABC 相交，求作它们的交线。因为 △ABC 的正面投影具有积聚性，所以可直接求出平行四边形 DEFG 内的两条直线 DG 和 EF 与 △ABC 的两个交点 M 和 N，直线 MN（m'n'、mn）就是两平面的交线。在水平投影中产生了可见性问题，由于 d' 和 e' 均位于 a'b'c' 的下方，所以 md、ne 在 △abc 图形内的部分是不可见的，用虚线表示。必须注意，两平面的交线一定是可见的。

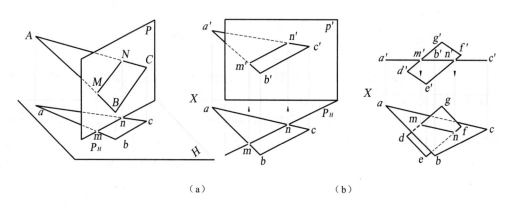

图 2-80　一般位置平面与铅垂面相交　　图 2-81　水平面与一般平面相交

如图 2-82（a）所示，一般位置平面 △ABC 与铅垂面 △DEF 相交，交线的水平投影积聚在 def 上的 kl 一段，如图 2-82（b）所示。求出 k'l' 并连线，则 KL（k'l'、kl）为此两平面的交线。

由于两平面的正面投影有投影重叠部分，需进行可见性判别：在正面投影中任选一对重影点的投影，如 1'、2'，根据其水平投影可知 $Y_I > Y_{II}$，又因为交线是可见与不可见的分界线，故两平面的正面投影的可见性如图 2-82（c）所示。当然，此例用直接观察法判别可见性更为方便，读者可自己分析。

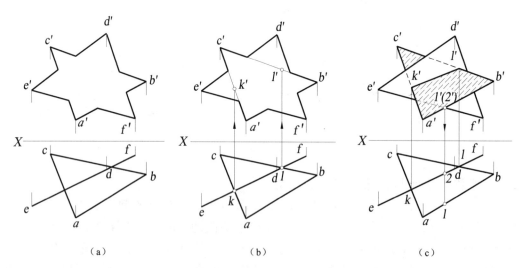

图 2-82　特殊位置平面与一般位置平面相交

3. 一般位置平面与特殊位置直线相交

特殊位置直线（投影面垂直线）的一个投影有积聚性，交点的投影也随之积聚。交点的其余投影可通过作属于平面的点的方法求取。

如图 2-83（a）所示，铅垂线 EF 与一般位置平面 △ABC 相交，铅垂线 EF 的水平投影具有积聚性，交点 K 的水平投影也随之积聚在 ef 上。如图 2-83（b）所示，在水平投影中含 k 点在△ABC 面内取辅助线 ag，求 a'g' 与 e'f' 的交点即为交点 K 的正面投影 k'。

直线 EF 的正面投影 e'f' 的可见性以重影点的可见性为依据进行判别：在正面投影中任取一对重影点的投影，如 1'、2'，由水平投影可知 $Y_{II} > Y_I$，点 II 正面投影 2' 可见；再根据交点是可见与不可见的分界点可知，k'f' 可见，k'e' 与 a'b'c' 重叠部分不可见，故将 k'e' 处于 a'b'c' 范围内的一段画成虚线，如图 2-83（c）所示。

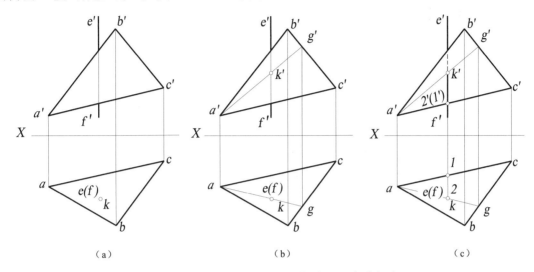

图 2-83　一般位置平面与特殊位置直线相交

4．两特殊位置平面相交

1）两平面同时垂直于某投影面

两平面同时垂直于某投影面时，交线为该投影面的垂直线。

如图 2-84（a）所示，两正垂面△ABC 与△DEF 相交，交线 KL 为正垂线，a'b'c' 与 d'e'f' 的交点 k'l' 即为交线的正面投影，由此在 ac 上求得 l，在 de 上求得 k，kl 为交线的水平投影。由于两平面的水平投影有重叠部分，故有遮挡与被遮挡的关系。两平面的水平投影的可见性可以利用重影点的可见性为依据进行判别：在水平投影中任选一对重影点的投影，如点 1、2，通过正面投影可知 $Z_I > Z_{II}$，点 I 的水平投影可见；又因为交线是可见与不可见的分界线，故两平面的水平投影的可见性如图 2-84（a）所示，其中不可见的部分用虚线表示。

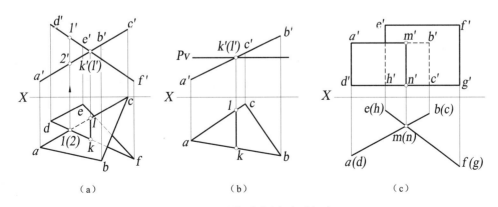

图 2-84　两特殊位置平面相交

如图 2-84（b）所示，正垂面△ABC 与水平面 P 相交，交线为正垂线 KL（k'l'，kl）。由于平面 P 无边界，故仅将交线作于△ABC 平面的界限内，且不进行可见性判别。

如图 2-84（c）所示，两个铅垂面 ABCD 与 EFGH 相交，该两相交平面的水平投影积聚成两相交直线。此两直线的交点必为两平面交线（铅垂线）MN 的水平投影。交线 MN 的正面投影一定在两平面的正面投影的重叠范围内。显然，水平投影不产生可见性问题。从水平投影中可以判别正面投影的可见性，其可见性如图所示。

2）两平面分别垂直不同的投影面

如图 2-85（a）所示，正垂面△DEF 与铅垂面△ABC 相交，交线的两面投影分别重合在两平面有积聚性的投影上。如图 2-85（b）所示，在正垂面△DEF 的正面投影上求出 I II 的正面投影 1'2'，由此求得 12，两平面的交线必在 I II 上；在铅垂面 ABC 的水平投影上，求出 III IV 的水平投影 34，由此求得 3'4'，两平面的交线必在 III IV 上；由于要求的交线要表示在两平面的共有范围内，故交线 II IV（2'4'，24）即为所求。两平面的投影的可见性利用重影点进行判别，请读者自己完成，如图 2-85（c）所示。

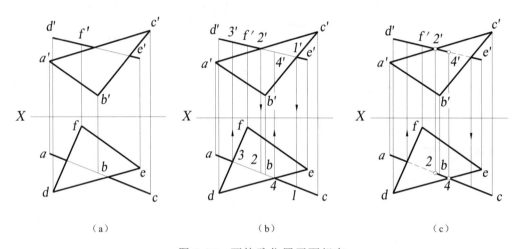

图 2-85 两特殊位置平面相交

5. 一般位置直线与一般位置平面相交

因为一般位置直线和一般位置平面都没有积聚性，所以不能直接确定交点的投影，而需要通过作辅助平面来解决。

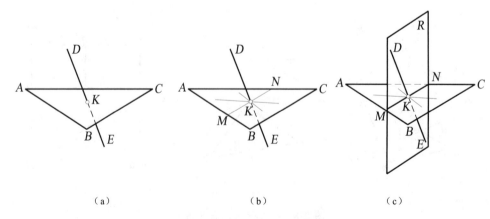

图 2-86 一般位置直线与一般位置平面相交

如图 2-86（a）所示，直线 DE 与△ABC 的交点 K 是△ABC 内的点，它一定在△ABC 内的一条直线上，例如在 MN 上，如图 2-86（b）所示。这样，过交点 K 的直线 MN 就和已知直线 DE 构成一个辅助平面 R，如图 2-86（c）所示。显然，直线 MN 就是已知平面△ABC 和辅助平面 R 的交线。交线 MN 与已知直线 DE 的交点 K，就是直线 DE 与平面△ABC 的交点。

根据上述分析，可得出求一般位置直线与一般位置平面相交的交点的作图步骤如下：
（1）包含已知直线作一辅助平面，一般取特殊位置平面（投影面的垂直平面或平行平面）；
（2）求出辅助平面与已知平面的交线；
（3）求出交线与已知直线的交点。

【例 2-5-4】如图 2-87（a）所示，直线 EF 与平面△ABC 相交，求其交点。

作图：
① 包含直线 EF 作正垂面 R，如图 2-87（b）所示；
② 求 R 与△ABC 的交线 MN（m'n'、mn）；
③ mn 与 ef 的交点 k 即为交点的水平投影。在 e'f' 上求得点 k'，点 K（k'，k）即为交点，如图 2-87（c）所示。

直线正面投影可见性判别：在正面投影中任选一对重影点的投影，如 1'、2'，根据其水平投影可知 $Y_I > Y_{II}$，则 k'e' 可见；k'f' 与 a'b'c' 的重叠部分不可见。

直线水平投影可见性判别：在水平投影中任选一对重影点的投影，如 3、4，根据其正面投影可知 $Z_{III} > Z_{IV}$，则 kf 与 abc 重叠部分不可见。

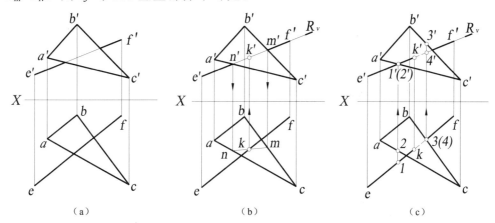

图 2-87 一般位置直线与一般位置平面相交

6．两个一般位置平面相交

1）用线面交点法求两个一般位置平面的交线

求两个一般位置平面相交的交线同样需要求出两个共有点。其方法是：可以在一个平面内任取两直线，或在两个平面内各取任一直线，分别求出此两直线对另一平面的交点，即得两个共有点。

如图 2-88（a）所示的两个三角形 ABC 和 DEF 相交，分别包含 DE、DF，作辅助正垂面 P 和 Q，用图 2-87 的方法分别求 DE、DF 与△ABC 的两交点 M（m'、m）和 N（n'、n），则 MN（m'n'、mn）即为两个三角形的交线，如图 2-88（b）所示。

两个三角形 ABC 和 DEF 在投影图上的重叠部分产生可见性问题，其交线 MN 是可见与不可见的分界线，如图 2-88（c）所示。判别可见性是利用判别交叉两直线重影点的可见性的方法：首先观察正面投影 d'e' 和 b'c' 相交于 1'（2'）点，然后找出水平投影中相应的 1、2 两点，即可确定 m'e' 为可见，同法也可确定 n'f' 为可见，因此四边形 e'm'n'f' 为可见，而此三角形的另一端 d'm'n' 被 △a'b'c' 遮住的部分为不可见，b'c' 被 △d'e'f' 遮住的部分也不可见。同法，利用水平投影中 df 和 ac 的重影点的投影 3（4），可判别水平投影中两三角形的投影重叠部分的可见性。

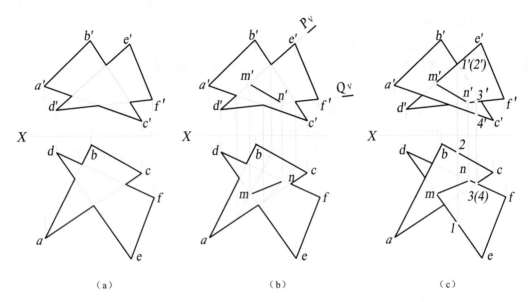

图 2-88　求两个一般位置平面的交线

两平面图形相交，可有两种情况。图 2-89 所示交线是由一个平面图形的两条边与另一平面图形的两个交点所决定的。这是一个平面图形穿过另一平面图形的情况，称为"全交"。图 2-90 表示两个平面图形各有一条边被彼此相交，称为"互交"。

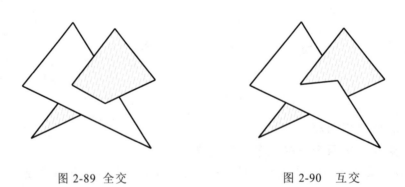

图 2-89　全交　　　　　图 2-90　互交

2）用三面共点原理求两个一般位置平面的交线（简称三面共点法）

如图 2-91（a）所示，已知 P、Q 为相交两平面，作不与此二平面平行的 R 为辅助面，R 与平面 P 产生交线 MN，R 与平面 Q 产生交线 KL，MN 与 KL 的交点 A 即为 P、Q、R 三面所共有，亦即是 P、Q 两平面交线上的点；同理，再以 S 为辅助面，又可求得另一个共有点 B，连 AB 即为 P、Q 两平面的交线。

【例 2-5-5】 如图 2-91（b）所示，用三面共点原理求两平面的交线。

作图：

① 如图 2-91（b），相交两平面由△ABC 及平行二直线 DE、FG 确定，选水平面为辅助面。

② 如图 2-91（c），作水平面 R 为辅助面，求出 R 与△ABC 的交线 ⅠⅡ（1'2'，12）与 DE、FG 的交线 ⅢⅣ（3'4'，34），ⅠⅡ与ⅢⅣ的交点 K（k'，k）即为一个共有点；同理，以 S 为辅助面，又可求得另一个共有点 L（l'，l）。

③ 连接 KL（k'l'，kl）即为所求交线。

需要注意的是，辅助平面是可以任意选取的，为了作图方便，一般应以特殊位置平面为辅助面。这种作图方法应用了"三面共点"的原理，故称三面共点法。两平面的图形不重叠而离开较远时使用此法较好。此法在以后有关相交的章节中用得较多，应该很好掌握。

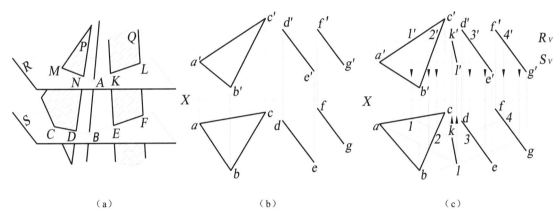

图 2-91 三面共点原理求两平面的交线

三、垂直

1. 直线与平面垂直

直线与平面垂直是直线与平面相交的一种特殊情况。这里主要研究直线与平面垂直的投影特性。直线与平面垂直的情况又可分为直线垂直于一般位置平面和过点作直线的垂线两种。

1）直线垂直于一般位置平面

由初等几何学定理可知：（1）若一直线垂直于相交两直线，则此直线必垂直于相交两直线所决定的平面；（2）若一直线垂直于一平面，则此直线必垂直于该平面内过垂足或不过垂足的一切直线。在图 2-92（a）中，直线 AB⊥P 面，那么直线 AB 必垂直于平面 P 内过垂足的直线 EF、CD 和不过垂足的直线 GH 等一切直线。

如图 2-92（b）所示，直线 LK 垂直于△ABC，它也必垂直于过垂足 K 的水平线 FG 和正平线 DE。根据直角的投影定理（见本章第三节），可得出直线与一般位置平面相垂直的投影特点如下：

（1）如果一直线垂直于一平面，则该直线的正面投影垂直于该平面内正平线的正面投影，该直线的水平投影垂直于该平面内水平线的水平投影；

（2）反过来说，如果一直线的正面投影垂直于平面内正平线的正面投影，该直线的水平投影垂直于平面内水平线的水平投影，则此直线必垂直于该平面。

如图 2-92（c）所示是一般位置直线与平面垂直的投影图，由于 LK⊥△ABC，所以 l'k'⊥d'e'，lk⊥fg。

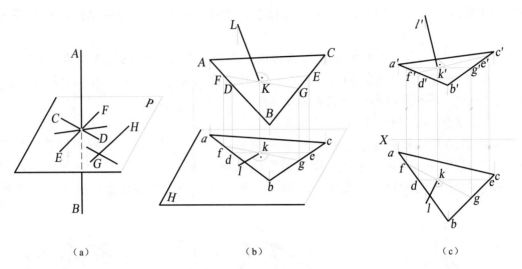

图 2-92 直线与平面垂直

【例 2-5-6】 如图 2-93 所示，求 D 点到△ABC 的距离。

解 求点到平面的距离，除了自该点向平面作垂线外，还需求出垂线与平面的交点（垂足），最后求出该点到垂足的线段实长。为此，先在△ABC 内作一正平线 AF（$a'f'$、af）和一水平线 AH（$a'h'$、ah），如图 2-93（b）所示；再自 D 点作直线 DE⊥△ABC，即作 $d'e'⊥a'f'$，$de⊥ah$，如图 2-93（b）所示；然后包含直线 DE 作辅助正垂面 P，即包含 $d'e'$ 作 P_V，求出 DE 与△ABC 的交点 K（k'、k）（图 2-93（c））；最后用直角三角形法求出线段 DK（$d'k'$、dk）的实长 D_0K'，即为所求。

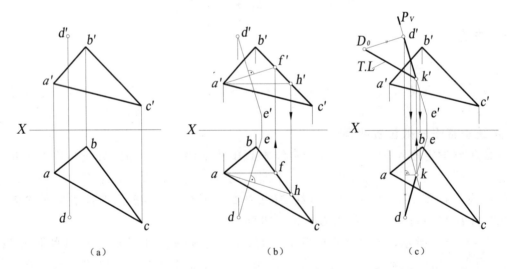

图 2-93 作直线垂直于定平面

【例 2-5-7】 如图 2-94（a）所示，过直线 AB 上一点 K，作平面垂直于直线 AB。

作图：过直线 AB 上的一点 K，只能作一平面垂直于该直线。根据直线垂直于平面的几何条件，所作的平面必须包含垂直于直线 AB 的相交两直线，同时此平面又必须通过 K 点。为此，在图 2-94（b）中，过直线上的一点 K（k'、k）作正平线 KC（$k'c'$、kc），$k'c'⊥a'b'$；过 K 点作水平线 KD（$k'd'$、kd），$kd⊥ab$。相交两直线 KC 和 KD 所确定的平面即为所求。

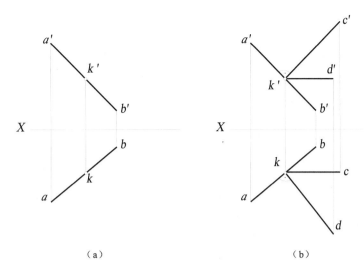

图 2-94 过 K 点作平面垂直于直线 AB

2）过点作直线的垂线

【例 2-5-8】 如图 2-95（a）所示，求 A 点到一般位置直线 BC 的距离。

分析：求 A 点到直线 BC 的距离，就是过 A 点向 BC 作垂线，再求 A 点与垂足连线的实长，但 BC 是一般位置直线，过空间一点 A 向 BC 所作的垂线也是一般位置直线，此两条互相垂直的一般位置直线，其投影不反映直角关系。所以不能在投影图上直接作出。要解决这个问题，需要过点作垂直于直线的辅助平面。在图 2-95（a）中，如果有一直线 AK 要垂直于直线 BC，则 AK 必定在过 A 点而垂直于直线 BC 的平面 Q 内。因此，应先过已知点 A 作平面 Q 垂直于 BC，再求出 BC 与平面 Q 的交点 K，连直线 AK 即为所求。

作图：

① 过 A 点作辅助平面 Q 垂直于 BC，Q 面由正平线 AD 和水平线 AE 所给定。图 2-95（b）中，$a'd' \perp b'c'$，$ae \perp bc$。

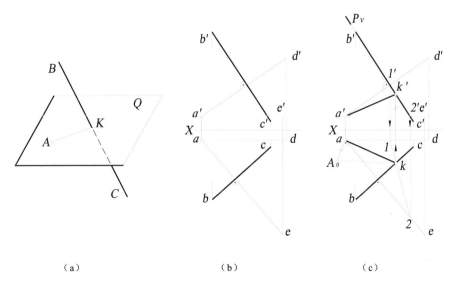

图 2-95 求 A 点到直线 BC 的距离

② 如图 2-95（c）所示，求出直线 BC 与辅助平面 Q 的交点 K。为此，过 BC 作一辅助

正垂面 P（图中以 P_V 表示），求出 P 面与 Q 面的交线 I、II（1'2'、12），从而求出交点 K（k'、k）。

③ 连接 A、K，则 AK（$a'k'$、ak）即为所求垂线，如图 2-95（c）所示。

④ 求出线段 AK（$a'k'$、ak）的实长 A_0K，即为 A 点到 BC 的距离，如图 2-95（c）所示。

3）直线垂直于投影面垂直面

当直线垂直于某投影面垂直面时，则此直线必为该投影面平行线。例如：当直线 DE 垂直于正垂面时，则 DE 必定为正平线，其垂足为 K 点，如图 2-96（a）所示；当直线 DE 垂直于铅垂面时，则 DE 必定为水平线，其垂足点为 K 点，如图 2-96（b）所示。

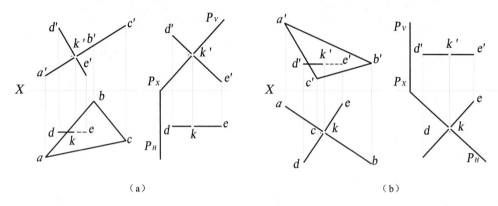

图 2-96　直线垂直于投影面垂直面

2．两平面互相垂直

由初等几何学定理可知：如果一直线垂直于一平面，则包含此直线的一切平面都垂直于该平面。在图 2-97（a）中，因为 $AB \perp R$ 面，所以包含直线 AB 的 P 和 Q 等平面均垂直于平面 R，反之，如果两平面互相垂直，则由第一平面内任一点向第二平面所作的垂线，一定在第一平面内，在图 2-97（b）中，A 点是平面 I 内的任一点，直线 AB 垂直于平面 II，因直线 AB 在第一平面内，所以两平面互相垂直。在图 2-98 中，直线 AB 也垂直于平面 II，但直线不在平面 I 内，所以两平面不相垂直。

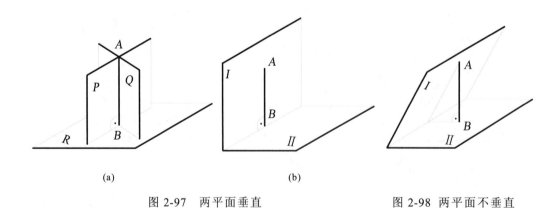

图 2-97　两平面垂直　　　　图 2-98　两平面不垂直

【例 2-5-9】 如图 2-99 所示，过 D 点作平面垂直于由 $\triangle ABC$ 所给定的平面。

分析：过 D 点作一直线 DE 垂直于 $\triangle ABC$，则包含 DE 的一切平面都垂直于 $\triangle ABC$，本题有无穷多解。任作一直线 DF（$d'f'$、df）与 DE 相交，则 DE 与 EF 所确定的平面便是其中一个解。

作图：先在△ABC内作正平线 AⅠ（a'1'、a1）和水平线 AⅡ（a'2'、a2）；然后过 D 点作 DE 垂直于△ABC，即 d'e'⊥a'1'；de⊥a2；再过 D 点作任一直线 DF，则 DE 和 DF 所确定的平面垂直于△ABC。

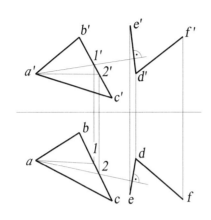
图 2-99 过 D 点作平面垂直于平面

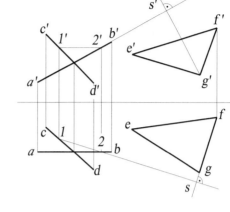
图 2-100 两平面不垂直

【例 2-5-10】如图 2-100 所示，试判别△EFG 与相交两直线 AB 和 CD 所确定的平面是否相互垂直。

分析：在平面△EFG 内任取一点 G，过 G 点向第二平面作垂线。若此垂线在△EFG 内，则这两个平面互相垂直。

作图：

① 在相交两直线 AB、CD 所确定的平面内任作一水平线ⅠⅡ和一正平线（图中 AB 已为正平线）；

② 过△EFG 内的一点 G（g'、g），作直线 GS（g's'、gs）垂直于 AB、CD 所确定的平面，即 g's'⊥a'b'、gs⊥12；

③ 从 GS（g's'、gs）在投影图中的情况可以看出：GS 与△EFG 平面内的直线 EF 既不相交也不平行，即 GS 不是平面内的直线，由此可知两平面不相互垂直。

3．直线与直线垂直

在本章第三节中讨论了一边平行于投影面的直角投影，但这仅是一种特殊情况。本节讨论一般情况下，如何在投影图中作直线与已知直线垂直。

1）分析

前面已叙述，若直线垂直于某一平面，则直线垂直于该平面内的所有直线。如图 2-101 所示，若直线 L 垂直于平面 P，则直线 L 垂直于属于平面 P 的过垂足或不过垂足的所有直线（如 AB、CD、…、EF、GH、…）。

2）作直线与定直线垂直相交

由图 2-101 可知，过定点作直线与定直线垂直的步骤为：

（1）过该点作平面与直线垂直；

（2）求出直线与该平面的交点，即垂足；

（3）将定点与垂足连线，则该连线与已知直线垂直。

3）投影作图

【例 2-5-11】 如图 2-102（a）所示，过点 L 作直线 LK 与已知直线 AB 垂直相交。

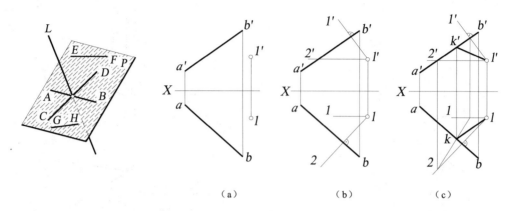

图 2-101　直线与直线垂直　　　图 2-102　直线与直线垂直相交

作图：

① 过点 L 作平面 L I II（l'1'2'，l12）与已知直线 AB 垂直，如图 2-102（b）所示；

② 求出直线 AB 与平面 L I II 的交点 K（k'，k），如图 2-102（c）所示；

③ 连接 LK（l'k'，lk）即为所求。

四、点、直线、平面的综合作图

综合作图问题一般都是所求几何元素同时满足两个以上条件的问题。例如过一点作一直线与另一直线相交且平行于某一平面等问题。解这类问题都需要综合运用几方面的基本概念和作图方法，通常可按下列三个步骤进行。

1．分析

就是综合分析所求几何元素与已知几何元素之间的从属关系和相互位置关系，运用本章所述有关的基本概念和作图方法确定其空间解题步骤。空间分析一般采用下述两种方法。

1）相对位置关系分析法（或称逆推分析法）

假定题目要求的几何元素已经作出，把它加入到题目所给定的几何元素之中，按题所要求的各个条件，逐一分析解答与已知条件之间的从属关系和相互位置关系，研究各几何元素的确定条件。从而拟出空间的解题步骤。本节中的【例 2-5-12】即属此法。

2）轨迹分析法

轨迹分析法就是根据题给的若干条件，运用空间几何轨迹的概念，综合分析所求几何元素在该条件下的空间几何轨迹，从而得出空间的解题步骤。本节中的【例 2-5-13】即属此法。

2．作图

按照分析中得出的空间解题步骤，正确地进行投影作图。

3．解答的讨论

一般是在题给的具体条件下讨论解答的情况：在什么情况下有解，有几个解，在什么条件下无解，为什么？

【例 2-5-12】 如图 2-103（a）所示，过 E 点作直线 EF 与交叉二直线 AB、CD 均相交。

分析：在图 2-103（b）中，假定所求直线 EF 已经作出，EF 与直线 AB 交于 M 点，与直线 CD 交于 N 点，则 EF 分别与直线 AB、CD 决定了平面 P 和平面 Q，EF 为 P、Q 二平面所共有，即 EF 为 P、Q 二平面的交线。由此可知，求该直线的实质就是求二平面的交线。因为已知点 E 是 P、Q 二平面的一个共有点，所以只需求出另一个共有点，即可求出二平面的交线。为此，可求直线 CD 与 P 面（EAB）的一个交点 M，也可以求直线 AB 与 Q 面（ECD）的一个交点 N。最后连 EN 或 EM 即为所求直线。

作图：

① 如图 2-103（c）所示，求直线 CD（c'd'、cd）与△ABE（△a'b'e'、△abe）的交点 N（n'、n）；

② 连 EN（e'n'、en）即得所求直线 EF（e'f'、ef）。

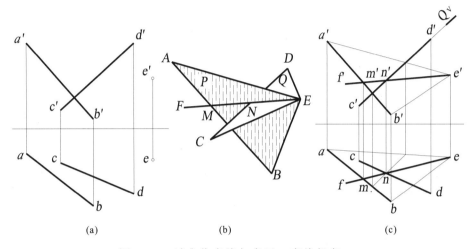

图 2-103 过点作直线与交叉二直线相交

【例 2-5-13】 如图 2-104（a）所示，过 A 点作一直线与已知直线 EF 相交，且平行于△BCD。

分析： 在图 2-104（b）中，过 A 点且与△BCD（平面 Q）平行的直线的轨迹为过 A 点且平行于平面 Q 的平面 P。而过 A 点且与直线 EF 相交的直线的轨迹为由 A 点和直线 EF 所决定的平面 R。P、R 二平面的交线 AK 即为所求的直线，这是因为 AK 既平行于△BCD 也与直线 EF 相交。由于 A 点为 P、R 二平面的一个公有点，故只需求出另一个公有点即可求出此交线。为此，先求直线 EF 与平面 P 的交点 K，连 A、K 即为所求直线。也可以不作与△BCD 平行的平面 P，而只作由 A 点和直线 EF 决定的平面 R，求出 R、Q 二平面的交线 MN 之后，在 R 面内过 A 点作直线平行于 MN，这样同样可求出交线 AK。

作图：

① 过 A 点作平行于△BCD 的平面 P（由过 A 点的相交二直线所决定），如图 2-104（c）所示；

② 求直线 EF 与 P 面的交点 K（k'、k）。

解答分析： 由于直线 EF 不平行于△BCD，所以只有一解；若直线 EF 平行于△BCD 且过 A 点，则有无数解；若直线 EF 平行于△BCD，但不过 A 点则无解。

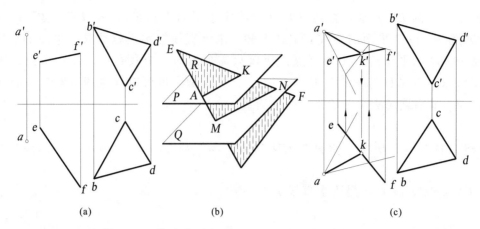

图 2-104 作直线平行于△BCD 且与 EF 相交的平面

【例 2-5-14】 如图 2-105（a）所示，以直线 AB 为底边，作一等腰△ABC，使其顶点 C 落在直线 DE 上。

分析：本题的实质是要在直线 DE 上求一点 C，使它与 A、B 两点等距离。与 A、B 两点等距离之点的轨迹就是直线 AB 的中垂面，它与直线 DE 的交点就是所求三角形的顶点 C。

作图：

① 先在直线 AB 上取中点 M，过 M 点作 AB 的垂面，如图 2-105（b）所示；

② 作出直线 DE 与中垂面的交点 C，如图 2-105（b）所示，即为所求。

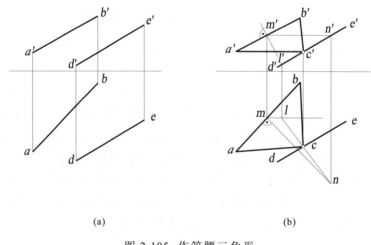

图 2-105 作等腰三角形

第三章 投影变换

第一节 概 述

一、问题的提出

比较表 3-1 所举各例，不难发现，当直线或平面对投影面处于特殊位置时，在投影图中求解它们的度量问题或定位问题，作图过程相应简单一些。这样就启发了一种解题思路——如能根据解题需要，有目的地变更直线或平面与投影面的相对位置，使之对解题有利，则可简化作图。

这种变更要素与投影面的相对位置使之有利于解题的方法称为投影变换。

表 3-1 一般位置与特殊位置求解繁简比较

位置＼比较项目	求形状的大小	求二面交线	求点到面的距离
特殊位置	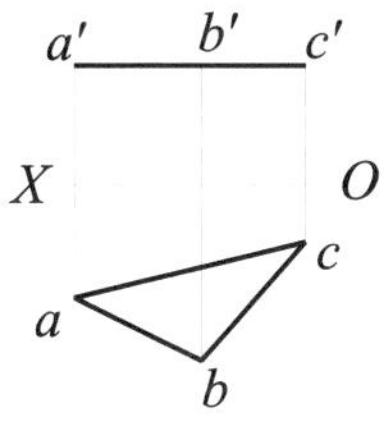	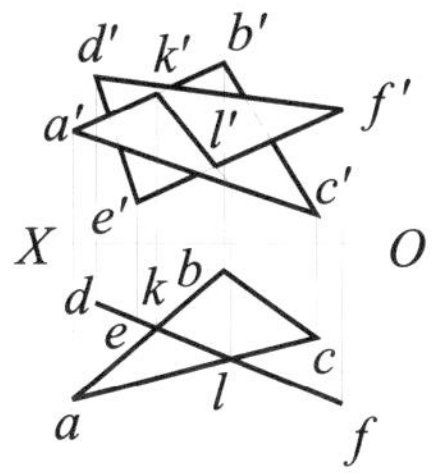	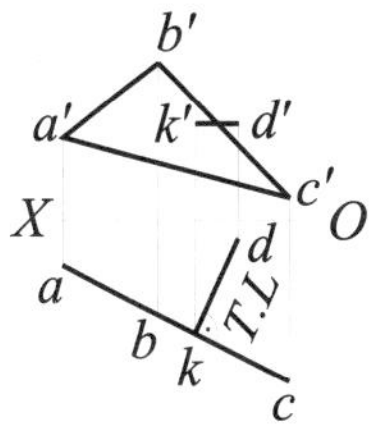
一般位置	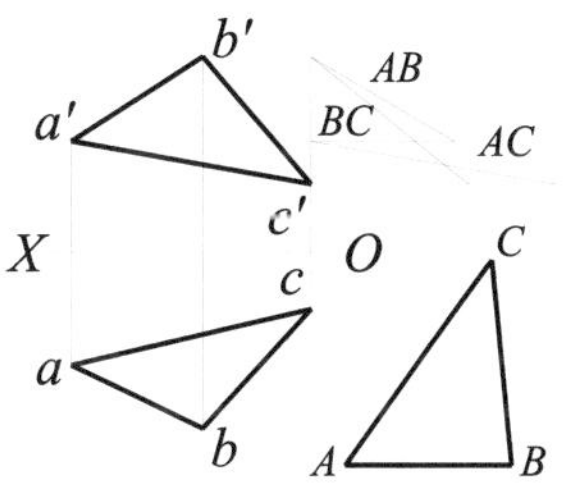	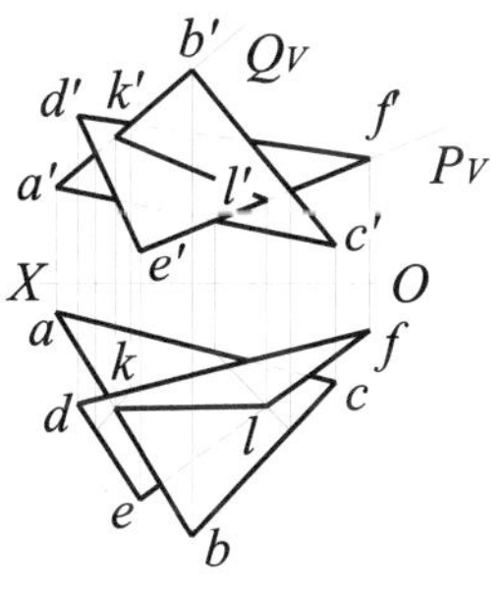	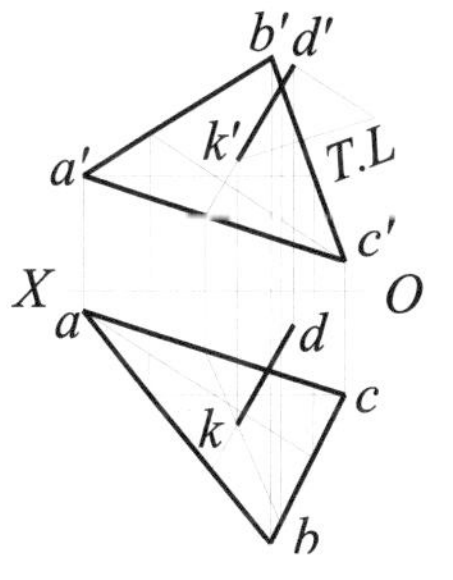

二、投影变换方法

为了达到投影变换的目的，本章仅介绍两种基本方法：换面法和绕垂直轴旋转法。

1. 换面法

令空间点、线、面的位置保持不动，用新的投影面更换旧的投影面，以组成新的二投影面体系，使它们处于对解题有利的位置，并通过投影作图，求得问题的解决。这种方法称为换面法。

2. 绕垂直轴旋转法

令原有二投影面体系不变，使空间的点、线、面绕垂直于某投影面的轴线旋转，使它们对投影面处在有利于解题的位置，并通过投影作图，求得问题的解决。这种方法称为绕垂直轴旋转法。

第二节 换 面 法

一、基本概念

1. 换面法的原理

如图 3-1（a）所示，直线 AB 在 V、H 二投影面体系中（简称 V/H 体系）处于一般位置。

如图 3-1（b）所示，在 V/H 体系中，立新投影面 V_1 替代 V 面，且使 $V_1 // AB$，$V_1 \perp H$ 面，则 V_1、H 构成新的二投影面体系（简称 V_1/H 体系）。V_1 面与 H 面的交线 X_1 称为新投影轴。将 AB 向 V_1 面作投影，可得到其在 V_1 面上的投影 $a_1'b_1'$，显然，$a_1'b_1'$ 反映直线 AB 的实长。由于 H 面没有变动，故 ab 没有变动。$a_1'b_1'$ 与 X_1 轴的夹角反映了直线 AB 与 H 面的倾角 α。

将 V_1 面绕 X_1 轴旋转与 H 面重合，则得到投影图，如图 3-1（c）所示。在此投影图中可以直接得到 AB 的实长及其对 H 面的倾角 α。

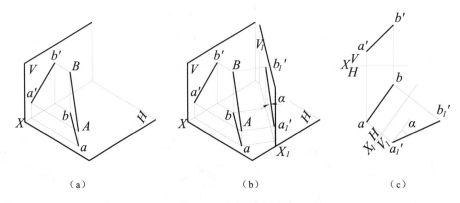

图 3-1 换面法原理

同理，若用 H_1 面替换 H 面，且使 $H_1 // AB$，$H_1 \perp V$ 面，则在 V/H_1 体系的投影图中，可以得到 AB 的实长及其对 V 面的倾角 β。

2. 换面法的名词及术语

换面法的名词及术语见表 3-2。

二、点的换面

1. 点的换面规律

如图 3-2（a）所示，在 V/H 体系中有点 $A(a', a)$。

如图 3-2（b）所示，在新体系 V_1/H 中将点 A 向 V_1 面作投影，得到新投影 a_1'，a 为不变投影。

表 3-2 换面法的名词术词（参见图 3-2）

序号	名词术语		解 释
1	投影体系	旧投影体系	被取代的投影体系，如 V/H 体系
		新投影体系	由新投影面与不变投影面组成的二投影面体系，如 V_1/H
2	投影轴	旧投影轴	旧投影面与不变投影面的交线，如 X 轴
		新投影轴	新投影面与不变投影面的交线，如 X_1 轴
3	投影面	旧投影面	被取代的投影面，如 V 面
		新投影面	取代旧投影面所立的投影面，如 V_1 面
		不变投影面	进行换面时保持不变的投影面，如 H 面
4	投影	旧投影	在旧投影面上的投影，如 a'、b'
		新投影	在新投影面上的投影，如 a_1'、b_1'
		不变投影	在不变投影面上的投影，如 a、b

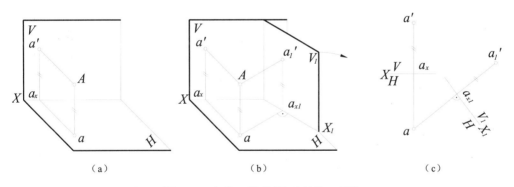

（a） （b） （c）

图 3-2 点的一次换面（变换 V 面）

沿用点的投影规律的讨论，可以得到：

$$a_1'a_{x1} \perp X_1 轴 \quad aa_{x1} \perp X_1 轴$$
$$A \to V_1 面的距离 = aa_{x1} \quad A \to H 面的距离 = a_1'a_{x1}$$

由于点 A 的位置不变，显然，点 A 到不变投影面 H 的距离不变，则

$$a_1'a_{x1} = a'a_x$$

将 V_1 面绕 X_1 轴旋转到与 H 面同处一平面内，则得到其投影图，如图 3-2（c）所示，则有

$$a_1'a \perp X_1 轴 \quad a_1'a_{x1} = a'a_x$$

综上所述，点的换面规律为：

1）点的新投影与不变投影的连线垂直于新轴；
2）点的新投影到新轴的距离等于点的旧投影到旧轴的距离。

2．点的一次换面的作图

1）由 $V/H \rightarrow V_1/H$，点的换面作图步骤，如图 3-3 所示。

图 3-3（a）示出了点 A 的二面投影 a'、a，将 X 轴记为 $X\dfrac{V}{H}$。

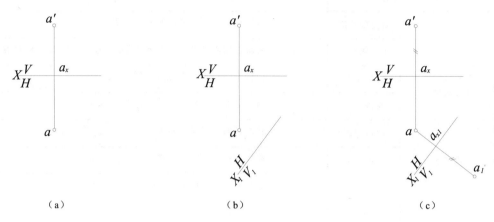

图 3-3　点的一次换面投影作图

在图 3-3（b）中的适当位置立新轴 X_1，记为 $X_1\dfrac{H}{V_1}$。

过不变投影 a，作直线垂直于 X_1 轴；在此直线上量取 $a_1'a_{x1} = a'a_x$，得到新的投影 a_1'，如图 3-3（c）所示。

2）由 $V/H \rightarrow V/H_1$，点的换面作图步骤，如图 3-4 所示。

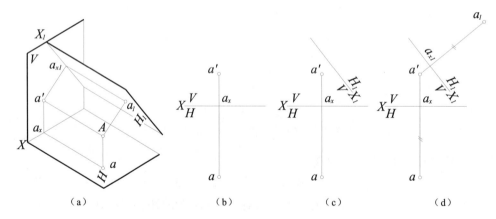

图 3-4　点的一次换面（变换 H 面）

3．点的连续换面

有些几何问题，往往需要连续进行多次换面方能求解。

1）作点的连续换面的要点

（1）凡进行一次换面，只能更换一个投影面。作连续换面时，投影面的更换要交替进行。图 3-5（a）中，由 $V/H \rightarrow V_1/H \rightarrow V_1/H_2 \rightarrow \cdots$；也可由 $V/H \rightarrow V/H_1 \rightarrow H_1/V_2 \rightarrow \cdots$。

（2）新投影体系及新轴和旧投影体系及旧轴的概念，也是依次改变的。当由 $V/H \rightarrow V_1/H$ 时，旧体系是 V/H，新体系是 V_1/H，旧轴是 X，新轴是 X_1；连续进行第二次换面，由 $V_1/H \rightarrow$

V_1/H_2 时，则旧体系是 V_1/H，新体系改变为 V_1/H_2，旧轴是 X_1，新轴是 X_2，……以此类推，如图 3-5（a）。

（3）新投影、旧投影及不变投影的概念也是依次改变的。在图 3-5（b）中，当 $V/H \rightarrow V_1/H$ 时，a_1' 为新投影，a' 为旧投影，a 是不变投影；而在图 3-5（c）中，当 $V_1/H \rightarrow V_1/H_2$ 时，a_2 为新投影，a 为旧投影，a_1' 是不变投影，……，以此类推。

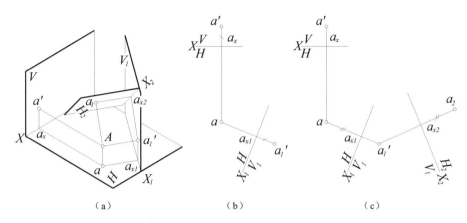

图 3-5 点的连续换面

2）连续换面的投影作图

点 A 进行一次换面，如图 3-5（b）所示；

点 A 进行二次换面：过不变投影 a_1' 作 $a_1'a_2 \perp X_2$ 轴；量取 $aa_{x1}=a_2a_{x2}$，即得到点 A 连续两次换面后的新投影 a_2，如图 3-5（c）所示。

三、直线的换面

直线的换面有两个基本作图，一个是将一般位置直线变换为新体系的投影面平行线；另一个是将一般位置直线变换为新体系的投影面垂直线。

1．将一般位置直线变换为新体系的投影面平行线

1）分析

根据投影面平行线的定义，在图 3-6（a）中，当 $V_1 // AB$ 且 $V_1 \perp H$ 时，直线 AB 是新体系 V_1/H 中 V_1 面的平行线。它具有投影面平行线的投影特点，即 $ab // X_1$ 轴、$a_1'b_1'=AB$，若 H 面不变，则 $a_1'b_1'$ 与 X_1 轴的夹角反映该直线对 H 面的倾角 α。

2）作图步骤

① 在适当的位置作新轴 $X_1 // ab$，如图 3-6（b）所示；

② 分别作出 A、B 两点的新投影 a_1'、b_1'；

③ 连接 $a_1'b_1'$，如图 3-6（c）所示。$a_1'b_1'$ 反映线段 AB 的实长，与 X_1 轴的夹角为该直线对 H 面的倾角 α。

同理，当以 H_1 面取代 H 面，如图 3-7 所示，使直线 AB 为 H_1 面的平行线，此时可求得直线对 V 面的倾角 β 及其实长。

2．将一般位置直线变换为新体系的投影面垂直线

1）分析

根据投影面垂直线定义，若在 V/H 体系中直接作新投影面垂直一般位置直线，则此投影

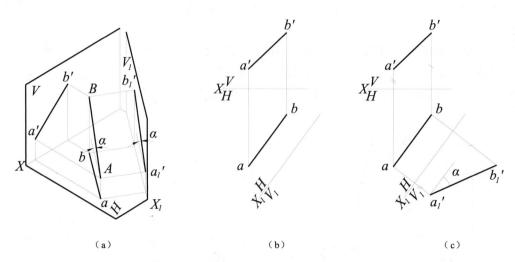

图 3-6　将一般位置直线变换为 V_1 投影面平行线

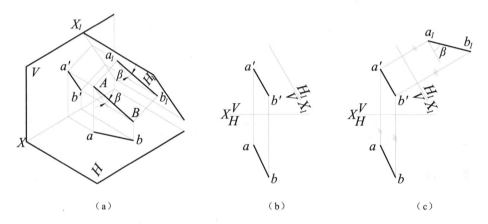

图 3-7　将一般位置直线变换为 H_1 投影面平行线

面必为一般位置平面，不可能垂直于 V 面或 H 面，即不可能组成新的二投影面体系。故欲将一般位置直线变换为投影面垂直线，需进行两次换面：第一次换面，是把一般位置直线变换成投影面平行线；第二次换面，把这条投影面平行线变换成投影面垂直线。

图 3-8（a）中，AB 为 V/H 体系中的一般位置直线，第一次换面将其变换为 V_1/H 体系中 V_1 面的平行线；第二次变换为 V_1/H_2 中 H_2 面的垂直线，此时，AB 具有投影面垂直线的投影特点，即 $a_1'b_1' \perp X_2$ 轴，a_2b_2 有积聚性。

2）作图步骤

① 第一次变换。将 AB 变换为 V_1/H 体系的 V_1 面的平行线，如图 3-8（b）所示。

② 第二次变换。将 V_1 面的平行线变换成 H_2 垂直线，如图 3-8（c）所示。在适当的位置，作新轴 $X_2 \perp a_1'b_1'$，作出 A、B 两点的新投影。a_2b_2 积聚为一点。

同理，若投影体系按 $V/H \rightarrow V/H_1 \rightarrow V_2/H_1$ 变换时，则由 $AB // H_1 \rightarrow AB \perp V_2$，$a_2'b_2'$ 积聚为一点。

四、平面的换面

平面的换面有两个基本作图，一个是将一般位置平面变换为新体系的投影面垂直面；另一个是将一般位置平面变换为新体系的投影面平行面。

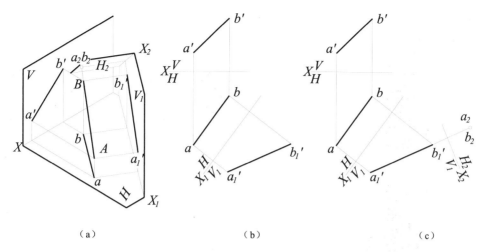

图 3-8　一般位置直线变换为 H_2 面垂直线

1．将一般位置平面变换为新体系的投影面垂直面

1）分析

从几何条件可知，只要使属于平面的任一直线经过换面变换为投影面垂直线，则该平面亦随之变换为投影面垂直面。由直线的换面可以得知，一般位置直线需经两次换面方能变换为投影面垂直线，而投影面平行线只需进行一次换面就可以变换为投影面垂直线。因此，在平面内任取一条投影面平行线作为辅助线，使新投影面与之垂直，则平面也与此新投影面垂直。

如图 3-9（a）所示，若要求平面对 H 面的倾角，则在 △ABC 内取水平线 CK 为辅助线，设新面 $V_1 \perp H$，且 $V_1 \perp CK$，此时 △ABC 在 V_1/H 体系中成为 V_1 面垂直面，其在 V_1/H 体系中的投影具有投影面垂直面的投影特点，即 $a_1'b_1'c_1'$ 有积聚性，$a_1'b_1'c_1'$ 与 X_1 轴的夹角反映平面对 H 面的倾角 α。

2）作图

① 在 △ABC 中取水平线 CK（c'k', ck）为辅助线，如图 3-9（b）所示；

② 在图幅适当的位置作新轴 $X_1 \perp ck$，作出 A、B、K 各点的新投影 a_1'、b_1'、c_1'、k_1'，如图 3-9（c）所示；

③ 连接 $a_1'c_1'k_1'b_1'$，为一直线，积聚线与 X_1 轴夹角为平面与 H 面的倾角 α。

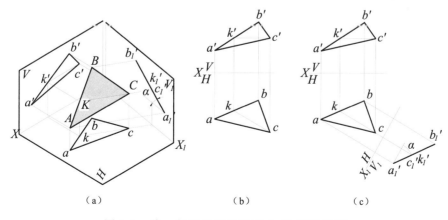

图 3-9　将一般位置平面变换为 V_1 面垂直面

若不使用平面内的水平线为辅助线，虽经两次换面，仍可将一般位置平面变换为投影面垂直面，但却不能求得该平面对 H 面的倾角。因为经过两次换面后，作为度量 α 的基准——H 面，已被 H_1 面取代。

同理，若要求平面对 V 面的倾角 β，则以属于平面的正平线为辅助线，经过一次换面，亦可将一般位置平面变换为 H_1 面的垂直面。此时，由于平面对 V 面的相对位置未变，故 β 为积聚线与 X_1 轴的夹角。作图过程如图 3-10 所示。

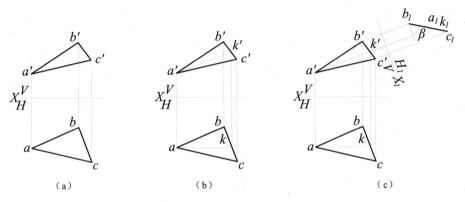

图 3-10　将一般位置平面变换为 H_1 面垂直面

2. 将一般位置平面变换为新体系的投影面平行面

1）分析

根据投影面平行面的定义，若在 V/H 体系中直接作新投影面平行于一般位置平面，则此投影面必为一般位置平面，不可能垂直 V 面或 H 面，即不能组成新的二投影面体系。故欲将一般位置平面变换为投影面平行面，需经过两次换面：第一次换面，将一般位置平面变换成新投影面的垂直面；第二次换面，再将该投影面垂直面变换成另一新投影面的平行面。

图 3-11 中，$\triangle ABC$ 为 V/H 体系中的一般位置平面，第一次换面将其变换为 V_1/H 体系中的 V_1 面垂直面；第二次变换为新投影体系 V_1/H_2 中 H_2 面的平行面。此时，$\triangle ABC$ 在 V_1/H 体系中的投影具有投影面平行面的投影特点，即 $a_1'c_1'b_1' // X_2$，$\triangle a_2b_2c_2$ 反映 $\triangle ABC$ 的实形。

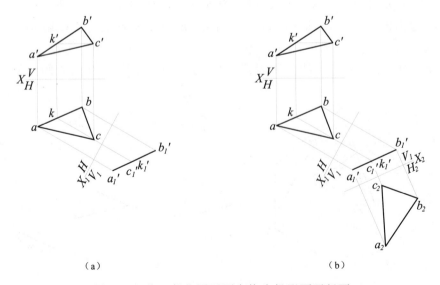

图 3-11　将一般位置平面变换为投影面平行面

2）作图

① 第一次变换：将△ABC变换为新投影面的垂直面，如图3-11（a）所示；

② 第二次变换：将投影面垂直面变换成新投影面的平行面，立新轴X_2，使$X_2 /\!/ a_1'c_1'b_1'$，作出A、B、C三点的新投影a_2、b_2、c_2，连线得△$a_2b_2c_2$，则△$a_2b_2c_2$=△ABC，如图3-11（b）所示。

五、换面法作图举例

【例3-2-1】 如图3-12（a）所示，求M点到直线AB的距离MK及其投影。

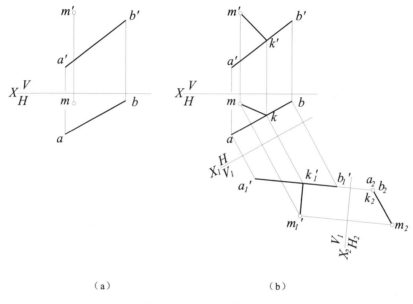

（a） （b）

图3-12 求点到直线的距离

分析：求解此题的方法有多种，这里仅介绍用换面法进行求解。因为$MK \perp AB$，如把AB变为新投影面H面的垂直线，则$MK /\!/ H$面，因此只需把AB变为H面垂直线，即可求得mk。但是直线AB是一般位置直线，不能直接变换为投影面垂直线。为此，要先把直线AB变为V_1面的平行线，再把直线AB变为H_2面的垂直线。

作图：如图3-12（b）所示。

① 作新投影轴$X_1 /\!/ ab$，求出V_1面上的投影$a_1'b_1'$、和m_1'；

② 作另一投影轴$X_2 \perp a_1'b_1'$，求出H_1面上的投影a_2b_2和m_2；

③ 垂足k在H_2面的投影k_2和a_2b_2积聚成一点，连m_2、k_2，则m_2k_2为距离MK的实长；

④ $MK /\!/ H_2$面，所以$m_1'k_1' /\!/ X_2$轴，然后求k_1'、k和k'，从而求出mk和$m'k'$。

【例3-2-2】 有两条交叉管道AB和CD，先要在两管道之间用一根最短的管子KL将它们连接起来，求连接点的位置和连接管的长度。

分析：如果把两管道看作两直线，则本题就是要确定两交叉直线公垂线的位置及该线段的实长。如果把两交叉直线之一变为垂直于某投影面的直线，则公垂线KL必平行于该投影面。KL在该投影面的投影反映实长。KL与另一直线在该投影面上的投影反映直角。利用这个关系即可确定公垂线的位置。

作图：如图3-13（b）所示。

① 作新投影轴 $X_1 /\!/ cd$，求出 V_1 面上的投影 $c_1'd_1'$、和 $a_1'b_1'$；
② 作另一投影轴 $X_2 \perp c_1'd_1'$，求出 H_2 面上的投影 c_2d_2 和 a_2b_2；
③ c_2d_2 积聚成一点 l_2，作 $k_2l_2 \perp a_2b_2$，垂足为 k_2，则 k_2l_2 为实长；
④ 返回 k_2l_2，从而求出 kl 和 $k'l'$。

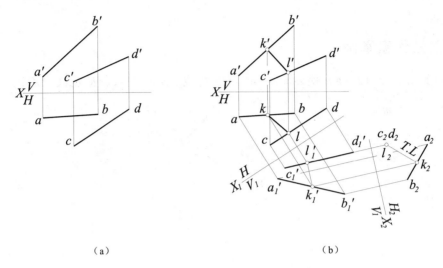

图 3-13 求两交叉管道的最短距离

【例 3-2-3】 求 D 点到 $\triangle ABC$ 的距离 DK 及其投影，如图 3-14（a）所示。

分析：若 D 点到 $\triangle ABC$ 的距离 DK 是投影面的平行线，则 DK 在该投影面上的投影就反映距离 DK 的实长。而当 DK 是平行线时，$\triangle ABC \perp$ 该投影面。因此，只需把 $\triangle ABC$ 变换为该投影面的垂直面，然后通过 D 点变换后的投影作 $\triangle ABC$ 积聚投影的垂线即可求得。

作图：如图 3-14（b）所示。
① 将 $\triangle ABC$ 变换为投影面垂直面，得新投影 $a_1b_1c_1$；
② 作 $d_1k_1 \perp a_1b_1c_1$，投影 d_1k_1 的长度即为实长；
③ 求 DK 在原体系中的两面投影：由于 d_1k_1 反映 DK 的实长，所以 $DK /\!/ H_1$ 面，则 $d'k' /\!/ X_1$ 轴，即可求得 DK 的两面投影。

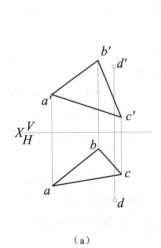 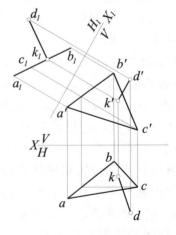

（a） （b）

图 3-14 求点到平面间的距离

【例 3-2-4】 求△ABC 及△DBC 两平面间的夹角 ϕ，如图 3-15（a）所示。

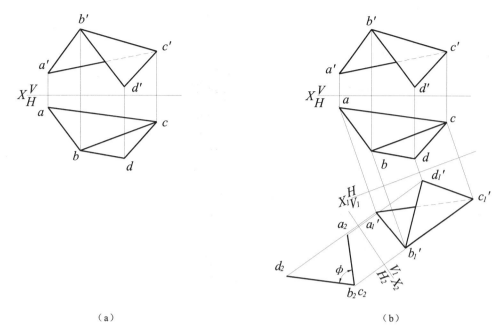

图 3-15 求两平面间的夹角

分析：若两平面同时垂直于某投影面，则在该投影面上的投影为积聚线，积聚线间的夹角就反映出两平面间的真实夹角。要使两平面同时变为新投影面的垂直面，则必须把它们的交线变换为新投影面垂直线。但本题的交线 BC 是一般位置直线，要经过两次换面才能把交线 AB 变为新投影面垂直线。

作图：如图 3-15（b）所示。

① 以二面交线 BC 为参照线，经一次变换，将 BC 变为新投影面的平行线；

② 再经过一次变换，将 BC 变换成投影面垂直线，则平面就变成该投影面垂直面，两积聚投影的夹角就为两平面间的夹角。

第三节 绕垂直轴旋转法

一、基本概念

1. 绕垂直轴旋转法的原理

图 3-16（a）中，AB 为一般位置直线，若保持 V/H 体系不变，令直线 AB 绕铅垂线 Aa 旋转，使其旋转后的位置 AB_1 平行于 V 面，则 AB_1 的正面投影 $a'b_1'$ 反映线段的实长，其与 X 轴的夹角等于直线对 H 投影面的倾角 α。图 3-16（b）为其投影图。

2. 绕垂直轴旋转法的名词及术语

绕垂直轴旋转法的名词及术语见表 3-3。

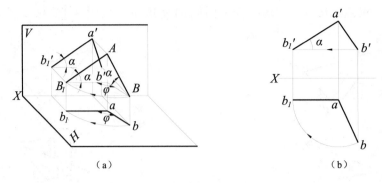

图 3-16 旋转直线平行 V 面

表 3-3　绕垂直轴旋转法的名词术语（参见图 3-16）

序号	名词术语	解　释
1	旋转轴	空间点、线、面绕之旋转的轴线。其中，垂直于 H 面的称为铅垂轴；垂直于 V 面的称为正垂轴。
2	旋转方向	点、线、面绕轴旋转时所依循的方向，如箭头所示。
3	旋转角度	点、线、面所转动的角度，如 φ 角。
4	旧位置与旧投影	点、线、面在投影体系中的原始位置为旧位置，如 AB。它们在旧位置时的投影称为旧投影，如 ab、$a'b'$。
5	新位置与新投影	点、线、面旋转后所处的位置为新位置，如 B_1。它们在新位置时的投影称为新投影，如 b_1'、b_1。
6	旋转点	绕旋转轴旋转的空间点，如点 B。
7	旋转平面	旋转点的运动轨迹所在的平面，如由点 B 旋转所形成的圆，垂直于旋转轴。
8	旋转半径	旋转点至旋转轴的距离。
9	旋转中心	旋转平面与旋转轴的交点。

二、点绕垂直轴旋转

1. 点绕垂直轴旋转时的投影变换规律

图 3-17（a）中，点 M 绕铅垂轴 OO 旋转。点 M 的旋转轨迹——圆周、旋转半径、旋转方向、旋转角度等在水平投影中均一一如实反映；旋转轨迹——圆周的正面投影是一条平行于 X 轴的直线段，长度等于圆的直径，如图 3-17（b）所示。

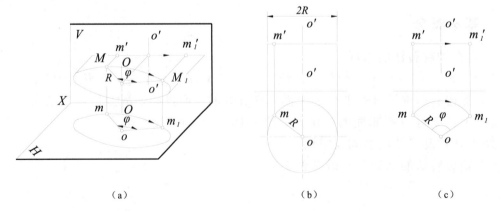

图 3-17　点绕铅垂轴旋转

若点 M 绕正垂轴旋转，也有如上相似的结果，如图 3-18（a）所示。

由此可得，点绕垂直轴旋转的投影变换规律为：点在旋转轴所垂直投影面上的投影为以旋转中心的投影为圆心、旋转半径为半径的圆周，在另一投影面上的投影为平行于投影轴（垂直于旋转轴的投影）的直线段。

2．点绕垂直轴旋转的作图

1）**点绕铅垂轴旋转的作图**

点 M 绕铅垂轴 OO 旋转的作图步骤，如图 3-17（b）所示。在水平投影中，以 o 为圆心、$R=om$ 为半径画圆周；正面投影中，过 m' 作平行于 X 轴的直线段，使其长度等于 $2R$。

若点 M 顺时针旋转 φ 角，其投影图的作法如图 3-17（c）所示。水平投影中，以 o 为圆心，om 为半径将 m 顺时针旋转 φ 角得 m_1；正面投影中，过 m' 作直线平行于 X 轴，由 m_1 求得 m_1'。m_1'、m_1 即为点 M 旋转 φ 角的新投影。

2）**点绕正垂轴旋转的作图**

点绕正垂轴旋转的投影作图，如图 3-18（b）、（c）所示。

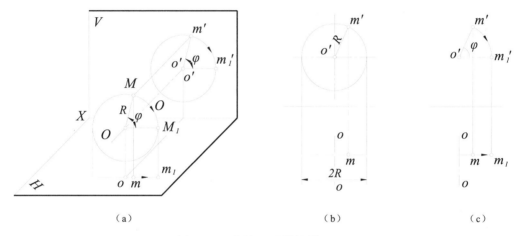

图 3-18　点绕正垂轴旋转

3．多个点绕同一垂直轴旋转

当有多个点绕垂直轴旋转时，这些点之间的相互位置关系旋转前后不变。为此，必须遵循：绕同一旋转轴、按同一旋转方向、旋转同一角度这个原则，简称"三同"（同轴、同向、同角度）原则。

图 3-19 所示为 A、B 两点绕正垂轴、逆时针方向、旋转 φ 角的作图。

1）点 A（a',a）绕 OO 轴逆时针旋转 φ 角至新位置 A_1，可得其新投影 a_1'、a_1，如图 3-19（b）所示；

2）根据"三同"原则，完成点 B 旋转至新位置 B_1 的新投影 b_1'、b_1，如图 3-19（c）所示。

注：A、B 两点旋转同一角度的作图，可以作圆弧 $\overparen{1'b'b_1'}$，然后在此圆弧上取弦长 $\overline{1'1_1'}= \overline{b'b_1'}$，从而确定 b_1'。

三、直线绕垂直轴旋转

直线绕垂直轴旋转有两个基本作图：一个是将一般位置直线旋转为投影面平行线；另一个是将一般位置直线旋转为投影面垂直线。

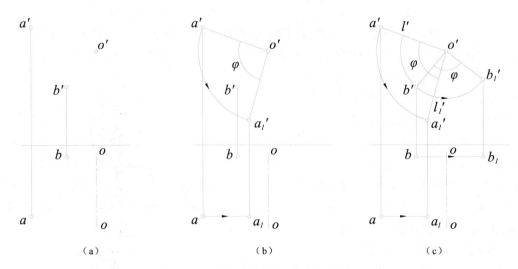

图 3-19 多个点绕同一垂直轴旋转

1. 将一般位置直线旋转为投影面平行线

1) 分析

如图 3-20（a）所示，若直线 AB 绕过点 A 的铅垂轴 OO 旋转至与 V 面平行的新位置 AB_1，则 AB_1 成为正平线。当它具有正平线的特点，即 ab_1 // X 轴、$a'b_1'=AB$，则 $a'b_1'$ 与 X 轴的夹角反映该直线对 H 面的倾角 α。

这里有两点应予注意：其一，使铅垂轴 OO 过直线一端点 A，则点 A 旋转前后位置不变，仅旋转 B 点即可达到目的，此可简化作图；其二，直线 AB 的旋转角度是由正平线的投影特征控制的，即将 ab 旋转到使 ab_1 // X 轴，则 AB 的新位置 AB_1 定是正平线。

2) 作图步骤

① 过点 A 立铅垂轴 OO（$o'o'$，oo），如图 3-20（b）所示；

② 旋转 b 使 ab_1 // X 轴，则 AB_1（$a'b_1'$，ab_1）即为正平线，如图 3-20（c）所示。

直线 AB 绕铅垂轴旋转为正平线时，直线 AB 对 H 面的倾角 α 不变，因而该直线在 H 面的投影长度不变，即 $ab=ab_1=AB\cos α$。

同理，将直线绕正垂轴旋转为水平线，可求得直线对 V 面的倾角 β 及其实长，如图 3-21 所示。

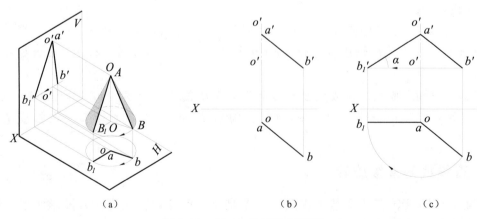

图 3-20 把 AB 旋转为正平线

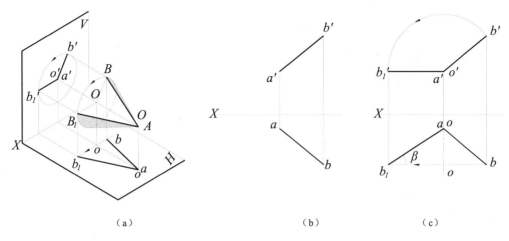

图 3-21 将 AB 旋转为平行线

2. 将一般位置直线旋转为投影面垂直线

1）分析

由于一般位置直线对 H 面和 V 面都是倾斜的，故直线绕垂直于某一投影面的轴旋转时，直线对该投影面的倾角不变。也就是说，经过一次旋转，只能改变直线对一个投影面的倾角，不能同时改变直线对两个投影面的倾角。因此，要将一般位置直线旋转为投影面垂直线，必须分别绕不同的轴，如正垂轴和铅垂轴（或铅垂轴和正垂轴），经过两次旋转，旋转顺序是先将一般位置直线旋转成投影面平行线，再将平行线旋转成垂直线。

2）作图步骤

① AB 绕过点 A 的铅垂轴旋转为正平线 AB_1（ab_1，$a'b_1'$），如图 3-22（b）所示；

② 立过点 B_1 的正垂轴（或过 A 点的正垂轴）将 $a'b_1'$ 以 b_1' 为圆心旋转，使 $a_1'b_1'\perp X$ 轴，并求出水平投影 a_1b_1。A_1B_1（$a_1'b_1'$，a_1b_1）即为铅垂线，如图 3-22（c）所示。

若直线分别绕正垂轴和铅垂轴旋转两次，可变换为正垂线。分析及作图请读者自行考虑并作出。

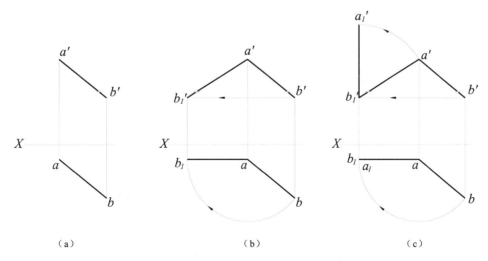

图 3-22 把一般位置直线 AB 旋转为投影面垂直线

四、平面绕垂直轴旋转

平面绕垂直轴旋转有两个基本作图：一个是将一般位置平面旋转为投影面垂直面；另一个是将一般位置平面旋转为投影面平行面。

1. 将一般位置平面旋转为投影面垂直面

1）分析

若将属于平面的一条直线旋转为投影面的垂直线，按"三同"原则，平面也随之旋转为该投影面垂直面。

与换面法将一般位置平面变换为投影面垂直面的分析一致，在平面内任取一条投影面平行线作为辅助线，只需绕垂直轴旋转一次，即可将该平面变换为投影面垂直面。

2）作图步骤

① 在△ABC内作正平线CD（$c'd'$，cd）为辅助线，如图3-23（a）所示；
② 过点C立正垂轴，将辅助线CD旋转为铅垂线CD_1（$c'd_1'$，cd_1），如图3-23（b）所示；
③ 按"三同"原则，将A、B两点旋转至新位置A_1（a_1'，a_1）、B_1（b_1'，b_1），△A_1B_1C（$a_1'b_1'c'$，a_1b_1c）即为铅垂面，如图3-23（c）所示。

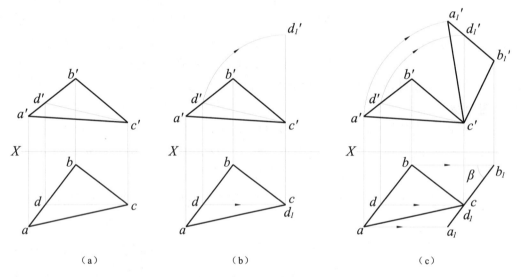

图3-23 把一般位置平面旋转为投影面垂直面

由于直线绕正垂轴旋转，直线在V面上的投影长度保持不变，故△$a'b'c'$=△$a_1'b_1'c'$。又因△$a'b'c'$=△$a_1'b_1'c'$=△$ABC\cos\beta$，故△ABC绕正垂轴旋转后其对V面的倾角β不变。a_1b_1c与X轴的夹角即为平面对V面的倾角β。

注：在作图时，当辅助线的新投影位置确定后，可由作全等三角形的几何作图方法，完成△ABC的新投影。

以上作图，若不使用平面内的正平线为辅助线，虽经两次旋转，仍可将一般位置平面变换为铅垂面，但不能求得β。因为当其第一次绕铅垂轴旋转时，△ABC对V面的倾角已发生变化。

同理，若在平面内任取一条水平线为辅助线，绕铅垂轴旋转，将一般位置直线变换为正垂面，该平面的水平投影的形状和大小不变，其对H面的倾角α不变，正面投影与X轴的夹角即为平面对H面的倾角α。作图步骤如图3-24所示。

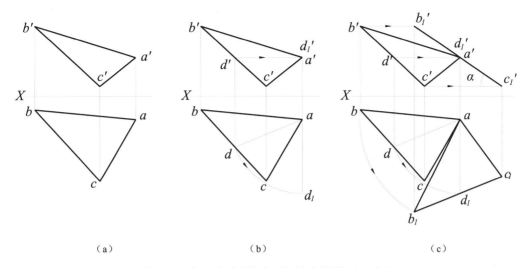

图 3-24 把一般位置平面旋转为投影面垂直面

2. 将一般位置平面旋转为投影面平行面

1）分析

与换面法将一般位置平面变换为投影面平行面的分析一致，一般位置平面需旋转两次方能变换为投影面平行面。第一次旋转为投影面垂直面，第二次再绕垂直于另一投影面的轴线旋转为投影面平行面。

2）作图步骤

① 在 △ABC 内作正平线 CD（$c'd'$，cd）为辅助线，如图 3-25（a）所示；

② 过 C 点立正垂轴，将 △ABC 旋转为铅垂面 △A_1B_1C（$a_1'b_1'c'$，a_1b_1c），如图 3-25（b）所示；

③ 再过 B_1 点立铅垂轴，将水平投影 a_1cb_1 旋转，使 $b_1c_1a_1$∥X 轴，并求得 $b_1'c_1'a_1'$，△$A_1B_1C_1$（$a_1'b_1'c_1'$，$a_1b_1c_1$）即为正平面，图 3-25（c）所示。

同理，若作水平线为辅助线，分别绕铅垂轴和正垂轴旋转两次，可将一般位置平面变换为水平面。

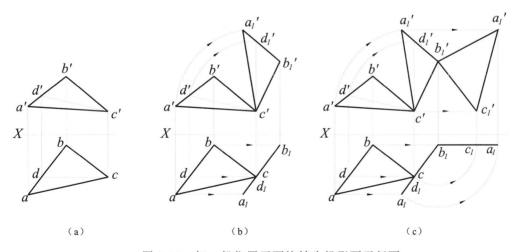

图 3-25 把一般位置平面旋转为投影面平行面

第四章 立 体

工程建筑物的形状是多种多样的，但都可以认为是由若干基本形体组合而成的。

凡占有一定空间的物体均可称为几何体，本章讨论的简单几何体是指那些构造要素最为单一的一类几何体。根据其表面的性质，可分为平面立体和曲面立体。

1）平面立体：由平面围成的几何体，如棱柱、棱锥等。

2）曲面立体：由曲面或由曲面和平面围成的几何体，如圆柱体、圆锥体、圆球体、圆环体等。

如图 4-1（a）所示的闸墩可分解为图 4-1（b）所示的三棱柱、四棱柱、半圆柱等基本形体。

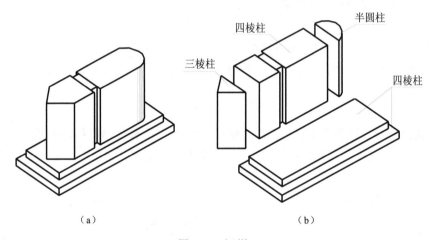

图 4-1 闸墩

第一节 立体的投影及其表面上取点取线

任何几何体所占有的空间范围，由其表面确定，因此，求作几何体的投影，实质上是对其表面进行投影。在几何体投影图中，可见的轮廓线用粗实线画，不可见的轮廓线用虚线画；当实线与虚线或点划线重合时画实线，当虚线与点划线重合时画虚线。

本节主要介绍基本几何体的投影特性以及在其表面上取点、取线的投影作图方法。

一、平面立体的投影及在其表面上取点取线

由若干平面围成的立体称为平面立体。平面立体上相邻表面的交线是平面立体棱线或底面的边线。画平面立体的投影，实质上就是画出立体上所有棱线和底面边线的投影，并按它们的可见性分别用粗实线或虚线表示。

常见的平面立体有棱柱和棱锥两种。棱柱的棱线彼此平行，棱锥的棱线相交于一点。

为了正确地作出平面立体的投影，首先确定平面立体摆放的位置。摆放时，应尽可能多地使平面立体的表面成为特殊位置平面；其次要选定正面投影图的投影方向，使正面投影图更多地表现其结构特征。下面0。介绍棱柱和棱锥的投影特性以及在其表面上取点、取线的投影作图方法。

1．棱柱

1）棱柱的形状特点及投影

棱柱由两个多边形底面和相应的棱面围成。通常可用底面多边形的边数来区别不同的棱柱，若底面为六边形，则称为六棱柱。若所有的棱面都同时垂直于底面，则称为正棱柱；若棱柱的棱面倾斜于底面，则称为斜棱柱。常见的棱柱有正六棱柱、正四棱柱、正三棱柱等。

下面以图 4-2 所示的正三棱柱为例说明其投影的作法。

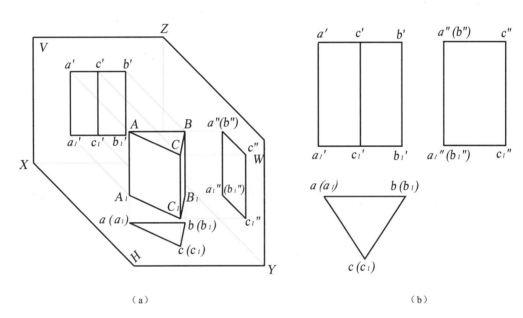

图 4-2 正三棱柱的投影

画正三棱柱的投影时，一般可按下列步骤进行。

（1）选择安放位置

为了更好地利用投影的全等性和积聚性，可使正三棱柱上下两底面都平行于 H 面，并使它的一个棱面（AA_1B_1B）平行于 V 面，如图 4-2（a）所示。

（2）投影作图

将棱锥向三个投影面投影，作出正三棱柱的三面正投影图，如图 4-2（b）所示。

（3）投影分析

水平投影——反映上下两底面的实形，两底面的投影重合；三个棱面的投影积聚且与底面的对应边重合。

正面投影——反映后棱面 AA_1B_1B（正平面）的实形；上下底面的投影积聚，与 AB、A_1B_1 重合；两前棱面 AA_1C_1C、CC_1B_1B 的正面投影为类似形。

侧面投影——两前棱面 AA_1C_1C、CC_1B_1B 的侧面投影为类似形，且投影完全重合；上下底面和后棱面都具有积聚性。

从本章开始,在画立体投影图时,为使图形清晰,不再画投影轴以及点的投影连线,投影关系通过三等规律予以保证,依然满足长对正、高平齐、宽相等。需要特别注意的是,水平投影和侧面投影中量取 Y 坐标的起始点应一致。各投影图间的距离对形体形状的表达无影响。

2)棱柱表面上取点、取线

求作平面立体表面上的点、线,必须根据已知投影分析该点、线属于哪个表面,并利用在平面上求作点、线的原理和方法进行作图,其可见性取决于该点、线所在表面的可见性。

【例 4-1-1】 已知正六棱柱表面上点 A、B、C 的一个投影如图 4-3(a)所示,求作该三点的其他投影。

分析:根据题目所给的条件,点 A 在顶面上,点 B 在左前棱面上,点 C 在右后棱面上,利用表面投影的积聚性和投影规律可求出其余投影。

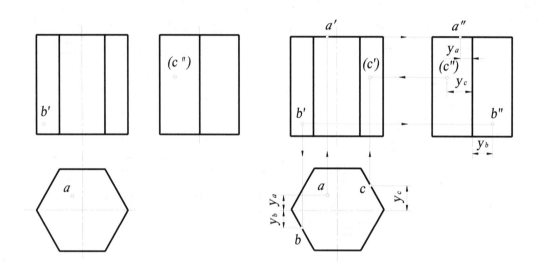

(a)六棱柱表面上点的已知投影　　　　　(b)求点其余投影的作图方法

图 4-3　棱柱表面上取点

作图:如图 4-3(b)所示,正六棱柱左前表面上有一点 B,其正面投影 b'为已知,由于该棱面的水平投影有积聚性,故可利用积聚性先求出 b,然后根据"宽相等"(y_b)的关系可求出 b"。同法可求出其余各点。判别可见性:

① 点 A 所在平面正面的投影和侧面投影有积聚性,不作判别;
② 点 B 在左前棱面上,侧面投影可见;
③ 点 C 在右后棱面上,正面投影不可见。

【例 4-1-2】 已知属于三棱柱表面的折线段 AB 的正面投影,求其他投影,如图 4-4(a)所示。

分析:由于 AB 在三棱柱表面上,故 AB 实际上是一条折线,其中 AC 属于左棱面,CB 属于右棱面。可根据面内取点的方法作出点 A、B、C 的三面投影,连接各同面投影,即为所求。

作图:作图方法如图 4-4(b)所示。判别可见性:

① 水平投影有积聚性,不作判别;
② 点 B 在右棱面上,其侧面投影 b"不可见,c"b"不可见。

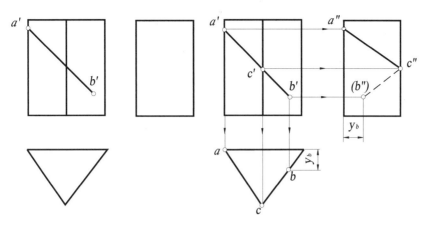

(a) 折线 AB 的已知投影　　(b) 求折线 AB 其余投影的作图方法

图 4-4　棱柱表面上取线

2．棱　锥

1）棱锥的形状特点及其投影

棱锥有一个多边形的底面，所有的棱面都交于锥顶。用底面多边形的边数来区别不同的棱锥，如底面为三角形，称为三棱锥。若棱锥的底面为正多边形，且锥顶在底面上的投影与底面的形心重合，则称为正棱锥；若锥顶在底面上的投影与底面的形心不重合，则称为斜棱锥。

下面以图 4-5 所示的正三棱锥为例来说明棱锥的投影。

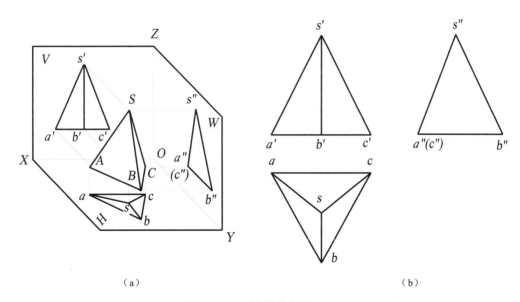

（a）　　　　　　　　　　　　　（b）

图 4-5　三棱锥的投影

（1）选择安放位置

使三棱锥的底面△ABC∥H，确定正视图的投影方向：使三棱锥的棱面 SAC 为侧垂面，△SAB、△SBC 为一般位置平面。

（2）投影作图

作出 S、A、B、C 的投影后，分别依次连接各点的同面投影，得此三棱锥的三面投影。投影图中可见线段画成粗实线，不可见线段画成虚线。

（3）投影分析

由于三棱锥各棱面均倾斜于投影面，所以其三面投影均不反映实形。

2）棱锥表面上取点、取线

【**例 4-1-3**】 已知正三棱锥表面上点 K 的正面投影 k'，点 N 的侧面投影 n''，求点 K、N 的其余投影，如图 4-6（a）所示。

分析：根据已知条件可知，点 K 属于棱面 SAB，点 N 属于棱面 SBC。利用面内取点的方法，可求得其余投影。

作图：作图可用以下两种方法。

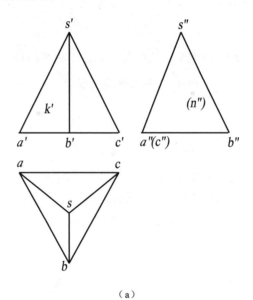

(a)

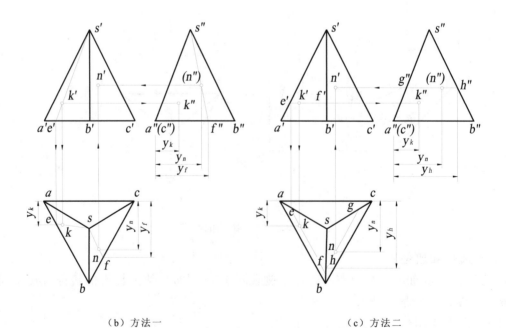

（b）方法一　　　　　　　　　　（c）方法二

图 4-6　棱锥表面上取点

方法一：如图 4-6（b）所示，在正面投影上过锥顶 s′ 和 k′ 作直线 s′e′，在水平投影图中找出点 e，连接 se，根据点属于线的投影性质求出其水平投影 k 和侧面投影 k″；同理，可在侧面投影图中过点 n″ 作出 s″f″，然后再依次求出 n、n′。

方法二：如图 4-6（c）所示，在正面投影图中过点 k′ 作直线 e′f′∥a′b′，点 e′ 在 s′a′ 上，在水平投影图中找出点 e，作 ef∥ab，同样可求出其水平投影 k 和侧面投影 k″；同理，可在侧面投影图中过点 n″ 作出 g″h″∥b″c″，然后再依次求出 n、n′。

判别可见性：

1) 由于锥顶在上，K、N 的水平投影均可见；
2) 点 K 属于左棱锥面，侧面投影可见；点 N 属于右棱锥面，侧面投影不可见。

【**例 4-1-4**】 求棱锥表面上线 MN 的水平投影和侧面投影，如图 4-7（a）所示。

分析：MN 实际上是三棱锥表面上的一条折线 MKN，如图 4-7（b）所示。

作图：求出 M、K、N 三点的水平投影和侧面投影，连接同面投影即为所求投影。判别可见性：由于棱面 SBC 的侧面投影不可见，所以直线 KN 的侧面投影 n″k″ 不可见。

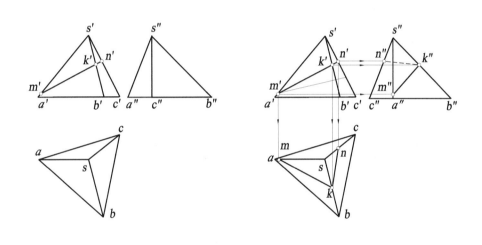

（a）已知条件　　　　　　　　　　（b）作图方法

图 4-7 棱锥表面上取线

二、 曲面立体的投影及在其表面上取点取线

由曲面或曲面和平面围成的立体称为曲面立体。常见的曲面立体有圆柱、圆锥、圆球、圆环等，这些曲面立体统称为回转体。回转体都是由回转面或回转面和平面围成的，所以研究回转体之前应对回转面的形成和投影性质进行研究。

回转面是由一条母线（直线或平面曲线）绕一固定直线（回转轴线）回转而形成的，如图 4-8 所示。当直母线 AA_1 与轴线 OO_1 平行时，绕轴线回转而成圆柱面，如图 4-8（a）所示；当直母线 SA 与轴线 OO_1 相交时，绕轴线回转而成圆锥面，如图 4-8（b）所示；当母线为圆，回转轴线就是它本身的一根直径时，绕轴线回转而成球面，如图 4-8（c）所示。当母线为圆，回转轴线与该圆共平面但在圆外时，绕轴线回转而成环面，如图 4-8（d）所示。母线在回转面上任一位置称为素线。

回转面的共同特性是：在回转的过程中，母线上任一点回转一周的轨迹都是圆，其回转半径就是该点到回转轴线的距离，所以当用垂直于轴线的平面切割回转面时，其表面交线为圆周。下面分别说明上述回转体的投影及在其表面上取点、线的问题。

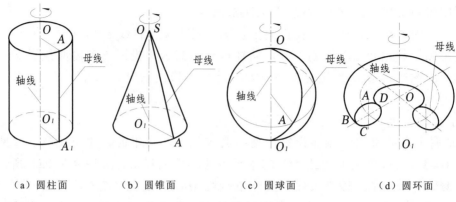

（a）圆柱面　　（b）圆锥面　　（c）圆球面　　（d）圆环面

图 4-8　回转面的形成

1．圆柱

1）圆柱体的形状特点及其投影

圆柱体是由圆柱面和两平面组成的。现以图 4-9（a）所示正圆柱体为例来说明圆柱体的投影。

（1）选择安放位置

使正圆柱体的轴线垂直于 H 面放置，如图 4-9（a）所示。

（2）投影作图

作出图 4-9（a）所示的三面正投影图，如图 4-9（b）所示。

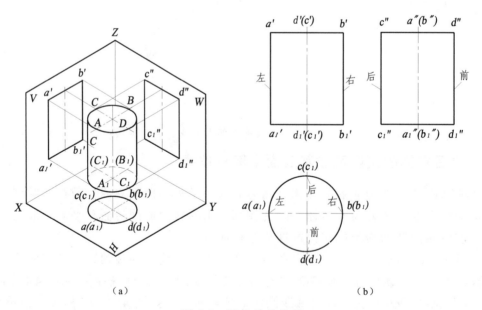

（a）　　　　　　　　　　（b）

图 4-9　圆柱体的投影

（3）投影分析

圆柱的水平投影为一个圆，它是圆柱顶圆和底圆的投影，整个圆柱面在 H 面的投影也积聚在这个圆周上。圆柱的正面投影是一个矩形，矩形的上、下边分别是顶圆和底圆的投影，矩形左右轮廓线 $a'a_1'$、$b'b_1'$ 分别为圆柱最左最右素线 AA_1、BB_1 的正面投影。AA_1 和 BB_1 是圆

柱向 V 面投影时可见与不可见的分界线，$a'a'_1$、$b'b'_1$ 称为圆柱向 V 面投影时的转向轮廓线。AA_1 和 BB_1 的侧面投影与圆柱轴线的侧面投影重合，不需要画出。AA_1 和 BB_1 的水平投影 $a(a_1)$、$b(b_1)$ 也不需画出。圆柱的侧面投影也是一个矩形，但它的左、右轮廓线 $c''c''_1$ 和 $d''d''_1$ 都是圆柱最后、最前素线的侧面投影。

注意：主视转向线只表现在主视图上，同样，侧视转向线、俯视转向线只表现在侧视图或俯视图上。在其他投影中只有它的位置，但不能画出。

2）在圆柱体表面上取点、线

求作圆柱体表面上的点、线，必须根据已知投影，分析该点、线在圆柱体表面上所处的位置，并利用圆柱体表面的投影特性，求得点、线的其余投影。所求点、线的可见性，取决于该点、线所在圆柱体表面的可见性。

【例 4-1-5】 如图 4-10（a）所示，已知圆柱表面上的点 A 和直线 BC、DE 的正面投影 a'、$b'c'$ 和 $d'e'$，求出其余两投影。

解： 因圆柱的轴线垂直于侧面，其侧面投影是一个有积聚性的圆周。圆柱面上的点 A 和直线 BC、DE 的侧面投影都积聚在此圆周上，根据点的投影规律可求得 A 点的侧面投影 a'' 和直线 BC、DE 的侧面投影 $b''(c'')$ 和 $d''(e'')$，然后求出 bc 和 de。根据 $d''(e'')$ 可知 de 为不可见，用虚线画出，如图 4-10（b）所示。

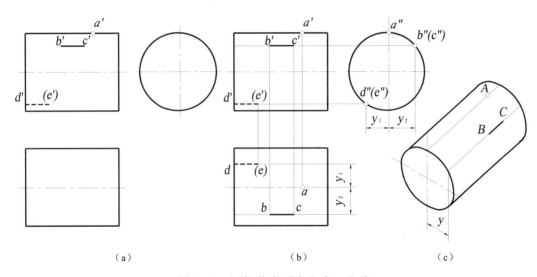

图 4-10 圆柱体表面上取点、取线

【例 4-1-6】 如图 4-11（a）所示，已知属于圆柱体表面的曲线 MN 的正面投影 $m'n'$，求其水平投影和侧面投影。

分析： 根据题目所给的条件，MN 属于前半个圆柱面。因为 MN 为一曲线，故应求出 MN 上若干个点，其中转向线上的点——特殊点必须求出。

作图：

① 作特殊点 I、N 和端点 M 的水平投影 1、n、m 及侧面投影 $1''$、n''、m''，如图 4-11（b）所示；

② 作一般点 II 的水平投影 2 和侧面投影 $2''$，如图 4-11（c）所示。

判别可见性： 侧视外形素线上的点 $1''$ 是侧面投影可见与不可见的分界点，其中 $m''1''$ 可见，1″2″n″不可见，将侧面投影连成光滑曲线 m″1″2″n″。

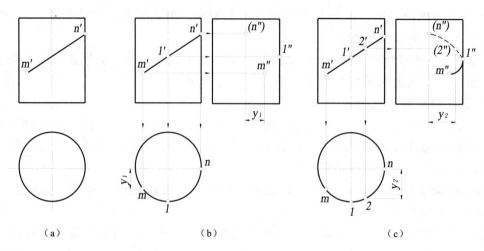

图 4-11 圆柱体表面上取线

2．圆锥

1）圆锥体的形成及投影

圆锥体由圆锥面和底面围成。现以图 4-12（a）所示正圆锥体为例来说明圆锥体的投影。

（1）选择安放位置

使正圆锥体的轴线垂直于 H 面放置，如图 4-12（a）所示。

（2）投影作图

作出图 4-12（a）所示的三面正投影图，如图 4-12（b）所示。

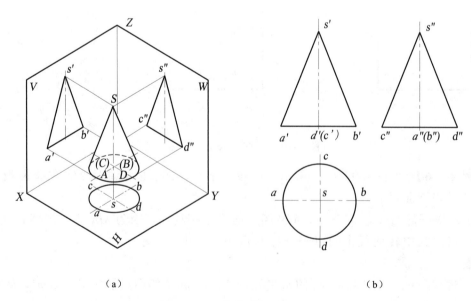

图 4-12 圆锥体的投影

（3）投影分析

正圆锥的轴线垂直于 H 面，圆锥的水平投影为一个圆，该圆反映圆锥底圆的实形、也是圆锥面的投影。圆锥的正面投影是一个等腰三角形，三角形的底边是圆锥底圆有积聚性的投影。三角形的左、右轮廓线 s'a'、s'b' 分别为圆锥最左、最右素线 SA、SB 的正面投影。SA、SB 是圆锥向 V 面投影时可见与不可见的分界线。s'a'、s'b' 称为圆锥向 V 面投影时的转向轮廓线。SA、SB 的侧面投影与圆锥的轴线重合，SA、SB 的水平投影与水平中心线重合，均不需要画出。圆锥的侧面投影也是一个等腰三角形，它的左、右轮廓线分别是圆锥最后、最前素线 SC、SD 的侧面投影，SC、SD 是圆锥向 W 面投影时可见与不可见的分界线，s"c"、s"d" 称为圆锥向 W 面投影的转向轮廓线。

注意：主视转向线和侧视转向线只表现在主视图和侧视图上，在其他投影中只有它的位置，但不能画出。

2）圆锥体表面上取点、取线

求作圆锥体表面上的点、线，必须根据已知投影，分析该点在圆锥体表面上所处的位置，再过该点在圆锥体表面上作辅助线（素线或纬圆），以求得点的其余投影。

【例 4-1-7】 已知圆锥体表面上点 K 的水平投影 k，求其余投影，如图 4-13（a）所示。

分析：根据题目所给的条件，点 K 在圆锥面上，且位于主视转向线之前的右半部。

作图：求圆锥表面上点的基本方法有两种：一是直素线法；二是纬圆法。圆锥表面上的素线是过圆锥顶点的直线段，如图 4-13（b）中的直线段 SI；圆锥表面上的纬圆是垂直于轴线的圆，纬圆的圆心在轴线上，如图 4-13（b）中的圆 M。

作法一：以素线为辅助线。过 k 作 sk，延长与底圆交于 1，作出 s'1'、s"1"，即可求得 k'、k"。

作法二：以纬圆为辅助线。过 k 作纬圆 M 的水平投影 m（圆周）与主视转向线 SA、SB 的水平投影交于 2 和 3，再作出其正面投影 2'、3'，并连线，即可求得 k'。由 k 和 k' 求出 k"，如图 4-13（b）所示。

判别可见性：因点 K 位于圆锥面的右前半部，故其正面投影 k' 可见，侧面投影 k" 不可见。

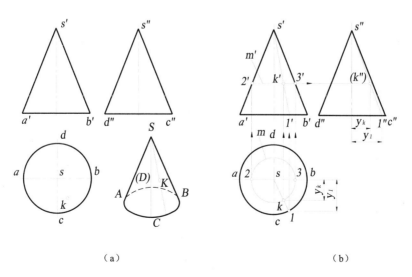

图 4-13 圆锥体表面上点的投影

3. 圆球

1）圆球体的形成及投影

圆球体由圆球面围成。圆球体的三面投影图都是与球直径相等的圆，如图 4-14（a）所示。

圆球体正面上的投影圆是主视转向线 M 的正面投影 m'，它是圆球面在主视方向可见与不可见的分界线，同时，也界定了在主视方向圆球的最大边界，也称为主视外形素线；水平面上的投影圆是俯视转向线 N 的水平投影 n，它是圆球面在俯视方向可见与不可见的分界线，同时，也界定了在俯视方向圆球的最大边界，也称为俯视外形素线；侧面上的投影圆是侧视转向线 L 的侧面投影 l"，同理，它是圆球面在侧视方向可见与不可见的分界线，同时，也界定了侧视方向圆球的最大边界，也称为侧视外形素线。

注意：圆球主视转向线、俯视转向线、侧视转向线的其余投影只有位置，但不能画出。

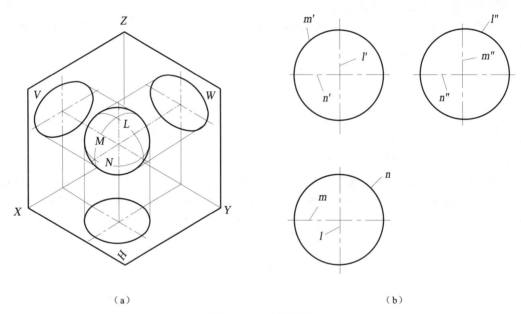

（a）　　　　　　　　　（b）

图 4-14　圆球体的投影

2）圆球体表面上取点、取线

求作圆球体表面上的点、线，必须根据已知投影，分析该点在圆球体表面上所处的位置，再过该点在球面上作辅助线（正平面、水平圆或侧平圆），以求得点的其余投影。

【例 4-1-8】 已知圆球体表面上点 A 和点 B 的正面投影 a'、b'，求其余投影，如图 4-15（a）所示。

分析： 根据题目所给的条件，点 A 属于主视转向线，且位于俯视转向线之上的左半部；点 B 位于主视转向线之后的右下部。

作图： 如图 4-15（b）所示。

① 根据点、线的从属关系，在主视转向线的水平投影和侧面投影上，分别求得 a 和 a"；

② 过 b' 作正平圆的正面投影，与俯视转向线的正面投影交于 1'；

③ 由 1' 求得 1，过 1 作该正平圆的水平投影，求得 b；

④ 由 b'、b，求得 b''。

判别可见性： 由于点 B 位于球面的下半部，故 b 不可见；又由于 B 位于球面的右半部，故 b'' 不可见。

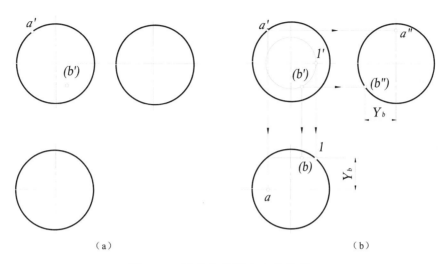

图 4-15 圆球体表面上点的投影

4．圆环体

1）圆环体的形成及投影

圆环体由圆环面围成，如图 4-16（a）所示。图 4-16（b）为轴线垂直于 H 面的圆环体的三面投影图。

在图 4-16（b）中，水平投影中不同大小的粗实线圆是圆环面上最大圆和最小圆的水平投影，也是圆环面对 H 面的转向轮廓线。用点划线表示的圆是母线圆圆心轨迹的投影。

正面投影中左边的小圆反映母线圆 $ABCD$ 的实形。粗实线的半圆弧 $\overparen{a'b'c'}$ 是外环面（圆环面的一半表面，它是由离回转轴线较远的母线圆弧 $\overparen{ABC}$ 绕回转轴线回转而成的）对 V 面的转向轮廓线。虚线的半圆弧 $\overparen{c'd'a'}$ 为内环面对 V 面的轮廓线，对 V 面投影时，内环面是看不见的，所以画成虚线。两个小圆的上、下两条公切线是内、外环面分界处的圆的正面投影。

侧面投影中的两个小圆是圆环内、外环面对 W 面的转向轮廓线。

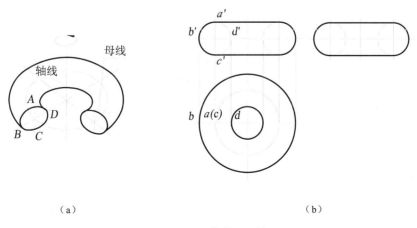

图 4-16 圆环体的二面投影

2）圆环体表面上取点、取线

求作圆环体表面上的点、线，必须根据已知投影，分析该点、线在圆环体表面上所处的位置，再过该点在圆环体表面上作辅助线（垂直于轴线的圆），以求得点的投影。

【例 4-1-9】 已知圆环体表面上点 A 和点 B 的水平投影 a 和 b，求其余投影，如图 4-17（a）所示。

分析：根据题目所给的条件，A、B 两点均在圆环体上半部的表面上。点 B 在分界圆上，点 A 在外环面上。

作图：如图 4-17（b）所示。

① 过点 a 作水平圆的水平投影，与水平中心线交于 1。

② 由 1 求得 $1'$，过 $1'$ 作该水平圆的正面投影，求得 a'；由 a'、a 求得 a''。

③ 利用点、线从属关系，求得 b'、b''。

判别可见性：由于 A、B 两点均处于主视转向线之前、侧视转向线之前的外环面上，故其正面投影和侧面投影均可见。

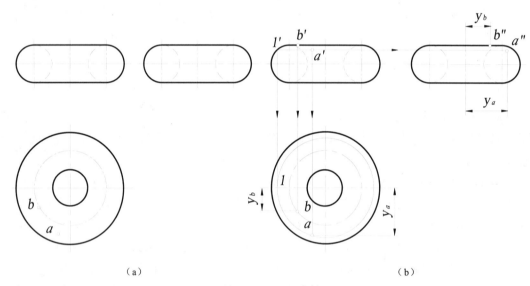

（a）　　　　　　　　　　　　　（b）

图 4-17　圆环体表面点的投影

5．复合回转体

1）复合回转体的形成及投影

复合回转体由复合回转面或复合回转面与平面围成。

如图 4-18（a）所示为复合回转面，它是以圆弧 C 和与其相切的直线 AB 为母线，绕与之同平面的轴线 OO_1 回转而成。直线 AB 回转形成圆锥面，圆弧 C 回转形成圆球面。圆锥面与圆球面的分界线是切点 A 的回转轨迹——垂直于轴线 OO_1 的圆 S。

如图 4-18（b）是复合回转体的三面投影图。正面投影由复合回转面的主视转向轮廓线和底平面的投影构成；侧面投影由复合回转面的侧视转向轮廓线和底平面的投影构成；水平投影是一个圆，它是复合回转面与底平面的投影。

圆锥面和圆球面的分界圆 S 在投影图中不画出。若母线由几段线相交构成，则交点的回转轨迹在投影中必须画出。

如图 4-18 所示，正面投影的可见性，以主视转向轮廓线分界，主视转向轮廓线之前的半个复合回转面可见，之后的半个复合回转面不可见。侧面投影的可见性，以侧视转向轮廓线分界，侧视转向轮廓线之左的半个复合回转面可见，之右的半个复合回转面不可见。水平投影中，复合回转面的水平投影可见，底面的水平投影不可见。

2）复合回转体表面上的点、线

求作复合回转体表面上的点、线，必须根据已知投影，分析该点在复合回转体表面上所处的位置，然后利用求作圆锥、圆柱、圆球等表面上点、线的方法求得其投影。

如图 4-18（b）所示，已知点 K 的正面投影 k'，可知点 K 属于圆锥面，其水平投影 k 和侧面投影 k'' 可利用在圆锥面上作纬圆（S_1）的方法求得。

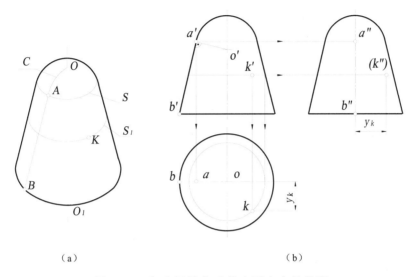

图 4-18 复合回转体及其表面上点的投影

第二节 平面与立体相交

平面与立体相交，在立体表面上产生交线，也可认为是立体被平面所截，该平面称为截平面，截平面与立体的表面交线称为截交线。截交线所围成的平面图形称为截断面或断面。

如图 4-19 所示挡土墙中，斜面可认为是截平面，斜面与圆管表面的交线就是截交线。

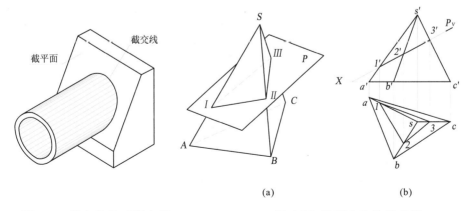

图 4-19 截交线的工程实例　　图 4-20 平面立体的截交线

截交线具有各种不同的形式，但都具有下列两个基本性质：

1）立体表面占有一定的空间范围，因此截交线一般是封闭的平面图形；

2）截交线是截平面与立体表面的共有线，截交线上的每一点都是截平面与立体表面的共有点。

根据上述性质，求截交线的问题可归结为求平面与立体表面共有点的问题。

求截平面与立体表面共有点的问题，实际上是求立体表面上侧棱线（平面立体）、直素线或纬圆（曲面立体）等与截平面的交点。

下面分别介绍平面立体和曲面立体截交线的画法。

一、平面与平面立体相交

平面与平面立体相交，其截交线是平面多边形，如图 4-20（a）所示中 I-II-III。多边形的各边为截平面 P 与三棱锥各棱面的交线，而多边形的顶点是截平面与三棱锥各棱线的交点。因此，求平面与平面立体上截交线的问题可归结为求平面立体侧棱和底边与截平面的交点问题，或求平面立体侧棱面和底面与截平面的交线问题。

截平面可以是一般位置平面，也可以是特殊位置平面。这里我们仅讨论特殊位置截平面与平面立体相交

当截平面处于特殊位置时，截平面的具有积聚性的投影必然与截交线在该投影面上的投影重合，即截交线已具有已知的投影，因此可以利用该已知的投影作出其他的投影。

【例 4-2-1】 如图 4-20 所示，求作正垂面 P 与三棱锥的截交线。

作图：由于截平面 P 是正垂面，它的正面投影有积聚性，因此，截交线的正面投影积聚在 P 面上。此题主要是要作出截交线的水平投影，所以可利用正面投影的积聚性，直接求出三棱锥的棱线 SA、SB、SC 与截平面 P 的交点 I、II、III 的正面投影 1′、2′、3′及其相应水平投影 1、2、3，连 1、2、3 即可得截交线的水平投影，如图 4-23（b）所示。

判别可见性：求出截交线的投影后，还要判别可见性。若截交线所在立体的表面的投影为可见，则截交线的投影为可见，反之为不可见。如图 4-20（b）所示，截交线所在的三个棱面的水平投影均为可见，所以截交线的水平投影也为可见。

应当指出，截平面 P 是迹线面。在投影图上，迹线面被假定是透明的，所以截平面 P 的水平投影不会影响任何图线。

当立体连续被两个或两个以上的截平面截切时，可在立体上形成切口或穿孔。如图 4-21（c）所示四棱台的切口，就是由两个截平面 P 和 Q 截切而成的。该切口是由两截交线组成的封闭图形，两截交线的交点 IX、X 在两截平面的交线上，它们是两截平面和立体表面的三面共点，称为结合点。由此可知，切口的作图就是要先求各截平面与立体的截交线，然后求两截平面的交线，从而找出结合点，所以，求切口作图的实质也是求两表面共有线和共有点的问题。

【例 4-2-2】 如图 4-21（a）所示，求作切槽四棱台的两面投影。

分析：放置时使棱台的底面平行于水平面，前后棱面垂直于 W 面，这样，槽口的正面投影积聚成三直线段，如图 4-24（b）所示。求作本题的关键是要利用槽口正面投影的积聚性作出槽口的水平投影，因此，若能作出槽口底面四个顶点 A、B、A_1、B_1 的水平投影 a、b、a_1、b_1，则槽口的水平投影即可确定。

作图：利用槽口正面投影的积聚性，在正面投影图上过槽底面的四顶点 A、B、A_1、B_1 的正面投影 a′、b′、a_1'、b_1'作辅助水平面 P，P 面与棱台的四棱线分别交于 1′、2′、（3′）、（4′）

点，从而可求得相应的水平投影 1、2、3、4。由于 a'、b'在直线 1'2'上，a_1'、b_1'在直线 3'4'上，故可由 a'、b'、a_1'、b_1'求得 a、b、a_1、b_1，连接这四点即得槽口的水平投影 abb_1a_1，如图 4-21（c）所示。最后再整理加深图线（注意加深上下表面和各棱面未被切掉的的轮廓线），如图 4-21（d）所示。

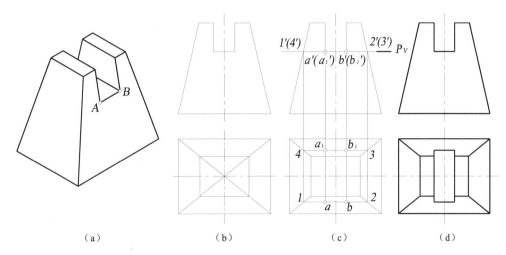

图 4-21 作切槽四棱台的两面投影

【例 4-2-3】如图 4-22（a）所示，求作切口四棱台的三面投影图。

分析：如图 4-22（a）所示四棱台的切口是由 P、Q 两平面截切而成的，其轴测图如图 4-22（c）所示。由于截交线的正面投影具有积聚性，所以可利用正面投影的积聚性求出切口的水平投影和侧面投影。作图时，可先分别作出 P、Q 两截平面与棱台截切所得到的完整截交线 I-II-III-IV 和 V-VI-VII-VIII，然后再求出 P、Q 两截平面的交线 IX X 即可完成。

作图：如图 4-22（b）所示。

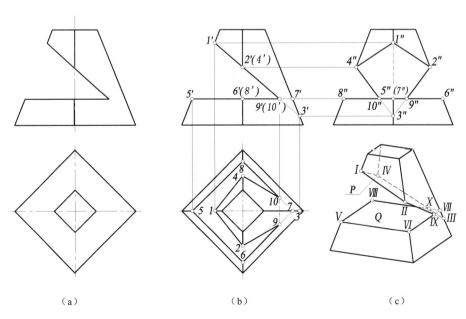

图 4-22 平面立体的切口

① 利用正面投影的积聚性，先求出四棱台四条棱线与截平面 P 的交点 I、III 的水平投影

和 I、II、III、IV 的侧面投影，再根据 II、IV 的侧面投影确定它们的水平投影 2 和 4；求出另一截交线的水平投影 5、6、7、8；

② 在水平投影和侧面投影中找出两截平面的交线 IX X；

③ 根据正面投影可确定切口的范围，III 和 VII 两点只用作辅助作图用，实际上并未切到，依次连接 I-II-IX-X-IV-I 以及 X-VIII-V-VI-IX 各点，并判别可见性，即得切口的各面投影。然后再整理加深图线（注意加深上下表面轮廓线和各棱面未被切掉的棱线）。

应当指出，只有位于立体的同一棱面，同时又位于同一截平面上的点，才能相连，由于截交线是封闭图形，所以切口也是封闭的。

二、平面与曲面立体相交

曲面立体是由曲面或曲面和平面所围成的。平面与曲面立体相交，在一般情况下，截交线为一封闭的平面曲线，也可以是由平面曲线和直线组成的封闭线框。

在作图时，只需要作出截交线上直线段的端点和曲线上的一系列点的投影，并连成直线和光滑曲线，便可得出截交线的投影。为了比较准确地得出截交线的投影，一般要求作出截交线上特殊点的投影，如最高、最低点，最前、最后点，最左、最右点，可见与不可见的分界点，截交线本身固有的特殊点（如椭圆长、短轴的端点，抛物线的顶点等）。

截交线是曲面立体和截平面的共有点的集合，一般可用表面取点法求出截交线的共有点。用表面取点法求截交线共有点的方法主要有两种，即辅助平面法和直素线法，下面将分别进行介绍。

（1）辅助平面法

如图 4-23 所示，正圆锥被平面 P 切割，由于放置时正圆锥底面平行于水平面，故可以选用水平面 Q 作为辅助平面。平面 Q 与圆锥面的交线 C 为一个圆（也称纬圆，这里是水平纬圆），平面 Q 与已知的截平面 P 的交线为一直线 AB。圆 C 和直线 AB 同在平面 Q 内，它们相交于交点 I 和 II，交点 I 和 II 即为锥面和截平面的共有点，所以是截交线上的点。如果作一系列水平辅助面，便可以得到相应的一系列交点，把这一系列点连接成光滑曲线即为所求截交线。这种求共有点的方法称为辅助平面法。

由以上分析可知，选取辅助平面时应使它与曲面立体交线的投影为最简单而又易于绘制的直线或圆。因此，通常选投影面的平行面或垂直面作为辅助平面。

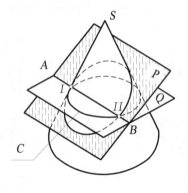
图 4-23 用辅助平面法求截交线

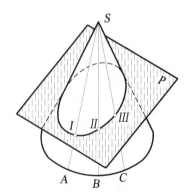
图 4-24 用直素线法求截交线

(2) 直素线法

如果曲面立体的曲表面为直线面，则可通过在曲表面上取若干直素线，求出它们与截平面的交点，这些交点就是截交线上的点。如图 4-24 所示，SA、SB、SC 等直素线与截平面 P 的交点就是圆锥面和截平面的共有点，即是截交线上的点。这种求共有点的方法称为直素线法。

如果曲面立体为回转体，则其截交线的求法比较简单。因为回转体是由直母线或曲母线回转而成的，所以求回转体的截交线时，可在回转体的表面作出纬圆（称纬圆法）或直素线（称直素线法）。下面分别研究平面与常见回转体的相交问题。

1．平面与圆柱相交

根据截平面与圆柱轴线的相对位置不同，圆柱面的截交线有三种情况，如表 4-1 所示。

表 4-1 平面与圆柱的交线

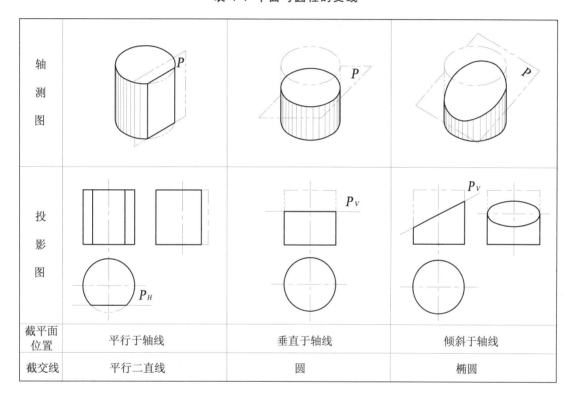

轴测图			
投影图			
截平面位置	平行于轴线	垂直于轴线	倾斜于轴线
截交线	平行二直线	圆	椭圆

1）截平面平行于圆柱轴线的截交线

在表 4-1 中，当截平面平行于圆柱轴线时，截交线为平行两直线，连同底面的交线为一矩形。因截平面与 V 面平行，所以截交线的正面投影反映矩形的实形，截交线的水平投影积聚成水平方向直线，侧面投影积聚成铅垂方向直线。

利用这一投影特性，可作圆柱面上切槽穿孔的投影图。

【例 4-2-4】 求作图 4-25（a）所示的切槽圆柱的投影图。

分析： 圆柱的槽口可看作是被两个平行于轴线的平面和一个垂直于轴线的平面切割而成的，它们截圆柱面的截交线是四段直线和两段圆弧。

作图：

如图 4-25（b）所示，在摆放圆柱时，使槽口的两个侧面成为侧平面，底面成为水平面。

① 在正面投影中，槽口的投影积聚为三条直线。

② 在水平投影中，槽口的两侧面积聚为两条直线，槽底面为带两段圆弧的平面图形。

③ 在侧面投影中，槽口的两壁为矩形的实形，槽底面积聚为带虚线的水平直线 $c''b''a''e''$，圆柱的侧视转向轮廓线的槽口部分已被切掉。直线 $c''b''$ 和 $a''c''$ 均为槽底面圆弧段的投影，$e''d''$ 和 $d''a''$ 的求法如图 4-25（b）所示。

讨论： 如果图 4-25 所示圆柱的切口不在正中，其侧面投影有什么变化呢？如果切口在左右两侧，则其侧面投影又会怎样呢？请读者自己分析。

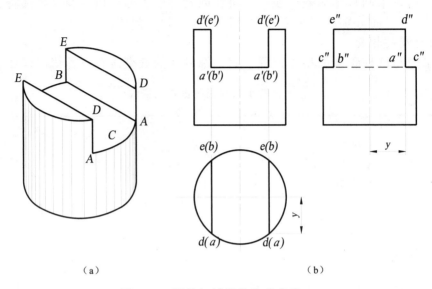

（a）　　　　　　　　　　　（b）

图 4-25　圆柱切槽部位的截交线

在工程建筑中，也常遇到圆柱切槽穿孔的情况。图 4-26 就是简化了的水轮机层支座的视图和轴测图。如图 4-26（a）所示为该支座门洞的作图方法。

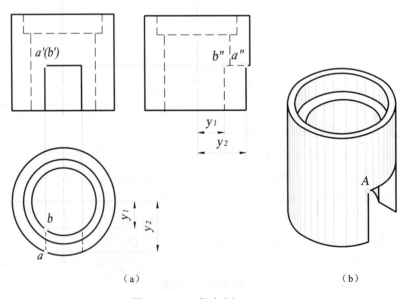

（a）　　　　　　　　　　　（b）

图 4-26　工程实例

2）截平面倾斜于圆柱轴线的截交线

由表 4-1 可知，截平面倾斜于圆柱轴线的截交线为椭圆。该椭圆的正面投影积聚为一倾斜直线，水平投影积聚在圆周上，只有侧面投影仍为椭圆，但此椭圆的长、短轴与空间椭圆的长、短轴方向和大小并不一致。由于此截交线椭圆有两个投影具有积聚性，即截交线有两个投影为已知，所以可求出截交线的第三面投影。

【例 4-2-5】 如图 4-27（a）所示，已知轴线垂直于侧面的圆柱被正垂面 P 斜截，求圆柱截口的投影。

分析： 截平面 P 与圆柱的轴线倾斜，其切口为一椭圆，如图 4-27（a）所示。因为截平面 P 是正垂面，所以椭圆的正面投影积聚在 P_V 上，椭圆的侧面投影积聚在圆周上，因此本题只需求出椭圆的水平投影，在一般情况下（即 P_V 与轴线的夹角 α 不等于 45°时），椭圆的水平投影仍为椭圆，但不是空间椭圆的实形。

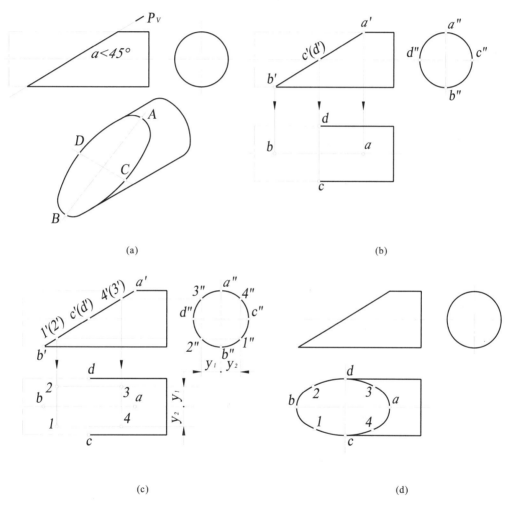

图 4-27 作圆柱切口的投影

作图：

① 求特殊点。椭圆长、短轴的端点都是特殊点。从图 4-27（a）中可以看出截平面 P 与圆柱最高、最低素线的交点 A、B 就是长轴的端点。本例中 P 面与圆柱轴线的夹角 α 小于 45°，长轴 AB 的水平投影 ab 仍为水平投影中椭圆的长轴。P 面与圆柱最前、最后素线的交点 C、D 是椭圆短轴的端点，短轴的长度等于圆柱的直径。CD 的水平投影 cd 仍为水平投影中椭圆短轴。根据长、短轴的正面投影 $a'b'$、$c'd'$ 即可求得 ab、cd，如图 4-27（b）

所示。

② 求一般点。为了作图准确，还需要作出一定数量的一般点。如图 4-27（c）所示，在椭圆的正面投影中任取一点 4′，用图 4-10 所示的方法可求得 4″和 4。用同样的方法可求得 1、2、3 各点，如图 4-27（c）所示。

③ 连点。如图 4-27（d）所示，将 1、b、2、d…各点依次光滑地连接起来即得椭圆的水平投影。本题的水平投影椭圆，在求出长、短轴以后，也可直接利用第一章图 1-58 所示的四心圆法近似地画出椭圆。

有时一个圆柱有几条截交线，解题时，应首先分析它共有哪几条截交线、各条截交线应采用什么方法绘制，然后再逐一作出。

【例 4-2-6】如图 4-28（a）所示为有两条截交线圆柱的两个投影，试完成其第三面投影。

分析：

由图 4-28（a）所示圆柱的正面和水平面投影中可以看出，该圆柱有两条截交线，一条是由于截平面 P 倾斜于圆柱轴线而产生的椭圆截交线，另一条是由截平面 Q 平行于圆柱轴线而产生的矩形截交线。由于图示位置 P、Q 均为正垂面，所以两条截交线的正面投影和侧面投影都具有积聚性，只有水平投影分别反映出了两条截交线的特征。

作图：

如图 4-28（b）所示，利用两条截交线正面和侧面投影的积聚性，根据点的投影规律可以作出两截交线的水平投影。注意在作图时不能漏掉两截平面 P、Q 的交线 AB。

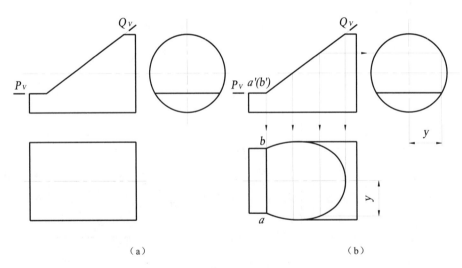

图 4-28 两条截交线的圆柱

2．平面与圆锥相交

根据平面与圆锥轴线的相对位置不同，截平面切割圆锥面的截交线有圆、椭圆、抛物线、双曲线和直线五种，除直线以外的其余四种均称为圆锥曲线，见表 4-2。

圆锥曲线的投影在一般情况下性质不变，即椭圆、抛物线、双曲线的投影仍分别为椭圆、抛物线、双曲线。

当正圆锥面的截交线为水平圆时，该圆的水平投影反映圆的实形，圆的直径可从投影面中直接量出。

当正圆锥面的截交线是椭圆、抛物线、双曲线时，其截交线的投影不能直接得出。但作图时可以用表面取点法（直素线法或纬圆法）找出若干点的投影，然后依次光滑地连接这些点的同面投影，即可得所求截交线的投影。

截平面切割圆锥所成的截交线形状有表 4-2 所示五种类型。

表 4-2 平面与圆锥面的交线

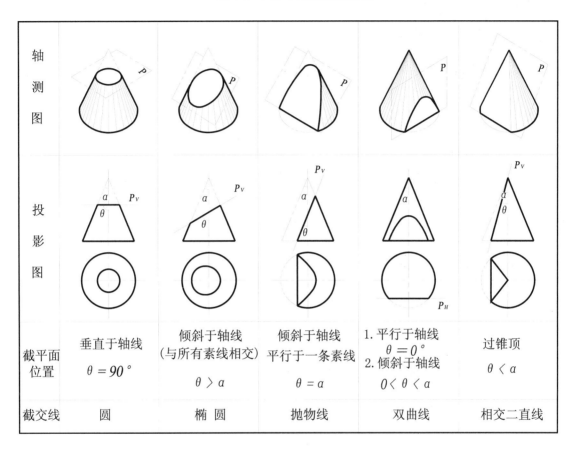

轴测图					
投影图					
截平面位置	垂直于轴线 $\theta = 90°$	倾斜于轴线（与所有素线相交）$\theta > \alpha$	倾斜于轴线 平行于一条素线 $\theta = \alpha$	1.平行于轴线 $\theta = 0°$ 2.倾斜于轴线 $0 < \theta < \alpha$	过锥顶 $\theta < \alpha$
截交线	圆	椭圆	抛物线	双曲线	相交二直线

【例 4-2-7】如图 4-29 所示，已知斜截正圆锥的正面投影，试完成其水平投影。

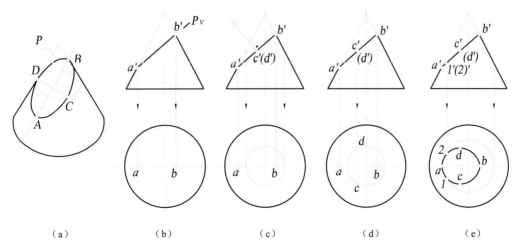

图 4-29 作圆锥椭圆截交线的投影

分析：如图 4-29（a）所示，圆锥被单一截平面 P 截切（$\theta > \alpha$），其截交线为椭圆。若圆锥按如图 4-29（a）所示位置放置，截平面 P 是正垂面，则截交线椭圆在正投影面上积聚。因此，要作出椭圆截交线的水平投影（亦为椭圆），可首先求出该截交线上点的水平投影，然后依次光滑连接即可完成。点的求法详见本章图 4-13 所示。

作图：

① 求特殊点。如图 4-29（a）所示，椭圆长、短轴的端点 A、B、C、D 都是特殊点。在图 4-30（b）所示情况下，由于截平面 P 为正垂面，所以长轴 AB 平行于 V 面，$a'b'$ 是长轴反映 AB 实长的投影，$a'b'$ 分别是最低、最高点，也是正视转向轮廓线上的点；点 A、B 的水平投影 a、b 在底圆水平投影的中心线上。椭圆短轴上的 C、D 两端点是在长轴 AB 中垂线上的，由于椭圆在正投影面上积聚为一条线 $a'b'$，所以椭圆短轴的正面投影 $c'(d')$ 一定是在长轴 AB 正面投影 $a'b'$ 的中点，如图 4-29（c）所示。为此，过 C 作水平纬圆，其正面投影积聚为过 c' 所作的水平线段，根据投影规律作出此水平纬圆的水平投影，如图 4-29（c）所示。椭圆短轴 C、D 两端点的水平投影 c、d 一定在此圆周上，如图 4-30（d）所示。

② 求一般点。在 $a'b'$ 上任取一些点，然后用图 4-13 所示的方法作出这些点的水平投影，如图 4-29（e）表示出了其中 1、2 两点的作法。

③ 连点。用光滑曲线连接水平投影中的各点即得所求椭圆曲线。

【例 4-2-8】 如图 4-30 所示，求圆锥被截切后的截交线。

分析：如图 4-30 所示，圆锥被平行于轴线的截平面截切（$\alpha > \theta \geqslant 0°$），其截交线为双曲线。若圆锥按图示放置位置，截平面为侧平面，只有侧面投影反映双曲线的特征，其余投影均积聚成直线。因此，可利用在圆锥表面上取点的方法求出其侧面投影。

作图：

① 求特殊点。离圆锥顶最近的 C 点为最高点，离圆锥顶最远的点 A、B 为最低点，因为 C 点在最左素线上，A、B 两点在圆锥底面圆周上，故可由 c'、c 求出 c''，由 a'、b' 和 a、b 求出 a''、b''。

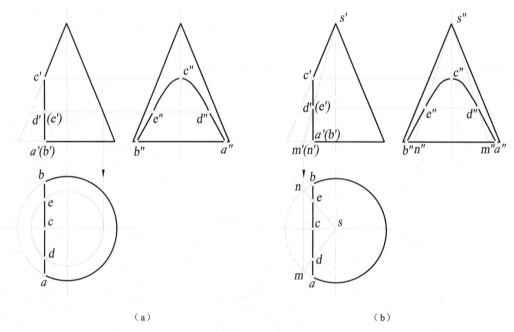

图 4-30 作圆锥双曲线截交线的投影

② 求一般点。在最高和最低点之间求一般点，其方法是表面取点法（有纬圆法和直素线法）。

如图 4-30（a）所示，用纬圆法求一般点的方法为：在 c' 和 a' 之间任作一水平纬圆，例如过 d' 作水平纬圆，此圆的水平投影必然与截平面的水平投影（积聚为直线 ab）交于 d、e 两点，然后根据投影规律，由 $d'(e')$、d、e 求出 d''、e''。

如图 4-30（b）所示是用直素线法求一般点 D、E 的方法，此法详见图 4-13 所示。

从图 4-30 中可以看出，此题用纬圆法求截交线比直素线法简单、准确。

③ 连点。次光滑地连接各点即可得所求双曲线。

【例 4-2-9】 根据如图 4-31（a）所给定的投影图，完成圆锥水平和侧面投影。

分析： 如图 4-31（a）所示，圆锥被相交两平面 P、Q 截去左上部分。截平面 P 过圆锥顶点，截交线是直线。截平面 Q 垂直于圆锥轴线，截交线是纬圆。

作图： 如图 4-31（b）所示。

① 先作出直素线 SA、SE 和纬圆 ACE 的水平投影，再由投影规律求出其侧面投影。

② 在水平投影图上，用虚线连接 ae。ae 是 P、Q 两截平面交线的水平投影。

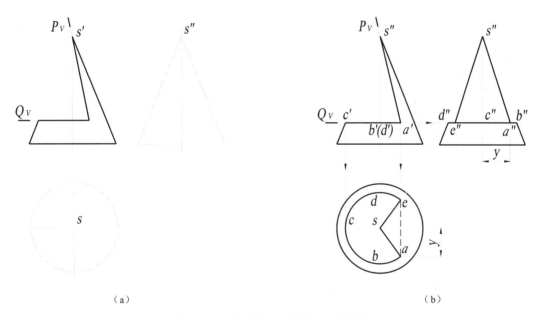

图 4-31 求圆锥表面上线段的投影

3．平面与圆球相交

平面与圆球相交，无论平面与圆球的相对位置如何，其截交线都是圆。但由于截平面与投影面的相对位置不同，所得的截交线（圆）的投影可以是圆、椭圆或直线。

如图 4-32 所示，圆球被水平面所截切，其截交线为水平圆，该圆的正面投影和侧面投影均积聚成直线，其正面投影 $a'b'$ 的长度等于水平圆的直径，其水平投影反映圆的实形。截平面距球心愈近，截交线圆的直径就愈大。如图 4-33 所示为切口圆球的三面投影图，该切口是由一个水平面和两个侧平面切割而成的。水平面切出的截交线的性质及其投影与图 4-32 相同，两个侧平面分别切出的截交线的正面投影和水平投影均为铅垂直线，而其侧面投影则为反映截交线实形的一段圆弧，其半径可从正面投影中求出，如图 4-33 所示。

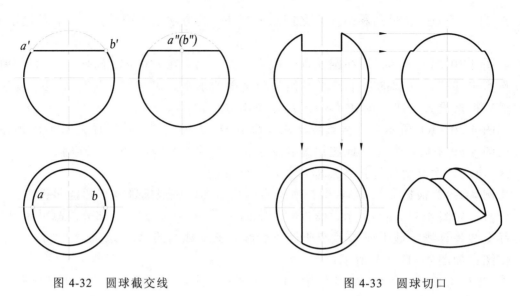

图 4-32 圆球截交线　　　　图 4-33 圆球切口

第三节　立体与立体表面相交

两立体相交（亦称两立体相惯），它们的表面交线称为相贯线。如图 4-34（a）所示的相贯线是廊道主洞表面与支洞的表面相交而成的；如图 4-34（b）所示的相贯线是调压井与管道相交而成的。

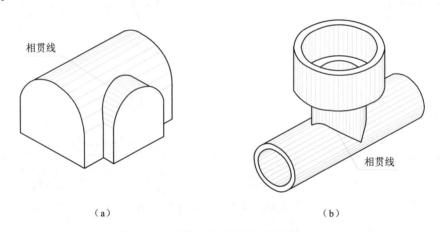

（a）　　　　　　　　　　（b）

图 4-34　廊道和调压井的相贯线

两立体的形状和相对位置不同，其相贯线的形状也不同。如图 4-34（a）所示的相贯线为空间曲线，如图 4-34（b）所示的相贯线为平面曲线（椭圆）。但它们都具有以下两个共同特点：

1）相贯线是两立体表面的共有线；
2）相贯线在一般情况下都是封闭的。

立体可分为平面立体和曲面立体两大类，因此两立体表面相交有下列三种情况：

1）两平面立体相交；
2）平面立体与曲面立体相交；

3）两曲面立体相交。

一、两平面立体表面相交

两平面立体的相贯线一般是封闭的空间折线或平面多边形。在图 4-35 中，I-II-III-IV-V-VI-I 就是闭合的空间折线。折线的各直线段是两平面立体的相应平面的交线，折线的各顶点是一个平面立体的棱线（或底面边线）与另一平面立体的贯穿点（贯穿点——即直线与立体表面的共有点）。

求两平面立体相贯线的方法有两种：

（1）求出一平面立体上各平面与另一平面立体的截交线，组合起来，即可得到相贯线。

（2）求出一平面立体的所有棱线（或底面边线）与另一平面立体的表面交点（即贯穿点），并按空间关系依次连成相贯线。

连接共有点时要注意：只有既在甲立体的同一棱面上，同时又在乙立体的同一棱面上的两点才能相连；同一棱线上的两个贯穿点不能相连。

【例 4-3-1】 如图 4-35 所示，已知四棱柱和四棱锥相交，求作相贯线。

分析：相贯线是两立体表面的共有线。求相贯线时，应首先弄清立体的空间位置。如图 4-35 所示，正四棱锥前、后、左、右均对称，正四棱柱左右对称。由于正四棱柱的四个棱面均垂直于 V 面，其正面投影具有积聚性，而正四棱柱与棱锥的棱线 SA、SC 不相交，因此，四棱柱是全部贯穿正四棱锥的，这种情况称为全贯。全贯一般有两个相贯口，本题出现了前、后两个相贯口，前一个相贯口 I-II-III-IV-V-VI-I 是正四棱柱四个棱面与正四棱锥的前两棱面 SAB、SBC 相交所形成的交线，是一个闭合的空间折线，后一个相贯口与此相同。

作图：

① 求正四棱柱四条棱线对正四棱锥的四个交点 I、III、IV、VI。为此，包含 I、III 两棱线作水平辅助平面 P（投影图上为 P_V），包含 IV、VI 两棱线作水平辅助平面 Q（投影图上为

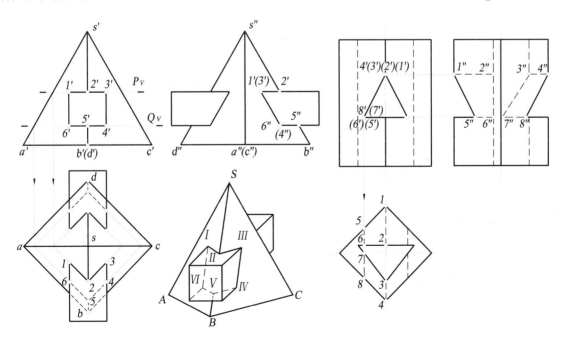

图 4-35 两平面立体相交　　　图 4-36 平面立体被穿孔

Q_V)。在水平投影中,两个水平辅助平面分别与四棱锥相交得两个矩形截交线,它们分别平行于相应的棱锥底边。正四棱柱的四条棱线与正四棱锥前两棱面的交点的水平投影为1、3、4、6。

② 求出正四棱锥的棱线 SB 对棱柱顶面和底面的交点 II($2'$、2、$2''$)和 V($5'$、5、$5''$)。

③ 依次连接各交点即得相贯线。应该注意的是:因为相贯线上每一线段都是平面立体两棱面的交线,因此只有在甲立体(如图4-35中正四棱柱)的同一棱面上,同时又在乙立体(如图4-35中正四棱锥)的同一棱面上的两点才能相连。例如,I 点与 II 点可以相连,但 I 点与 III 点不能相连,而 II 点和 V 点在同一条棱线上,也不能相连。

④ 判别可见性。其原则是:因为相贯线上每一线段都是两个平面的交线,所以只有当相交两平面的投影都可见时,其交线的相应投影才是可见的;只要其中有一个平面是不可见的,其交线的相应投影也就不可见。例如线段 VVI 的水平投影56,由于该线段是在正四棱柱不可见的底面上的,所以必须把其水平投影56画成虚线。

⑤ 由于相贯体被看作是一个整体,所以一立体各棱线穿入另一立体内部的部分,实际上是不存在的,在投影图中,这些线段不能画出。

用同样的方法,可以作出正四棱柱和正四棱锥相交的后面的一条相贯线。

【例4-3-2】 如图4-36所示,已知立体的正面投影和水平投影,试补画其侧面投影。

分析: 如图4-36所示,正四棱柱的内部被穿有两个相互垂直的三棱柱通孔。其中垂直的三棱柱通孔由两个铅垂面和一个正平面组成,水平的三棱柱通孔由两个正垂面和一个水平面组成。此题也可看成空心正四棱柱(三棱柱心)被水平三棱柱贯穿,求其侧面投影。

作图:

① 根据正面和侧面投影,按投影关系补画出空心正四棱柱的侧面投影。

② 求穿孔的侧面投影。穿孔问题可以用平面与立体相交求截交线的方法来解决。若把穿孔当作一空心三棱柱看待,则三棱面之间的交线就可以看作是该三棱柱的棱线,这样,就可采用前例的方法求穿孔的侧面投影。假设水平三棱柱孔左边的棱线与四棱柱左侧内外各表面的交点的水平投影为5、6、7、8,则可根据投影关系求出其对应的侧面投影 $5''$、$6''$、$7''$、$8''$。同法,可求得另一棱线与四棱柱内外各表面的交点的侧面投影 $1''$、$2''$、$3''$、$4''$。按前例的方法连接各点即得穿孔的侧面投影(连线时要注意分清虚线和实线)。

二、平面立体与曲面立体表面相交

平面立体与曲面立体表面相交,其相贯线一般是由若干段平面曲线或由平面曲线和直线组成的封闭线。每一段平面曲线(或直线段)是平面立体上一平面与曲面立体的表面相交而得的截交线,如图4-37(a)所示为正六棱柱各棱面与圆锥面相交。每两条平面曲线的交点是相贯线上的结合点,如图4-37中的 I 点是平面立体的棱线与曲面立体的交点(三面共点)。因此,求平面立体与曲面立体的相贯线可归纳为求截交线和贯穿点(即直线与立体表面的共有点)的问题。

【例4-3-3】 如图4-37(b)所示,求正六棱柱与正圆锥的相贯线。

分析: 六棱柱的六个棱面与圆锥的截交线都是双曲线(如表4-2所示),所以此相贯线是六段相同双曲线所组成的封闭空间曲线,相贯线的水平投影积聚在水平投影的正六边形上,作图时需求出相贯线的正面投影。此外,正六棱柱的顶面与正圆锥面相交,其截交线是两立体的第二条相贯线,其正面投影积聚成水平直线,其水平投影为圆。

作图 如图 4-37（b）所示。

① 在水平投影中找出相贯线的范围：最大范围是六边形的外接圆，最小范围是六边形的内切圆。在正面投影中作出对应于外接圆的水平辅助面的位置 P_V，由 P_V 可求出 $1'$、$5'$ 等六个共有点，这些点也是双曲线的最低点。

② 在正面投影中作出对应于内切圆的水平面 Q 的位置 Q_V 而得双曲线的最高点 $3'$ 等点。

③ 在 P 面和 Q 面之间，再适当地作一些辅助水平面，以便求出部分一般点。例如作辅助水平面 R，求得 $2'$、$4'$ 等点。

④ 依次光滑地连接各点的正面投影，即得所求相贯线的正面投影。

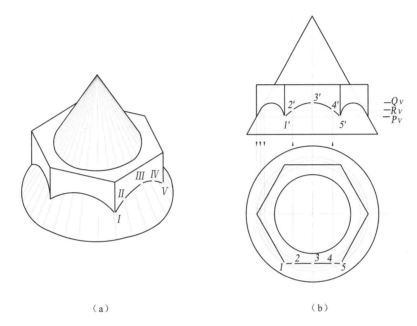

图 4-37 平面立体与曲面立体表面相交

三、两曲面立体表面相交

两曲面立体的相贯线，在一般情况下是封闭的空间曲线，在特殊情况下可能是平面曲线或直线。相贯线上的点是两曲面立体表面上的共有点。求作相贯线的投影，首先要作出两曲面立体上一系列共有点的投影，然后依次连接成光滑曲线，并判别其可见与不可见部分。常用的求两曲面立体共有点的方法有：表面取点法（利用曲面立体表面投影的积聚性）和辅助面法（辅助平面法和辅助球面法）。

1. 表面取点法（利用曲面立体表面投影的积聚性）

两曲面立体相交，如果其中一立体的表面有一个投影有积聚性，这就表明相贯线的这个投影为已知，可以利用曲面上点的一个投影，通过作辅助线求其余投影的方法，找出相贯线上各点的其余投影。如果有两个投影具有积聚性，即相贯线的两个投影为已知，则可利用已知点的二面投影求第三投影的方法，求出相贯线上点的第三投影。

【例 4-3-4】 求如图 4-38 所示两圆柱的相贯线。

分析：大小两圆柱的轴线垂直相交。小圆柱的所有素线都与大圆柱的表面相交，相贯线是一封闭的空间曲线。小圆柱的轴线是铅垂线，该圆柱面的水平投影积聚为圆，相贯线的水平投影积聚在此圆周上，相贯线的侧面投影积聚在大圆柱侧面投影的圆周上，但不是整个圆周而是两圆柱投影的重叠部分，即 2″～4″ 的一段圆弧。由此可知，该相贯线上各点的两个投影已知，只需求出相贯线的正面投影。又因两圆柱前后对称，相贯线也前后对称，故相贯线的后半部分被完全遮住了，只需画出相贯线正面投影的可见部分。

作图：

① 求特殊点。如图 4-39 所示，相贯线的特殊点是指相贯线上的最高、最低、最前、最后、最左、最右点以及可见与不可见的分界点。这些特殊点一般为一曲面立体各视向的转向轮廓线与另一曲面立体的贯穿点。若两曲面立体的轴线相交，则它们某视向的转向轮廓线的交点就是特殊点。在图 4-39 中，两圆柱正视转向轮廓线的交点 I、III 是相贯线的最高、最左、最右点；小圆柱的侧视转向轮廓线与大圆柱的交点 II、IV 就是最低、最前、最后点。由于相贯线有两个投影已知，所以 I、III、II、IV 四点的水平投影和侧面投影均为已知，由此可以求出它们的正面投影 1′、3′、2′、(4′)，如图 4-39 所示。

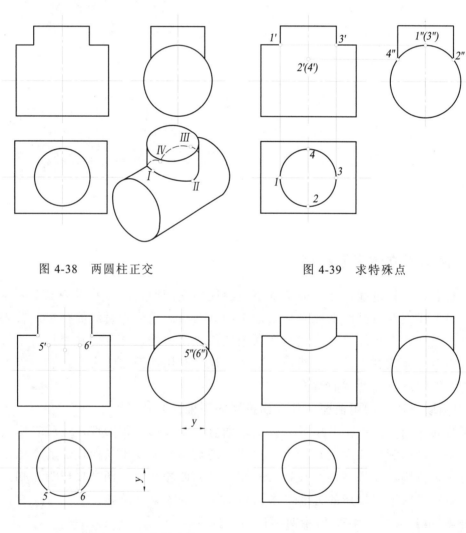

图 4-38 两圆柱正交　　图 4-39 求特殊点

图 4-40 求中间点　　图 4-41 连点

② 求一般点。如图 4-40 所示，根据作图的需要，可求出适当数量的一般点，在侧面投影 2″~1″的一段圆弧上，任取其中一点 5″（6″），即可求出它们的水平投影 5、6，最后求出 5′和 6′。

③ 连点。如图 4-41 所示，根据水平投影上各点在小圆柱上的位置依次光滑地连接各点即得相贯线的正面投影。

两圆柱相交表面所产生的相贯线，可能是两外表面相交，也可能是两内表面相交，或外表面与内表面相交。

如图 4-42（a）所示为两圆柱相交所产生的外相贯线；如图 4-42（b）所示为两圆柱孔相交所产生的内相贯线。如图 4-42（c）所示为圆柱和圆柱孔相交，属外表面与内表面相交，产生了外相贯线；

对于上述三种情况的相贯线，由于相交的基本性质（表面形状、直径大小、轴线的相对位置与投影面的相对位置）不变，所以每个图中相贯线的形状和特点都相同，其作图方法也相同。

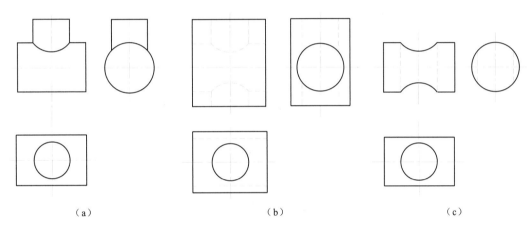

图 4-42　两圆柱内、外表面相交情况

【例 4-3-5】 求廊道主洞和支洞的相贯线。

作图： 如图 4-43 所示为廊道的主洞和支洞相交的单线图，其实质是求两轴线正交而直径不同的两半圆柱面与廊道侧面的交线，如图 4-43（b）所示。相贯线的正面投影和侧面投影均有积聚性，故只需按与前例相同的作图方法求出相贯线的水平投影即可，如图 4-43（a）所示。

【例 4-3-6】 求轴线交叉垂直两圆柱的相贯线，如图 4-44（a）所示。

分析： 如图 4-44（a）所示，两圆柱相互贯穿（这种情况称为互贯），它们的轴线交叉垂直，且水平圆柱为半圆柱，所以，其相贯线是一条不封闭的空间曲线。由于相贯线的水平投影和侧面投影均具有积聚性，故只需求出相贯线的正面投影。

作图： 如图 4-44（b）所示。

① 求特殊点。水平圆柱正视转向轮廓线与直立圆柱的交点 *III*、*V* 为相贯线上的最高点；直立圆柱的正视转向轮廓线与水平圆柱的交点 *II*、*VI* 是最右、最左点，也是相贯线正面投影的可见与不可见的分界点；水平圆柱前面的俯视转向轮廓线与直立圆柱的交点 *VII*、*I* 为相贯线上的最低点和最前点；直立圆柱侧视转向轮廓线与水平圆柱的交点 *IV* 是相贯线上的最后点。这些点的水平投影和侧面投影均可直接求出，根据这两个投影即可作出它们的正面投影。

② 求一般点。 根据作图需要，在水平圆柱的侧面投影 7″～6″的一段圆弧上任作适当数量的一般点。图中以 a″（b″）为例示出求一般点的作图方法。

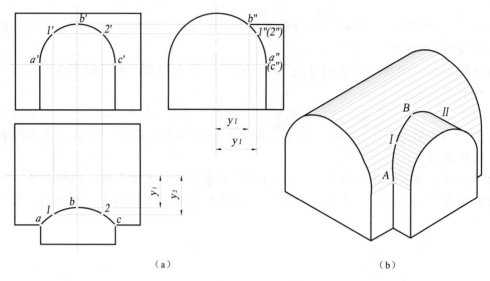

图 4-43 求廊道的相贯线

③ 连点并判别可见性。 根据相贯线上各点的水平投影的位置顺序，光滑地连接各点的正面投影 7′、a′、6′、5′、4′、3′、2′、b′、1′，即得相贯线的正面投影 7′-a′-6′-5′-4′-3′-2′-b′-1′。在作图时，还需要判别相贯线和转向轮廓线的可见性，以便决定相贯线和转向轮廓线中哪一部分应该画成实线、那一部分应该画成虚线。判别可见性的原则是：只有同时在两立体的可见表面上的相贯线，它的相应投影才是可见的。由于直立圆柱的轴线位于水平圆柱轴线之前，所以凡位于直立圆柱正视转向轮廓线之后的点均为不可见，因此相贯线的 2′-3′-4′-5′-6′部分为虚线，而 2′、6′为虚实部分的分界点。

应当指出：

1）由于两圆柱的轴线不相交，两圆柱正视转向轮廓线在空间并不相交。因此，在正面投影中，直立圆柱与水平圆柱的正视转向轮廓线的交点并不是相贯线上的点，而是交叉垂直的两直线的重影点。

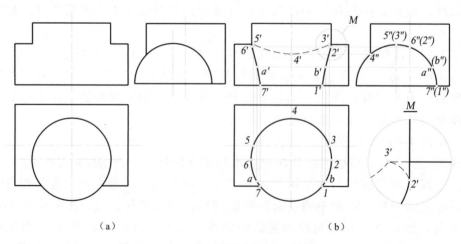

图 4-44 求偏交两圆柱的相贯线

2)因为直立圆柱正视转向轮廓线与水平圆柱的交点为 II、VI,所以,直立圆柱正视转向轮廓线应画到 2′、6′两点,并在该两点与相贯线相切,均为可见,应画成粗实线。水平圆柱转向轮廓线应画到 3′、5′两点,但其中位于直立圆柱正视转向轮廓线间的部分为不可见,应画成虚线,详见图 4-44 中右下角圆圈部分的局部放大图 M。

2. 辅助面法

1)辅助平面法

在第二章中研究过用三面共点原理求两平面共有点的方法。求两曲面立体的共有点,也可根据三面共点的原理,用作辅助平面的方法求得。辅助平面法的作图步骤如下:

(1)作辅助平面与两曲面立体相交;

(2)分别作出辅助平面与两曲面立体的截交线;

(3)求出两截交线的交点,即两曲面立体的共有点。

如图 4-45 所示,作平行于两圆柱轴线的辅助平面 P 与此两圆柱相交,P 面与乙圆柱面的交线为两条正平线,与甲圆柱面的交线为两条侧垂线,此两组交线的交点 I、II 即相贯线上的点,用此法可得相贯线上一系列的点,如 III、IV 点等。依次光滑地连接各点即得所求相贯线。

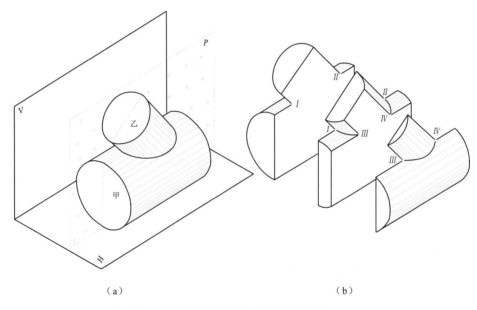

图 4-45　用辅助平面法求相贯线的原理

辅助平面的选择必须考虑两相贯立体的形体特点以及它们之间的相对位置,也要考虑两相贯立体与投影面的相对位置等因素,要使所选辅助平面与两曲面立体相交时的截交线的投影都是简单易画的图形(如圆或直线)。

如图 4-45 所示,当圆柱与圆柱的轴线斜交时选用正平面作辅助面,其截交线均为矩形,两条截交线的交点 III、IV 就是相贯线上的点,可以从侧面投影和正面投影确定它们,如图 4-49 所示。

当圆柱与圆锥相交,且轴线相互平行时,如图 4-46(a)所示,可选用水平面为辅助面,如图 4-46(b)所示。因为两截交线都是水平圆,其水平投影仍为圆,该两圆的交点 I、II 就是相贯线上的点,易于在投影图上确定它们。

由于圆锥和圆柱都是直线面，故也可以采用过锥顶 S 的铅垂面作辅助平面，如图 4-46（c）所示。辅助平面与圆锥面的交线为 SD，与圆柱面的交线为 AB，在正面投影中，很易确定此两直线的交点 III 的投影。

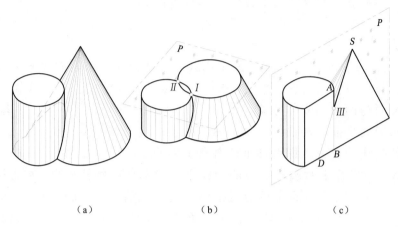

图 4-46　辅助平面的选择

【例 4-3-7】 如图 4-47 所示，求轴线斜交的两圆柱的相贯线。

分析： 如图 4-47 所示，两圆柱的轴线相交且都平行于 V 面，小圆柱的全部素线均与大圆柱的表面相交，相贯线为一封闭的空间曲线。大圆柱的侧面投影具有积聚性，相贯线的侧面投影积聚在大、小圆柱投影重叠的一段圆弧上。本题只需要求作相贯线的正面投影和水平投影。若采用正平面作辅助平面，则辅助平面与两圆柱面的交线为两组平行线，因此，采用正平面作为辅助平面。

作图：

① 求特殊点。如图 4-48 所示，由于两圆柱的轴线相交且都平行于 V 面，两圆柱正视转向轮廓线在同一正平面内，它们彼此相交，交点 I、II 就是相贯线上的最高点，也是最左最右点。相贯线的侧面投影必然积聚在 $5''\sim 6''$ 之间的一段圆弧上，显然，V、VI 两点为最低点，也是小圆柱最前、最后两素线对大圆柱的贯穿点，也是相贯线水平投影可见与不可见的分界点。作图方法如图 4-48 所示。

② 求一般点。用辅助平面法求一般点。如图 4-49（a）所示，在侧面投影 $5''\sim 6''$ 的一段圆弧上任作辅助正平面 P，其侧面迹线为 P_W。P_W 与圆弧（$5''\sim 6''$ 部分）的交点为 $3''$（$4''$），由 $3''$ 可作出平面 P 与大圆柱面的截交线的正面投影。由于小圆柱的轴线是倾斜的，其端面的水平投影和侧面投影都是椭圆，如果由这两个椭圆求 P 面与小圆柱的截交线，作图不易准确。因此，可用换面法来求此截交线。若作新投影面垂直于小圆柱的轴线，则其在新投影面中的投影为圆。对于 P 面与小圆柱相交的情况，即 P_H 在新投影的圆周中的位置，可根据辅助平面与圆柱轴线的距离 y 来确定。这样，P 面与小圆柱所得截交线的正面投影可由 P_H 与新面中的圆弧的交点来确定。小圆柱的截交线与大圆柱的截交线的交点 $3'$、$4'$ 即为相贯线上一般点的正面投影。如图 4-49（b）所示为其轴测图。

③ 连点。依次光滑地连接 $1'$、$3'$……$2'$各点即得相贯线的正面投影。根据相贯线上各点的正面投影和侧面投影即可求出它们的水平投影，连点后即得相贯线的水平投影，如图 4-49（a）所示。但应注意的是，在连点之前首先要找出可见与不可见的分界点，以便明确哪一段

为实线，那一段为虚线。

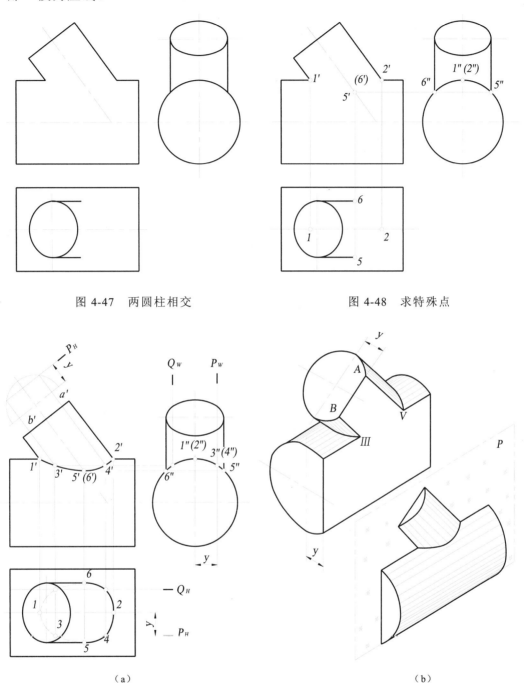

图 4-47　两圆柱相交　　　　　　　图 4-48　求特殊点

（a）　　　　　　　　　　　　　　　　（b）

图 4-49　用辅助平面法求一般点

【例 4-3-8】　如图 4-50（a）所示，已知轴线斜交的两圆柱的一个投影图，试求其相贯线。

分析：如图 4-50（a）所示，虽然只用了一个视图表达物体，但由于图中标注上了直径符号，因此，该物体的空间形状已能完全确定。按水利工程的习惯，应将此斜交的两轴线均平行于 H 面，所以，作图时应选择水平面作为辅助平面。虽然图中只有一个视图，不能直接作出两个圆柱的截交线，但可用图 4-49（a）的方法来解决这个问题，即用换面法来确定水平辅助平面截切大小两圆柱所得截交线的位置，从而求出相贯线上的点。

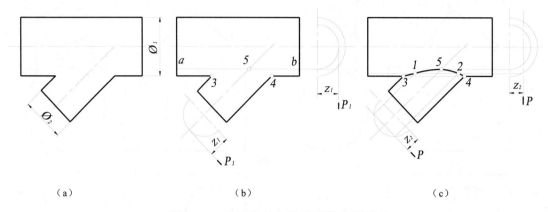

图 4-50　求轴线斜交的两圆柱的相贯线

作图：

① 求特殊点。如图 4-50（b）所示，作辅助水平面 P_1，使 P_1 与小圆柱相切（在投影图中，P_1 与小圆柱的端面投影圆周相切），其切线的水平投影与小圆柱轴线的水平投影重合。P_1 与大圆柱的截交线为 AB，其水平投影为 ab。ab 与小圆柱轴线相交，所得的交点 5 就是相贯线的最后点。由于两圆柱的轴线相交，所以此两圆柱的转向轮廓线的交点 III、IV 就是相贯线的最左、最右点。

② 求一般点。如图 4-50（c）所示，在适当的位置作辅助平面 P，P 面分别与大、小两圆柱相交所得出的两组截交线交于 1、2 两点，该两点即为相贯线上的点。

③ 连点。依次光滑地连接各点即得相贯线的水平投影。

【例 4-3-9】 如图 4-51（a）所示，求圆锥台与半球的相贯线。

分析： 由于圆锥面与半球表面的投影均无积聚性，需选用适当的辅助平面求出若干共有点，即完成相贯线的三面投影。

对于半球，任何投影面平行面均可作为辅助面；对于圆锥台，因其轴线垂直于水平面，故宜选择水平面或包含圆锥轴线的正平面和侧平面作为辅助面。

作图：

① 求特殊点。如图 4-51（b）所示，过半球的球心作辅助正平面 P，P 面截切圆锥台为两条直线、截切半球为半个正平纬圆，所截出的两条直线和半个正平纬圆相交于点 I、II，其正面投影为 $1'$、$2'$，由它可直接求出 1、2 及 $1''2''$。

过圆锥台的轴线作辅助侧平面 Q，Q 面截切圆锥台为两条直线、截切半球为半个侧平纬圆，所截出的两条直线和半个侧平纬圆相交于点 III、IV，其侧面投影为 $3''$、$4''$，由它可求出 $3'$、$4'$ 及 3、4。

② 求中间点。如图 4-51（c）所示，任作一水平面 R 作为为辅助平面，它与圆锥台、半球的截交线均为圆。在水平投影中，两圆交于 a、b，即为中间点 A、B 的水平投影。由于 A、B 属于 R，故可在 R_V 上求出 a'、b'，在 R_W 上求出 a''、b''。

③ 连点及可见性判别。如图 4-51（d）所示，依次将各点连成光滑曲线并完善外形线的投影。半球的侧视外形线是完整的，但被圆锥台遮挡部分应画成虚线。圆锥台的侧视外形线画至 $3''$、$4''$ 处。正面投影以主视外形线为分界线，可见部分 $1'a'3'2'$ 与不可见部分 $2'4'b'1'$ 重合，

其水平投影均可见。由于圆锥台位于半圆球的左半部，故侧面投影的可见性应以圆锥台侧视外形线的贯穿点Ⅲ、Ⅳ的侧面投影3″、4″为分界，4″b″1″a″3″可见，3″2″4″不可见。

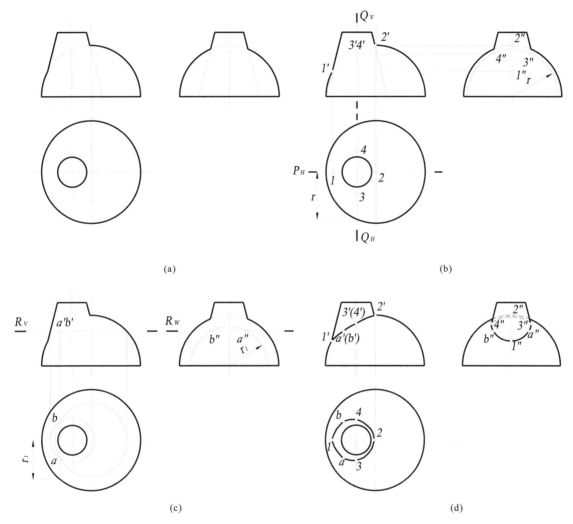

图 4-51 圆锥台与半球的相贯线

【例 4-3-10】 如图 4-52（a）所示，求正圆柱与四分之一圆环的相贯线。

分析：圆柱轴线垂直于水平面，相贯线的水平投影具有积聚性，本题只需求出相贯线的正面投影和侧面投影即可。由于圆环的轴线垂直于 V 面，若选用正平面作辅助面，则截圆柱面为直线，截圆环面为圆，作图非常简便。

作图：如图 4-52（b）所示。

① 求特殊点。由于圆柱轴线和圆环面母线圆的圆心轨迹均位于同一正平面内，圆柱正视转向轮廓线与外环面正视转向轮廓线的交点 Ⅰ（Ⅰ、Ⅰ′、Ⅰ″）就是相贯线的最高、最右点。又因圆柱的直径与圆环母线圆的直径相等，在水平投影中，圆环面的俯视转向轮廓线的水平投影与圆柱的水平投影相切，切点 Ⅱ、Ⅲ 就是相贯线上的最低点，也是最前、最后点。

② 求一般点。在正面投影中，相贯线的可见部分与不可见部分重合，可见部分的范围在 2′ 与 1′ 之间，即只有右半边圆柱面与外环面才有共有点的问题，其余部分则没有共有点。因此，在此范围内任作一正平面 P（水平迹线为 P_H），它与外环面交出的圆的正面投影是以 $O_1′$

为圆心，$O_1'm'$ 为半径作出来的。P 面与右半圆柱面交出铅垂线，此线的正面投影可由圆柱的水平投影圆周与 P_H 的交点 6 来确定。两交线的交点 $6'$，即为相贯线的正面投影的一般点，由 $6'$、6 可求出 $6''$。同法，可求其他一般点 IV、V 等。

③ 连点。依次光滑地连接相贯线上各点，即得相贯线的正面投影和侧面投影。

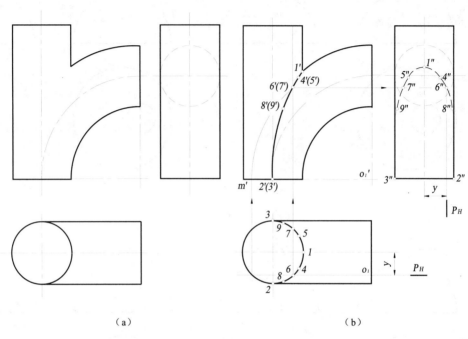

图 4-52 求圆柱与 1/4 圆环相交的相贯线

如图 4-53 所示为某水电站调压井的一个全剖视图。引水管从调压井处转 90°的弯，把水引进厂房，在转弯处就是四分之一圆环面与等直径的圆柱相交，其相贯线如图所示。

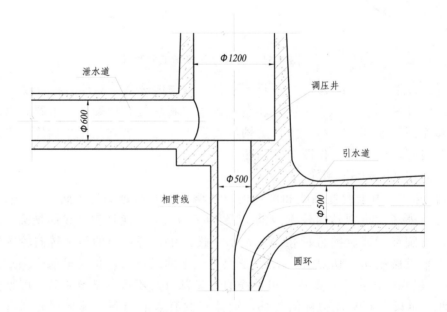

图 4-53 圆柱与圆环相贯线的工程实例

由上述各例求相贯线的作图过程可以看出，用辅助平面法求两曲面立体相贯线的一般解题步骤为：

（1）分析问题

① 两立体的表面性质，例如直线面或回转面等。

② 两立体的相互位置，如两回转体的轴线是互相平行、相交或交叉。

③ 两立体与投影面的相对位置，特别是回转体的轴线与投影面的相对位置。

（2）选择辅助面

选择辅助面应注意选择的原则，有时同一题可选择不同的辅助面来解题，如图 4-46 所示。

（3）求相贯线上的点

求相贯线上的点时，应先作出特殊点，如最高、最低、最左、最右、最前、最后点以及可见与不可见的分界点等，这些点一般位于各视图的转向轮廓线上。

（4）连点和判别可见性

连点的原则是：只有在两立体表面上都处于相邻两素线间的共有点才能相连。要连某视图上相贯线的点时，应从有积聚性的投影中看出相邻两素线的点的位置，如图 4-44（b）中的 1、b、2、3 等都属相邻两素线的点。连出的相贯线一定是两立体表面的共有线。

判别可见性的原则是：只有当相贯线同时位于甲、乙两立体的可见表面时，其相应的投影才属可见。

2）辅助球面法

用辅助球面法求二曲面立体相贯线的方法称为辅助球面法。由于辅助球心可以是固定的（定心），也可是变动的（异心），所以，辅助球面法分为定心球面法和异心球面法两种，这里仅介绍定心球面法。

任何回转面与球面相交时，如果球心位于此回转面的轴线上，其相贯线必定为一个圆，且该圆所在的平面与回转面的轴线相垂直，如图 4-54（b）、（d）所示。球面与圆柱面相交，如图 4-54（b）所示，整个立体的表面可以看成是以圆球和圆柱的转向轮廓线作母线，绕圆柱轴线（也是球的轴线）旋转而成的。在旋转过程中，圆球的曲母线与圆柱直母线的交点 M、N（m'、n'）所形成的两个圆，都是球面和圆柱面的交线。显然，这两个圆所在的平面垂直于圆柱的轴线。如果回转轴平行于 V 面（或其它投影面），则相贯线圆周在该投影面上的投影就是一根通过球面和圆柱面的转向轮廓线的交点且与回转轴相垂直的线段，如图 4-54（b）、（d）所示。

根据上述原理，可以研究利用辅助球面法求两曲面立体相贯线的条件和方法。

图 4-55（a）所示为轴线斜交两圆柱的正面投影图。两圆柱的轴线均平行于 V 面，求它们的相贯线时，可利用两轴线的交点为球心，以适当的长度为半径作一辅助球面，此球面的正面投影就是以 R 为半径所画的圆。这个球面与两个圆柱面的交线都是圆，这两个圆同在一球面上，它们的交点 I、II 就是大圆柱面、小圆柱面和球面的三面共点，如图 4-55（b）、（c）所示。由于两圆柱面的轴线都是平行于 V 面的，故球面与两圆柱面相交所得出的两个圆的正面投影就成为两直线段，它们的交点 $1'$（$2'$）就是相贯线上 I、II 两点的正面投影。

由此可知，用定心辅助球面法求两曲面立体的相贯线时，应该符合下列三个条件：

（1）相交两曲面都是回转面。因为回转面与球面相交，只有当球心位于回转面的轴线时，其交线才是圆。

（2）两回转面的轴线相交。因为用两轴线的交点作为球心，才能保证球心同时位于两回转面的轴线上。

（3）两回转面的轴线同时平行于某投影面。这样才能使球面与两回转面的交线圆在该投影面上的投影成为直线。

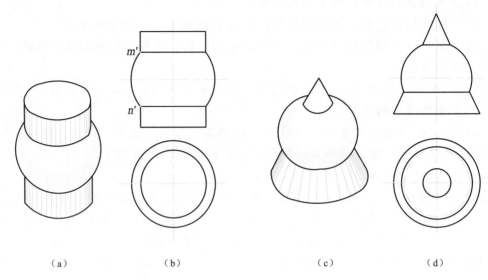

图 4-54 用辅助球面法求相贯线的原理

改变辅助球面半径的大小，就可以得出相贯线上一系列的点，但是，辅助球面的半径大小有一个范围。辅助球面的最大半径是从球心到相交两曲面转向轮廓线的交点中最远的一个，在图 4-55（a）中最大辅助球面半径是 0′3′。若球的半径大于 0′3′（R_1），则球面与两圆柱面的两条相贯线互不相交，这说明没有共有点，如图 4-55（c）所示。辅助球面的最小半径是两圆柱的两个内切球面中半径最大的一个球面半径，如图 4-55（a）所示，辅助球面的最小半径是与大圆柱相内切的球面半径 R_3。若球面半径小于 R_3，则辅助球面与大圆柱没有交点，同样找不到共有点，所以球的半径 R 必须在 R_1 与 R_3 之间选取。

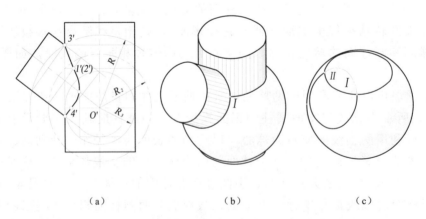

图 4-55 用辅助球面法求斜交两圆柱的相贯线

【**例 4-3-11**】如图 4-56（a）所示，求轴线正交的两圆锥台的相贯线。

分析：由于两圆锥面都是回转面，它们的轴线相交，且均平行于正面，所以可利用辅助球面法求其相贯线。

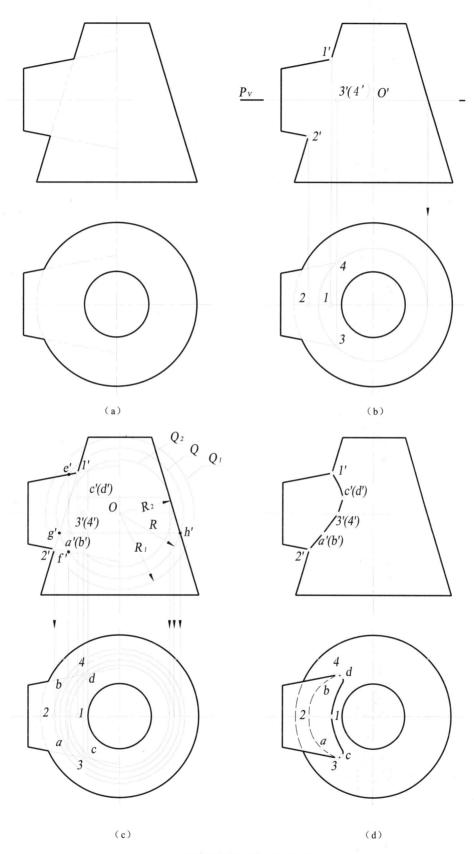

图 4-56 用辅助球面法求相贯线

作图：

① 求特殊点。如图 4-56（b）所示，两圆台正视转向轮廓线上的贯穿点 I、II，其正面投影为 $1'$、$2'$，它们是相贯线最高、最低点的正面投影，也是相贯线正面投影的可见与不可见的分界点，由它可求出 1、2。

包含俯视转向轮廓线作水平辅助面 P，可求得水平圆锥台俯视转向轮廓线上的点 III、IV 的水平投影 3、4 和正面投影 $3'$、$4'$。

② 求一般点。如图 4-56（c）所示，以 O' 为球心，以适当的半径作辅助球。其中最大辅助球 Q_1 的半径为球心 O' 至两圆锥台正视转向轮廓线的交点中最远点 $2'$ 的距离 r_1；最小辅助球 Q_2 的半径为自球心 O' 向两圆锥台正视转向轮廓线作垂线（即作出与两圆锥台正视转向轮廓线相切的圆），垂线中较长的一段为 r_2。正面投影中的 c'、d' 即是由最小辅助球面所求出的点，由 c'、d' 可求出 c、d。

在最大、最小辅助球面之间以适当半径 R 再作辅助球 Q，该球面与直立圆锥台的交线为 $g'h'$，与水平圆锥台的交线为 $e'f'$（在图 4-56 中均用小黑点示出 e'、f'、g'、h' 的位置）。$g'h'$ 与 $e'f'$ 的交点 a'、b' 即为所求相贯线上一对一般点的正面投影，由它可求出 a、b。

③ 连点及判别可见性。将各点连成光滑曲线，如图 4-56（d）所示，并完善外形轮廓线的投影，注意水平圆锥台的俯视外形轮廓线应画至 3、4 处。判别可见性：在正面投影中，可见部分 $2'a'3'c'1'$ 与不可见部分 $1'b'4'b'2'$ 重合；水平投影中，以 3、4 分界 $3c1d4$ 可见，$4b2a3$ 不可见。

综上所述，求两曲面立体贯线上点的方法有表面取点法和辅助面法（包括辅助平面法和辅助球面法）。表面取点法仅适用于可以利用曲面立体的积聚性时，辅助面法不仅适用于求一般曲面立体的相贯线，而且还可代替表面取点法求相贯线。由此可知，辅助面法的应用比较广泛。

用辅助面法求相贯线的关键是如何选择辅助面，其原则是使辅助面（平面或球面）与两已知曲面所截出交线的投影是简单易画的圆或直线。为此，对于圆柱体，一般采用平行或垂直于圆柱轴线的辅助平面；对于圆锥体，一般采用垂直于圆锥轴线或过锥顶的辅助平面；对于球体，一般采用平行于投影面的辅助平面；当相交两立体均为回转体，它们的轴线相交且同时平行于某一投影面时，可选用球面作辅助面。

3．两曲面立体相贯线的特殊情况

1）相贯线是直线

（1）两圆柱的轴线平行，相贯线是直线，如图 4-57 所示。

（2）两圆锥共顶时，相贯线是直线，如图 4-58 所示。

2）相贯线是平面曲线

（1）同轴回转体相贯时，其相贯线为圆。如图 4-59 所示为圆柱与圆锥相贯，其相贯线为圆，圆的正面投影积聚成一直线，水平投影在圆柱的水平投影上，也见图 4-54 所示。

（2）当相交两立体的表面为二次曲面（如圆柱面、圆锥面等）且公切于同一球面时，其相贯线为两个椭圆。若曲线所在平面与投影面垂直，则在该投影面上的投影为一直线段，如图 4-60 所示。

① 当轴线相交两圆柱的直径相等，两圆柱公切于同一球面时，其相贯线是两椭圆。轴线斜交的是大小不等的两椭圆，如图 4-60（a）所示；轴线正交的是大小相等的两椭圆。

② 当圆锥与圆柱公切于同一球面，它们的轴线正交时是大小相等的两椭圆，如图 4-60（b）所示，斜交时是大小不等的两椭圆或一个椭圆，如图 4-60（c）所示。

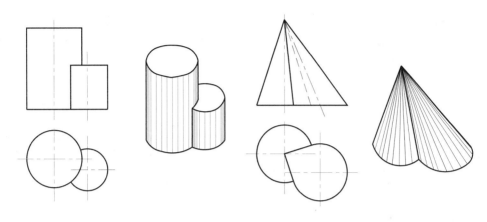

图 4-57 相交两圆柱其轴线平行　　　　图 4-58 相交两圆锥共顶

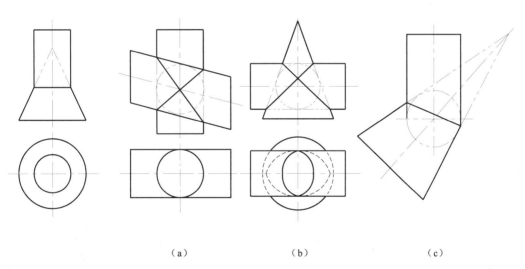

（a）　　　　　　（b）　　　　　　（c）

图 4-59 同轴回转体　　图 4-60 外切于同一球面的圆柱与圆柱、圆锥与圆柱相交

4．影响相贯线形状的各种因素

影响相贯线形状的因素有：两曲面立体的形状、两曲面立体的相互关系及尺寸大小。相贯线投影的形状还与两立体对投影面的相对位置有关。

1）两立体的形状及相对位置对相贯线形状的影响。

如图 4-61（a）和（b）所示都是圆柱与圆锥相交，但前者是轴线正交，后者是轴线斜交；如图 4-61（c）是轴线交叉垂直的两圆柱相交，读者可以自行分析图 4-61 中各图的相贯线的情况。

2）在两立体的形状和相对位置都相同时，它们的尺寸大小不相同对相贯线的形状也有影响。

如图 4-62 中各图都是轴线正交的两圆柱相交，由于两立体直径大小的相对变化，它们的相贯线的形状就各不相同。如图 4-62（a）、(b)、(c) 所示，三个图中相贯线的正面投影各不相同：(a) 图为上、下两条曲线；(b) 图为相交且等长的两条直线；(c) 图为左、右两条曲线。图 4-62（a）和（c）都是由于小圆柱的素线全部与大圆柱表面相交，而大圆柱只有一部分素线与小圆柱表面相交，所以如图 4-62 所示直径不等的两个圆柱相交时，其相贯线的正面投影一定是小圆柱被分成两段，而大圆柱还有部分素线相连，这时相贯线的正面投影向大圆柱的轴线弯曲。

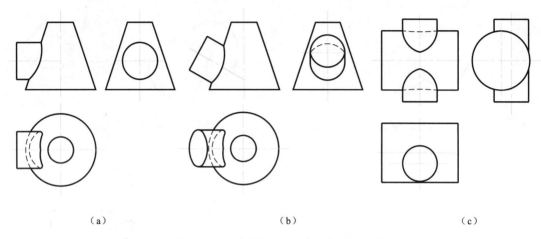

图 4-61　两立体的形状及其相对位置对相贯线形状的影响

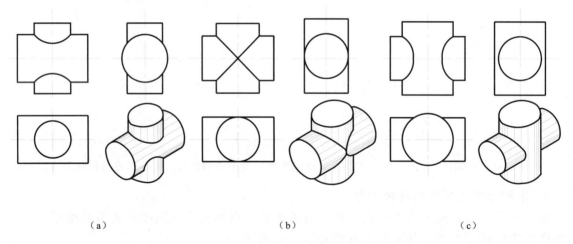

图 4-62　两立体尺寸变化对相惯线形状的影响

四、同坡屋面的交线

同一屋面的各个坡面常做成对水平面的倾角都相同，所以称为同坡屋面，如图 4-63 所示。从图 4-63（a）中可以看出，该屋面由屋脊、斜脊，檐口线和斜沟等组成。

1. 同坡屋面

1）当前后檐口线平行且在同一水平面内时，前后坡面必然相交成水平的屋脊线，屋脊线的水平投影与两檐口线的水平投影平行且等距。

2）檐口线相交的相邻两坡面，若为凸墙角，则其交线为一斜脊线；若为凹墙角则为斜沟线。斜脊或斜沟的水平投影均为两檐口线夹角的平分角线。建筑物的墙角多为90°，所以，斜脊和斜沟的水平投影均为45°斜线，如图4-63（b）所示。

3）如果两斜线脊或一斜脊和一斜沟交于一点，则必有另一条屋脊线通过该点，此点就是三个相邻屋面的共有点，如图4-63（b）所示。

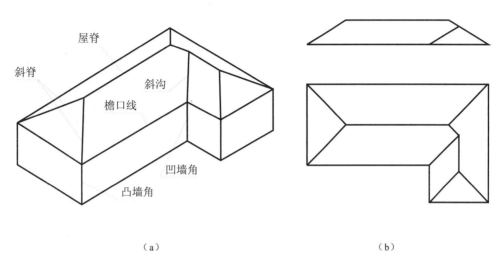

图 4-63 同坡屋面

2. 同坡屋面投影图的画法

根据上述同坡面的特点，可以作出同坡屋面的投影图。

【例 4-3-12】 已知屋面倾角 $\alpha=30°$ 和同坡屋面的檐口线，求屋面交线的水平投影和屋面的正面投影。

分析：

如图 4-63（a）所示，屋顶是由小、中、大三个同坡屋面组成。每个屋面的檐口线都应为一个矩形，由于三个屋面重叠部分的矩形边线未画出，应该把它们补画出来，以便后面作图。

作图：

① 自重叠处两正立檐口线的交点延长，形成小、中、大三个矩形 $abcd$、$defg$、$hijf$，如图 4-63（b）所示；

② 作各矩形顶角的45°角平分线。本例有两个凹墙角 m 和 n，分别过 m、n 作 45°线交于 3、2 两点，即得两斜沟 $m3$ 和 $n2$，如图 4-64（c）所示。

③ 把图 4-64（c）中实际上不存在的双点划线擦掉，其他轮廓线用粗实线画出即为所求，如图 4-64（d）所示。

（4）按屋面倾角和如图 4-64（d）所示的屋面水平投影，利用"长对正"规律即可作出屋面的正面投影。

注意：画完此图后，最好用"若一斜沟与一斜脊交于一点，则必有一屋脊线通过该点"这一同坡屋面的特点进行检查，准确无误后再描深。

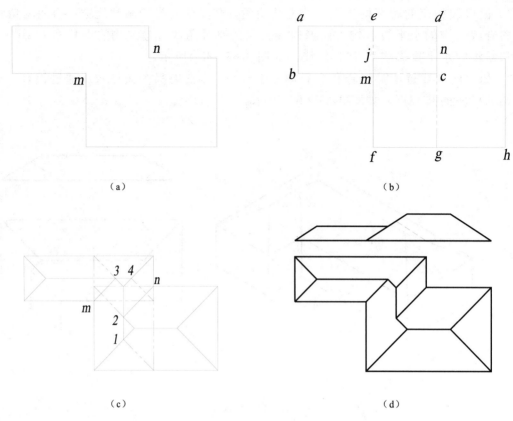

图 4-64 同坡屋面的画法

第五章　组 合 体

任何复杂的物体都可以看成是由一些基本形体组合而成，这些基本形体包括棱柱、棱锥等平面立体和圆柱、圆锥、圆球以及圆环等曲面立体。由两个或两个以上的基本形体组成的物体称为组合体。本章着重介绍组合体的画图、读图以及尺寸标注的方法。

第一节　概　　述

一、组合体的形成及表面连接形式

组合体的组合方式一般有叠加和切割两种。多数组合体的形成同时具有上述两种形式而称为综合式。组合形体之间的表面连接有平齐、相交和相切等。

1. 组合体的形成方式

1）叠加

组合体可看成由几个基本形体叠加形成，这种形成方式称为叠加。如图 5-1（a）所示组合体可以看做是由 I、II 两个基本体叠加而成。

2）切割

切割式组合体可以看作是基本形体被一些平面或曲面切割而成。如图 5-1（b）所示的组合体可以看作是一个基本体（长方体）被切去了 I、II 两个基本形体之后形成的。画图时，可先画切割以前的原始整体，后画被切去的形体 I 和形体 II；先画截平面有积聚性的投影，后画其余相应的投影。

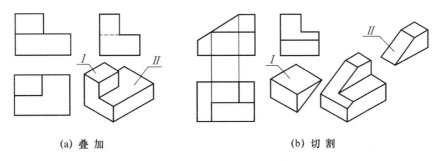

(a) 叠 加　　　　　　　　　　　　(b) 切 割

图 5-1 组合体的组成方式

3）综合

由叠加和切割这两种方式共同构成组合体的方式，称为综合。综合构成时，可以先叠加后切割，也可以先切割后叠加。

应当指出，有时同一个组合体在进行形体分析时，思路不是唯一的。既可按叠加的形成分析，也可按切割的形成分析。

2. 组合体的表面连接形式

无论以何种方式构成组合体，两基本形体表面都可能发生连接。连接形式有平齐、相切、相交三种。

1）平齐

当两形体的表面平齐（共平面或共曲面）时，在视图上两表面的连接部分不再存在分界线，如图5-2所示。

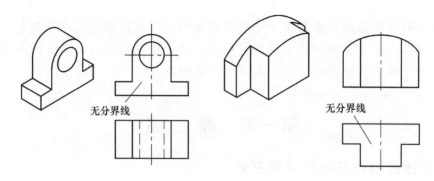

图5-2 平齐

2）相交

两立体的表面彼此相交，在相交处有交线（截交线或相贯线），它是两个表面的分界线，画图时，必须正确画出交线的投影，如图5-3所示。关于两立体表面的交线问题见第四章。

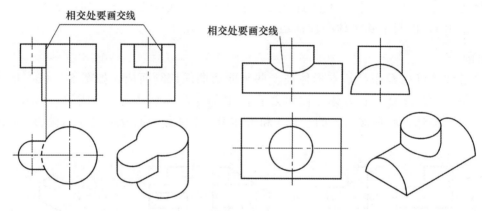

图5-3 相交

3）相切

只有当立体的平面与另一立体的曲面连接时，才存在相切的问题。图5-4（a）所示为平面与曲面相切，图5-4（b）所示为曲面与曲面（圆球面与圆柱面）相切。因为在相切处两表面光滑过渡，不存在分界线，所以相切处不画线，如图5-4中引出线所指处。

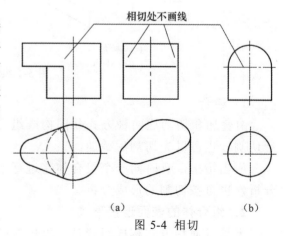

图5-4 相切

二、组合体的三视图

1．三视图的形成

在画法几何中，物体在三面投影面体系中的正投影称为物体的三面投影。而在工程制图中，通常称为三视图。其正面投影称为正视图，或正立面图，简称立面图；水平投影称为俯视图，或水平面图，简称平面图；侧面投影，称为侧视图，或左侧立面图，简称侧面图。

2．三视图的投影对应关系

画出组合体中各几何形体的三视图，并按其相对位置组合，就可以得到组合体的三视图。在绘制三视图时，各视图间的投影轴和投影连线一律不画。但三视图各投影之间的位置关系和投影规律仍然保持不变。三视图之间的投影规律为：正视图、俯视图长对正；正视图、侧视图高平齐；俯视图、侧视图宽相等。三等规律是画图和读图必须遵循的最基本的投影规律。

第二节　组合体视图的画法

一、形体分析

假想把组合体分解为若干组成部分（基本形体），并分析它们的组成方式和各部分之间的相对位置及表面连接方式，从而弄清它们的形状特征和投影图的画法，这种分析方法称为形体分析法。

对于 5-5（a）所示为一扶壁式钢筋混凝土墙，可把它认为是叠加型的组合体。假想把它分解为底板、直墙和支撑板三部分。除直墙是完整的矩形板外，其余都是被切割了的矩形板，如图 5-5（b）所示。

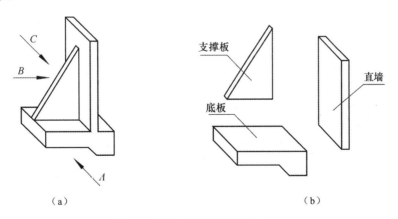

图 5-5　挡土墙的形体分析

图 5-6（a）是分水闸闸室，也可以认为是叠加型组合体，可分解为顶拱、左、右边墙和底板四部分，如图 5-6（b）所示。它们都是被切割了的基本形体。

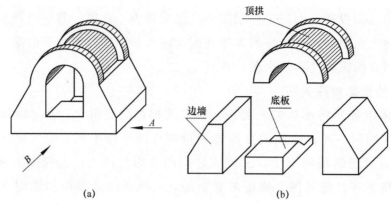

图 5-6 闸室的形体分析

二、视图选择

1. 正视图的选择

在表达物体的一组视图中，正视图为主要的视图，应首先考虑。正视图的选择，一般应从以下四个方面考虑。

1) 物体的放置。物体应按自然位置安放，或使物体处于正常的工作位置，或按制作、加工位置安放。对于水工建筑物，一般按工作位置安放。

2) 投影方向的选择。通常要求正视图的投影方向能尽量反映各组成部分的形状特征及其相互位置关系。

3) 专业图的表达习惯。水工图一般将上游布置在图的左方，房屋建筑图一般将房屋的正面作为正立面图。

4) 尽量减少视图中的虚线，以使视图清晰，并要求合理地利用图纸。

正视图选定后，应使物体的主要平面或主要轴线平行于投影面，以便投影反映实形。

【例 5-2-1】挡土墙主视图方案选择。

图 5-5（a）所示的挡土墙，沿着箭头 A 所示方向投射，得到的投影（见 5-7（a））所反映的形状特征比沿箭头 B 所示方向的投影（见图 5-7（b））所反映的形状特征要明显些。因 A 向投影不仅表达了支撑板和底板的形状特征，还表达了直墙与底板的相互位置关系，所以选择 A 向的投影作为正视图。

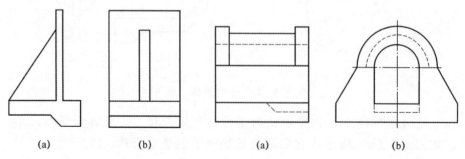

图 5-7 按特征选择正视图　　图 5-8 按工作位置选择正视图

【例 5-2-2】闸室主视图方案选择。

图 5-6（a）所示的闸室，从 B 方向投影（见图 5-8（b））所得的投影图反映形状特征明显些。但考虑到闸室是水工建筑物以及闸室与整个水闸其他部分的相互位置关系，故闸室的

过水通道轴线平行于 V 面，且以迎水面居左的方向作为正视图的投影方向，所以闸室的正视图选择了 A 向，如图 5-8（a）所示。

2．确定视图数量

确定视图数量的原则是：配合正视图，在完整、清晰地表达物体形状的条件下，视图数量应尽量少些。在通常情况下，表达形体一般选择三个视图，形状简单的形体也可以只选两个视图，如果标注尺寸，则有的形体只需要一个视图。具体地说，当正视图选定以后，要分析组合体还有哪些基本形体或简单体的形状特征和相对位置没有表达清楚，还需要增加哪个或哪些视图来解决。

【例 5-2-3】挡土墙的视图数量选择。

从对挡土墙正视图（见图 5-7（a））的分析可以看出，支撑板的厚度需要侧视图来解决；底板的宽度需要侧视图或俯视图来解决；直墙的宽度也需要侧视图或俯视图来解决。这样，挡土墙的三个组成部分除正视图外，都是另需要一个侧视图或俯视图的。本例选择了正、侧视图来表达挡土墙，如图 5-9（a）所示。

在选择正视图时，还应考虑尽量减少视图中的虚线。如图 5-5 所示的挡土墙，若按图 5-5 所示方向，选用 C 向的投影作为正视图，则其侧视图出现了虚线，如图 5-9（b）所示，故应采用 A 向。

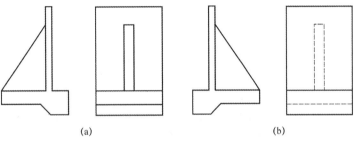

图 5-9 挡土墙的视图选择

【例 5-2-4】闸室的视图数量选择。

如图 5-6（a）所示的闸室，在已选定的正视图中可以看出，顶拱和边墙的特征未表达清楚，需左视图；底板和边墙的相互位置需要左视图。在一般情况下，用正、左两视图即可，但闸室的底板和通道情况用俯视图来表达要清楚些，所以采用了三个视图来表达闸室的形体，如图 5-10 所示。

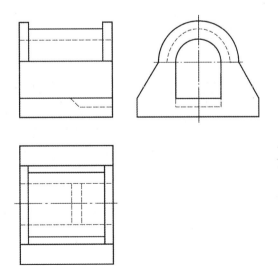

图 5-10 闸室的三视图

应当指出，选择正视图的原则不是绝对的，应综合具体情况进行全面分析，权衡轻重，最后得出一个比较好的方案。

【例 5-2-5】 图 5-11（a）所示为木制闸门的滚轮轴座，试选择它的视图。

1）形体分析

可以将图 5-11（a）所示的轴座分析成是由以下基本形体组成的：（1）带四圆孔的底板；（2）有圆孔的两块相同的支撑板（图 5-11（b）只表示出了其中一块）。

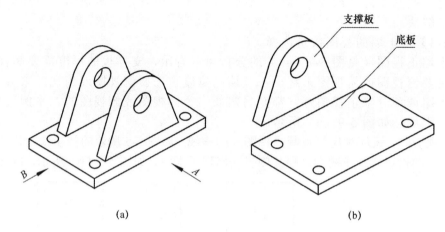

图 5-11 轴座的形体分析

2）选择视图

闸门滚轮轴座的工作位置不固定，所以按自然位置安放。图 5-11（a）中，B 向投影表达了支撑板的厚度以及支撑板和底板之间的相对位置关系，A 向投影表达了支撑板的形状特征，两个方向各有优点，选择 B 向或 A 向都差不多，此时就要考虑其他因素了。

现在考虑视图的数量。底板与支撑板的相互位置关系的表达需要 B 向视图，支撑板形状特征的表达需要 A 向视图，底板四孔的位置的确定需要俯视图，综合起来，滚轮轴座共需三个视图来表示。若选择 B 向作为正视图，如图 5-12（a）所示，则不能合理利用图纸。综合起来考虑，选择 A 向投影作为正视图较好，如图 5-12（b）所示。

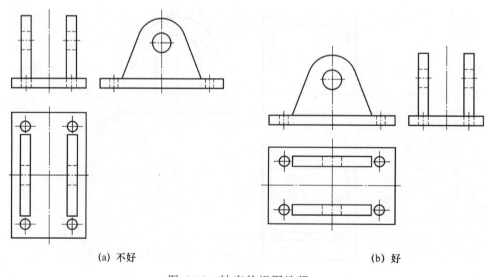

(a) 不好　　　　　　　　　　　　(b) 好

图 5-12 轴座的视图选择

应当指出,上述确定视图数量的例子,主要是对物体外形而言,实际上要按原则选择视图的数量,还应考虑物体的尺寸标注及剖视、剖面等因素。

三、画出各视图

下面以图 5-6 所示的闸室为例提供画图的参考步骤。

1．选定比例,确定图幅

根据物体的大小和复杂程度选定比例。如果物体较小或较复杂,则应选用较大的比例,一般组合体最好选用 1∶1 的比例。根据视图所需要的面积(包括视图的间隔和标注尺寸的位置)选用标准图幅,画出图框和标题栏。

2．布置视图

根据各视图每个方向的最大尺寸(包括标注尺寸所占位置)作为各视图的边界,可用计算法留出视图间的空档,使视图布置得均匀美观,然后画出各视图的基准线,包括对称线、中心线、底面或相关端面的轮廓线等。图 5-13(a)中,正视图以底板底面为高度方向基准线,闸室左端面为长度方向基准线,俯视图和侧视图均以对称线为宽度方向基准线。

3．画各视图底稿

各视图的位置确定后,用细实线依次画各组成部分的视图底稿。

1)画图的顺序是:先画大形体,后画小形体;先画反映形状特征的视图,后画其他;先画主要结构,后画次要结构;先画实线,后画虚线。如图 5-13(b)所示,先画大形体顶拱;先画反映顶拱特征的左视图;先画顶拱的可见轮廓线。

画图时应该注意,通常不是画完一个视图之后再画另一个视图,而是按形体将有关的视图配合作图。画顶拱宽度时,同时把顶拱俯视图的宽度画出,这样既快又准确,如图 5-13(b)所示。

2)画其他组成部分的各视图,并完成全部底图,如图 5-13(c)所示。

4．检查,描深

用形体分析法逐个检查各组成部分(基本形体或简单体)的投影以及它们之间的相对位置关系。对于对称形体,要画出对称线;对于回转体,要画出回转轴线。如无错误,则按规定线型描深,如图 5-13(d)所示。

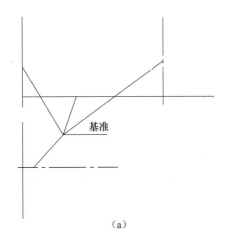

(a)

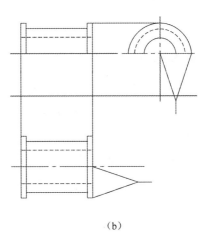

(b)

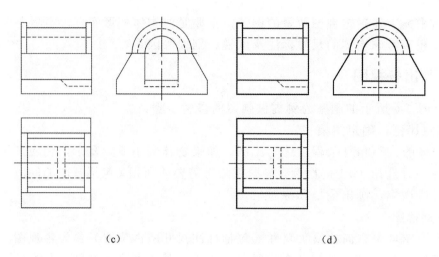

图 5-13 闸室三视图的画法

视图选择小结：

1）形体分析法是假想的，分析时不能破坏原来物体的整体性。画图时应注意各组成部分结合处不能出现原来物体没有的轮廓线。但在以后的工程图中应注意：若两部分结合处为材料分界线时，要求绘制出轮廓线。

2）一般组合体的视图选择是先把物体按自然位置安放后，根据形状特征选择正视图。而一般过水建筑物的视图选择，则按建筑物的工作位置安放，并使建筑物的过水通道轴线平行于 V 面而且以迎水面居左的方向作为正视图投影方向。

第三节　组合体的尺寸标注

在工程制图中，除了用投影图表达组合体的形状结构外，还必须标注出反映形体大小及各结构相互位置关系的尺寸。尺寸是施工的重要依据。

因组合体是由基本形体组成的，为了标注好组合体的尺寸，应先了解基本形体的尺寸标注。

一、基本形体的尺寸标注

标注一般基本形体的尺寸时，应按物体的形状特点，把它的长、宽、高三个方向的尺寸完整地标注在视图上，如图 5-14（a）、（b）所示，但正六棱柱、圆环常按图 5-14（c）、（d）所示标注。

回转体只需在一个视图上标注尺寸（直径和轴向尺寸），就可完整地表达形体的形状和大小，如图 5-14（e）、（f）、（g）、（h）所示。圆球在标注直径时，要加注符号 S。

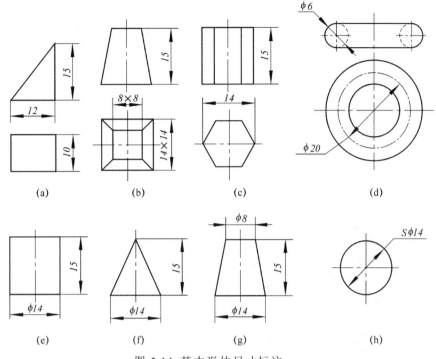

图 5-14 基本形体尺寸标注

图 5-15 是具有斜截面或缺口的形体的尺寸标注示例。除了标注基本形体的尺寸以外，应标注出截平面的定位尺寸。由于截平面与形体的相对位置确定后，截交线的位置也就完全确定，所以，截交线的尺寸无须另外标注，如图 5-15 中打"×"的尺寸。同理，如果两个基本形体相交，也只需分别标注出两者的定形尺寸和它们之间的定位尺寸，不能标注相贯线的尺寸。

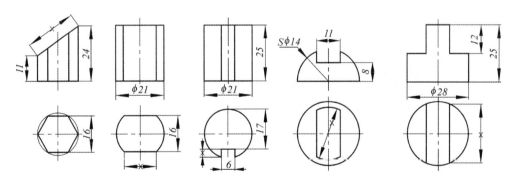

图 5-15 具有斜截面或缺口的形体的尺寸标注示例

二、组合体的尺寸标注

在组合体视图上标注尺寸的基本要求是：齐全、清晰、正确、合理，符合制图国家标准中有关尺寸标注的基本规定。

1. 尺寸齐全

尺寸齐全即在视图上标注的尺寸，要完全能确定物体的大小和各组成部分的相互位置关系，既不缺少尺寸，也不应有不合理的多余尺寸。在建筑工程图和水利工程图中，为避免因尺寸不全造成施工时的再计算或度量，标注尺寸时应尽可能地将同方向的尺寸首尾相连，布置在一条尺寸线上。必要时允许适当地重复标注尺寸。

在标注尺寸之前，应对组合体进行形体分析，并注出下列三种尺寸。

1）定形尺寸

确定组合体中各基本形体的大小的尺寸称为定形尺寸。

如图 5-16 所示的轴座中，底板长 200，宽 120，高 15 均为大小尺寸，4-ϕ13 为底板四圆孔的大小尺寸，支撑板的 ϕ30 为轴孔的大小尺寸，R40 为支撑板顶部圆柱面半径的大小尺寸。

2）定位尺寸

确定各基本形体之间相互位置关系的尺寸称为定位尺寸。

由于定位尺寸是确定相对位置的，所以标注定位尺寸时，应首先选择定位尺寸的基准。至少要在形体的长、宽、高三个方向各选定一个尺寸标注的度量平面或线作为基准。有时在某一方向可以有几个基准，其中有一个为主要基准，其余的称为辅助基准。主辅基准之间必须要有尺寸联系。一般选择物体的对称平面（反映在视图中是对称线）、回转体的轴线、底面、较大的或重要的端面等作为尺寸基准。应当注意，圆柱、圆锥、圆球的轮廓线或两个物体的交线不能作为基准。

对于图 5-16 所示俯视图，按左右对称标注底板上的小圆柱孔轴线在长度方向的定位尺寸 160；按前后对称标注底板上的小圆柱孔轴线在宽度方向的定位尺寸 86；在图示左视图中，按前后对称标注支承板宽度方向的定位尺寸 72。

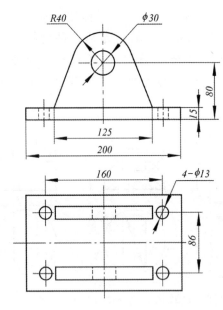
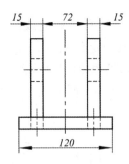

图 5-16　滚轮轴座的尺寸标注

3）总体尺寸

确定各组合体总长、总宽、总高的尺寸称为总体尺寸。图 5-16 中，200 是总长尺寸，120 是总宽尺寸，总高尺寸可由定位尺寸 80 和半圆柱的半径尺寸 R40 之和来确定，图上一般不直接注出总高尺寸 120。

应当注意，如果组合体的定形和定位尺寸已经标注完整，若再标注总体尺寸，有时会出现多余或重复尺寸，此时就要对已标注的定形和定位尺寸做适当调整。另外，总体尺寸涉及到设计、加工、装配、测量、包装、运输等多方面问题，还需要从合理性要求来考虑。

2．标注清晰

要使尺寸标注清晰应注意下列四点。

1）尺寸标注在形状特征明显的视图上

图 5-17 中的截角尺寸 10 和 25 应注在反映截角特征的俯视图上（如图 5-17（a）所示），不应注在其主视图上（如图 5-17（b）所示）。表示圆弧半径的尺寸要注在反映圆弧特征的视图上，如图 5-19（a）所示闸室顶拱的标注。

2）相关的尺寸集中标注

表现同一形体或结构的尺寸应尽量集中地标注在反映特征的同一视图上，如图 5-17（a）所示的槽口尺寸 8、8 以及 5 和图 5-16 所示的俯视图中底板四圆孔的定位尺寸 160 和 86。

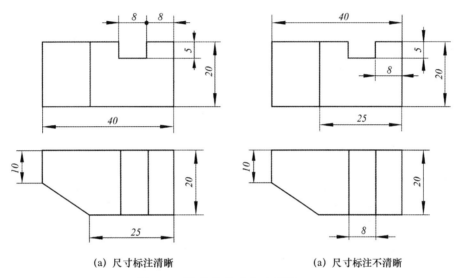

(a) 尺寸标注清晰　　　　　　　　(a) 尺寸标注不清晰

图 5-17　相关的尺寸集中标注

3）回转体的直径尺寸一般注在非圆视图上，但若非圆视图是虚线时，最好不在虚线上标注尺寸（见图 5-16 中的 $\phi 30$）。而圆弧的半径尺寸应标注在投影为圆的视图上。

4）尺寸尽量标注在视图轮廓线之外，并尽可能标注在两个有关视图之间。但应注意尺寸最好靠近其所标注的线段，并应避免尺寸线与其他尺寸界线或轮廓线相交。某些细部尺寸允许标注在图形内。

3．标注正确

尺寸数值没有错误，尺寸标注要符合国家标准规定。

4．标注合理

标注合理就是要考虑设计、施工和生产的要求。关于这方面的问题将在后续水利和建筑专业制图章节中进行讨论。

【例 5-3-1】 标注图 5-18 所示闸室三视图的尺寸。

解 步骤如下：

1）形体分析

图 5-18 所示闸室的形体分析见前述，如图 5-6（b）所示。

2）标注定形尺寸

标注定形尺寸时，应先按形体分析把各基本形体应有的定形尺寸标注出来，如图 5-19 所示。但是若一个形体各个方向的尺寸可由其他形体的尺寸来确定时,则不重复标注。

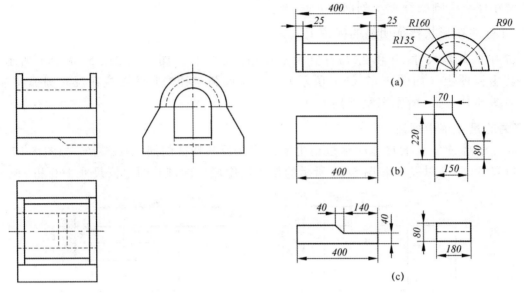

图 5-18 闸室的三视图　　图 5-19 闸室中基本形体的定形尺寸

以图 5-20 所示为例说明如下:

(1) 顶拱的定形尺寸与图 5-19(a) 所示的一致,不用变动。

(2) 边墙的长度与顶拱的长度一致,不再标注 400;边墙的顶面与顶拱的底面叠合,不再标注 70;边墙底面的宽度可由 480 和 180 来确定,不另标注。

(3) 底板的宽度和高度尺寸与图 5-19(c) 所示的相同,底板的长度尺寸与顶拱的长度相同,不再标注 400。

3)标注定位尺寸

首先选定尺寸基准,图 5-20 中,闸室长度方向的基准是右端面,宽度方向的基准是对称线,高度方向的基准是底面,基准选定后就可注出各形体的定位尺寸。

定位尺寸有长、宽、高三个方向,但并不是每一个基本形体都需注出三个方向的定位尺寸。如果每个方向的定位尺寸可由定形尺寸或其他因素所确定,就可省去这个方向的定位尺寸。当形体在叠合、靠齐、对称的情况下,可省掉一些定位尺寸。

例如,在图 5-21(a) 中,半圆柱的三个方向定位尺寸均应注出。图 5-21(b) 中,由于两基本形体上下叠合,后端面靠齐,左右对称,半圆柱的高、宽、长三个方向的定位尺寸均可由长方体的高、宽、长所确定,不需标注。

图 5-20 中,顶拱高度方向的定位尺寸(回转体的径向定位尺寸一般都是确定其轴线的位置)可由边墙的定形尺寸 220 来确定,不再标注。当回转体的轴线或基本形体的对称平面与某方向的基准重合时,不标注定位尺寸,只要标注出基本形体的定形尺寸,就算标注齐全了。如图 5-20 所示的左视图中的 180 和 480 均为定形尺寸而不需另注定位尺寸 90 和 240,这就是在对称的情况下省去该方向的定位尺寸的原因。

4)标注总体尺寸

总长尺寸与顶拱的长度 400 相同,不再标注。总宽尺寸是 480。总高尺寸由 220 与 R160 之和来确定。因为顶拱是回转体,当物体的一端为回转体时,一般不直接注出总体尺寸,而注出回转体的尺寸，如图 5-20 中的 220。

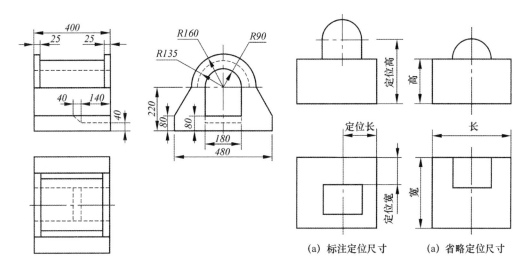

图 5-20　按形体完整的要求标注尺寸　　图 5-21　可省略定位尺寸的情况

总之，当总体尺寸与其他尺寸一致时，不再标注。

标注完组合体的尺寸以后，检查定形尺寸、定位尺寸、总体尺寸是否有遗漏、错误，对多余尺寸应删除，对标注不妥之处应加以修改或调整。

上述标注组合体尺寸时，主要考虑"齐全、清晰和正确"的要求。至于"合理"的要求与专业有关，例如水工图和房屋图都可以标注封闭尺寸，而建筑房屋图则用 45°短斜线代替箭头。下面以一房屋建筑类的组合体为例说明画图步骤，并着重说明房屋的尺寸标注特点。

【例 5-3-2】　根据图 5-22（a）所示台阶的轴测图，试画其投影图并标注尺寸。

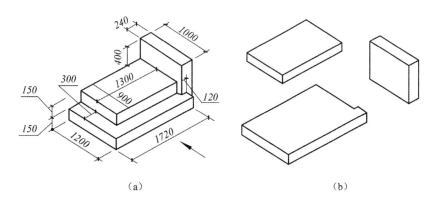

图 5-22　画台阶的投影图并标注尺寸

1）画视图（见图 5-23）

（1）形体分析

假想把台阶分解为大小两块踏板和一块栏板，而大踏板有一个矩形缺口，如图 5-22（b）所示。

（2）视图选择

先将物体按工作位置放置，然后选择表示形状特征明显的投影方向作为正视图的投影方向，如图中箭头所示方向，决定视图数量。按决定视图数量的原则，本例选用三个视图。

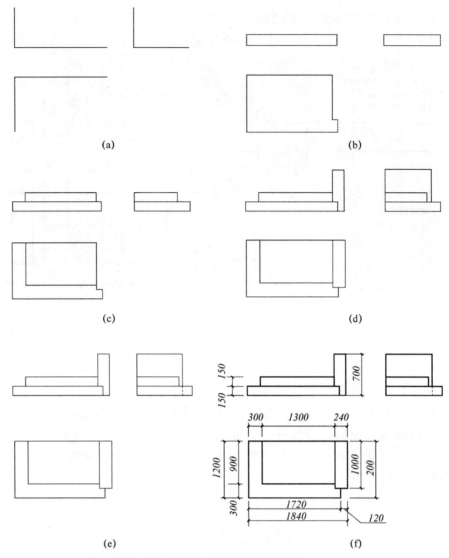

图 5-23 台阶三视图的画图步骤

（3）画出各视图

本例画图的顺序仍然是：先大后小，先特征后其他，先主要后次要，先实线后虚线。作图步骤如下：

① 按视图的最大范围和标注尺寸所占位置布置视图，然后画出每个视图的两个方向的基准线，以便量度尺寸，如图 5-23（a）所示；

② 画大踏板的三视图（暂时不画虚线），如图 5-23（b）所示；

③ 画小踏板的三视图，如图 5-23（c）所示；

④ 画栏板的三视图，如图 5-23（d）所示；

⑤ 画虚线并完成全部底图，如图 5-23（e）所示；

⑥ 描深，如图 5-23（f）所示。

2）标注尺寸

（1）标注定形尺寸。

（2）标注定位尺寸。

（3）标注总体尺寸。
（4）用形体分析法检查是否有遗漏、错误或重复。

应当指出，画组合体视图的步骤，可根据组合体的组合方式采用不同的方法。例如在台阶的例子中形体属于叠加型组合体，一般是把组合体中每个基本体的三个视图一次画完，画完一个基本体再画另一个基本体。也可以在各视图的基准线上定出各基本体的长、宽、高，按三等规律，把水平或竖直的直线成批地画出，然后确定各基本体应画的图形，若遇切割型组合体，一般是把未切割前的整个形体的投影画出，然后切除某一形体，并画出被切去某一形体后的投影。

第四节　组合体的读图

根据物体的视图想象出空间物体的形状和结构，称为读图。要正确、迅速地读懂组合体的投影，除了掌握基本的读图方法外，还要了解一些读图的基本知识。在培养空间想象能力和构思能力的基础上，逐步提高读图能力。

一、读图的基本知识

1）掌握三视图的投影规律，即"长对正，高平齐，宽相等"的三等规律。
2）掌握各种位置直线和各种位置平面的投影特性，尤其是投影面垂直面的投影特性。
3）掌握基本形体的投影特性，并能根据基本几何形体的投影图进行形体分析。
4）读图时要按投影关系把有关视图联系起来分析。

组合体的形状是通过几个投影表达的，通常只看一个视图不能正确判断物体的空间形状。图 5-24（a）、（b）所示的两组视图中，两个正视图都是相同的，图 5-24（b）、（c）、（d）、（e）所示的四组视图中，四个俯视图都是相同的，若只看物体的一个视图就会判断错误，即读图时不能孤立地看一个投影进行构思。对于图 5-24 要根据两个视图才能正确判断物体的空间形状。

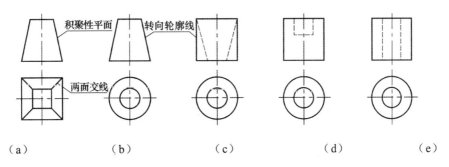

图 5-24　根据两视图判断物体的形状

有时只看两个视图也不能正确判断物体的空间形状，图 5-25 所示的四组视图中，正视图和俯视图都是相同的，若只看每一组的正、俯两个视图就会判断错误，要把三个视图配合起来才能正确判断物体的空间形状。

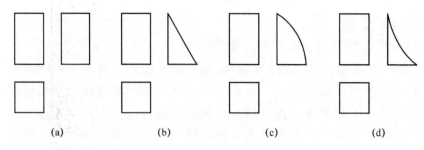

图 5-25 根据三视图判断物体的形状

5）从反映形状特征明显的视图着手分析，并从位置特征投影想象组合体各部分的相对位置关系。

6）了解各投影中图线的含义。

在视图中出现的线段可能代表以下三种含义：形体表面有积聚性的投影，如图 5-24（a）所示的正视图；也可能是面与面的交线，图 5-24（a）所示的俯视图还可能是曲面的转向轮廓线，如图 5-24（b）、（c）所示。

7）了解线框（指封闭图形）的含义。

视图中每一个线框一般代表一个表面，可能是平面，如图 5-26（a）所示，也可能是曲面，如图 5-26（b）所示，还可能是相切的组合面，如图 5-26（d）所示，特殊情况下是孔洞，如图 5-26（c）所示。

视图中相邻两线框一般表示物体上两个不同的表面，它们可能是相交的两表面，如图 5-26（a），也可能是平行的两表面，如图 5-26（c）。视图中反映表面的线框在其他视图中对应的投影有两种可能，即类似形或一线段。如在某视图中的投影为线框，而另一投影没有与它对应的类似形时，其对应投影一般积聚为一直线，这个关系可简述为"无类似形必积聚"。如图 5-26（a）所示俯视图中间的一个矩形线框，正视图中没有与它对应的类似形，该矩形线框对应投影应为正视图中的斜线。

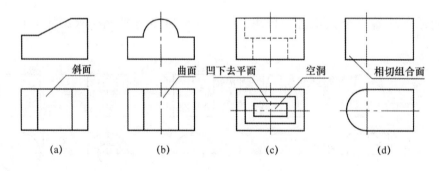

图 5-26 视图中线框的含义

二、组合体的读图方法

组合体读图的基本方法主要是形体分析法，其次是线面分析法。

1. 形体分析法

用形体分析法读图，就是在读图时，从反映物体形体特征明显的视图入手，按能反映形体特征的封闭线框划块，把视图分解为若干部分，找出每一部分的有关投影，然后根据各种基本形体的投影特性，想象出每一部分的形状和它们之间的相对位置，最后综合起来想象出物体的整体形状。

形体分析法的步骤是：按线框、分部分、对投影、想形状、综合起来想整体。

【例 5-4-1】 图 5-27（a）为一组合体的二视图，试想出其整体形状，并补出底板的侧视图。

解 因为如图示组合体的正视图的特征比较明显，其中的几个封闭线框反映了基本形体的特点，所以在正视图上划分线框 I、II、III、IV，其中 II、IV 两部分相同，只需分析 I、II、III 三部分。

按每一部分的投影关系，把每部分的有关投影分离出来，如图 5-27（b）、（d）、（f）所示的三组视图。根据基本形体的投影特性，想象出图 5-27（b）所示的物体是挖去了两部分的矩形板，如图 5-27（c）所示。图 5-27（d）所示的物体是三角块，如图 5-27（e）所示，图 5-27（f）所示的物体是挖去了半圆槽的长方体，如图 5-27（g）所示。最后根据整体的两视图，了解各基本形体之间的相互位置关系，想出组合体的整体形状，如图 5-27（h）所示。按底板形状校核底稿，并按规定线型加深，补画出底板的侧视图如图 5-27（b）所示。

形体分析法特别适用于叠加型组合体，也适用于比较复杂（既有叠加也有切割）的组合体。若遇到切割型的组合体，也可以用形体分析法去分析，但这种方法与叠加法相反。即把物体分析为切掉某些形体，这种方法一般称为切割法。

切割法是按物体各视图的最大边界假想物体是一个完整的长方体或其他基本形体，再按视图的切割特征，搞懂被切去部分的形状及其相互位置关系，最后想出物体的形状。

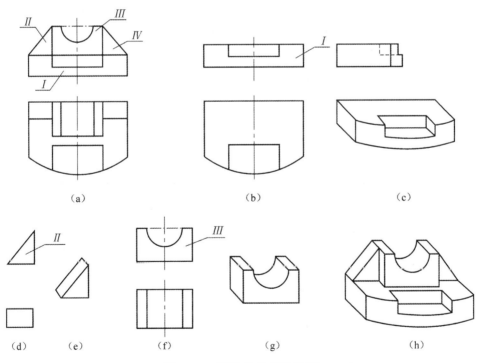

图 5-27 用形体分析法读图

【例 5-4-2】 图 5-28（a）为物体的二视图，试想象出它的空间形状。

解 按图 5-28（a）所示两视图的最大边界线，假想原物体是一个长方形，如图 5-28（b）所示。根据正视图的切割特征可以想出物体左上角被切去部分的形状，如图 5-28（b）所示。又根据正视图中的虚线及其俯视图中的有关投影，可知物体的右上方被切掉一槽口，如图 5-28

（c）所示，最后想出物体的整体形状。

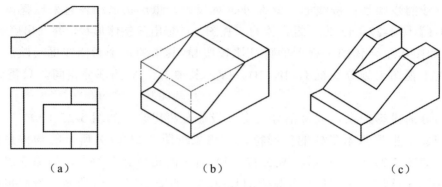

图 5-28 用切割法读图

2．线面分析法

在读图时，对比较复杂的组合体及不易读懂的部分，还常使用线面分析法帮助想象和读懂这些局部形状。所谓线面分析法就是根据线面的投影特性分析视图中的线段和线框的含义，深入细致地想出物体各表面形状和相互位置关系，从而想出物体的细部或整体形状。

线面分析法的读图步骤是：分线框、对投影、想形状，综合起来想整体。

【例 5-4-3】 分析图 5-29（a）所示的二视图，并想出其空间形状。

解 如前所述，一个线框一般代表一个表面。图 5-29（a）所示的正视图只有一个线框，该线框代表的是一个平面还是一个物体呢？根据基本形体的投影，这个三角形线框可能代表一个各棱面均有积聚性投影的三棱柱，但是俯视图的线框与该三棱柱的投影有矛盾，所以不能把立体看成是三棱柱，应进一步对物体的表面进行分析。

在俯视图上划分线框，如图 5-29（b）所示，在俯视图中，如果线框 1 是一个平面，则它在正视图上的相应投影应为类似形（矩形或平行四边形），但正面投影是一个三角形。根据"无类似形必积聚"的关系，可知正视图中对应于线框 1 的投影必为一直线，又因线框 1 是实线线框，故此直线必为上方的斜线 1'。

线框 2 是一个三角形，正视图中有与它对应的类似形，这个三角形平面必同时倾斜于 V 面和 H 面，但是否倾斜于 W 面呢？由于在这个三角形平面中找不到一条侧垂线，此平面不可能是侧垂面，而是一般位置平面。又因直线 BC 是侧平线，CD 是正垂线，所以 BC 与 CD 所决定的平面为侧平面。线段 3 是正平面 3' 的投影。

再根据视图中各表面的相互位置关系即可想出物体的形状，如图 5-29（c）所示。

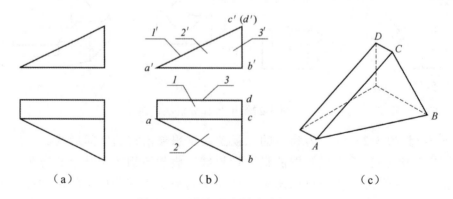

图 5-29 用线面分析法读图

【例 5-4-4】分析图 5-30（a）所示的两视图，想出其空间形状，并画出它的左视图。

解 假定物体是一个长方体，根据俯视图的特点可知物体是前方被切去左右两块。为了得知切割的情况，应对视图进行线、面分析。

为此，在俯视图中划分线框 1、2，如图 5-30（b）所示。根据"无类似形必积聚"的关系，可知俯视图中所表示的封闭线框 1 必积聚在斜线 1′ 上，即平面 I 为正垂面。又线框 2 与线框 2′ 成类似形，故知平面 II 同时倾斜于 V 面和 H 面。此时平面 II 有两个可能性——一般位置平面或侧垂面，所以选择直线 AB 进行判定。因 a′b′ 与 ab 均为水平直线，即 AB 为侧垂线，则判定平面 II 为侧垂面。另外，此形体左右对称，由此可知物体是一个长方体的两侧各被一正垂面和侧垂面所切割。切割后的空间形状如图 5-30（d）所示。

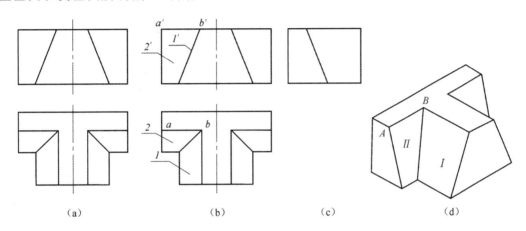

图 5-30 由已知的二视图补绘第三视图

根据上述分析，利用"三等规律"即可画出左视图如图 5-30（c）。

三、组合体的读图步骤

组合体的读图步骤如下：
1）概括了解；
2）用形体分析法分形体、想形状；
3）用线面分析法攻难点；
4）综合起来想整体。

【例 5-4-5】以图 5-31 为例说明下述步骤。

1）概括了解

先了解表达物体用了哪些视图？根据这些视图，初步了解物体的大概形状，分析该物体是由哪几个主要部分组成的？各主要组成部分的形体特征是否明显？应采用何种读图方法？图 5-31 所示的组合体只用了两个视图表达，从图中可知该物体大概是由三部分组成的，其中有一部分形体不明显，不易想出其形状，本题除用形体分析法外，还应采用线面分析法想出不易看懂的地方。

2）用形体分析法分形体想形状

按反映物体各形体特征的正视图划块，把视图分解为两部分，找出两部分的有关投影（对投影可借助于三角板、分规等工具），把各组成部分的有关视图分离出来，然后按基本形体的投影特性，想出各基本形体的空间形状。

根据图 5-31（a）中的两个视图可知该物体是由两部分组成，因为Ⅰ、Ⅱ两个线框都可能各代表一个基本形体，按投影关系把各基本形体的有关视图分离出来，如图 5-31（b）、（c）所示的两组视图。形体Ⅰ的正视图上的线框代表形体的投影，很容易想出它的形状，如图 5-31（d）所示。而在形体Ⅱ的视图中结构关系不明显，不易读懂，宜用线面分析法来辅助解决。

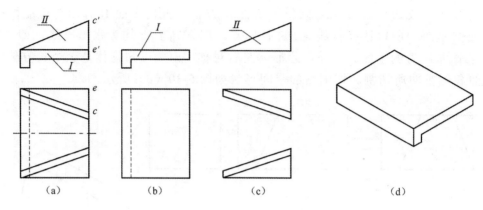

图 5-31　用形体分析法分解形体

3）用线面分析法攻难点

为了便于分析，特把形体Ⅱ的有关视图单独分析，如图 5-32（a）所示。这一部分与图 5-29 的物体很近似，其分析方法完全相同，从略。分析得该形体的空间形状如图 5-32（b）所示。

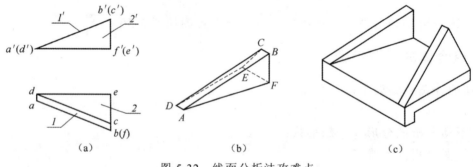

图 5-32　线面分析法攻难点

4）综合起来想整体

将分析所得各形体的形状对照组合体的各视图各形体间的相互位置关系，想出总体的形状。图 5-31（a）中，以形体Ⅰ为基础，上加前后两个形体Ⅱ（另一形体与形体Ⅱ对称）而得组合体的空间形状，如图 5-32（c）所示。

四、由两视图补画第三视图

由已知两视图补绘第三视图是培养读图能力的一种常用方法。在补绘第三视图以前，要求把已知视图读懂，想出其空间形状之后才不会把第三视图画错。

【例 5-4-6】图 5-33 为一组合体的正、俯二视图，试补画其左视图。

1）概括

图 5-33（a）只用了正、俯两个视图来表达物体。若只从图中的线框分析，则不易把各

形体分离来。但可假想从线框的某处分开,把分开部分作为独立的形体看待。如图 5-33(b)所示,把俯视图的凸出部分用双点划线分开,正视图的凸出部分以双点划线为界,假想把组合体分成四个基本形体,这样组合体部分的形体明确,仅用形体分析法即可解决。

2）形体分析

在图 5-33（b）中,在正视图上划分反映形体的线框Ⅰ、Ⅱ、Ⅲ,在俯视图上划分反映形体特征的线框Ⅳ。按投影关系分别把它们的有关投影分离出来得到图 5-34(a)及图 5-35(a)、(c)、(d)所示的各组视图。除线框Ⅱ所反映的形体可用切割法外,其他各形体均可根据基本形体的投影特性把形体的形状想出来,如图 5-34 和图 5-35 所示的相应的轴测图。

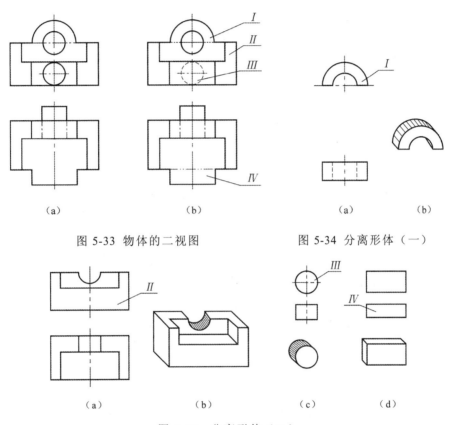

图 5-33 物体的二视图　　　图 5-34 分离形体（一）

图 5-35　分离形体（二）

3）综合起来想整体

对照图 5-33（b）所示,以线框Ⅱ所示形体为基础,上加线框Ⅰ的形体,前加线框Ⅳ的形体,后加线框Ⅲ的形体。按已知两视图所给定的相互位置关系即可想出组合体的形状如图 5-36 所示。

4）补画侧视图

在读懂视图的基础上,按投影规律,先画形体Ⅱ,后画形体Ⅰ、Ⅲ、Ⅳ的侧视图,最后完成组合体的侧视图如图 5-37 所示。

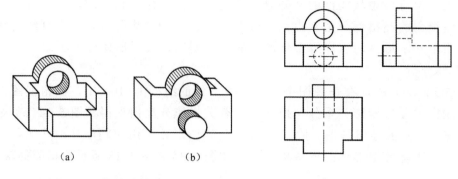

图 5-36　物体的轴测图　　　　图 5-37　补画侧视图

【**例 5-4-7**】图 5-38 为闸墩的二视图,试补画其侧视图。

1) 概括了解,形体分析

闸墩是用两个视图表达的,从图中可以看出,闸墩是由三个不同的形体组成的,下部是底板,上部是墩身,墩身上突出两个对称形体,工程上称为牛腿,它是支撑闸门的支墩。牛腿带有斜面,投影虽然不是很复杂,但不易想出其形状。本例采用形体分析法和线面分析法结合辅助读图。

在正视图上按线框把物体分为 I、II、III 三个部分,其中线框 I 是反映底板形体特征的线框;线框 II 并不反映闸墩形体特征的线框,反映该形体特征的线框在俯视图中,易于想出其空间形状。只有线框 III 所示的两个对称的形体不易想出其空间形状,需用线面分析法来解决。

2) 线面分析

为了便于分析,把线框 III 所示形体的两视图另行放大画出,如图 5-39 所示。观察该图中正视图的线框 $a'b'c'd'$ 在俯视图中没有与它对应的类似形,根据"无类似形必积聚"的特点,则此矩形的水平投影必为一水平直线 $abcd$,故知平面 $ABCD$ 为一正平面,并且是在物体的前面(因为 $d'c'$ 为可见轮廓线)。正视图的另一线框 $c'd'e'f'$ 在俯视图中有与它类似的平行四边形 $cdef$,则此平面可能是一般位置平面,也可能是侧垂面。由于此平面找不到侧垂线,故平面 $CDEF$ 为一般位置平面。用同样方法分析,可知物体的顶面、底面和左端面均为正垂面。把分析所得的各表面对照图 5-39 所给定的相对位置而得该物体的形状如图 5-39 所示。由以上分析可知,牛腿是一个简单的截头四棱柱,只因斜放而使其投影复杂了。由此补充出侧视图,如图 5-39 所示。

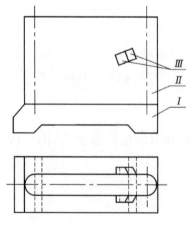

图 5-38　闸墩的二视图

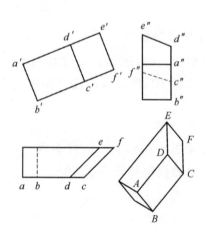

图 5-39　线面分析法读图

3）综合起来想整体

把前面分析的各形体对照图 5-38 所给定的相对位置而想像出闸墩的整体形状如图 5-40 所示。

4）补画侧视图

在读懂视图的基础上，按投影规律，先画底板和墩身，最后画"牛腿"的投影而得如图 5-41 所示的侧视图。

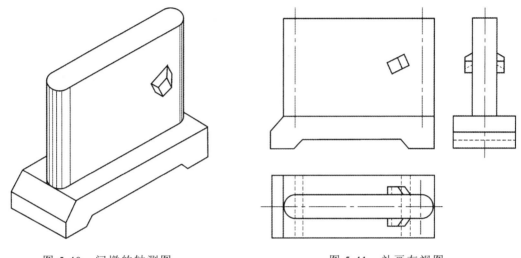

图 5-40　闸墩的轴测图　　　　图 5-41　补画左视图

应当注意，组合体的读图，一般先用形体分析法把各组成部分（基本形体或简单体）的有关投影分离出来，再根据基本形体的投影特性把它读懂。当组合体的各组成部分的形体不明显时，可用线面分析法去分离形体，如图 5-27（a）中的形体 I。为了便于分析，有时可假想从物体的某部分分开，如图 5-33（b）所示。对分离出来的形体的读图有困难时，才用线面分析法辅助解决。

【例 5-4-8】图 5-42（a）为组合体的三视图，试想出其空间形状。

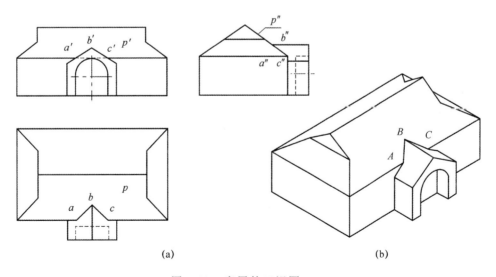

(a)　　　　　　　　　　　　(b)

图 5-42　房屋的三视图

1）概括了解、形体分析

图 5-42（a）所示的组合体是由三个视图表达的，它是房屋类组合体。从图中可知该组合体是由大小两个形体组成的。其中小形体的正面投影积聚成五角形，因它的五边代表着五个棱面，可知该形体为一个五棱柱状的房屋，即两坡面房屋，该房屋的水平投影和侧面投影的虚线对应着正面投影半圆与两切线的投影可知这个房屋中间开了一个拱门洞。大形体的下半部是一个四棱柱状的墙身，它的上半部比较复杂，应进一步分析。

2）线面分析

大形体的上半部应为房屋的屋面，根据侧面投影的大小两个三角形和一个梯形，结合水平投影中的梯形类似形，可知该屋面是一个三棱柱被两个侧平面和两个正垂面切割而成。像这样的屋面称为歇山屋面。该歇山屋面的前坡面 P 与两坡面房屋的两坡面相交而得交线 AB 和 BC，P 面的水平投影 p 和其正面投影 p' 也成类似形，侧面投影积聚为一条直线。

3）综合起来想整体

把前面分析的各形体，对照图 5-42（a）中形体的相对位置，可想像出组合体的形状如图 5-42（b）所示。

第六章　轴测图

轴测投影图简称轴测图,是采用平行投影法得到的单面投影图,它能在一个视图上同时表达物体长、宽、高三个方向的结构形状和尺度。与三面投影图相比,轴测图的立体感强,直观性好,在工程技术领域是一种常用的辅助图样。

第一节　轴测投影的基本知识

一、轴测投影的定义及术语

1. 定义

如图 6-1 所示,将物体连同确定其空间位置的直角坐标系 $OXYZ$ 一起,按平行投影方向 S 投影到某选定的平面 P 上,所得到的投影称为轴测投影图。所选投影方向 S 应不平行于任一坐标面,这样所得轴测图才能反映物体的三维形象,保证其立体感。

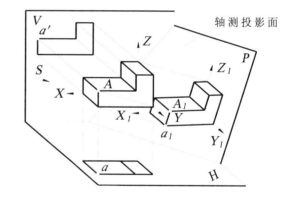

图 6-1　轴测图的形成

2. 术语

1) 轴测投影面——平面 P。
2) 轴测投影轴 O_1X_1、O_1Y_1、O_1Z_1——直角坐标轴 OX、OY、OZ 的轴测投影,简称轴测轴。
3) 轴间角 $\angle X_1O_1Y_1$、$\angle X_1O_1Z_1$ 和 $\angle Y_1O_1Z_1$——轴测轴之间的夹角。
4) 轴向伸缩系数——轴测轴上单位长度与直角坐标轴上对应单位长度之比,称为轴向伸缩系数。在 X、Y、Z 轴上取单位长度 u,它们在轴测轴上对应长度分别为 i、j、k,则

$$p = \frac{i}{u} \qquad q = \frac{j}{u} \qquad r = \frac{k}{u}$$

p、q、r 分别称为 X、Y、Z 轴向伸缩系数。

5) 轴测坐标面 $X_1O_1Y_1$、$X_1O_1Z_1$、$Y_1O_1Z_1$——直角坐标面的轴测投影。
6) 次投影——空间点、线、面正投影的轴测投影。正面投影的次投影称为次正面投影,同样有次水平投影、次侧面投影。图 6-1 中点 A 的水平投影 a 的次水平投影记为 a_1。

二、轴测投影的基本性质

1. 空间平行二线段,其轴测投影仍互相平行,且两线段的轴测投影长度之比与空间二线

段长度之比相等。因此，平行于直角坐标轴的直线，其轴测投影平行于相应的轴测轴，且它们的轴向伸缩系数相同。

2．点分线段为某一比值，则点的轴测投影分线段的轴测投影为同一比值。

三、轴测图的分类

根据投影方向 S 与轴测投影面 P 的倾角不同，轴测图分为正轴测图和斜轴测图。当投影方向与轴测投影面垂直时为正轴测图；当投影方向与轴测投影面倾斜时为斜轴测图。再根据轴向伸缩系数的不同，轴测图又分为等测、二测和三测三种，分类如下：

$$轴测图\begin{cases}正轴测图\ (S\perp P)\begin{cases}正等测：p=q=r;\\ 正二测：p=r\neq q,\text{或}p=q\neq r,\text{或}q=r\neq p;\\ 正三测：p\neq q\neq r;\end{cases}\\ 斜轴测图\ (S\angle P)\begin{cases}斜等测：p=q=r;\\ 斜二测：p=r\neq q,\text{或}p=q\neq r,\text{或}q=r\neq p;\\ 斜三测：p\neq q\neq r。\end{cases}\end{cases}$$

由于三测图作图甚繁，很少采用。本章将重点介绍广泛采用的正等测和斜二测。

第二节　正等测

一、正等测的轴间角和轴向伸缩系数

正等测的轴间角 $\angle X_1O_1Y_1=\angle X_1O_1Z_1=\angle Y_1O_1Z_1=120°$，轴向伸缩系数 $p=q=r=0.82$。

为简化作图，采用简化轴向伸缩系数 $p=q=r=1$，如图 6-2 所示。显然，用简化轴向伸缩系数所作的正等测是沿轴向放大了 1.22 倍（$1/0.82\approx 1.22$）。

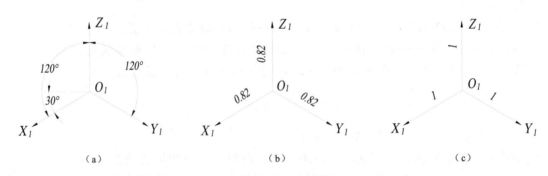

图 6-2　正等测图的轴向伸缩系数和轴间角

二、平面立体的正等测

画轴测图常用的方法有坐标法、切割法、端面法、叠加法等，而坐标法是基本方法，其他方法都是以坐标法为基础的。举例如下：

【例 6-2-1】 已知三棱锥 S-ABC 的二面投影，求作其正等测，如图 6-3 所示。

分析：为简化作图，将棱锥底面置于直角坐标面 $X_1O_1Y_1$ 上，且立直角坐标系为图 6-3（a）所示。

作图：

① 立轴测轴，如图 6-3（b）；

② 按简化伸缩系数分别作出 A_1、B_1、C_1 的次水平投影，即为其轴测投影 A_1、B_1、C_1；同时作出锥顶的次水平投影 s_1，如图 6-3（c）；

③ 过 s_1 作 $s_1S_1 \parallel O_1Z_1$，取 $s_1S_1=Z_S$，得 S_1，如图 6-3（c）；

④ 连 S_1-$A_1B_1C_1$，并判别可见性，即为所求，如图 6-3（d）。

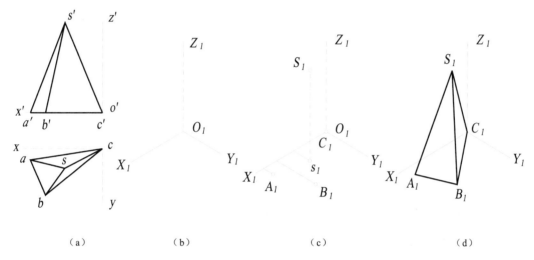

图 6-3 三棱锥轴测图的画法

【例 6-2-2】 根据形体的正投影图 6-4（a），绘制带切口四棱柱的正等测图。

分析：对于带切口的物体，一般先按完整物体处理，然后加画切口。但需注意，如切口的某些截交线与坐标轴不平行，不可直接量取，而应通过其次投影求得。

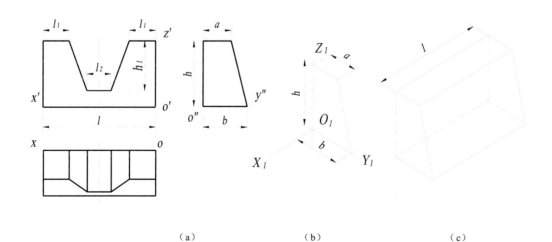

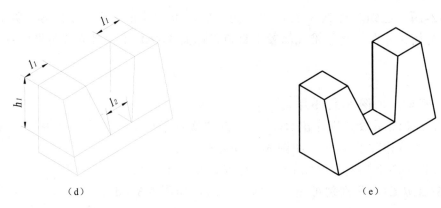

(d)   (e)

图 6-4   带切口四棱柱的正等测图

根据此物体的结构特征，可先画出端面的轴测图，然后过端面各顶点，作平行于轴线的一系列直线而完成整个轴测图，此方法更显得方便。

作图：

① 在投影图上定出物体的空间坐标，如图 6-4（a）所示；

② 立轴测轴，作出棱柱右端面的次侧面投影，即为右端面的正等测图，如图 6-4（b）所示；

③ 沿 X_1 向按长度 l 拉伸端面，如图 6-4（c）所示；

④ 通过次投影画出缺口的形状，如图 6-4（d）所示；

⑤ 擦去作图线，判别可见性，完成全图，如图 6-4（e）所示。

三、曲面立体的正等测

1．平行于坐标面的圆的正等测

1）正等轴测椭圆长、短轴的方向和大小

正轴测椭圆的长轴垂直于对应的轴测轴，短轴平行于对应的轴测轴。例如，在 $X_1O_1Y_1$ 面上的椭圆，其短轴与 O_1Z_1 平行；在 $Y_1O_1Z_1$ 面上的椭圆，其短轴与 O_1X_1 平行；在 $X_1O_1Z_1$ 面上的椭圆，其短轴与 O_1Y_1 平行。椭圆长、短轴的尺寸如下所述。

正等测轴测图中椭圆长轴等于圆的直径 d，短轴等于 $0.58d$，如图 6-5（b）所示。采用简化轴向伸缩系数后，长度放大 1.22 倍，即长轴为 $1.22d$，短轴为 $0.58d \times 1.22 \approx 0.7d$，如图 6-5（c）所示。

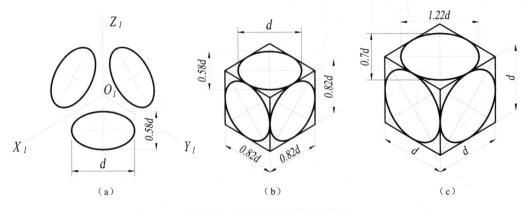

图 6-5   坐标面上圆的正等测

2）用四心圆近似画法求圆的正等轴测图

作图：如图 6-6 所示。

① 在正投影图中立坐标轴并作圆的外切正方形，如图 6-6（a）所示；

② 画出轴测轴，沿轴截取半径长为 R，得椭圆上四点 A_1、B_1、C_1、D_1，从而作出外切正方形的轴测图——菱形，如图 6-6（b）所示；

③ 菱形短对角线的端点为 I_1、II_1，连 I_1A_1（或 I_1D_1）、II_1B_1（或 II_1C_1），分别交菱形的长对角线于 III_1、IV_1 两点，得四个圆心 I_1、II_1、III_1、IV_1；以 I_1 为圆心，I_1A_1（或 I_1D_1）为半径作弧 $\widehat{A_1D_1}$；又以 II_1 为圆心，作另一圆弧 $\widehat{B_1C_1}$，如图 6-6（c）所示；

④ 分别以 III_1、IV_1 为圆心，以 III_1A_1（或 III_1C_1）、IV_1B_1（或 IV_1D_1）为半径作圆弧 $\widehat{A_1C_1}$ 及 $\widehat{B_1D_1}$，即得水平圆的正等测图，如图 6-6（d）所示。

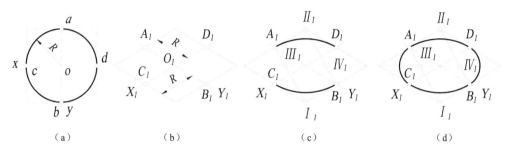

（a） （b） （c） （d）

图 6-6 水平圆的正等轴测图的近似画法

正平圆和侧平圆的正等轴测图的画法与水平圆的完全相同，只是椭圆长、短轴方向不同。

2．圆柱的正等测图

【例 6-2-3】 作出图 6-7（a）所示圆柱的正等测图。

分析：根据圆柱的对称性和可见性，可选圆柱的顶圆圆心为坐标原点，如图 6-7（a）所示，这样便于作图。

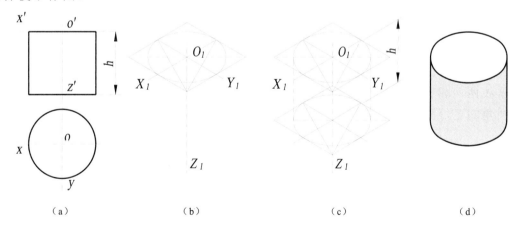

（a） （b） （c） （d）

图 6-7 圆柱正等轴测图的画法

作图：

① 以圆柱顶圆圆心为坐标原点，立坐标轴，如图 6-7（a）所示；

② 作轴测轴，画出顶圆的轴测图，如图 6-7（b）所示；

③ 作平行于 Z_1 轴并与两椭圆相切的转向轮廓线，并作出底圆的轴测图，如图 6-7（c）所示；

④ 擦去作图线，并加深，如图 6-7（d）所示。

从图 6-7（c）中可知圆柱底圆后半部分不可见，不必画出。由于上、下两椭圆完全相等，且对应点之间的距离均为圆柱高度 h，所以只要完整地画出顶面椭圆，则底面椭圆的三段圆弧的圆心以及两圆弧相连处的切点，沿 Z_1 轴方向向下量取高度 h 即可找出。这种方法就是移心法，可简化作图过程。

轴线垂直于 V 面、W 面正圆柱的轴测图画法与 H 面相同，只是椭圆长轴方向随圆柱的轴线方向而异，即圆柱顶面、底面椭圆长轴方向与该圆柱的轴线垂直，如图 6-8 所示。

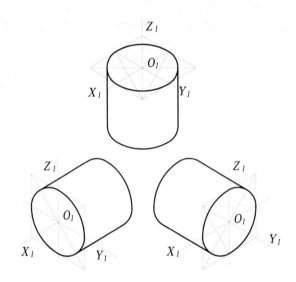

图 6-8 三个方向圆柱的正等轴测图

3．圆角的正等测图

一般的圆角正好是圆周的四分之一，所以它们的轴测图正好是近似椭圆四段圆弧中的一段，图 6-9 表示出了圆的正投影图、轴测图和把圆分成四段圆弧的轴测图的关系。

从图 6-9（b）中可知各段圆弧的圆心与外切菱形对应边中点的连线是垂直该边的，因此自菱形各顶点起，在边线上截取长度 R（圆角的半径），得各切点；过各切点分别作该边线的垂线，垂线两两相交；所得的交点分别为各段圆弧的圆心。然后以 r_1、r_2 为半径画圆弧，即得四个圆角的正等测图。

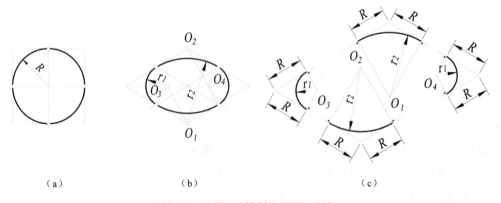

(a)　　　　　(b)　　　　　(c)

图 6-9 圆柱正等轴测图的画法

4. 斜截圆柱的正等测图

【例 6-2-4】 作出图 6-10（a）所示形体的正等测图。

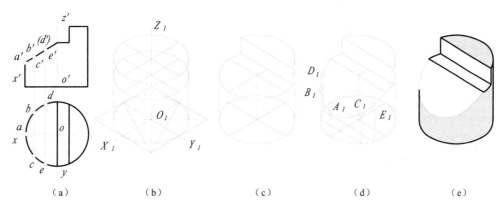

图 6-10 截交线的正等轴测图画法

分析： 由投影图知圆柱被三个平面截切，其中侧平面截切后的截交线是素线，水平面截切后的截交线为圆弧，正垂面截切后的截交线是椭圆弧。立直角坐标系如图 6-10（a）所示。

作图：

① 立轴测轴，用近似画法画出椭圆，连轮廓，如图 6-10（b）所示；

② 画侧平面截交线和水平面截交线，如图 6-10（c）所示；

③ 分别作出 A、B、C、D、E 的次投影 A_1、B_1、C_1、D_1、E_1，光滑连接，如图 6-10（d）所示；

④ 擦去作图线，并加深，如图 6-10（e）所示。

5. 相交两圆柱的正等测图

【例 6-2-5】 作出图 6-11（a）中两相贯圆柱的正等轴测图。

分析： 此二圆柱正交，相贯线为空间曲线，需求出若干共有点的轴测投影以完成此空间曲线的轴测投影。立直角坐标系如图 6-11（a）所示。

作图：

① 立轴测轴，画出直立圆柱和水平圆柱，如图 6-11（b）所示；

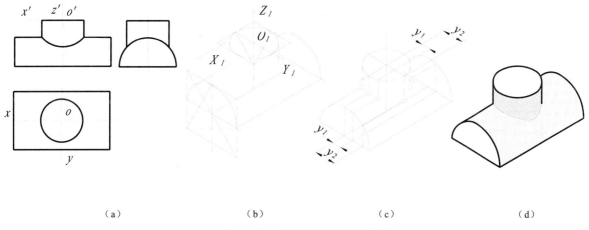

图 6-11 相贯线轴测图的画法

② 以平行于 $X_1O_1Z_1$ 面的平面截切两圆柱，分别获得截交线，截交线的交点即为相贯线上的点，如图 6-11（c）所示；

③ 光滑连接各点，擦去作图线，并加深，如图 6-11（d）所示。

6．平行于坐标面的非圆曲线的正等测图

【**例 6-2-6**】 绘制平行于坐标面的非圆曲线的正等测图，如图 6-12（a）所示。

分析：绘制具有非圆曲线轮廓曲面体的轴测图时，先用坐标法定出曲线上一系列点在轴测图上的位置，然后再连接成曲线。

作图：

① 立轴测轴，取点 A_1、B_1、C_1、D_1、E_1、F_1，光滑连接成曲线，如图 6-12（b）所示；

② 把曲线上的各点沿 Y_1 轴向拉伸并光滑连接各点，擦去作图线，并加深，如图 6-12（c）所示。

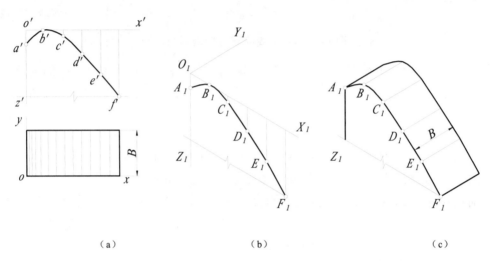

图 6-12　平行于坐标面的非圆曲线的正等轴测图

四、组合体的正等测图

【**例 6-2-7**】 画出支架的正等测图，如图 6-13 所示。

分析：根据支架的结构特点，将其直角坐标系设立如图 6-13（a）所示，这样便于作图。

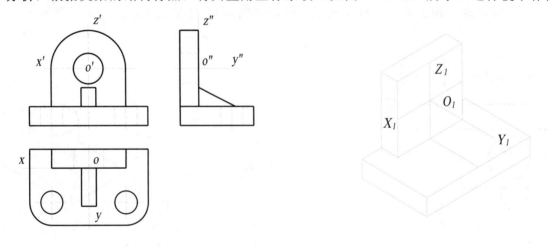

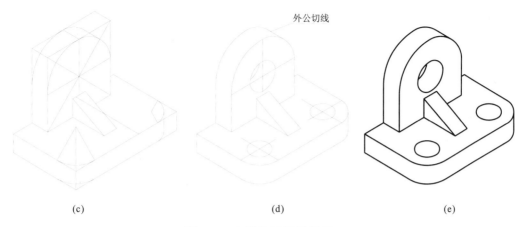

图 6-13 支架的正等轴测图

作图：

① 立轴测轴，画竖板、底板主要轮廓线，如图 6-13（b）所示；
② 画肋板和圆角，如图 6-13（c）所示；
③ 画圆孔，如图 6-13（d）所示；
④ 擦去作图线，并加深，如图 6-13（e）所示。

第三节　斜轴测图

当投影方向对轴测投影面 P 倾斜时，形成斜轴测投影。在斜轴测投影中，以 V 面平行面作为轴测投影面，所得的斜轴测投影称为正面斜轴测图，如图 6-14（a）所示。若以 H 面平行面作为轴测投影面，则得水平斜轴测图。

一、正面斜二测图

1．正面斜二测图的轴间角和轴向伸缩系数

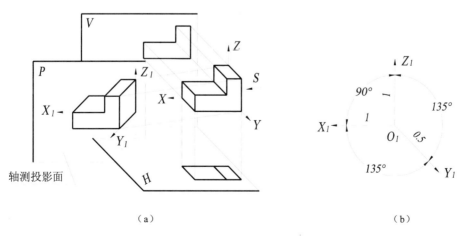

图 6-14　正面斜二测的轴间角和轴向伸缩系数

正面斜轴测投影不论投影方向如何，轴间角 $\angle X_1O_1Z_1=90°$，X_1 和 Z_1 方向的轴向伸缩系数均为 1，即 $p=r=1$。O_1Y_1 与 O_1X_1、O_1Z_1 的轴间角随投影方向的不同而发生变化，此角通常取 30°、45°或 60°（绘图三角板的角），O_1Y_1 的轴向伸缩系数理论上可以从 0 变化到无穷大，一般取 0.5。这样就有轴间角 $\angle X_1O_1Z_1=90°$，$\angle Y_1O_1Z_1=\angle X_1O_1Y_1=135°$，轴向伸缩系数 $p=r=1$，$q=0.5$。正面斜二等测，简称正面斜二测，如图 6-14（b）所示。

2．平行于坐标面的圆的斜二测的画法

1）斜二测椭圆长、短轴的方向和大小

在坐标面 XOZ 或与其平行的平面上，圆的正面斜二等轴测投影仍为圆，如图 6-15 所示。另外两个坐标面上或与它们平行的平面上，圆的斜二等轴测投影为椭圆，如图 6-15 所示。在 $X_1O_1Y_1$、$Y_1O_1Z_1$ 面上的椭圆长轴分别与 O_1X_1、O_1Z_1 的夹角为 7°10′，短轴与长轴垂直。椭圆长轴约为 $1.06d$，短轴约为 $0.33d$。

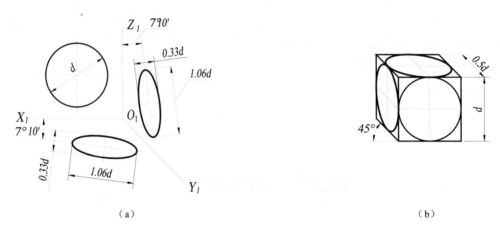

图 6-15 三坐标面上圆的斜二测轴测图

2）平行弦法画椭圆

平行弦法就是通过平行于坐标轴的弦来定出圆周上的点，然后作出这些点的轴测投影，光滑连线求得椭圆。

用平行弦法求作 XOY 坐标面上圆的斜二测轴测图，如图 6-16（a）所示。

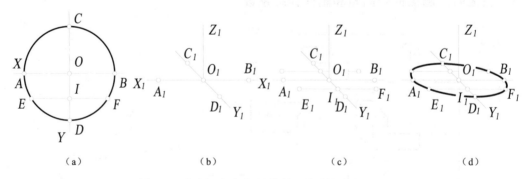

图 6-16 平行弦法作圆的斜二测轴测图

作图：

① 立轴测轴 O_1-$X_1Y_1Z_1$，如图 6-16（b）所示，取简化轴向伸缩系数 $p=r=1$，$q=0.5$；

② 用平行于 OX 轴的弦 EF 分割圆 O，得分点 E、F；

③ 求出点 A、B、C、D、E、F 的轴测投影 A_1、B_1、C_1、D_1、E_1、F_1，如图 6-16（c）所示，利用上述平行弦可求出圆周上一系列点的轴测投影；

④ 光滑连接 A_1、E_1、D_1、F_1、B_1、C_1 各点，得到圆 O 的斜二测轴测图，如图 6-16（d）所示。

平行弦法不仅可用于平行于坐标面圆的轴测图的求作，也可用于不平行于坐标面圆轴测图的求作。

3）圆的正面斜二测的近似画法

图 6-17 给出了水平圆斜二测的近似画法。侧平圆斜二测的画法与此相似，仅仅是椭圆的长、短轴不同，可参考水平圆的画法。

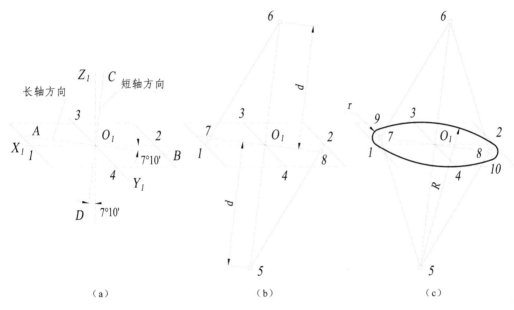

图 6-17 水平圆的斜二等轴测图的近似画法

作图：

① 作出轴测轴，根据直径 d，定出点 1、2、3、4，并作出平行四边形；定出长、短轴的方向 AB、CD，如图 6-17（a）所示；

② 在短轴方向上取 $O_15=O_16=d$；连 6、1，5、2，与 AB 交于 7、8，如图 6-17（b）所示；

③ 以 5、6 为圆心、$R=52$ 为半径画大圆弧；以 7、8 为圆心、$r=71$ 为半径画小圆弧，1、2、9、10 为四段圆弧的连接点，如图 6-17（c）所示。

3．斜二测作图举例

【例 6-3-1】 画出图 6-18（a）所示挡水坝坝段的斜二测图。

分析： 此挡水坝的正面反映其形状特征，故选用与 XOZ 面平行的轴测投影面，然后沿 Y 向拉伸，即可画出该立体的斜二轴测图。

作图：

① 在正投影图中选挡水坝前端面的右下角为直角坐标原点，如图 6-18（a）所示；

② 立轴测轴，画出挡水坝前端面形状，如图 6-18（b）所示；

③ 挡水坝前端面沿 Y 方向拉伸，如图 6-18（c）所示；

④ 取 $q=1/2$，完成挡水坝前端面拉伸后的图形，如图 6-18（d）所示；

⑤ 在挡水坝前端面取 $q=1/2$，完成支撑板的轴测图，擦去辅助线并加深，如图 6-18（e）所示。

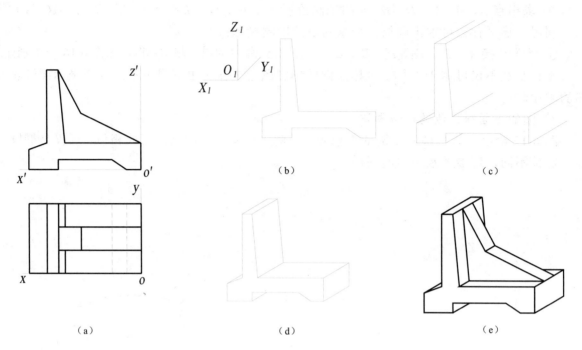

图 6-18 挡水坝的斜二轴测图

【例 6-3-2】 画出图 6-19（a）所示涵洞洞身的斜二测图。

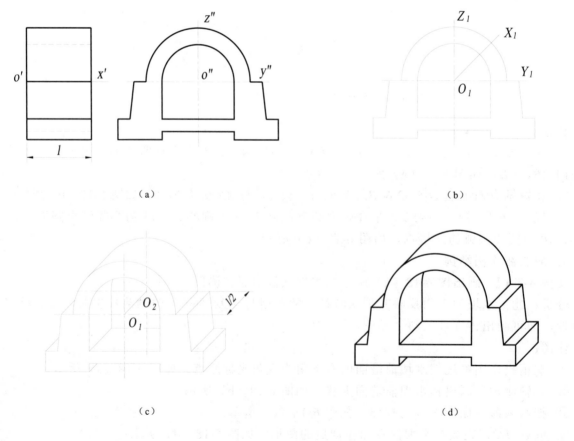

图 6-19 涵洞的斜二测图

分析：该涵洞特征面是平行于 W 面的，因此应选与 YOZ 面平行的轴测投影面，即把原来的 O_1X_1 方向与 O_1Y_1 方向互相调换，这时，X_1 轴向伸缩系数为 0.5，Y_1 轴为 1。

作图：

① 在正投影图中选涵洞前端面的圆心点为直角坐标原点，如图 6-19（a）所示；
② 立轴测轴，画出涵洞前端面形状，如图 6-19（b）所示；
③ 取 $p=1/2$，涵洞前端面沿 X 方向拉伸，完成涵洞的轴测图，如图 6-19（c）所示；
④ 檫去辅助线并加深，如图 6-19（d）所示。

二、水平面斜轴测图

1. 水平面斜轴测图的轴间角和轴向伸缩系数

由于轴测投影面 P 平行于坐标面 XOY，如图 6-20（a）所示，所以轴间角 $\angle X_1O_1Y_1=90°$。轴向伸缩系数 $p=q=1$。因此凡是平行于 XOY 面的图形，投影后形状不变。至于 O_1Z_1 与 O_1X_1 之间的轴间角及 O_1Z_1 的轴向伸缩系数，同样可以任意取值。一般，轴间角 $\angle X_1O_1Z_1=120°$，Z_1 轴向伸缩系数仍取 1，即斜等测图。画图时通常将 Z_1 轴画成铅垂方向，而 O_1X_1 与 O_1Y_1 轴则分别与水平线成 30° 和 60°，如图 6-20（b）所示。所得轴测图如图 6-20（c）所示。这种轴测图，适宜用来绘制一憧房屋的鸟瞰图或一个区域的总平面图。

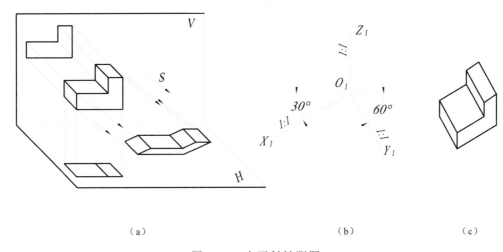

（a）　　　　　　　　（b）　　　　　　　　（c）

图 6-20　水平斜轴测图

【**例 6-3-3**】 画出图 6-21（a）所示房屋的水平斜测图。

分析：该房屋特征面是平行于 H 面的，因此选水平斜轴测图来表示，各轴向伸缩系数均取 1。

作图：

① 立轴测轴，画出房屋水平面的形状，如图 6-21（b）所示；
② 沿 Z 方向拉伸，檫去辅助线并加深，完成房屋的轴测图，如图 6-21（c）所示；

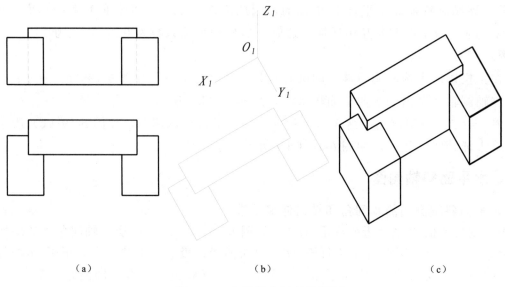

(a)　　　　　　　　　(b)　　　　　　　　　(c)

图 6-21　房屋的水平斜轴测图

第四节　轴测图中物体的剖切

一、轴测图中物体的剖切

为了表达物体的内部结构，常将物体的轴测图作成剖视图。剖切平面应遵循以下两点：

1）剖切平面应通过物体的对称轴线，以期得到所表达对象的最大轮廓；

2）一般不宜采用单一剖切平面剖切，而应采用两个相互垂直且分别平行不同轴测投影面的剖切平面剖切，以免严重损害物体的整体形象。

二、轴测图中剖面图例的画法

1）分别平行于轴测投影面 $X_1O_1Y_1$、$X_1O_1Z_1$、$Y_1O_1Z_1$ 的剖面，其剖面线的方向及剖面线的间距如图 6-22 所示。

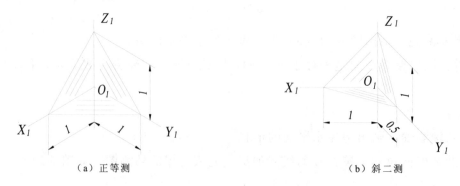

(a) 正等测　　　　　　　　　(b) 斜二测

图 6-22　轴测图中的剖面图例的画法

2）剖切平面通过物体的肋或薄壁等结构的纵向对称平面时，这些结构都不画剖面符号，而用粗实线将它与邻接部分分开。

三、轴测图的剖切画法举例

画轴测剖视图时有两种方法：一是先画物体外形，然后按选定的剖切位置画出剖面轮廓，最后画出可见的内部轮廓；二是先画剖面轮廓以及与它有联系的轮廓，然后画其余可见轮廓。

【例 6-4-1】 作出图 6-23（a）所示形体的正等轴测剖视图。

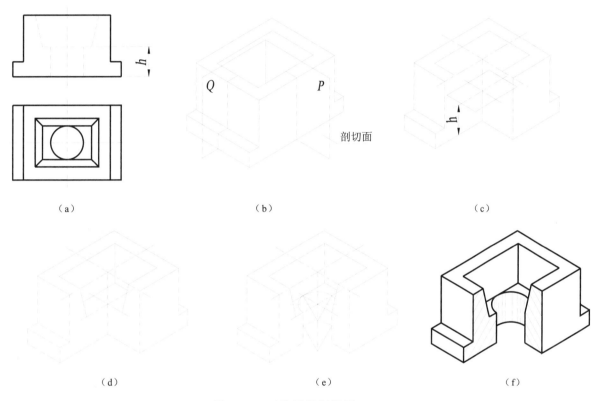

图 6-23　正等轴测剖视图

分析：为表达物体的内部结构形状，宜采用过物体对称轴线且相互垂直的两个剖切平面剖切该物体。直角坐标系的坐标原点定在上端面对称中心上。

作图：

① 立轴测轴，并画出形体大致的轮廓线，如图 6-23（h）所示；

② 作剖切平面 P、Q，如图 6-23（b）所示；

③ 去掉剖切后移走的部分，画物体的内部结构及其与剖切面的交线。这里先画顶部漏斗形孔，如图 6-23（c）、（d）所示；再画底部圆柱形孔，如图 6-23（e）所示；

④ 加深并画上剖面线，完成全图，如图 6-23（f）所示。

第七章 曲线与曲面

第一节 曲　线

一、概述

1. 曲线的形成和分类

曲线可看作是一动点连续改变方向的运动轨迹。按点运动是否有规律，可分为规则曲线和不规则曲线两种，通常研究的是规则曲线。凡曲线上所有的点都位于同一平面内的称为平面曲线，如圆、椭圆、抛物线等；凡平面上任意四个连续的点不位于同一平面内的称为空间曲线，如螺旋线。

2. 曲线的投影

曲线的投影在一般情况下仍为曲线，如图 7-1 所示。当平面曲线所在的平面垂直于某一投影面时，它在该投影面上的投影积聚为一直线，如图 7-2 所示；当平面曲线所在的平面平行于某一投影面时，它在该投影面上的投影反映曲线的实形，如图 7-3 所示。

二次曲线的投影一般仍为二次曲线。圆和椭圆的投影一般是椭圆，在特殊情况下也可能是圆或直线；抛物线或双曲线的投影一般仍为抛物线或曲线。

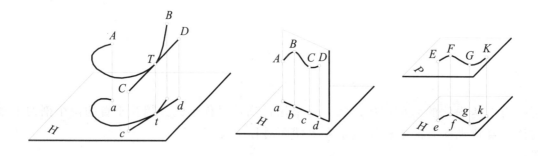

图 7-1　切线的投影　　　图 7-2　投影为直线　　　图 7-3　投影反映实形

直线与曲线在空间相切，它们的同面投影一般仍相切，曲线投影上的切点就是空间切点的投影，如图 7-3 所示。

空间曲线的各个投影都是曲线，不可能是直线。

3. 曲线的投影图画法

因为曲线是点运动的轨迹，所以只要画出曲线上一系列点的投影，并将各点的同面投影顺次光滑地连接，即得曲线的投影图，如图 7-2 所示。

二、圆的投影

圆是平面曲线，它与投影面的相对位置不同，其投影也不同。

1．平行于投影面的圆

平行于投影面的圆在该投影面上的投影反映圆的实形。

2．倾斜于投影面的圆

倾斜于投影面的圆在该投影面上的投影为椭圆，画法如下：

1）找出曲线上适当数量的点画椭圆

在圆周围上选取一定数量的点，尤其是特殊点。求出这些点的投影后，再光滑地连成椭圆曲线。

2）根据椭圆的共轭直径画椭圆

若两直径之一平分与另一直径平行的弦，则这一对直径称为共轭直径。图 7-4（a）中，平面 P 内有一 O 圆，P 面倾斜于 H 面，该圆在 H 面上的投影为椭圆。圆内任意对互相垂直的直径 AB、CD 在 H 面上的投影为 ab、cd，cd 平分与 ab 平行的弦 mn，这对直径 ab、cd 称为共轭直径。因为圆有无穷多对互相垂直的直径，所以椭圆有无穷多的共轭直径（共轭直径画椭圆的方法如图 1-59 所示）。

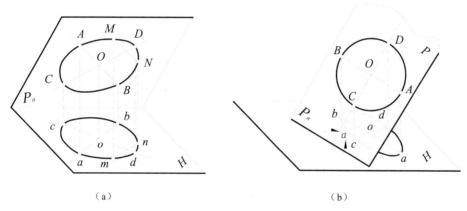

图 7-4 倾斜于投影面的圆的投影

3）已知椭圆的长、短轴画椭圆

在一般情况下，椭圆的一对共轭直径并不互相垂直。只有当圆内两互相垂直的直径之一平行于投影面，另一直径是对该投影面的最大斜度线时，此两直径投影后，其对应的共轭直径才是互相垂直的。图 7-4（b）中，平面 P 上的圆直径 AB 平行于 H 面，$CD \perp AB$，根据直角的投影定理得 $ab \perp cd$。这样的共轭直径，椭圆内只有一对。这一对相互垂直的直径称为椭圆的轴，其中长的（ab）称为长轴，短的（cd）称为短轴。

长轴的方向和大小为 $ab // P_H$；ab=AB=圆的直径。

短轴的方向和大小为 $cd \perp P_H$；$cd = CD \times \cos \alpha$ =圆的直径×$\cos \alpha$，α 为 P 面对 H 面的倾角。

已知椭圆的长、短轴的方向和大小之后，便可以根据图 1-57 所示的方法画椭圆，或用图 1-58 所示的方法画近似椭圆。

第二节　曲面的形成和分类

一、曲面的形成

曲面可以看成一动线运动的轨迹。动线称为母线，如图 7-5 中的 AB，母线在曲面上任一位置称为素线。当母线按一定规则运动时所形成的曲面称为规则曲面。控制母线运动的点、线、面分别称为定点、导线和导面。如图 7-6 中，KL 称为导线。本章只研究规则曲面。

二、曲面的分类

按母线的形状不同，曲面可分为两大类：

1．直线面

母线由直线运动而成的曲面称为直线面，如圆柱面、圆锥面、椭圆柱面、椭圆锥面、扭面（双曲抛物面）、锥状面和柱状面等，其中圆柱面和圆锥面称为直线回转面。

2．曲线面

由曲母线运动而成的曲面称为曲线面，如球面、环面等。其中球面和环面称为曲线回转面。

同一曲面也可看作是以不同方法形成的。直线面也有由曲母线运动形成的，图 7-5 所示的圆柱面，也可以看作是由一个圆沿轴向平移而形成的。

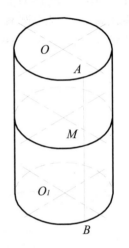

图 7-5　圆柱面的形成

三、曲面投影的表示法

画曲面的投影时，一般应画出形成曲面的导线、导面、定点以及母线的投影以及该曲面各投影的外形线；如属非闭合曲面，还应画出其边界线的投影，图 7-6 中的 KL（$k'l'$，kl），NN_1（$n'n_1'$，nn_1）和 NM_1（$n_1'm_1'$，n_1m_1）等。为了使图形表达清晰，还应画出曲面的各个投影的边界线，如图 7-6 中的 $n'n_1'$、$m'm_1'$ 和 nn_1、mm_1 等。

图 7-7 表示曲面 Q 对投影面 P 的外形线的确定。曲面 Q 沿投射方向 S 向平面 P 投影，各投射线构成一个与曲面 Q 相切的投射柱面 C。柱面 C 与曲面 Q 的切线 $ABCDEFGA$，称为曲面 Q 沿投射方向 S 的转向线（又称轮廓线），它是曲面 Q 在投影面 P 上的投影可见与不可见的分界线。它在 P 面上的投影 $abcdefga$，称为曲面对投影面 P 的外形线。

曲面对于不同的投影面，具有不同的转向线。对正面的转向线，称为主视转向线；对水平面的称为俯视转向线；对于侧面的称为侧视转向线。在各投影图中，只画出曲面对该投影面的转向线的投影，而不画其他转向线的投影，例如在正面投影图中只画主视转向线的正面投影——主视外形线。

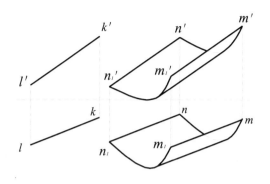
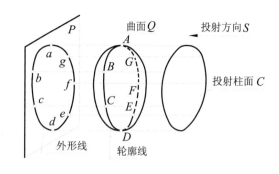

图 7-6 曲面投影的表示法   图 7-7 曲面的外形线

第三节 建筑物中的常见曲面

建筑物中常见的曲面有柱面（圆柱面、椭圆柱面、任意柱面）、锥面（圆锥面、椭圆锥面、任意锥面）、扭面（双曲抛物面）、锥状面、柱状面等直线面以及球面、环面等。上述曲面中的圆柱面、圆锥面、球面和环面均属回转面，已于曲面立体中研究过。本节只研究回转面以外的曲面。

一、柱面

1．形成

直线母线 MM_1 沿曲导线 M_1N_1 移动，且始终平行于直导线 KL 时，所形成的曲面称为柱面，如图 7-8 所示。上述曲面可以是不闭合的，也可以是闭合的。

通常以垂直于柱面素线（或轴线）的截平面与柱面相交所得的交线（这种交线称为结交线）的形状来区分各种不同的柱面。若截交线为圆，则称为圆柱面，如图 7-9 所示；若截交线为椭圆，则称为椭圆柱面，如图 7-10 所示。

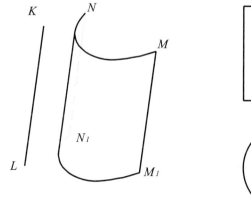 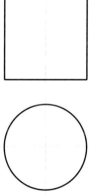 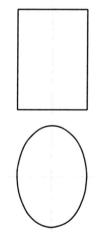

图 7-8 柱面的形成   图 7-9 圆柱面   图 7-10 椭圆柱面

图 7-11 中的柱面，用于垂直于其素线的平面切割它，所得的截交线为椭圆，这种柱面称为椭圆柱面，又因为它的轴线与柱底面倾斜，故称为斜椭圆柱面。

2. 投影

图 7-11 表示了斜椭圆柱的投影，斜椭圆柱的正面投影为一平行四边形，上下两边为斜椭圆柱顶面和底面的投影，左右两边为斜椭圆柱最左最右两素线的正面投影，即正视转向轮廓线，图中只表示出了正视转向轮廓线 $a'b'$ 和侧视转向轮廓线 $c''d''$。俯视转向轮廓线与顶圆和底圆的水平投影相切。斜圆柱的侧面投影是一个矩形。

因为斜椭圆柱面是直线面，所以要在它的表面上取点，可在其表面上作辅助直素线，然后按点的投影规律作出点的各个投影。图 7-11 中，若已知 N 点为柱面上的一点，即可在该柱面上做一辅助直素线求点的各个投影，也可以通过该点作辅助水平面求出点的各个投影，这是因为该柱面的水平截面为圆。图 7-11 只示出了辅助直素线。

3. 工程上的应用

在工程图中，为了便于看图，常在柱面无积聚性的投影上画疏密的细实线，这些疏密线相当于柱面上一些等距离素线的投影。疏密线越靠近转向轮廓线，其距离愈密；愈靠近轴线则愈稀。图 7-12 是闸墩的视图，其左端为半斜椭圆柱，右端为半圆柱，二者均画上疏密线。图 7-13 表示了用一个柱面构成的壳体建筑。

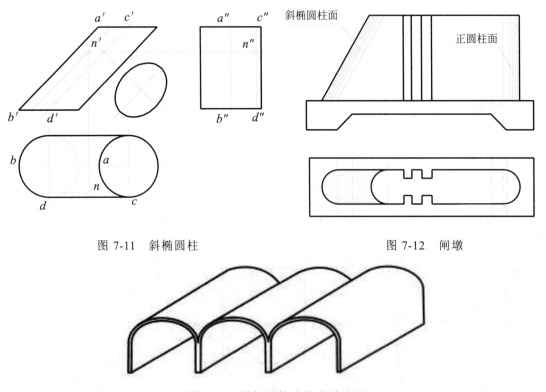

图 7-11 斜椭圆柱　　　　　　图 7-12 闸墩

图 7-13 用柱面构成的壳体建筑

二、锥面

1. 锥面的形成和表示法

直母线 SM 通过定点 S，沿曲导线 $MM_1M_2\cdots$ 移动，所形成的曲面称为锥面，如图 7-14 所示。曲导线可以是不闭合的，也可以是闭合的。

如锥面无对称面时，则为一般锥面，如图 7-14 所示。如有两个以上的对称面，则为有轴锥面，而各对称面的交线就是锥面的轴线。如以垂直于锥面轴线的截平面与锥面相交，其截交线为圆时称为圆锥面。截交线为椭圆时，称为椭圆锥面。若椭圆锥面的轴线与锥底面倾斜时，称为斜椭圆锥面，如图 7-15 所示。

斜椭圆锥面的投影如图 7-15 所示，斜椭圆锥面的正面投影是一个三角形，它与正圆锥面的正面投影的主要区别在于：此三角形不是等腰三角形；三角形内有两条点划线，其中一条与锥顶角平分线重合的是锥面轴线，另一条是圆心连线，图中的椭圆是移出断面，其短轴垂直于锥面轴线而不垂直于圆心连线。斜椭圆锥面的水平投影是一个反映底圆（导线）实形的圆以及与该圆相切的两转向轮廓线 sa、sb，这两条线的正面图投影为 s'a'、s'b'，侧面投影为 s"a"、s"b"。斜椭圆锥面的侧面投影是一个等腰三角形。

斜椭圆锥面是直线面，所以要在它表面上取点，可先在其表面上取辅助直素线，然后按点的投影规律作出点的各投影。图 7-15 中，若已知 N 点为锥面上的一点，则可先作锥面上的素线 SA，使 SA 通过 N 点，然后作出 N 点的各投影，如图 7-15 中的 n'、n、n"。

若用平行于斜椭圆锥面的平面 P 截此锥面，其截交线均为圆，该圆的圆心到在从锥顶至锥底的圆心连接上，半径的大小则随剖截位置的不同而不同，如图 7-16 所示。

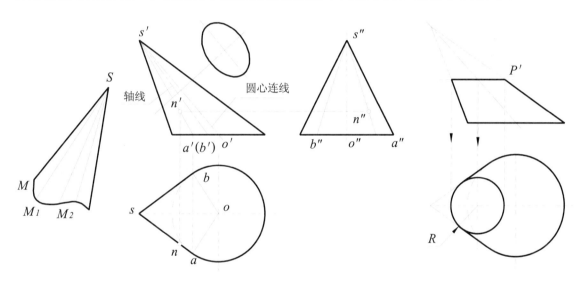

图 7-14 锥面的形成　　图 7-15 斜椭圆锥面　　图 7-16 斜椭圆锥台

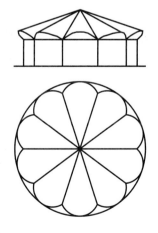

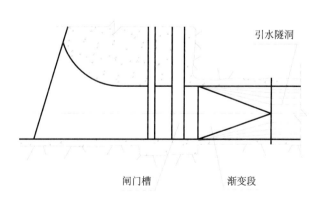

图 7-17 用锥面构成的壳体建筑　　图 7-18 引水隧洞

2. 锥面在建筑中的应用实例（一）

锥面在建筑工程中，有着广泛的应用，如图 7-17 表示了用锥面构成的建筑形体。

3. 斜椭圆锥面在工程中的应用实例（二）

引水隧洞的断面，一般是圆形，而引水隧洞的进口处，为了安装闸门，常做成矩形断面。为了使水流平顺，在矩形断面与圆形断面之间，常用渐变段过渡，如图 7-18 所示。图 7-19 就是引水隧洞进口的一个渐变段内表面的单线图。单线图是一种表达物体某部表面的大小而无厚度的图样。渐变段的内表面不是单一的曲面，下面加以研究：

1）渐变段内表面的组成（见图 7-19（b））

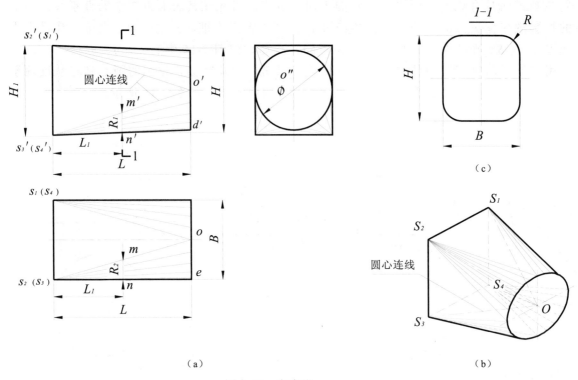

图 7-19 渐变段

渐变段的内表面是由四个三角形平面与四个部分斜椭圆锥面相切组合而成的。这种由两种或多种曲面与平面相切或相交的表面成为组合面。矩形的四个顶点 S_1、S_2、S_3、S_4 分别为四个斜椭圆锥面的顶点。圆周的四段圆弧分别为四个斜椭圆锥面的底圆（导线），四段圆弧合成一个整圆。圆心 O 与锥顶 S_1、S_2、S_3、S_4 的连线 S_1O、S_2O、S_3O、S_4O 均称为斜椭圆锥面的圆心连线。

2）组合面的表示法

表示组合面时，除了画出其所组成的表面外，一般用细实线画出斜椭圆锥面与平面的切线（分界线）。切线的正面投影和水平投影均与斜椭圆锥面的圆心连接的椭圆重合。为了更形象地表达渐变段，锥面部分的三面投影均画上素线，在"水标"中称此法为素线法，如图 7-19 所示的三视图。

3）渐变段的断面

在施工中，一般需要在组合面中间每隔一定距离取适当的断面。断面的高度和宽度要根据剖切的位置来确定，在正面投影中得出高度 H，在水平投影中得出宽度 B。在矩形和圆形之间的断面都有四个圆角,每个圆角都是斜椭圆锥面的一部分。四个圆角反映在断面图上,就是四段圆弧,如图 7-19(c)所示。圆弧的圆心位置就在截平面与圆心连线的交点上,因此,可以找到相应圆弧的半径 R。画断面图时,应根据剖切位置所得的高度和宽度画出矩形,然后从正面投影(或水平投影)中找到圆弧的半径尺寸。最后用圆弧连线的方法,把四段圆弧画出。

应该指出,无论渐变段的正面投影和水平投影的形状和大小是否相同,在同一位置的断面图中的四个圆弧的半径总是相等的,因为从图 7-19(a)中可以看出:

$$\triangle s_3'o'd' \backsim \triangle s_3'm'n', \quad \frac{R_1}{o'd'} = \frac{L_1}{L}, \quad R_1 = \frac{L_1}{L} o'd'$$

$$\triangle s_2oe \backsim \triangle s_2mn, \quad \frac{R_2}{oe} = \frac{L_1}{L}, \quad R_2 = \frac{L_1}{L} oe$$

因为 $o'd' = \phi/2 = oe$,所以 $R_2 = R_1$。

用相似三角形的关系还可以求出断面图的高度和宽度以及剖切位置的圆弧长度。

4. 斜椭圆锥面在工程中的应用实例(三)

图 7-20 是电站厂房水管的立体图,它是由正圆锥面、斜椭圆锥面、一般位置平面、圆环面、水平轴圆柱面、铅垂轴圆柱面以及其他平面所组成的。画其视图时,应对其各组成部分进行分析,搞清楚它们的投影特性,才能正确地画出它的视图和施工上常用的断面。有关尾水管的视图及其断面图的作图方法将在以后的有关课程中讲述。

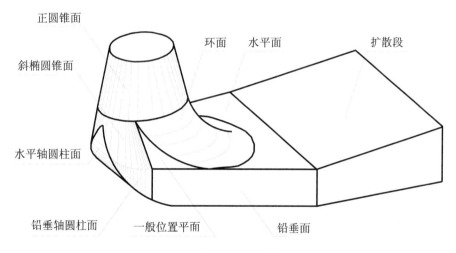

图 7-20 电站厂房尾水管的立体图

三、扭面

某些建筑物(如闸等)的断面是矩形的,而渠道的断面一般是梯形的。为了使水流顺畅,在闸、渡槽等进出口与渠道连接处常用扭面过渡。图 7-21(a)所示为过渡段轴测图的一半。在梯形断面与矩形断面之间用扭面 ABCD 来连接。

1. 扭面的形成

把图 7-21(a)所示的扭面 ABCD 单独画在三面体系中,如图 7-21(b)所示,以便说明它的形成和投影的关系。扭面 ABCD 可看作是一直母线 AC 沿两交叉直线 AB(侧平线)和

CD（铅垂线）移动，且始终平行于一导面（H面）而形成的。扭面$ABCD$也可看成是一母线AB沿两交叉直线AC和BD移动，且始终平行于一导面（W面）而形成的，如图7-21（b）所示，若把扭面看作是前一种方式形成的，则其素线AC、I-I等都是水平线。素线的正面投影和侧面投影都是水平方向的直线，而素线的水平投影则呈放射线束，如图7-22（a）所示，若把扭面看成是后一种方式形成的，则素线AB、MN等都是侧平线，其侧平面投影呈放射线束，如图7-21（b）所示。

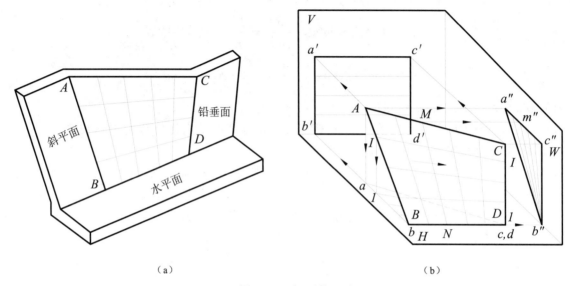

图7-21 扭面的形成

由扭面的形成可知，用平行于H面或W面的平面截切扭面必截得直线。施工时可根据这一特点立模放样。应当指出，扭面不同于平面，其三面投影之间不成类似形状，如图7-22所示。

2. 扭面的表示法

按"水标"规定，除画出扭面边界线外，扭面的俯视图按水平素线，而左视图按侧平素线投影画出。这样扭面的俯、左视图均画成放射线束，但正视图则按水平素线画出，如图7-22（b）所示。图7-22（a）是按水平素线的投影关系画出的。

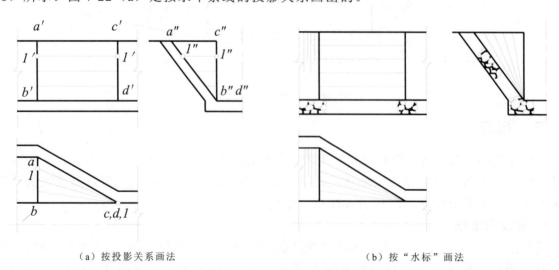

（a）按投影关系画法　　　　　　　　　（b）按"水标"画法

图7-22 扭面的表示法

图 7-23（a）所示为另一种扭面。该扭面可看作是一直母线 AB 沿两交叉直线 AC、BD 移动且始终平行于 W 面而形成的。也可以认为是一直母线 AC 沿两交叉直线 AB 和 CD 移动，且始终平行于一导平面而形成的。但这个导平面不是 H 面，而是既平行于 AC，又平行于 BD 的平面。因为 BD 是侧垂线，所以这个导面是一个平行于直线 AC 的侧垂面。如果把导线 AB 和 CD 分成相同等分，将相应的等分点连成直线就是扭面的某一投影的一组素线，如图 7-23（a）所示的三个视图。图 7-23（b）所示为水利水电工程制图标准的规定画法。

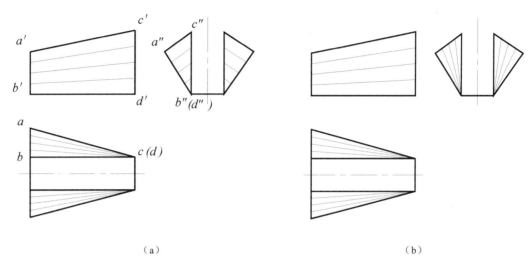

图 7-23　另一种扭面表示法

工程图中所称的扭面就是几何学中的双曲抛物面。图 7-21（a）所示的扭面是双曲抛物面的工程实例。

3．作扭面段的断面

生产实践中有时要在建筑物的扭面段中作断面，作断面以前应对该建筑物的视图进行分析，了解各组成部分的空间形状，然后才在指定的位置作其断面图。

【例 7-3-1】试作图 7-24 所示的建筑物扭面段的断面图。

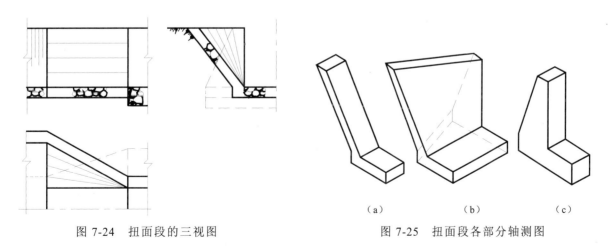

图 7-24　扭面段的三视图　　　　图 7-25　扭面段各部分轴测图

分析：

1）先读懂图

读图的方法和步骤与组合体的相同。用形体分析法分解得各个部分的形状如图 7-25 所示,其中图 7-25（a）所示为梯形渠道的岸边；图 7-25（b）所示为扭面渐变段；图 7-25（c）所示为断面为矩形的建筑物。

读扭面渐变段中迎水面和背水面时,应分别找出它们在三视图中的投影。图 7-26 所示的三视图中,由粗实线围成的线框都是迎水扭面的投影,其空间形状如该图所示的轴测图中有扭面素线表示的部分。

图 7-27 中,正视图的粗实线矩形线框 $m'k'l'n'$、俯视图中的两粗实线与两粗虚线组成的横放 8 字线框 $mkln$ 和左视图中的两粗实线与两粗虚线组成的 8 字线框 $m''k''l''n''$,都是背水扭面的投影。背水扭面的空间形状如该图所示的轴测图中用细虚线表示的扭面素线部分。

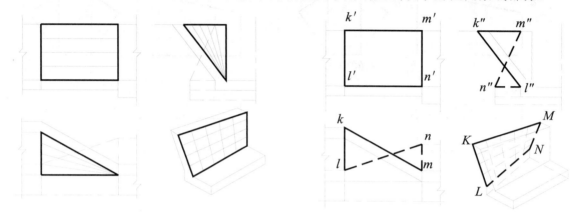

图 7-26　迎水扭面　　　　　　　　　图 7-27　背水扭面

2）作扭面段的断面图

求图 7-28（a）中的断面 A-A,就是求剖切平面与扭面段的交线 ABCDEFG 所围成的平面图形的实形,如图 7-28（a）中的轴测图。因剖切平面是侧平面,断面实形反映在左视图中,剖切面与迎、背水扭面的交线必为直线,只需求出断面上各点的侧面投影,然后相连即得。

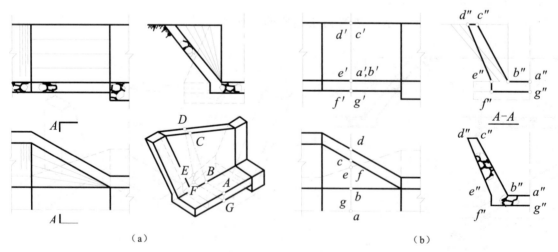

图 7-28　在扭面段中作断面

作图：如图 7-28（b）所示。

① 在正视图和俯视图中用细实线作剖切位置线,并在剖切线上标出与轴测图相应的字母 a'、b'、c'…和 a、b、c…,根据点的投影规律可求出 a''、b''、c''…。

② 连 a''、b''、c''、…、g''、a''各点即得断面的左视图。最后把此断面移到图形外适当的地方，加上材料图例，即得 A-A 断面图。A-A 断面也可直接在适当的位置作出所示。

四、双曲抛物面

上述扭面是双曲抛物面的一种，下面介绍另一种双曲面的形成和画法，如图 7-29 所示。

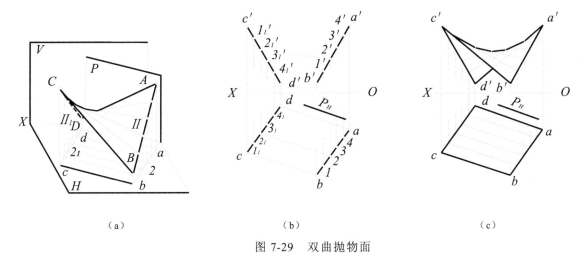

图 7-29 双曲抛物面

1．形成

图 7-29（a）所示双曲抛物面的形成与前述的扭面的形成相同，即直线（母线）沿二交叉直导线 AB、CD 移动，并始终平行于铅垂面 P（导平面）而形成双曲抛物面 ABCD。与扭面一样，这种双曲抛物面中，只有素线（母线的任一位置）才是直线。相邻两素线是交叉两直线，所以这种曲面不能展成一平面。

2．投影图的画法

若已知两交叉直导线 AB、CD 和导平面 P（在投影图中为 P_H），根据双曲抛物面的形成特点和点在直线上的投影特性即可作出双面抛物的投影图。

作图步骤如下：

① 作出二交叉直导线 AB、CD 及导平面 P 的投影后，把 AB、CD 分为若干等分，本例为 5 等分，得分点 b、1、2、3、4、a；b'、$1'$、$2'$、$3'$、$4'$、a'。因各素线的水平投影平行于 P_H，所以过 ab 上的各分点即可作出 cd 上的对应分点 c、1_1、2_1、3_1、4_1、d，并求出 $c'd'$ 上对应点 c'、$1_1'$、$2_1'$、$3_1'$、$4_1'$、d'，如图 7-29（b）所示。

② 在正面投影上作出与各素线都相切的包络线（该曲面线为抛物线，也是该曲面对 V 面的投影轮廓线），即完成双曲抛物面的投影，如图 7-29（c）所示。应当指出，正面投影中 $d'a'$ 等几根素线被曲面遮挡部分要画成虚线。

3．工程实例

双曲抛物面通常用于屋面结构中，图 7-30 所示为用双曲抛物面构成的屋顶。图 7-31 所示的建筑物的屋顶也是双曲抛物面，周围是椭圆柱面。因为椭圆柱的水平投影有积聚性，所以交线的水平投影是已知的。问题在于求交线的正面投影。图中水平投影标定了八个点，它们的正面投影是用素线上定点的办法作出的。

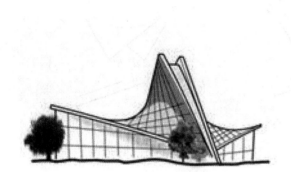

图 7-30 双曲抛物面屋面

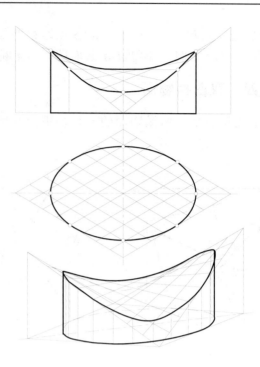

图 7-31 用双曲抛物面构成的马鞍形屋顶

五、单叶双曲回转面

1. 形成

单叶双曲回转面是由直母线（AB）绕着与它交叉的轴线（OO）旋转而成。单叶双曲回转面也可由双曲线（MN）绕其虚轴（OO）旋转而成，如图 7-32（a）所示。当直线 AB 绕 OO 轴回转时，AB 上各点运动的轨迹都为垂直于 OO 的圆。端点 A、B 的轨迹是顶圆和底圆，AB 上距 OO 最近的 F 点形成的圆最小，称为喉圆。

2. 投影图的画法

1）画出直母线 AB 和轴线 OO 的投影，如图 7-32（b）所示；

2）以 O 为圆心，oa、ob 为半径画圆，得顶圆和底圆的水平投影。按长对正规律，得顶圆和底圆的正面投影（分别为两段水平直线），如图 7-32（c）所示。

3）把两纬圆分别从 a、b 开始，各分为相同的等分（本例为 12 等分），a、b 按相同方向旋转 30°（即圆周的 1/12）后得 a_{11}、b_{11}，$a_{11}b_{11}$ 及曲面上的一条素线 $A_{11}B_{11}$ 的水平投影，它的正面投影为 $a_{11}'b_{11}'$，如图 7-32（c）所示。

4）依次作出每旋转 30°（顺时针和逆时针均可）后，各素线的水平投影和正面投影，如图 7-32（d）中的 b_1a_1，$b_1'a_1'$ 等。

5）作各素线正面投影的包络线，即得单叶双曲回转面对 V 面的转向轮廓线，这是双曲线。各素线水平投影的包络线是以 O 为圆心作与各素线水平投影相切的圆，即喉圆的水平投影，如图 7-32（d）所示。在单叶双曲回转面的水平投影中，顶圆、底圆和喉圆都必须画出。在正面投影中被遮挡的素线用虚线画出。

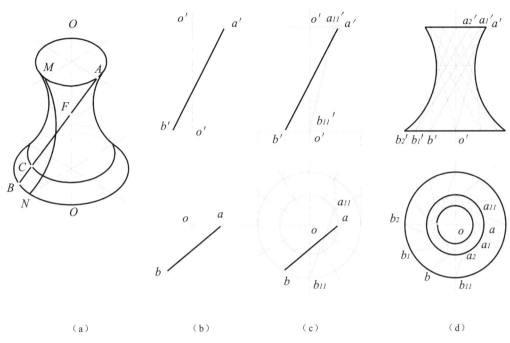

图 7-32 单叶双曲回转面的形成和画法

3．工程实例

图 7-33 所示冷凝塔是单叶双曲回转面的工程实例。

图 7-33 冷凝塔

六、锥状面

1．形成

直母线沿一直导线和一曲导线移动，同时始终平行于一导平面，这样形成的曲面称为锥状面，工程上称为扭锥面。图 7-34 所示中的锥状面 ABCD 是一直母线 MN 沿直导线 AB 和一平面曲导线 CD 移动，同时始终平行于导平面 P（图中 P 面平行于 V 面）而形成的。

2．投影图的画法

图 7-34（b）为投影图。因为导面为正平面，所以该锥面的素线都是正平线，它们的水平投影和侧面投影都是一组平行线，其正面投影为放射状的素线。

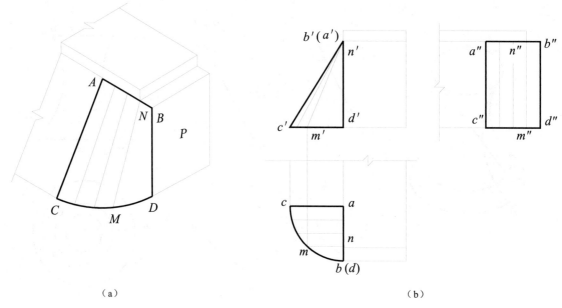

(a)   (b)

图 7-34 锥状面

3．工程实例

图 7-35 所示为锥状面作为厂房屋顶的一个实例。

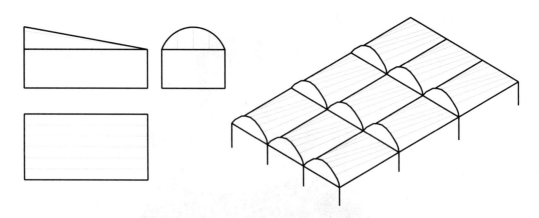

图 7-35 用锥状面构成的屋顶

七、柱状面

直母线沿不在同一平面内的两曲导线移动，同时始终平行于一导面，这样形成的曲面称为柱状面，工程上称为扭柱面。

图 7-36（a）所示的柱状面是直母线 MN 沿顶面的圆弧和底面的椭圆弧移动，且始终平行于导平面 P（正平面）而形成的，图 7-36（b）为其投影图。因为各素线都是正平线，所以在投影图上先画素线的水平投影（或侧面投影），在水平投影中找到素线与圆弧和椭圆弧的交点，然后画出素线的其他投影。

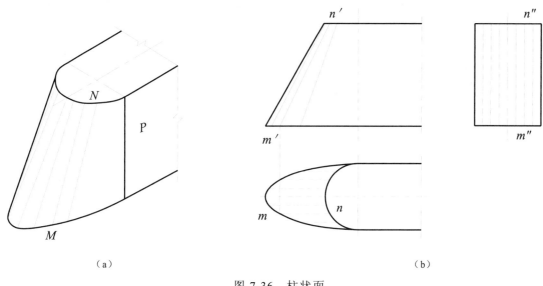

图 7-36 柱状面

第四节 螺旋线和正螺旋面

一、螺旋线

螺旋线是工程上应用较广泛的空间曲线之一。螺旋线有圆柱螺旋线和圆锥螺旋线等，最常见的是圆柱螺旋线，下面只研究这种螺旋线。

1. 圆柱螺旋线的形成

一动点沿圆柱面上的直母线做等速运动，而同时该母线又绕圆柱轴线作等角速度回转时，动点在圆柱面上所形成的曲线称为圆柱螺旋线，如图 7-37（a）所示。这里的圆柱称为导圆柱。

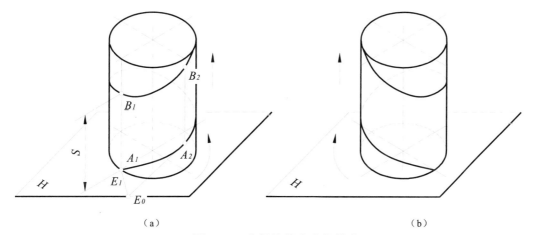

图 7-37 右螺旋线和左螺旋线

当母线旋转一周时，动点沿轴线方向移动的距离称为导程，用 S 表示。按旋转方向，螺旋线可分为右螺旋线和左螺旋线两种。它们的特点是右螺旋线的可见部分自左向右升高，如图 7-37（a）所示，左螺旋线的可见部分自右向左升高，如图 7-37（b）所示。

导圆柱的直径，导程和旋向（螺旋线的旋转方向）称为螺旋线的三个基本要素，据此可画出螺旋线的投影图。

2．圆柱螺旋线的画法（见图 7-38）

1）根据导圆柱的直径和导程画出圆柱的正面投影和水平投影，把水平投影的圆分为若干等分。本例为 12 等分，按反时针方向的依次标出各等分点（本例的旋向为右旋）。

2）在导圆柱的正面投影中，把轴向的导程也分成相同等分，自下而上依次标记各等分点。

3）自正面投影的各等分点作水平线，自水平投影的各等分点作铅垂线，与正面投影同号的水平线相交，即得螺旋线上的点，用光滑的曲线依次连接各点即得螺旋线的正面投影。因本例为右旋螺旋线，看不见部分是从右向左上升的，用虚线画出。

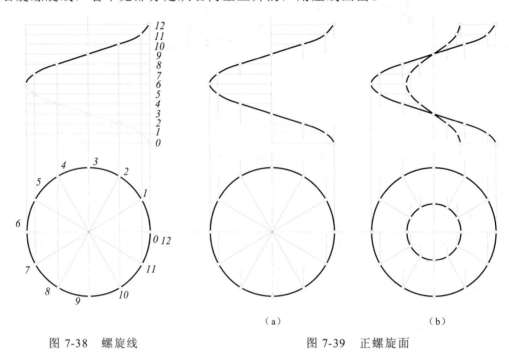

图 7-38　螺旋线　　　　　　图 7-39　正螺旋面

二、正螺旋面

1．正螺旋面的形成

一直母线沿一圆柱螺旋线运动，且始终与圆柱轴线相交成直角，这样形成的曲面称为正螺旋面。图 7-39（a）中，直导线的一端沿螺旋线（曲导线），另一端沿圆柱轴线（直导线），且始终平行于 H 面（导平面）而运动，所以正螺旋面是锥状面。

2．正螺旋面的画法

1）按图 7-38 的方法画出圆柱螺旋线和圆柱轴线的投影；

2）过螺旋线上各等分点分别作水平线与轴线相交，这些水平线都是正螺旋面的素线，其水平投影都交于圆心，如图 7-39（a）所示。

图 7-39（b）为空心圆柱螺旋面的两个投影图，由于螺旋面与空心圆柱相交，在空心圆柱的内表面形成一条与曲导线同导程的螺旋线，此螺旋线的画法与图 7-38 所示螺旋线的画法相同。

3．工程实例（见图 7-40）

已知螺旋楼梯所在内外导圆柱面的直径、导程、步级（12 级）、踏步高（$S/12$）、梯板竖

第七章 曲线与曲面

向厚度（$S/12$），试作出右向螺旋楼梯的投影图。

分析： 螺旋楼梯的踏面为扇形，踢面为矩形，踏面的两端面为圆柱面，如图 7-40（d）所示。

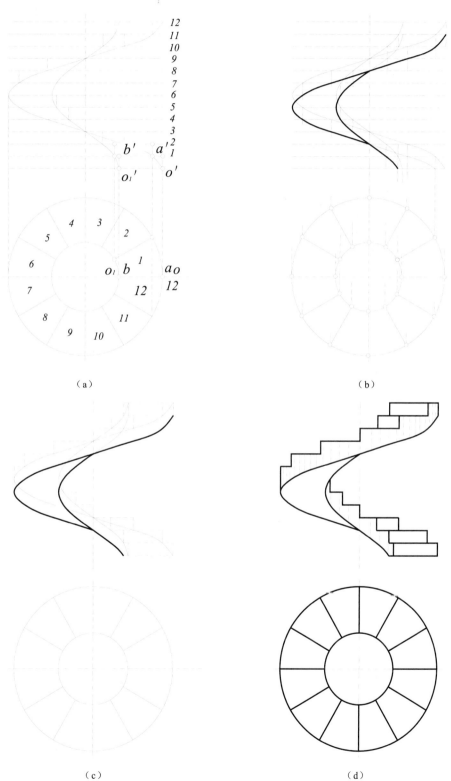

图 7-40 螺旋楼梯的画法

作图：

① 根据已知条件划出导圆柱的内外螺旋线，画法如图 7-38 所示。

② 按导程的等分点作出空心圆柱螺旋面，画法如图 7-39 所示。

③ 画螺旋楼梯踏面和踢面的两个投影，如图 7-40（a）所示。把螺旋楼梯的水平投影分为 12 等分，每一等分就是该楼梯上的一个踏面的水平投影，该楼梯踢面上的水平投影积聚在两个踏面的分界线上，例如第一级踢面的水平投影在直线 o_1bao 上。第一级踢面的底线 $o_1'o'$ 是螺旋面的第一根素线，过 $o_1'o'$ 分别画一铅垂直线，得第一步级的高度 $o'a'$，连矩形 $a'b'o'o_1'$ 即得第一级踢面的正面投影。第一级踏面的水平投影为第 1 个扇形，此扇形的正面投影积聚成水平直线 ab，ab 与第二级踏面的底线（另一条螺旋面素线）重合，用类似方法可作出各级踢面和踏面的正面投影。应当注意，第 5~9 级的踢面被楼梯本身遮挡而不可见，可见的是底面的螺旋面。

④ 螺旋楼梯板底面的投影如图 7-40（b）所示。梯板底面的螺旋面的形状和大小与梯板的螺旋面完全相同，只是两者相距一个竖向厚度。为此把内外螺旋线向下移一个梯板厚度即得梯板底面的螺旋线。图 7-40（b）中用粗实线画出的内外螺旋线所形成的封闭图形就是梯板底面的可见螺旋面。

⑤ 综合图 7-40（a）、（b）两图并把梯板底面的螺旋面的可见轮廓线用粗实线画出，如图 7-40（c）所示。

⑥ 在正面投影中把踏步两端的可见圆柱面用疏密线画出，并完成全图，如图 7-40（d）所示。

第八章 立体表面的展开

立体表面的展开，是将立体依次连续地摊开在一个平面上，如图 8-1（a）所示。展开所得的图形，称为展开图，如图 8-1（c）。在水利工程施工中，按建筑物的形状和大小来制造混凝土的构件模板以及引水道的压力钢管下料都需要展开图。

作展开图时，如果所用的材料很薄，就不必考虑它的厚度。若比较厚时，则外表面和内表面的展开图是不一样的，这就要根据产品和工艺过程的具体情况来决定画外表面还是内表面的展开图。在一般情况下，钢板卷制圆管时，圆管的展开长度按平均直径计算。例如，圆周长 $L=\pi(D+t)$，其中，D 为圆管内径，t 为圆管厚。

在实际生产中，绘制表面展开图有图解法和计算法两种。本章将着重研究图解法。

作展开图的方法与组成立体的表面性质密切相关，表面性质不同，作展开图的具体方法也不同，下面分别进行讨论。

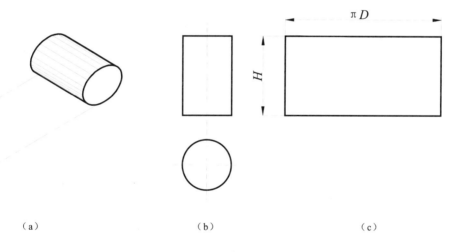

(a)   (b)   (c)

图 8-1 正圆柱的展开

第一节 平面立体的表面展开

平面立体的表面都是多边形，作平面立体的表面展开图，实际上就是求这些多边形的实形，只要把各个表面的实形依次连续地画在一个平面上，即可得到平面立体的表面展开图。

【例 8-1-1】 如图 8-2（a）所示，作斜截三棱锥的展开图。

分析： 延长各棱线求出锥顶而得三棱锥。三棱锥的各棱面均为三角形，底面也是三角形，且为水平面，其水平投影反映底面实形，其中棱线 SA 平行于正面，其正面投影反映该棱线的实长。其余各棱线的实长作出后，才能作出该棱锥的展开图。

作图： 如图 8-2 所示。

① 延长各棱线交于一点 $S(s', s)$ 即得锥顶；

② 用旋转法求棱线 SB、SC 的实长得 $s'b_1'$、$s'c_1'$；

③ 分别在 $s'b_1'$ 及 $s'c_1'$ 上求出截口的顶点 $2_1'$、$3_1'$；

④ 如图 8-2（b）所示，在适当位置画出 SA，以 S 为圆心，SB 之长为半径作弧，再以 A 点为圆心，AB 之长为半径画弧，求棱面 SAB 的实形；同法，连续作出棱面 SBC、SCA 及底面 ABC 的实形；按 $SⅠ$、$SⅡ$ 等的实长 $s'1'$、$s'2_1'$ 等定出各点的位置；

⑤ 在图 8-2（b）的展开图中，根据实长 $Ⅰ-Ⅲ$、$Ⅲ-Ⅱ$、$Ⅱ-Ⅰ$ 确定 $Ⅱ$ 点，即得三棱锥截口 $Ⅰ-Ⅱ-Ⅲ$ 的实形。

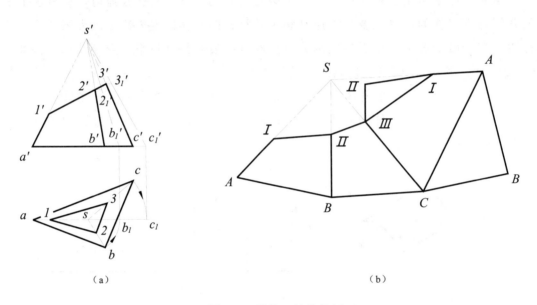

图 8-2　斜截三棱锥的展开

【例 8-1-2】 如图 8-3（a）所示，作斜三棱柱的展开。

分析： 斜三棱柱的各侧面均为平行四边形。为求其实形，任连各侧面的一对角线，分每一平行四边形为两个三角形。求出各棱线及对角线实长（本题用直角三角形法求实长）后，按作三角形的方法，求出各棱面的展开图。

作图：

① 连各棱面的对角线 AC_1（$a'c_1'$，ac_1）、AB_1（$a'b_1'$，ab_1）、BC_1（$b'c_1'$，bc_1）；

② 求出棱线 AA_1（BB_1、CC_1 与 AA_1 等长）及对角线 AC_1、AB_1、BC_1 的实长；

③ 如图 8-3（b）所示，按 AA_1 的实长在适当的位置画出线段 AA_1，然后以 A 点为圆心，分别以 AB 和 AB_1 之长为半径画弧，再以 A_1 点为圆心，以 A_1B_1 之长为半径画弧得 B_1 点；又以 B_1 点为圆心，以 B_1B 之长为半径画弧得 B 点（或过 B_1 点作 A_1A 平行的直线而得 B 点）；连接 AB、A_1B_1 和 BB_1，即得棱面 ABB_1A_1 的展开图。用同法可得棱面 BB_1C_1C、CC_1A_1A 的展开图；

④ 在展开图中的适当位置作出顶面 $\triangle A_1B_1C_1$ 和底面 $\triangle ABC$ 的展开图。

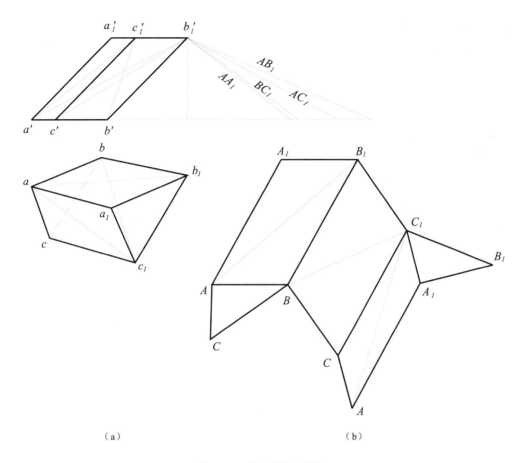

（a） （b）

图 8-3 斜三棱柱的展开

第二节 曲面立体的展开

曲面立体的表面分为可展曲面和不可展曲面两类。若组成曲面的素线，且相邻两素线又属于同一平面内的直线，则能把此曲面整块地准确地展成平面图形，这种曲面称为可展曲面。若相邻两素线不属于同一平面内的直线，则为不可展曲面，如柱状面、锥状面和双曲抛物面（扭曲）等。凡母线为不规则的或有规则的曲线所形成的曲面均属不可展曲面，如球面、环面等。

一、可展曲面的展开

可展曲面的展开方法与平面立体的展开方法相似，它们可视为棱面数无限增多的棱柱和棱锥，故可用展开棱柱和棱锥的方法展开圆柱和圆锥面。

1．正圆柱的展开（见图 8-1）

图 8-1（c）为正圆柱的展开图，它是一个矩形，矩形的一边长度等于圆柱的高度，另一边的长度等于 πD（D 为圆柱的直径）。

2. 斜截正圆柱的展开（见图 8-4）

分析：图 8-4（a）是斜截正圆柱的两面投影，此圆柱的各素线不等长，故展开图不是矩形。

正面投影中，圆柱各素线的投影均反映其实长，故可确定斜截口上各素线的长度。

作图：

① 把圆柱底圆分成若干等分（等分越多越精确，一般底圆直径大些，等分数就要多些）。图中分成 12 等分，由各等分点 1、2、3…可找到对应的 1′、2′、3′…；

② 将圆柱底圆展成一直线 1-1，其长度为 πD，并把 1-1 也分成 12 等分，如图 8-4（b）所示，向各等分点引铅垂直线，使它们分别等于圆柱面上相应素线的长度，再将垂线上各端点连成光滑曲线，即得斜截正圆柱的表面展开图。图 8-4（c）示出了展开图的另一种排法。

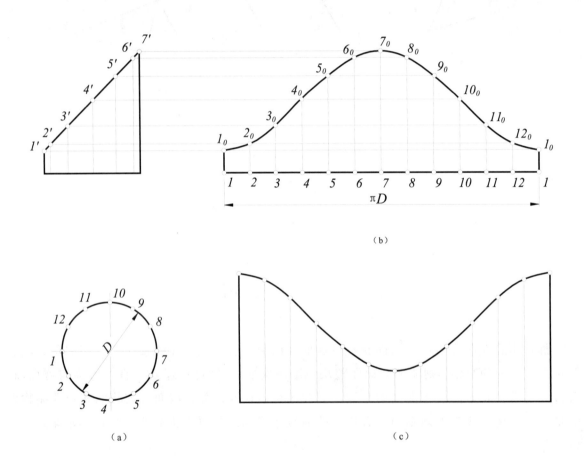

图 8-4 斜截正圆柱的展开

3. 正圆锥的展开图（见图 8-5）

分析：正圆锥面的展开是一个扇形面，扇形半径 R 等于锥面素线的实长。扇形角 α 可由底圆直径 D 和素线实长 R 来确定。

因为 $2\pi R/360° = \pi D/\alpha$，所以 $\alpha = 180° \times D/R$。

作图：在适当位置任取一点 S，以 S 为圆心，以 R 为半径画弧，以 α 为该弧的圆心角，截得等于 πD 的弧长，即得所求扇形面。

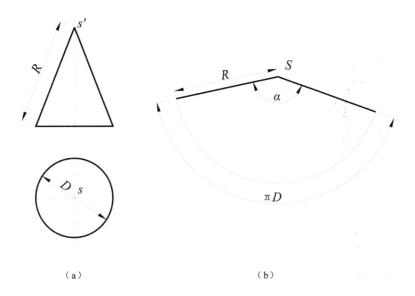

(a)　　　　　　　　　　　　(b)

图 8-5　正圆锥的展开

4．斜截正圆锥的展开（见图 8-6）

分析：先展开完整的圆锥面，然后再求出被截去素线的实长，最后在展开图上确定被截素线端点的位置。

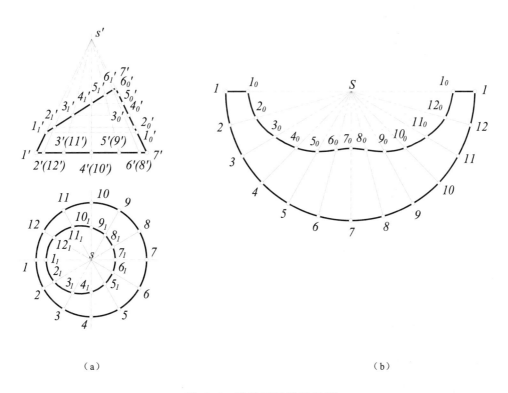

(a)　　　　　　　　　　　　(b)

图 8-6　斜截正圆锥的展开

作图：如图 8-6（b）所示。

① 先按图 8-5 所示的方法把整个圆锥展开；

② 把水平投影的圆周分为若干等分（本题分为 12 等分），过 s 点连各分点得圆锥各素线

的水平投影 $s1$、$s2\cdots$，在正面投影中求出相应的 $s'1'$、$s'2'\cdots$，这些素线与斜截口交于 $1_1'$、$2_1'\cdots$；

③ 在图 8-6（b）的展开图上画出均布的 13 条素线；

④ 用旋转法在表示素线实长的转向轮廓线 $s'7'$ 上，求出被截去素线 SI_1、$SII_1\cdots$ 的实长（如过 $2_1'$ 作水平线交 $s'7'$ 于 $2_0'$，则 $s'2_0'$ 即为 SII_1 的线段实长）；

⑤ 将所得实长在展开图的相应素线上截取（如在 $S2$ 上截取 2_0 点）后得 1_0、2_0、3_0、$\cdots$、12_0、1_0 等点，依次光滑地连接各点即得所求展开图。

5．斜椭圆锥的展开（见图 8-7）

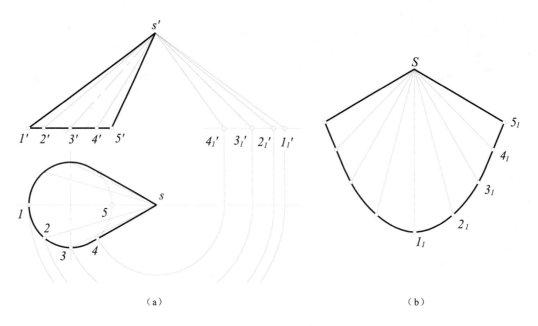

图 8-7　斜椭圆锥的展开图

分析：斜椭圆锥可看作是棱面无限多的斜棱锥，从而画斜椭圆锥的展开图时，其表面可近似地看成是斜棱锥面，因此，先把锥底分成若干等份，再将各等分点与锥顶相连，即构成若干小三角形，求出每一个小三角形的实形并依次连续地连成一个平面图形（近似形）即可。

作图：如图 8-7 所示。

① 将锥底圆分为 8 等分，过各等分点与锥顶相连而得各素线的水平投影和正面投影；

② $s'1'$、$s'5'$ 为锥面的正视转向轮廓线，反映 SI、SV 的实长。用旋转法（以过锥顶 S 的铅垂线为轴）求出其余素线的实长 $s'2_1'$、$s'3_1'$、$s'4_1'\cdots$；

③ 在图 8-7（b）处，先画一直线 $S1_1=s'1_1'$，再以 S、1_1 点分别为圆心，分别以 $s'2_1'$、12 为半径画弧交于 2_1、则 $S1_12_1$ 为一个三角形实形；用同样的方法可得 3_1、4_1、$5_1\cdots$ 等点，把以上各点与 S 相连，即为各素线在展开图中位置；依次光滑地连接 1_1、2_1、$3_1\cdots$ 等点即得斜椭圆锥面的展开图。

6．变形接头的展开

变形接头在水利工程中称为渐变段。在曲线与曲面中曾经研究过，由方变圆渐变段的表面是由四个三角形平面和四个部分斜椭圆锥面所组成的。本节的渐变段是由四个部分斜椭圆锥面和四个等腰三角形组成的，如图 8-8（a）所示。对于等腰三角形部分，它的底边在投影图中反应实长；两边为倾斜线，需要求出实长后才能求得等腰三角形的实形，对于斜椭圆锥面可按图 8-7 所示的方法作图。将四个等腰三角形和四个锥面，依次连续地摊开画在一个平面上，即得其展开图。步骤如下：

① 用直角三角形法求出线段的实长，如图 8-8（b）所示；取投影长度 a1（=a4）、a2（=a3）置于图示位置，渐变段的高 H 就是倾斜线两端点的 Z 坐标差，以此两线作直角边画直角三角形，则斜边即为 AⅠ（=AⅣ）、AⅡ（=AⅢ）的实长；

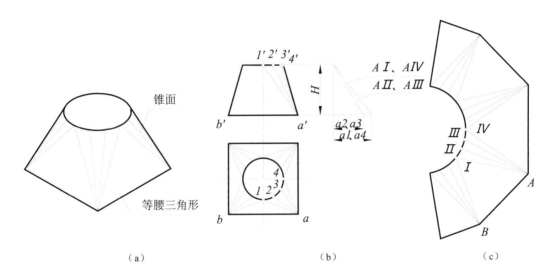

图 8-8 变形接头的展开

② 作各组平面及斜椭圆锥面的展开图，如图 8-8（c）所示；作 B=ab，以 A、B 为圆心，AⅠ、BⅠ为半径作交于 Ⅰ 点，即得△ABⅠ的实形，再以 Ⅰ 和 A 为圆心，12 和 AⅡ为半径分别作弧交于 Ⅱ 点；依次画各三角形，然后依次光滑地连 Ⅰ、Ⅱ、Ⅲ、Ⅳ 等点，即得一个部分斜椭圆锥面的展开图；

③ 用同样方法作出其他部分表面的展开图，依次排列即完成作图。

二、不可展曲面的近似展开

如要画出不可展曲面的展开图，只能采取近似展开法，例如环面的近似展开。圆环面是不可展曲面，实际是上把圆环截成若干段，图 8-9（b）中分为四段，每段近似地用直径相等的圆柱代替，然后将各段圆柱展开。

【例 8-2-1】试作 1/4 圆环面（直角弯头）的近似展开图，如图 8-9 所示。

分析： 图 8-9（a）是 1/4 圆环的投影图，其中 ϕ 为母线圆直径，R 为母线圆圆心轨迹圆的回转半径，θ 为回转角。ϕ、R、θ 均为圆环的重要数据。

作图：

① 将圆环分成若干小段，如图 8-9（b）所示，弯管共分四小段（中间是两个全节，两端各为半节，共三个全节）。实际作图时，先求每半节所占圆心角 α 的大小，其计算公式为：$\alpha = \dfrac{\theta}{2(N-1)}$，式中 N 为分段数。此处 θ 为 90°，本例 $\alpha = \dfrac{90°}{2(4-1)} = 15°$，求出圆心角 α 以后，按 α 分段。如图 8-9（b）所示，首尾两半节的对应圆心角是 15°，标明 Ⅰ、Ⅳ，中间每一节的对应圆心角是 30°，标明 Ⅱ、Ⅲ。

② 圆柱 I（半节）的展开图如 8-9（c）最下半节所示，其展开图的画法与图 8-4 的相同，其曲线形式与 8-4（c）的曲线相似。其他各段均可按此法展开。

在画展开图时若将 II、IV 段圆柱绕柱轴旋转 180°，然后重叠在一起，就成为图 8-9（c）所示的正圆柱了（因为从几何角度来看 $\angle A=\angle C$，$\angle C=\angle D$，所以 $\angle A=\angle D$，又因 $\angle D+\angle F=180°$，所以 $\angle A+\angle F=180°$，同理 $\angle B+\angle E=180°$），这样再画出展开图不仅画图简单，用料也最省，图 8-9（d）为全部弯管的展开图。

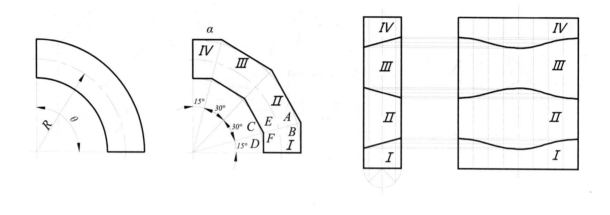

（a）真实轮廓　　　（b）近似轮廓　　　（c）合理配置　　　（d）展开图

图 8-9　直角弯头的近似展开

第九章　视图、剖视图、断面图

在生产实践中，当物体的形状和结构比较复杂时，仅用前面所述的正、俯、左三个视图难于把它们的内、外形状完整、清晰地表达出来，为了满足生产需要，国家制图标准规定了视图、剖视图、断面图、规定画法和简化画法多种表达方法。本章根据国家有关的制图标准介绍了视图、剖视图、断面图的有关内容。规定画法和简化画法将在第十一章作详细介绍。

建筑物和构件的图样按正投影法绘制，并采用直接正投影法（构件处在第一分角），如图9-1 所示。

当绘制某些建筑物或构件用直接正投影法不易表达时，可采用镜像正投影法绘制。镜像正投影法的画法详见第十二章第二节。

第一节　视　图

一、基本视图

对于形状比较复杂的物体，当采用正、俯、左三个视图不能表达清楚时，可在原有的三个投影面的基础上，对应地增加三个投影面。六个投影面组成一个六面体，将物体分别向六个投影面投影，从而得到六个视图，称为基本视图。除前面已介绍过的正视图、左视图、俯视图外，还有右视图、仰视图、后视图。

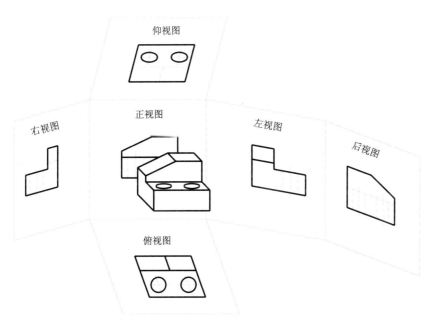

图 9-1　六个基本视图

俯视图一般称为平面图，正视图、左视图、右视图、后视图在工程图中称为立视图（或立面图）。每一个视图一般均应标注图名。视图名称一般标注在图形下方，并在图名下绘一粗横线，其长度应以图名所占长度为准。

六个投影面的展开见图 9-1。各视图展开后的配置关系如图 9-2 所示。

实际画图时，对于一般物体不需要全部画出六个基本视图，而是根据物体的形状特点，选择其中的几个基本视图来表达物体的形状。

二、特殊视图

1. 向视图

向视图是可以自由配置的视图，只允许从以下两种表达方式中选择一种。

1）在向视图的上方（或下方）标出"X"（X 为大写拉丁字母），在相应的视图附近用箭头指明投射方向，并标注相同的字母，如图 9-3 和图 9-4(a) 所示。

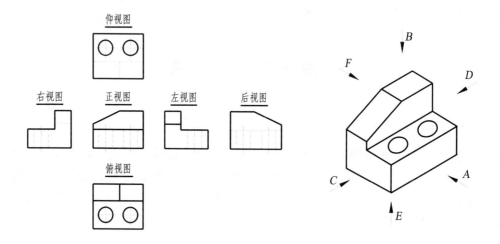

图 9-2　六个视图的配置关系　　　　图 9-3　视图向视方向

2）在向视图的上方标出图名。标注图名的各视图位置，应根据需要和可能，按相应的规律布置，如图 9-4(b) 所示。

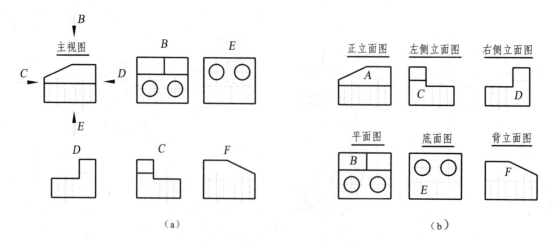

图 9-4　基本视图的向视配置

2. 局部视图

局部视图是将物体的某一部分向基本投影面投射所得的视图。

当物体在某个方向仅有部分结构形状需要表示，而又没有必要画出整个基本视图或向视图时，可采用局部视图，从而使表达更为简练，如图 9-5 所示。

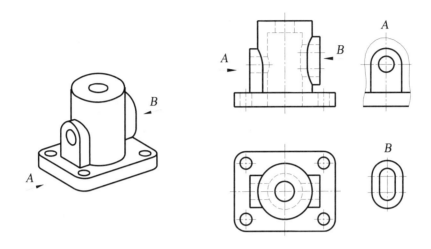

图 9-5　局部视图

局部视图不仅减少了画图的工作量，而且重点突出，表达比较灵活。但局部视图必须依附于一个基本视图，不能独立存在。

画局部视图时应注意以下四点。

1) 局部视图只画出需要表达的局部形状，其范围可自行确定。

2) 局部视图的断裂边界用波浪线或折断线表示，如图 9-5 中的 A 向视图。只有所表达的局部结构是完整的，且外轮廓线又成封闭时，波浪线或折断线可省略不画，如图 9-5 中的 B 向视图。注意波浪线或折断线要画在工程形体的实体部分。

3) 局部视图应尽量按投影关系配置，如图 9-6（b）中的俯视图；如果不便布图，也可配置在其他位置，如图 9-6（b）中的 B 向视图。

4) 局部视图无论配置在什么位置都应进行标注，标注的方法是：在局部视图的上方标出视图的名称"X 向"（其中"X"为大写拉丁字母），在基本视图上画一箭头指明投影部位和投影方向，并注写相同的字母。

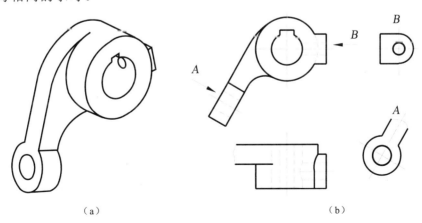

（a）　　　　　　　　　　　　　　（b）

图 9-6　局部视图和斜视图

三、斜视图

如图9-7（a）所示，当物体的表面与基本投影面成倾斜位置时，在基本投影面上的视图既不能反映表面的实形，又不便于标注尺寸。为了清晰表达物体的倾斜结构，可用辅助投影面的方法，选择一个与倾斜表面平行且与一个基本投影面垂直的平面作为辅助投影面（相当于换面法中的新投影面），并在该投影面上作出反映物体倾斜部分实形的投影。这种将物体向不平行于任何基本投影面的平面投射所得的视图称为斜视图。如图9-6（b）中的"A"和图9-7（b）中的"A"视图。

使用斜视图时应注意以下三点。

1) 斜视图一般只表达倾斜部分的局部形状，其余部分不必全部画出，可用波浪线或折断线断开。当所表示的局部结构是完整的，且外轮廓线又成封闭时，波浪线或折断线可省略不画。

2) 斜视图通常按投影关系配置，必要时也可配置在其它适当的位置。在不致引起误解时，允许将图形转正。

3) 画斜视图时，必须进行标注。标注方法是：在斜视图的上方标出视图的名称"X"（其中"X"为大写拉丁字母），在基本视图上画一箭头指明投影部位和投影方向，并注写相同的字母X，如图9-6（b）和图9-7（b）中的"A"。如将斜视图转正，标注时应用旋转符号的箭头指示旋转的方向，表示该视图名称的大写拉丁字母应靠近旋转符号箭头端（也可将旋转角度注写在字母之后），如图9-7（c）所示。

应强调，在斜视图的标注中字母和文字都必须水平书写。

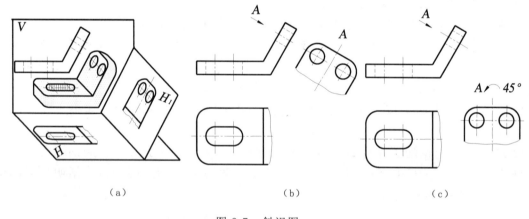

图9-7 斜视图

第二节 剖视图

一、剖视图的概念及形成

在前述表达物体的视图中，看不见的轮廓线是用虚线表示的，如图9-8所示。当物体的内部结构或被遮挡部分比较复杂时，视图中就会出现较多的虚线，既影响图形的清晰，又不利于看图和标注尺寸。为此，制图中通常采用剖视的方法。

假想用剖切面（平面或柱面）剖开物体，将处在观察者和剖切平面之间的部分移去，而将其余部分向投影面投影所得的图形，称为剖视图。图 9-9 是假想用一个平面为剖切面，通过物体对称面切开，将处在观察者和剖切平面之间的前半部分移去，将留下的后半部分向 V 面进行投影的情况。图 9-10 的正视图就是该物体的剖视图。

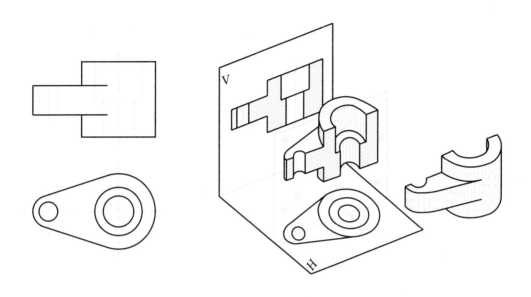

图 9-8 物体的两面投影视图　　　　图 9-9 剖视图的形成

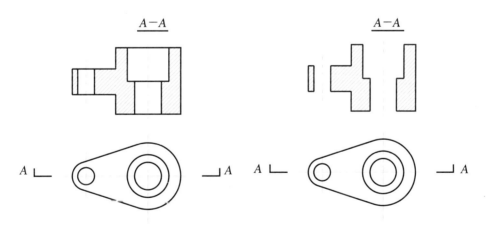

图 9-10 剖视图　　　　图 9-11 断面图

二、剖视图的画法

画剖视图的要点如下。

1. 确定剖切位置

为了表达物体内部结构的真实形状，剖切面的位置一般应平行或垂直于投影面，且与物体内部结构的对称面或轴线重合。

2．画剖视图轮廓线

画出剖切面与物体接触部分的轮廓线及剖切面后面的可见轮廓线。注意：在剖视图中，凡剖切面剖切到的断面轮廓及剖切面后面的可见轮廓，均用粗实线画出。

3．画断面材料图例

假想用剖切平面将物体剖切断，在剖视图上，剖切面与物体接触的部分称为断面。仅画出物体与剖切面接触部分的图形称为断面图（简称断面），如图 9-11 所示。国家标准规定在断面上应画出该物体的材料图例，这样便于想像出物体的内外形状，以区别于视图。

比较图 9-10 所示的剖视图和图 9-11 所示的断面图，可以看出剖视图和断面图的主要区别在于：断面图仅画出剖切面与物体接触部分（实体）的实形，剖视图除画出剖切面与物体接触部分的实形外，还要画出剖切平面后面物体余留部分的投影。从实质上说，断面是"面的投影"，而剖视是"体的投影"。

三、剖视图的标注

为了说明剖视图与有关视图之间的投影关系，便于读图，一般均应加以标注。标注中应注明剖切位置、投影方向和剖视图的名称，其标注要点有以下三点。

1．剖切位置和投影方向

剖切位置和投影方向用剖切符号表示。剖切符号应由剖切位置线和剖视方向线组成一直角，剖切位置线和剖视方向线均以粗实线绘制。剖切位置线的长度宜为 5~10 mm，剖视方向线的长度宜为 4~6 mm。在绘图时，剖切符号不宜与图面上的图线接触，如图 9-10 所示。

2．剖切符号的编号

宜采用拉丁字母或阿拉伯数字，若有多个剖视图，应按顺序由左至右，由下至上连续编号，编号应写在剖视方向线的端部，并一律水平书写。

3．剖视图的名称

剖视图的名称应与剖切符号的编号对应，剖视图的名称写在相应剖视图的上方，注出相同的两个字母或数字，中间加一条横线，如"$A-A$"、"$1-1$"。

需要转折的剖切位置线在转折处一般不标注字母或数字，如图 9-12 中的 $C-C$ 剖视；但在转折处如与其他图线发生混淆，则应在转角的外侧加注相同的字母或数字，如图 9-25 中的 $A-A$、$B-B$ 剖视。

剖视图应按投影关系配置在与剖切符号相对应的位置，必要时也允许将剖视图配置在其他适当的位置。

必要时，允许按投影关系配置的两个剖视图互作剖切，如图 9-26、9-35 所示。

画剖视图应注意以下四个问题。

1）明确剖切是假想的，剖视图是把物体假想"切开"后所画的图形，除剖视图外，其余视图仍应完整画出，如图 9-10 所示。剖视图不仅应该画出与剖切面接触的断面形状，而且还要画出剖切面后的可见轮廓线。但是对初学者而言，往往容易漏画剖切面后的可见轮廓线，应特别注意。

2）为了清楚地表达物体的内部形状，剖切面一般应通过物体的对称面或回转体的轴线，如图 9-10 所示。

3）合理地省略虚线。用剖视图配合其他视图表示物体时，为了使图形清晰，对已由剖视图和视图表明的物体内部（或被遮挡部分）的结构，在其他视图中不必用虚线重复地画出其投影，如图 9-10 中的正视图。但如果画出少量的虚线可以减少视图数量，而且又不影响视图的清晰时，也可以画出少量的虚线。

4）正确绘制断面材料图例。在剖视图上画断面材料图例时，应注意同一物体各剖视图上的材料图例要一致，如图例上有斜线，其方向必须一致，间距相等。

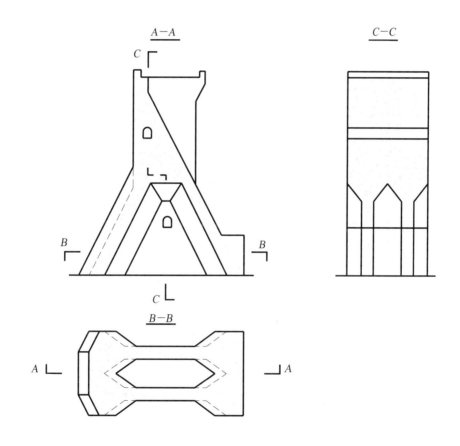

图 9-12　剖视图

四、常用建筑材料图例

为了表明物体剖切后的实体和空腔，将物体和剖切面接触部分画上建筑材料图例，常用建筑材料图例及其画法是根据能源部、水利部颁发的《水利水电工程制图标准》（简称"水标"）绘制的，如表 9-1 所示。

表 9-1 常用建筑材料图例

材料	图例	说明	材料	图例	说明
自然土壤	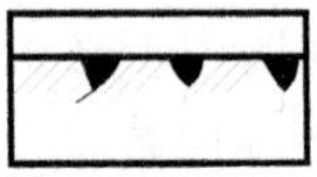	斜线约为45°细线	混凝土		适用于少筋混凝土和大体积钢筋混凝土
夯实土	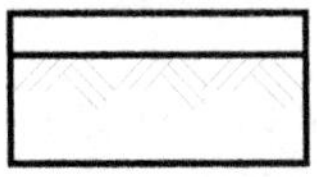	斜线约为45°细线	钢筋混凝土		
填土	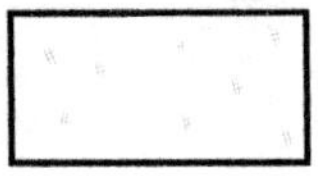		二期混凝土		
干砌块石	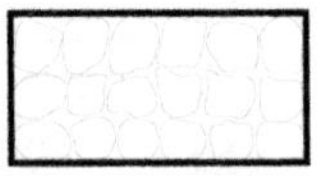	石块要分层	碎石		
浆砌块石	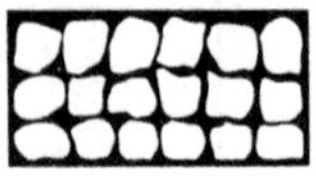	空隙要涂黑	卵石	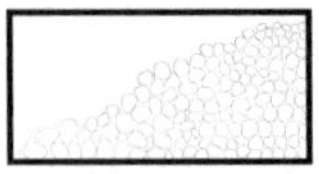	
干砌条石	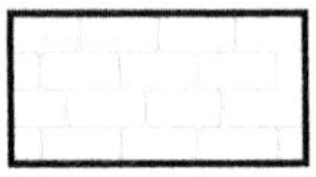	石缝要错开，徒手画	玻璃	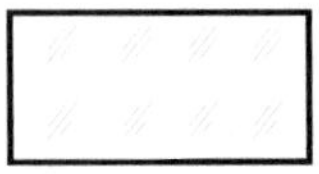	
浆砌条石	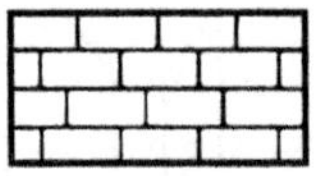	石缝为粗实线，并将石角尖都涂黑	砖		左图为外视，用尺画。右图为剖视，45°斜线。
砂	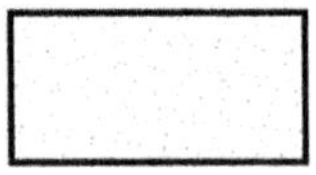		金属		45°斜线。
粘土		两组方向不同的短斜线交错相间，徒手画。	木材 纵纹 / 横纹	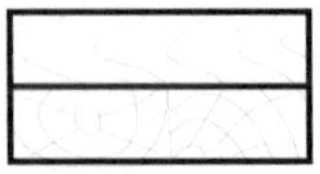	
岩石	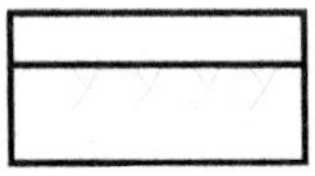		水、液体	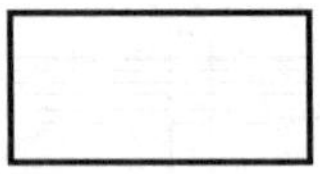	水平细线，用尺画

五、剖切面与剖切方法

物体的形状是多种多样的，有时仅有一个剖切平面并不能将物体的内部形状表达清楚，因此，对于不同的物体结构，可选用不同的剖切平面，根据剖切平面的数量和相互关系不同，可以得到不同剖切方法。

1．单一的剖切平面——单一剖、斜剖

用一个平行于基本投影面的剖切平面剖开物体的方法称为单一剖，如图 9-13（a）所示。用一个垂直于（但不平行）基本投影面的剖切平面剖开物体的方法称为斜剖，如图 9-27 所示。

2．几个平行的剖切平面——阶梯剖

用两个或两个以上相互平行且平行于基本投影面的剖切平面剖开物体的方法称为阶梯剖，如图 9-13（b）所示。

3．两相交的剖切平面——旋转剖

用两个相交的剖切平面剖开物体的方法称为旋转剖，如图9-13（c）所示。

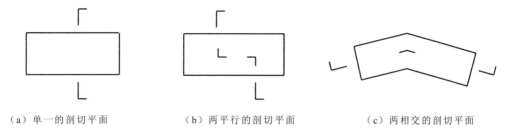

（a）单一的剖切平面　　　　（b）两平行的剖切平面　　　　（c）两相交的剖切平面

图9-13 剖切面与剖切方法

4．组合的剖切平面——复合剖

用上述两种或多种剖切面组合的剖切面剖开物体的方法称为复合剖，如图9-25所示。

六、工程上常见的几种剖视图及其画法

1．按剖切面（不论剖切面的形状和数量）剖开物体的范围（即剖视占视图的范围）划分为三种剖视图

1）全剖视图

用剖切面完全地剖开物体后，所得的剖视图如图9-14所示。

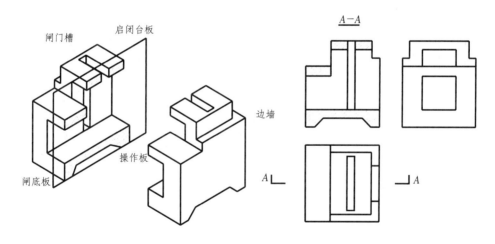

图9-14 闸室剖视图

当物体不对称且外形简单而内部结构较复杂，或物体内外形状都较复杂而又不对称，其外形可另用视图表达清楚时，常采用全剖视图。此外，对于一些空心回转体也常用全剖视图。

图9-14所示为一钢筋混凝土闸室，假想用一平行于正投影面的剖切平面，通过闸室的前后对称中心剖开，移去前半部分，将后半部分向正投影面投影。剖切前，主视图中闸底板、闸门槽、启闭台板和操作板均为虚线。剖切后，这些部位的轮廓线均为可见，应用粗实线画出，但前面的边墙剖切后被移去，因此，在主视图上应不画这条水平位置的可见轮廓线。对于后面边墙顶面的轮廓线，由于它在左视图中已表达清楚，所以可省略虚线。最后在断面上画上断面材料图例钢筋混凝土，就得到了闸室全剖的主视图。

在全剖视图中，当剖切平面未通过物体的对称平面时按图9-15所示标注。当剖切平面通过

对称平面时可按图 9-10 的方式标注，也可按图 9-22 所示的方式标注，即不需要画出剖切位置线和剖视方向线，只要在相应的剖视图的上方写出建筑物的名称并写上"剖视图"三字即可。

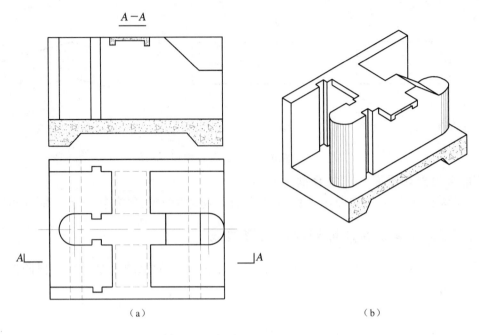

图 9-15 进水闸剖视图

2）半剖视图

当物体具有对称平面时，在垂直于对称平面的投影面上投影所得的视图，可以以对称中心线为界一半画成剖视图，另一半画成视图。

在半剖视图中，无论剖切平面是否通过物体的对称平面，均应按剖视图的一般标注方式标注。图 9-16 所示为剖切平面通过物体对称平面时半剖视图的标注形式。图 9-17 的 $B-B$ 为剖切平面没有通过对称面（物体的这一方向没有对称平面）的半剖视图。

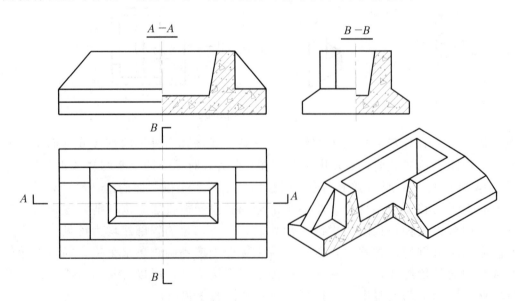

图 9-16 半剖视图

画半剖视图时应注意以下几点：

（1）在半剖视图中，半个剖视图和半个视图的分界线必须用点画线画出；
（2）在半个视图中与粗实线对称的虚线省略不画，如图 9-16 所示；
（3）剖视部分习惯上画在物体的右边或前面；
（4）在半剖视图中，剖切符号的画法与标注，与全剖视图相同。

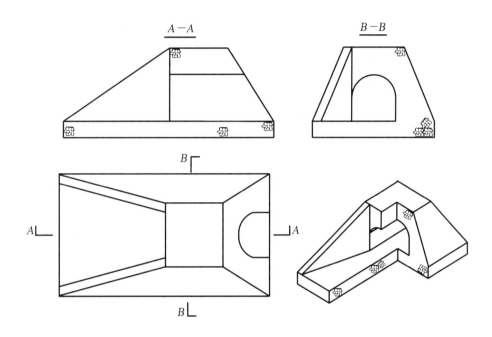

图 9-17 涵洞剖视图

3）局部剖视图

用剖切平面局部地剖开物体所得的剖视图称为局部剖视图，如图 9-18 所示。

局部剖视图用波浪线与视图分界，波浪线不应与图样上的其他图线重合。波浪线应只画在物体的实体表面上，不能穿过空洞。

一般情况下，剖切位置明显的局部剖视图可以不标注。

当物体的图形的对称中心线与轮廓线重合时，不宜采用半剖视图，应采用局部剖视图。

如图 9-19 所示，图 9-19（a）保留外轮廓线，图 9-19（b）表示内轮廓线，图 9-19（c）表示内、外轮廓线。

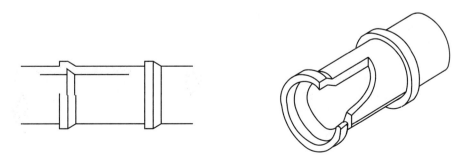

图 9-18 局部剖视图

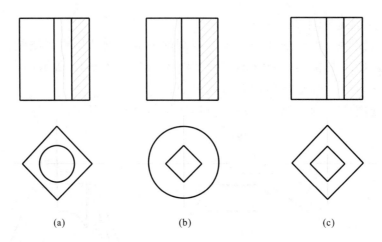

图 9-19 对称中心线与轮廓线重合的局部剖视图

2．按剖切面的数量和剖切方法划分的常见剖视图

1）阶梯剖视图

用几个互相平行的剖切平面剖开物体的方法称为阶梯剖，如图 9-20（a）所示，用阶梯剖所得的剖视图称为阶梯剖视。图 9-20（b）中的 $A-A$ 剖视就是假想用互相平行的两个平面 P 和 Q 剖开物体，将处在观察者和剖切平面之间的部分移去，再向 V 面投影，就能清楚地表达物体的方孔和圆孔了。

对于物体的一些内部结构，如孔、槽等，它们的轴线不处在同一平面时，宜采用阶梯剖，将它们同时反映在一个剖视图中。

画阶梯剖时应注意：

（1）因剖切平面是假想的，所以两个剖切平面转折处的界线不应画出，如图 9-21 所示。

（2）阶梯剖视的标注，应在剖切平面的起止和转折处画出剖切符号并标注相同字母，以剖视方向线指明投影方向，在阶梯剖视图的上方标注相应的名称"$X-X$"，如图 9-20（b）所示。

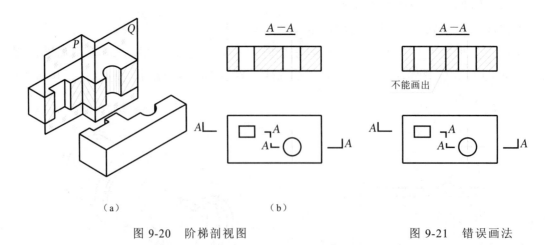

图 9-20　阶梯剖视图　　　　　　　　　图 9-21　错误画法

阶梯剖视在工程图中应用较广。图 9-22 所示的进水闸中，为了表达扭面和边墙的剖面形状及其相互位置关系，在其左视图中采用阶梯剖，在两个互相平行的剖切平面中，左边一个剖切平面剖切扭面体的端面，右边一个剖切平面剖切边墙。这样在一个剖视图上就同时表达清楚了两个结构。

当物体的视图具有公共对称线，而且剖切平面的转折处与该对称线重合时，所画出的阶梯剖视是以原对称线为界线的两个合并图形，如图 9-22 中的 $A-A$ 所示。

在水工图中允许剖切平面通过建筑物的结合面（或端面），该面可按剖面处理。如图 9-22 中的 $A-A$ 的扭面体的左端面。

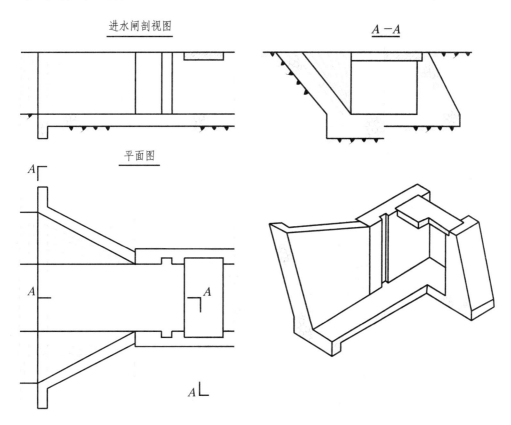

图 9-22 阶梯剖视图的工程实例

2）旋转剖视图

用两个相交的剖切平面（交线垂直于某一投影面）剖切物体的方法称为旋转剖，用旋转剖所得的剖视图称为旋转剖视图，如图 9-23 所示。

画旋转剖视时，先按剖切位置剖开物体，然后将剖切平面剖开的结构及其有关部分旋转到与选定的投影面平行，再进行投影。

如图 9-23 所示为两管道的接头井。用两个相交的剖切面 $A-A$ 和 $A-A$ 剖开此物体，把剖开平面与观察者之间的部分移去，并将被剖切的倾斜结构及其有关部分，旋转到与 V 面平行，再进行投影，在正视图上所得的 $A-A$ 剖视图就是接头井的旋转剖视图。

画旋转剖视图应注意以下几点：

（1）剖切平面的交线应与物体上的公共回转轴线重合，并应先切后转；
（2）剖切平面后的其他结构，一般仍按原来位置投影；
（3）旋转剖视图的标注与阶梯剖视图的标注相同。

图 9-24 所示的 $A-A$ 为旋转剖的工程实例。

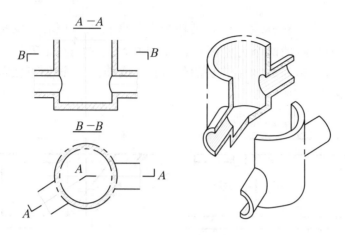

图 9-23 旋转剖视图

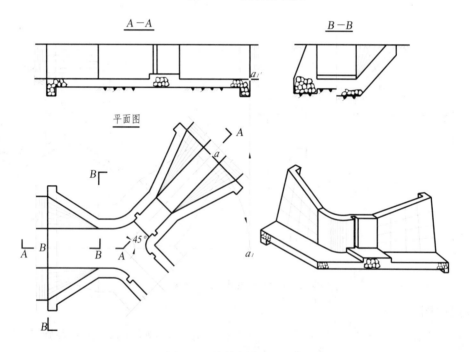

图 9-24 旋转剖视图工程实例

3）复合剖视

除阶梯剖视、旋转剖视外，用几个剖切面剖开物体所得的剖视图称为复合剖视图。

图 9-25（a）所示为混凝土土坝内廊道。在俯视方向为了表达台阶和它的两端部分廊道，采用了三个剖切平面（两个水平面和一个正垂面）剖开坝体，三个剖切平面在 V 面上积聚为折线，得到复合剖视图 $B-B$。图 9-25（b）的复合剖切面在 V 面上积聚为曲线。

画复合剖视图时，倾斜的剖切平面旋转到与投影面平行后再行投影，可以直接按投影关系画出，图 9-25（a）是直接按投影关系画出的。

复合剖视的标注与阶梯剖视和旋转剖视的标注基本相同，但展开画法时加注"（展开）"。

应当指出,在水利工程图中,全剖视、半剖视,局部剖视常用一个剖切平面割开物体;阶梯剖视常用两个(有时用两个以上)互相平行的平面剖开物体;旋转剖视是用两个相交的剖切面剖开物体的,而复合剖视则是用三个或三个以上的剖切面(平面或曲面)剖开物体的。

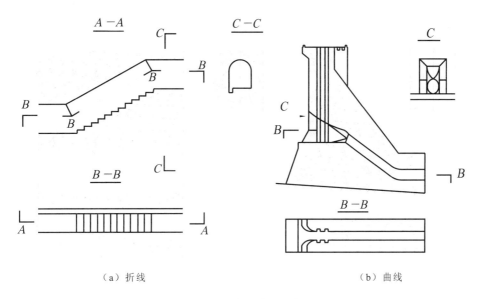

(a)折线　　　　　　　　　　(b)曲线

图 9-25　复合剖视图

3．剖切面不与投影面平行的斜剖视图

用一个不平行于任何基本投影面的剖切平面把物体剖开后所得的剖视图称为斜剖视图,如图 9-26 所示。

画斜剖视图应注意以下两点。

1)如图 9-26 所示,斜剖视图一般配置在投影方向线所指一侧,并与基本视图保持对应的投影关系。必要时允许将图形配置在其他适当位置。在不引起误解时也可以将图形转正画出,但要在图名后加注旋转符号。

2)当斜剖视图的主要轮廓线与水平线成 45°或接近 45°时,该部分断面材料图例中的倾斜线应画成 30°或 60°,倾斜方向与该物体的其他剖视图一致。

七、剖视图的尺寸注法

剖视图的尺寸注法与组合体的尺寸注法相同,但应注意以下两点。

1．内部、外形的尺寸尽量分开标注

为了使尺寸清晰,应尽量把外形尺寸和内部尺寸分开标注。

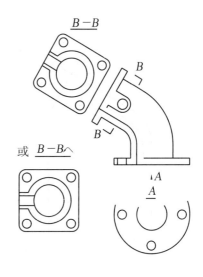

图 9-26　斜剖视图

2. 半剖视图和局部剖视图上内部结构尺寸的注法

半剖视图和局部剖视图上，由于对称部分视图上省略了虚线，注写内部结构尺寸时，只需画出一端的尺寸界线和尺寸起止符号，而另一端的尺寸线要超过对称线，且不画尺寸界线和尺寸起止符号，尺寸数字应注写完整结构的尺寸，如图 9-27（a）中的 ∅10 和 16×16。

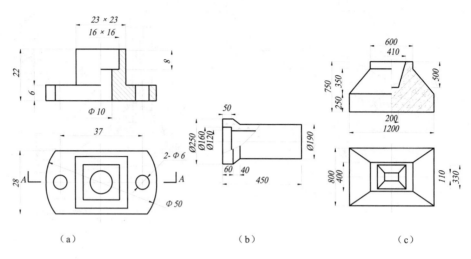

图 9-27　剖视图中尺寸标注

第三节　断面图

一、断面图的概念

前面已介绍过断面图是假想用剖切平面将物体切断，仅画出物体与剖切平面接触部分及断面材料图例的图形称为断面图。断面图不包括剖切面后的轮廓，这是它与剖视图的不同点，实质上断面图就是剖视图的一部分，如图 9-28 所示。当只需表达物体某一部分的断面形状时，常采用断面图。对于一些变化断面的构件，常采用一系列的断面图，以表达变化的断面形状，如图 9-32（d）所示。

为了表示断面的真形，剖切平面一般应垂直于物体结构的主要轮廓线。

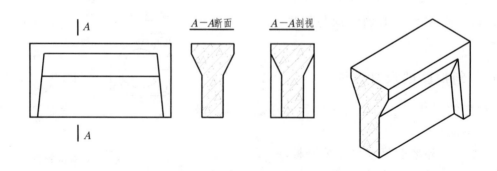

图 9-28　断面图的概念

二、断面图的种类

按断面图在图样中的配置，可分为重合断面和移出断面两种。

1）重合断面。画在图形内部的断面称为重合断面。

2）移出断面。画在图形之外的断面称为移出断面。

三、重合断面

将断面图画在视图轮廓线之内的称为重合断面，如图 9-29 所示。

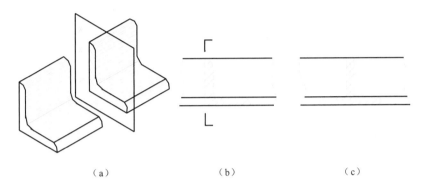

图 9-29 重合断面

1．重合断面的画法

重合断面的轮廓线用细实线画出，当视图中的轮廓线与重合断面的图形某处有重叠时，视图中的轮廓仍应完整地画出，不可间断，如图 9-29（b）、（c）所示。

2．重合断面的标注

1）对称的重合断面不必标注，如图 9-29（c）所示。

2）不对称的重合断面应标注剖切位置线和剖视方向线，以表示剖切位置和投影方向，但可不标注字母。剖切位置线的长度宜为 5~10 mm，剖视方向线的长度宜为 4~6 mm。在绘图时，剖切符号不宜与图面上的图线接触，如图 9-29（b）所示。

3）有时不对称的断面图直接画在图形内，也可省略标注。如图 9-30 所示，只需在断面图的轮廓线之内沿轮廓线边缘画出材料图例；当断面尺寸较小时（如梁板断面图），可将断面涂黑，如图 9-31 所示。

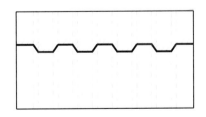

图 9-30 墙上装饰线的断面图

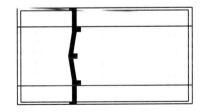

图 9-31 房屋屋面的断面图

四、移出断面

画出图形外的断面称为移出断面，如图 9-32 所示。

1. 移出断面的画法

移出断面的轮廓线用粗实线绘制。

2. 移出断面的标注

1）当移出断面配置在剖切位置的延长线上，断面图形对称时，可不标注，如图9-32（a）所示；若断面图形不对称，则应画出剖切位置线和投影方向线，如图9-32（b）所示。

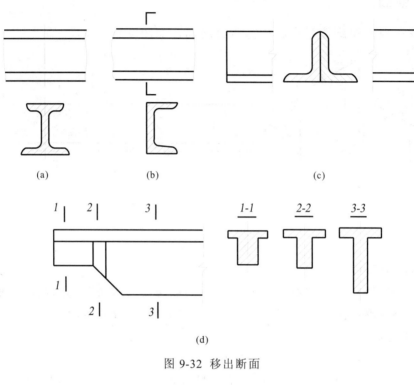

图 9-32 移出断面

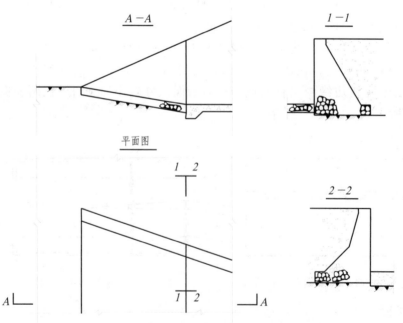

图 9-33 移出断面（八字翼墙）

2）当断面图形对称，且移出断面配置在视图轮廓线的中断处，这时可不标注，如图 9-32（c）所示。

3）移出断面图也可配置在图纸的其他适当地方，这时应标注。若断面图形对称，则可省略视向线，如图 9-32（d）所示。

4）当用一个公共剖切平面将物体切开而得到两个不同方向投影的断面图时，应按图 9-33 中断面"1－1"和"2－2"的形式标出。

第四节 综合应用举例

一、工程形体的读图

对于工程图样的阅读，首先应根据剖视图和断面图的名称，在有关视图上找出相应的剖切位置和投射方向，弄清它们与相应视图间的投影关系，看懂断面形状，区分空心部分和实体部分，然后按形体分析法或线面分析法进行读图。读图时，不仅要看懂形体被剖切后的内部形状，还要分析形体被剖去部分的外部形状。阅读复杂的工程图样还必须仔细理解和分析图样中的技术要求、施工说明、尺寸标注等各种符号并对照图形了解其含义。

读图的具体方法和步骤将在第十一章中作详细介绍。

二、工程形体的表达

前面介绍了表示形体的一些常用方法。在工程实例中，如何用较少的视图，把建筑物完整、清晰地表达出来，就必须综合应用视图、剖视图和断面图等有关知识，对工程建筑物的构造、作用和组成进行全面分析。以便根据建筑物的工作情况确定其安放位置，从而正确选择表达建筑物的各种视图。

下面举一工程实例说明综合应用各种视图、剖视图表达建筑物的方法。

图 9-34 为某水电站进水口。从图中可知该进水口的主要构造有：矩形底板、带斜椭圆柱面的边墩、胸墙、迎水面的椭圆柱面的顶板、直墙等。

图 9-34 为该进水口的一组视图和轴测图，由于该建筑物前后对称，正视图采用了全剖视图表达进水口的内部构造和各部分的相互位置，俯视图采用了 $A-A$ 半剖视图，其中视图部分主要表达了进水口俯视方向的外形，剖视图部分表达了胸墙、边墩等的构造及其相互位置关系。左视图采用 $B-B$ 阶梯剖视，其左半部表达进水口左视方向的外形和各部分的相互位置，右半部表达了闸门槽和直墙的形状与构造及其相互位置关系。

选用了这样一组视图，整个进水口的形状和构造就完全表达清楚了。

第五节 第三角投影法简介

前面介绍的是第一角投影，国际标准 ISO《技术制图——画法通则》规定，第一角和第三角投影等效使用。目前，我国和一些东欧国家都采用第一角投影法，日本和美国等国家采用第三角投影法，两种画法分别称为第一角画法和第三角画法。在日益发展的国际贸易和技术交流中，会遇到一些采用第三角画法画出的图纸，现将第三角画法简介如下。

第一角画法是把构件置于第一分角内，保持观察者—构件—投影面的位置关系，将构件向投影面投射，得到构件的各个视图。

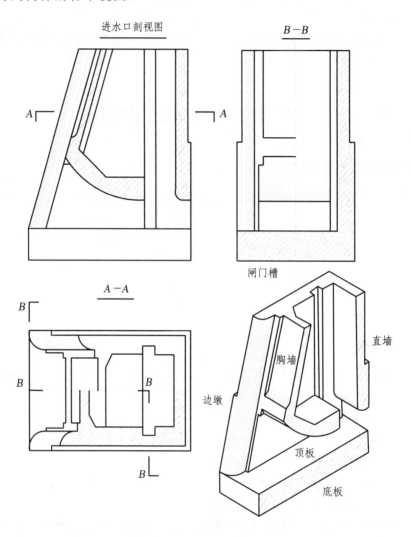

图 9-34 进水口结构图

第三角画法则是把构件置于投影面视为透明的第三分角内，如图 9-35（a）所示，保持观察者—投影面—构件位置关系，将构件向投影面投射，得到构件的各个视图，如图 9-35（b）所示。第三角画法的三视图为：由前向后投射，在投影面 V 上所得到的投影称为前视图；由上向下投射，在投影面 H 上所得到的投影称为顶视图；由右向左投射，在投影面 W 上所得到的投影称为右视图。

第三角画法中投影面的展开方法规定为：前面投影面 V 不动，水平投影面 H 和右侧投影面 W 分别向上和向右旋转 90°与前面投影面 V 共面。

第三角画法的基本视图也有六个，除前视图、顶视图和右视图外，还有左视图、底视图和后视图。六个基本视图的形成及投影面的展开方法如图 9-36（a）所示，六个基本视图的配置如图 9-36（b）所示。

在第三角画法的六个基本视图中，顶视图、右视图、左视图和底视图靠近前视图的一侧表示构件的前面，远离前视图的一侧表示构件的后面，这恰好与第一角画法相反。

由于第三角画法的视图也是按正投影法绘制的，所以六个基本视图之间长、宽、高三方向的对应关系仍应符合正投影规律，这与第一角画法相同。

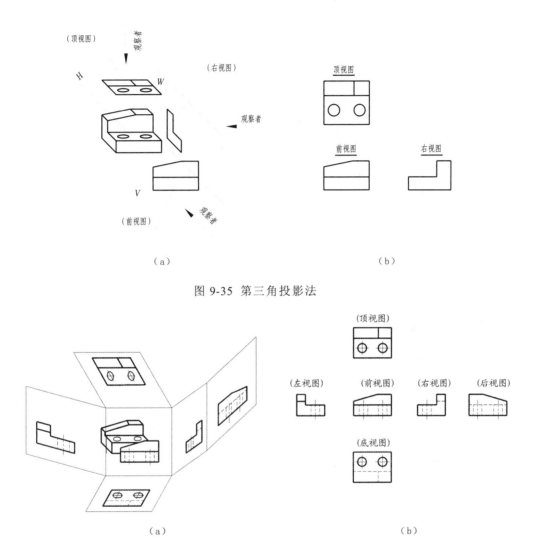

图 9-35 第三角投影法

图 9-36 六个基本视图的展开及配置

为了识别第三角画法与第一角画法，规定了相应的识别符号，如图 9-37 所示。该符号一般标在所画图纸标题栏的上方或左方。若采用第三角画法时，必须在图样中画出第三角画法识别符号；若采用第一角画法，必要时也应画出其识别符号。

（a）第三角画法的符号　　　　　　　　　　（b）第一角画法的符号

图 9-37 第三角和第一角画法的符号

第十章 标高投影

第一节 概 述

工程建筑物总是和地面联系在一起的,它与地面形状有着密切的关系,因此,在建筑物的设计和施工中,常常需要绘出表达地面形状的地形图(如图 10-1 所示),以便在图上解决有关工程问题。但地面形状比较复杂,高低不平,没有规则,而且长度、宽度尺寸与高度尺寸相比要大得多,如仍采用前述的多面正投影法来表达地面形状,不仅作图困难,也不易表达清楚。因此,本章将研究一种新的图示方法,即标高投影法。

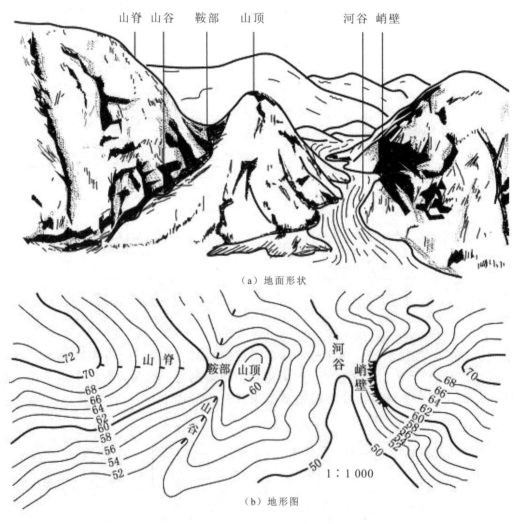

图 10-1 地形面和地形图

在图 10-2(a)中,设水平面 H 为基准面,A 点高出 H 面 3 个单位,B 点高出 H 面 5 个单位，C 点低于 H 面 4 个单位，D 点在 H 面内，分别作出它们在 H 面内的正投影，并在投影旁边注明其距离 H 面的高度，即 a_3、b_5、c_{-4}、d_0，这就得到了 A、B、C、D 四点的标高投影。图 10-2（b）就是它们的标高投影图。点的高度是以 H 面的高度为 0 来确定的，高出 H 面的为正值，低于 H 面的为负值。

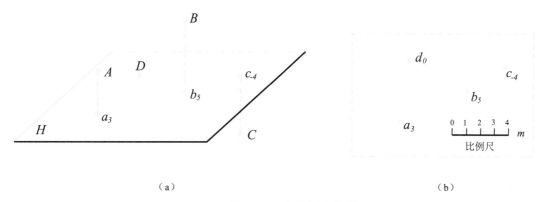

图 10-2 点的标高投影

像这样用一个水平投影图加注其高度数值表示空间形体的方法称为标高投影法。在标高投影图中，必须标明比例或画出比例尺，通常以 m 为单位。

在实际工作中，通常用青岛附近黄海海平面作为基准面，所得标高叫做绝对标高，常称高程或海拔。在房屋建筑中，以底层地面作为基准面，所得标高叫做相对标高。

第二节 直线和平面的标高投影

一、直线的标高投影

直线的标高投影可由直线上任意两点的标高投影连接而成，如图 10-3 所示。

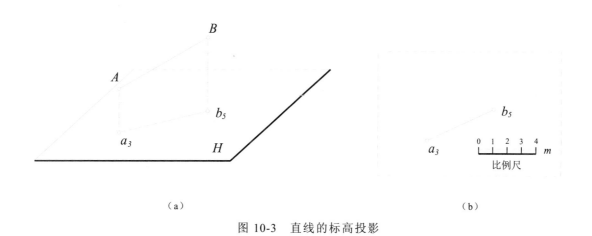

图 10-3 直线的标高投影

1. 直线的坡度和平距

直线上任意两点的高差与该两点的水平距离之比称为该直线的坡度，用 i 表示。图 10-4

中，A、B 两点的高差为 H，其水平距离为 L，AB 对 H 面的倾角为 α，则得出

$$ 坡度\ i = \frac{高差}{水平距离} = \frac{H}{L} = \tan\alpha $$

上式表明，坡度 i 就是当直线上两点间的水平距离为 1 个单位时两点的高差，如图 10-4 所示。

当直线上两点的高差为 1 个单位时的水平距离称为该直线的平距，用 l 表示。这时坡度 $i=\frac{1}{l}$。从图 10-5 中也可以得出

$$ l = \frac{水平距离}{高差} = \frac{L}{H} = \cot\alpha $$

由此可知，平距和坡度互为倒数，即 $l=\frac{1}{i}$。如 $i=\frac{2}{3}$，则 $l=\frac{1}{i}=\frac{3}{2}=1.5$。

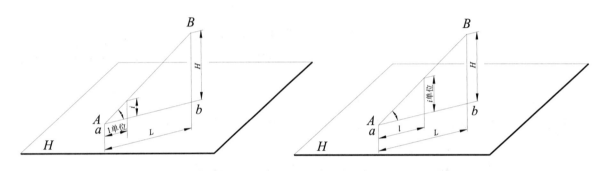

图 10-4　直线的坡度　　　　　　图 10-5　直线的平距

因为一直线上任意两点间的坡度是相等的，即任意两点的高差与其水平距离之比是一个常数，所以在已知直线上任取一点都能计算出它的标高。或者，已知直线上任意一点的标高，也可以确定它的投影位置。

【例 10-2-1】 已知直线 AB 的标高投影 a_6b_2，如图 10-6 所示，求直线上 C 点的标高。

解　先求直线 AB 的坡度，由图中比例尺量得 $L_{AB}=8$，而 $H_{AB}=6-2=4$，因此坡度 $i=\frac{H_{AB}}{L_{AB}}=\frac{4}{8}=\frac{1}{2}$。根据坡度 $i_{AC}=i_{AB}$，即 $\frac{H_{AC}}{L_{AC}}=\frac{H_{AB}}{L_{AB}}$，由比例尺量得 $L_{AC}=2$，故得 $\frac{H_{AC}}{2}=\frac{i}{2}$，$H_{AC}=1$，$C$ 点的标高为 $6-1=5$，其投影标为 C_5。

显然，若给出直线上一点的标高投影及其坡度，同样可以表示直线，如图 10-7 所示，图中箭头指向下坡。

2. 直线上整数标高点的求法

在实际工作中，有时遇到线段的两端点并非整数，需要在直线上作出各整数标高点。

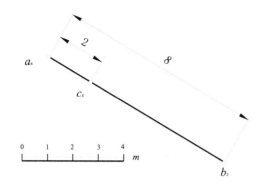

图 10-6 求 C 点的标高

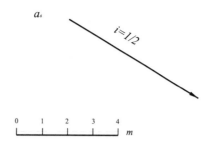

图 10-7 直线的表示

【例 10-2-2】 已知直线 AB 的标高投影 $a_{2.3}b_{5.5}$，求直线上各整数标高点，如图 10-8 所示。

方法一 图解法

根据换面法的概念，过 AB 作一铅垂面 P，将 P 面绕以 $a_{2.3}b_{5.5}$ 为轴旋转，使其与 H 面重合，即可求出直线 AB 的实长。在 AB 上确定出整数标高点，则它们的投影便可求解。

作图方法：在适当位置按比例尺作一组与 $a_{2.3}b_{5.5}$ 平行的等距整数标高直线，它们的标高顺次为 2、3、…、6。然后，自点 $a_{2.3}$、$b_{5.5}$ 作标高的垂线，根据标高定出

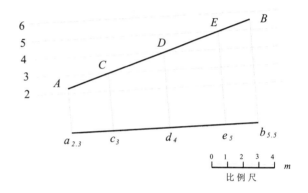

图 10-8 求直线上整数标高点

点 A 和 B；连接 AB，与整数标高线的交点 C、D、E 就是 AB 上的整数标高点；再过 C、D、E 各点向 $a_{2.3}b_{5.5}$ 作垂线，即得整数标高点投影 c_3、d_4、e_5。

显然，各相邻整数标高点间的水平距离（即直线的平距）应该相等。这时 AB 反映实长，它与整数标高线的夹角反映其对 H 面的倾角。在 P 面上作一组等距平行直线也可不按图中的比例尺画出，根据定比关系，其结果相同。

方法二 数解法

按例 10-2-1 的方法，先求出直线 AB 的坡度，定出平距 l。然后算出距端点的第一个整数标高点。如求 c_3，则根据 $a_{2.3}$，算出 A、C 两点的水平距离 $L_{AC}=H_{AC}\cdot l=(3-2.3)l=0.7l$。自 $a_{2.3}$ 沿 ab 方向量取 $0.7l$，得 c_3 点。再依次量取两个 l，就得 d_4、e_5 两点。

二、平面的标高投影

1. 平面内的等高线

平面内的水平线就是平面内的等高线，也可看作是水平面与该平面的交线，如图 10-9（a）所示，平面与基准面 H_0 的交线就是平面内标高为零的等高线。在生产实际中，常取整数标高（或高程）的等高线。图 10-9（a）为平面 P 内等高线的空间情况，图 10-9（b）为平面 P 内等高线的标高投影。

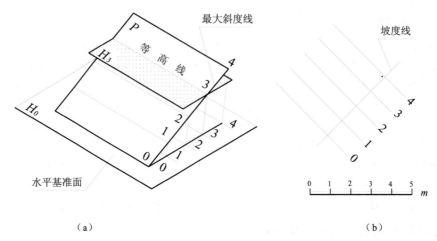

图 10-9 平面内的等高线和坡度线

从图中可以看出，平面内的等高线有下列特性：

1）等高线是直线；
2）等高线互相平行；
3）等高线的高差相等时，其水平间距也相等。

2. 平面内的坡度线

平面内对水平面的最大斜度线就是平面内的坡度线，如图 10-9（a）所示。平面内的坡度线有下列特性：

1）平面内的坡度线与等高线互相垂直，它们的水平投影也互相垂直，如图 10-9（b）所示。
2）平面内坡度线的坡度代表该平面的坡度，坡度线的平距就是平面内等高线间的平距。根据平面内的坡度线可求出该平面对水平面的倾角 α。

【**例 10-2-3**】 已知一平面 $\triangle ABC$，其标高投影为 $\triangle a_0 b_{3.3} c_{6.6}$，试求该平面与 H 面的倾角 α，如图 10-10 所示。

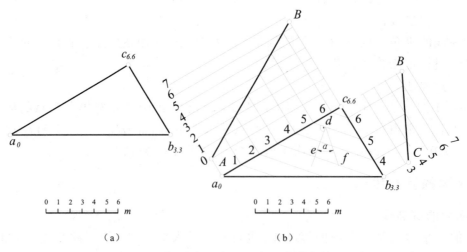

图 10-10 求平面与 H 面的倾角 α

解 因平面内的坡度线就表示该平面的坡度，而坡度线又垂直于平面内的等高线，因此只要定出平面内的等高线，则问题就易于解决了。为此，先在 $\triangle ABC$ 的任意两边上定出整数标高点，如在图 10-10（b）中，定出 ac 和 bc 的整数标高点，连接相同标高的点，就是等高线。然后，在适当位置作等高线的垂线，即得坡度线。求出任意一段坡度线的实长，即可求出倾角 α。图 10-10（b）中取 de=2 个平距，ef=2 个单位的高差。

3．平面的表示法和平面内作等高线的方法

从上例中可以看出，在第二章中介绍的几何元素表示平面的方法在标高投影中仍然适用。根据标高投影的特点，下面着重介绍三种平面的表示方法以及在平面内作等高线的方法。

1）用两条等高线表示平面，如图 10-9（b）中的任两条等高线（如 4、3）即可表示平面 P；

2）用一条等高线和平面的坡度表示平面。

图 10-11（a）是一岸堤，堤顶标高为 8，斜坡面的坡度为 1:2，这个斜坡面可以用它的一条等高线和坡度来表示，如图 10-11（b）所示。

如图 10-11（b），已知平面内一条等高线 8 和坡度 i=1:2，可作出该平面内其他等高线，如标高为 7、6、5 等。其作图方法如下：

① 根据坡度 i=1:2，求出平距 l=2；

② 作垂直于等高线 8 的坡度线，在坡度线上自等高线 8 的交点起，顺箭头方向按比例连续量取 3 个平距，得 3 个截点，如图 10-11（c）所示；

③ 过各截点作等高线 8 的平行线，即为所求。

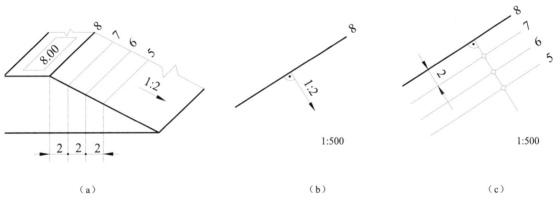

（a） （b） （c）

图 10-11 用一条等高线和坡度表示平面

3）用一倾斜直线和平面的坡度表示平面

图 10-12（a）所示是一标高为 4 的水平场地，其斜坡引道两侧的斜面 ABC 和 DEF 的坡度均为 1:1，这种斜面可由面内一倾斜直线的标高投影和平面的坡度来表示。例如，斜面 ABC 可由倾斜直线 AB 的标高投影 a_4b_0 及坡度 1:1 来表示，如图 10-12（b）所示。图中 a_4b_0 旁边的箭头只说明该平面在直线 AB 的一侧为倾斜，它不代表平面的坡度方向，所以用虚线表示。那么，如何求出图 10-12（b）所示平面内的等高线呢？

分析：从图 10-13（a）中可知，过倾斜直线 AB 作坡度为 1:1 的平面，可以理解为过 AB 作一平面与锥顶为 A、素线坡度为 1:1 的正圆锥相切，切线 AK 就是该平面的坡度线。已知 A、B 两点的高差 H=4－0=4，平面坡度 i=1:1，那么水平距离 L=H/i=4/1=4。如果所作正圆锥面的高度 H=4，锥底圆半径 R=L=4，则过标高为 0 的 B 点作锥底圆的切线 BK，便是平面内标高为 0 的等高线。知道了平面内的一条等高线和坡度线的方向，就可按图 10-11 的作图方法作出平面内的其他等高线。

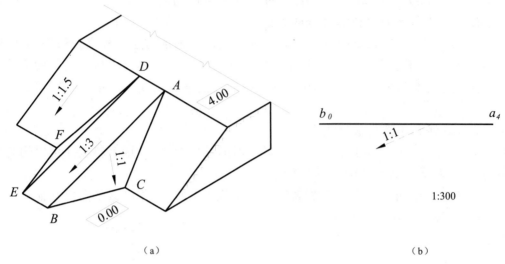

图 10-12　用一倾斜直线和坡度表示平面（一）

作图：如图 10-13（b）所示。

① 以 a_4 为圆心，$R=4$ 为半径作圆弧；

② 自 b_0 作圆弧的切线 b_0k_0，即得标高为 0 的等高线；

③ 自 a_4 点作切线 b_0k_0 的垂线 a_4k_0，即得平面的坡度线。四等分 a_4k_0，过分点即可作出标高为 1、2、3、4 的等高线。

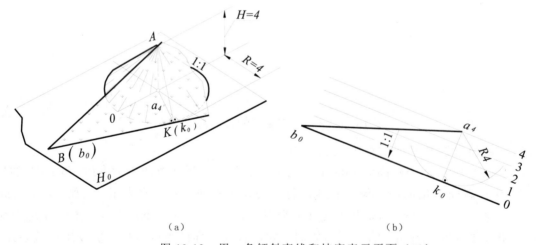

图 10-13　用一条倾斜直线和坡度表示平面（二）

4. 平面与平面相交

在标高投影中，求两平面的交线与第二章中用辅助平面法求两平面的交线的原理和方法相同，不过在标高投影中的辅助面一般采用水平面。通常是利用两平面内同标高（或高程）等高线相交，分别找出两个共有点并连接起来求得交线。如图 10-14 所示，作 P、Q 两平面的交线，就是分别作出两个水平辅助面如 H_{25} 和 H_{20} 与 P、Q 两平面相交，分别求得两组同标高

等高线的交点 A、B，并相连，即得 P、Q 两平面的交线。

【例 10-2-4】 求图 10-15 所示两平面的交线。

解 ① 作出两平面相同标高的等高线，如标高为 20 和 25 的等高线，如图 10-15（b）所示；

② 两条 25 的等高线相交得 a 点，两条 20 的等高线相交得 b 点；

③ 连 a、b 两点，则 ab 即为所求两平面交线的标高投影，如图 10-15（b）所示。

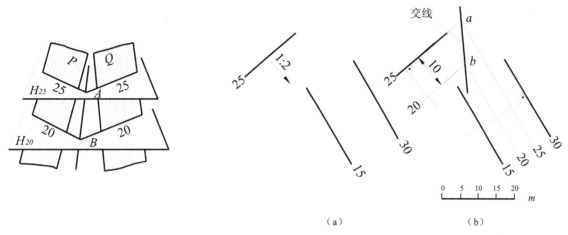

图 10-14 用等高线作两平面交线的原理　　图 10-15 求两平面的交线

【例 10-2-5】 已知主堤和支堤相交，顶面标高分别为 3 和 2，地面标高为 0，各坡面坡度如图 10-16（a）所示，试作相交两堤的标高投影图。

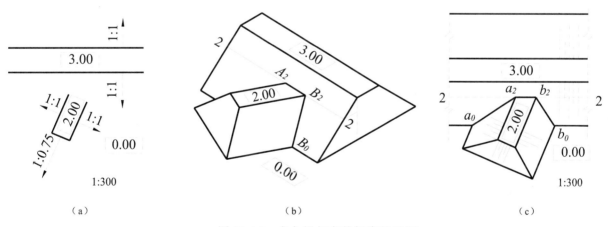

图 10-16 求主堤相交的标高投影图

分析：本题需求三种交线，一为坡脚线，即各坡面与地面的交线；二为支堤堤顶与主堤边坡面的交线，即 A_2B_2；三为主堤坡面与支堤坡面的交线 A_2A_0、B_2B_0，如图 10-16（b）所示。

作图：如图 10-16（c）所示。

① 求坡脚线。以主堤为例，说明作图方法：求出堤顶边缘到坡脚线的水平距离 $L=H/i=3/1=3$，沿两侧坡面的坡度线按比例量取三个单位得截点，过该点作出顶面边线的平行线，即得两侧坡面的坡脚线。同法作出支堤的坡脚线。

② 求支堤堤顶与主堤坡面的交线。支堤堤顶标高为 2，它与主堤坡面的交线就是主堤坡面上标高为 2 的等高线中 a_2b_2 的一段。

③ 求主堤与支堤坡面间的交线。它们的坡脚线交于 a_0 和 b_0，连 a_2、a_0 和 b_2、b_0，即得主堤与支堤坡面间的交线 a_2a_0 和 b_2b_0。

④ 画出各坡面的示坡线。

【例 10-2-6】 求图 10-17（a）所示水平场地和斜坡引道两侧的坡脚线及其坡面间的交线。设地面标高为 0，斜坡引道两侧坡面坡度及水平场地坡面坡度如图 10-17（a）所示，轴测图如图 10-12（a）所示。

分析： 从图 10-12（a）中可知，水平场地和斜坡引道两侧的坡脚线就是各坡面与地面的交线，即各坡面上标高为 0 的等高线。两坡脚线之交点 C 或 F 为两坡面的一个共有点，连 AC、DF 即为各坡面之交线。

作图： 如图 10-17（b）所示。

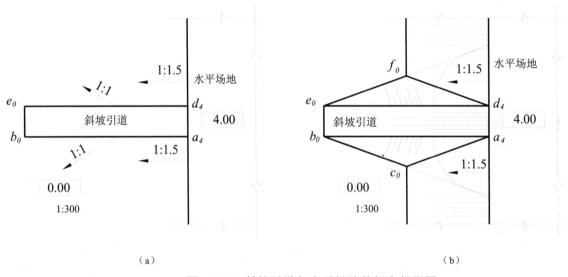

图 10-17 斜坡引道与水平场地的标高投影图

① 作水平场地的坡脚线。算出水平场地坡面的水平距离 $L=\dfrac{H}{i}=\dfrac{4}{1/1.5}=6$ m，即可作出坡脚线。

② 作斜坡引道两侧的坡脚线。作图原理和方法与图 10-13 所示的相同，即以 a_4 为圆心，$R=4$ 为半径画圆弧，自 b_0 点作圆弧的切线 b_0c_0，即为所求坡脚线。同理可求另一侧坡脚线 e_0f_0。

③ a_4 点是水平场地坡面和斜坡引道坡面的一个共有点，两坡脚线的交点 c_0 是两坡面的另一个共有点，连 a_4、c_0，即得两坡面的交线 a_4c_0。同理可得另一交线 d_4f_0。

④ 画出各坡面的示坡线。注意斜坡引道两侧坡面的示坡线应分别垂直于坡面上的等高线 b_0c_0 和 e_0f_0。

第三节　曲面的标高投影

在标高投影中，用一系列的水平面与曲面相截，画出这些截交线的标高投影就是曲面的标高投影。这里仅介绍水利工程中常见的锥面、同坡曲面、地形面等，其表示法分述如下：

一、正圆锥面

当正圆锥面的轴线垂直于水平面时，假如用一组高差相等的水平面截割正圆锥面，其截交线皆为水平圆，在这些水平圆的水平投影上注明高度数值，即得正圆锥面的标高投影。它具有下列特性：

1）等高线都是同心圆。
2）等高线间的水平距离相等。
3）当圆锥面正立时，等高线越靠近圆心，其标高数值越大，如图10-18（a）所示；当圆锥面倒立时，等高线越靠近圆心，其标高数值越小，如图10-18（b）所示。

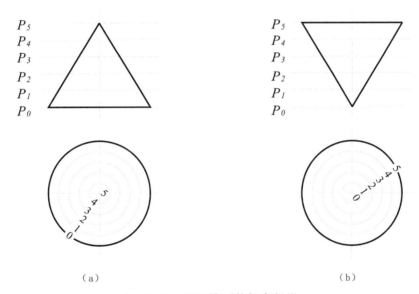

图 10-18　正圆锥面的标高投影

显然，正圆锥面的素线就是锥面上的坡度线，所有素线的坡度都是相等的。

【例 10-3-1】　在土坝和河岸的连接处，用圆锥面护坡，河底标高为 118.00 m，河岸、土坝、圆锥台顶标高及各坡面坡度如图 10-19（a）所示。试求坡脚线和各坡面间的交线。

分析：本题有两条坡面交线，一条是椭圆曲线，另一条是双曲线。作出曲线上适当数量的点，依次连接即得。但应注意，圆锥面的等高线是圆弧而不是直线。因此，圆锥面的坡脚线也是一段圆弧，如图 10-19（c）所示。

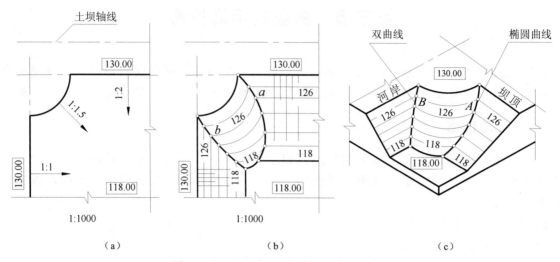

图 10-19 土坝与河岸连接处的标高投影图

作图：如图 10-19（b）所示。

① 作坡脚线。各坡面的水平距离为：

$$L_{坝坡} = \frac{H}{i} = \frac{130-118}{1/2} = 24 \text{ m}$$

$$L_{河坡} = \frac{H}{i} = \frac{130-118}{1/1} = 12 \text{ m}$$

$$L_{锥坡} = \frac{H}{i} = \frac{130-118}{1/1.5} = 18 \text{ m}$$

根据各坡面的水平距离，即可作出它们的坡脚线。必须注意：圆锥面的坡脚线是圆锥台顶圆的同心圆，其半径为锥台顶圆的半径与其水平距离（18 m）之和。

② 作坡面交线。在各坡面上作出同标高的等高线，它们的交点（如同标高等高线 126 的交点 a、b）即坡面交线上的点。依次光滑地连接各点，即得交线。

③ 画出各坡面的示坡线，即完成作图。必须注意，不论平面或锥面上的示坡线，都应垂直于坡面上的等高线。

二、同坡曲面

图 10-20 是一段倾斜的弯曲道路，两侧曲面上任何地方的坡度都相同，这种曲面称为同坡曲面。显然，正圆锥面上每一条素线的坡度均相等，所以正圆锥面是同坡曲面的特殊情况。

同坡曲面的形成，如图 10-21 所示。一正圆锥面顶点沿一空间曲导线（MN）运动，运动时圆锥的轴线始终垂直于水平面，则所有的正圆锥面的外公切面（包络曲面）即为同坡曲面。曲面的坡度就等于运动正圆锥的坡度。

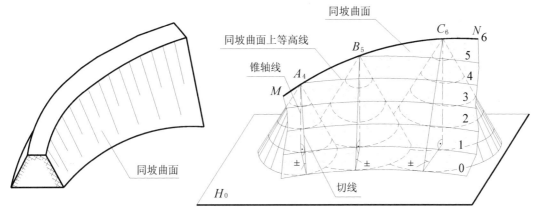

图 10-20 弯曲道路　　　　图 10-21 同坡曲面的形成

运动正圆锥在任何位置时，同坡曲面都与它相切，其切线即是运动正圆锥的素线，又是同坡曲面的坡度线。如果用一水平面同时截割运动圆锥和同坡曲面，所得两条截交线一定相切，即运动圆锥面上和同坡曲面上的同标高等高线也一定相切。

因为同坡曲面上每条坡度线的坡度都相等，所以同坡曲面的等高线为等距曲线。当高差相等时，它们的间距也相等，由此得出同坡曲面上等高线的作图方法。

图 10-22（a）为一弯曲引道由地面逐渐升高与干道相连，干道顶面标高为 4，地面标高为 0。弯曲引道两侧的坡面为同坡曲面，其等高线作法如下，如图 10-22（b）所示。

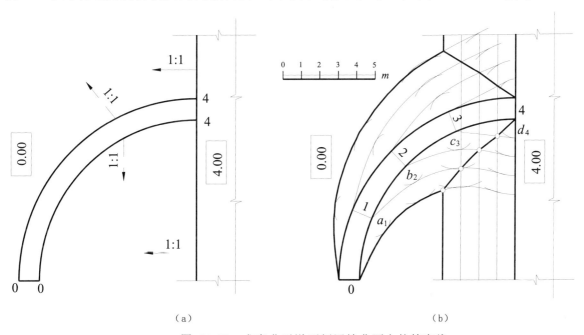

图 10-22　求弯曲引道两侧同坡曲面上的等高线

① 定出曲导线上的整数标高点。分别以弯曲道路两边线为导线，在导线上取整数标高点（如 a_1、b_2、c_3、d_4）作为运动正圆锥的锥顶位置。

② 根据 $i=1:1$，得出平距 $l=1$ m。

③ 作各正圆锥面的等高线。以锥顶 a_1、b_2、c_3、d_4 为圆心，分别以 $R=l$、$2l$、$3l$、$4l$ 为半径画同心圆，即得各圆锥面的等高线。

④ 作各正圆锥面上同标高等高线的公切曲线（包络线），即为同坡曲面上的等高线。

同法可作出另一侧同坡曲面上的等高线。

图中还需作出两侧同坡曲面与干道坡面的交线，连接两坡面上同标高等高线的交点，即为两坡面的交线。

三、地形面

1. 地形面

地形面是用地面上的等高线来表示的。假想用一组高差相等的水平面截割地面，得到一组高程不同的等高线，如图 10-23 所示。实际上当我们看到水库水面的涨落，形成不同高程的周界线就是地面上不同高程的等高线。画出地面等高线的水平投影并标明其高程，即得地形面的标高投影，如图 10-24 和 10-1（b）所示。工程上把这种图形称为地形图。在生产实践中，地形图的等高线是用测量方法得到的，且等高线的高程数字的字头朝向，按规定指向上坡方向。

地形图上的等高线有下列特性：

1）在一般情况下，等高线是封闭的曲线。在封闭的等高线图形中，如果等高线的高程中间高，外面低，则表示山丘，如图 10-24（a）所示；如果等高线的高程中间低，外面高，则表示洼地，如图 10-24（b）所示。

2）在同一张地形图中，若等高线愈密，则表示地面坡度愈陡；若等高线愈稀，则坡度愈平缓。如图 10-24（a）中的山丘，左右两边比较平缓。

3）除悬岩、峭壁外，不同高程的等高线不能相交。

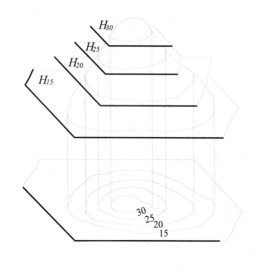

图 10-23 地形面表示法

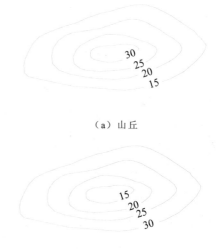

（a）山丘

（b）洼地

图 10-24 山丘和洼地的地形图

为了便于看图，除了解等高线的特性外，还应懂得一些常见地形等高线的特征：

1）山脊和山谷 山脊和山谷的等高线都是朝一个方向凸出的曲线。顺着等高线的凸出方向看，若等高线的高程数值愈来愈小时，则为山脊地形；反之，若等高线的高程数值愈来愈大时，则为山谷地形，如图 10-1（b）所示。

2）鞍部 相邻两山峰之间，地面形状像马鞍的区域称为鞍部。在鞍部两侧同高程的等高线，其排列接近成对称形，如图 10-1（b）所示。

在图 10-1（b）中的等高线，每隔 4 条有一粗线，该线称为计曲线，这是为了便于看图。

2．地形断面图

用一铅垂平面剖切地形面，画出剖切平面与地形面的交线及材料图例就是地形断面图，如图 10-25（b）所示。铅垂平面与地面相交，在平面图上积聚成一直线，用剖切线 $A-A$ 表示。它与地面等高线交于 1、2、…点，如图 10-25（a）所示，这些点的高程与所在的等高线的高程相同。据此，可以作出地形断面图，作法如下：

① 以高程为纵坐标，$A-A$ 剖切线的水平距离为横坐标作一直角坐标系。根据地形图上等高线的高差，按比例将高程注在纵坐标轴上，如图 10-25（b）中的 59、60、…，过各高程点作平行于横坐标轴的高程线。

② 将剖切线 $A-A$ 上的各等高线交点 1、2、…移至横坐标轴上。

③ 由 1、2、…各点作纵坐标轴的平行线，使其与相应的高程线相交。如 4 点的高程为 66，见图 10-25（a）。过 4 点作纵坐标轴的平行线与高程线 66 相交得交点 K，见图 10-25（b）。同理作出其余各点。

④ 徒手将各点连成曲线，加上自然土图例，即得地形断面图，如图 10-25（b）所示。

一般说来，地面的高差与水平距离数值相差很大，有时不需作断面的实际形状，而只要了解断面处的地形变化，此时在地形断面中，高度方向的比例可以不同于水平方向的比例，如图 10-34 中通过西南面路边线所作的铅垂断面 1-1。

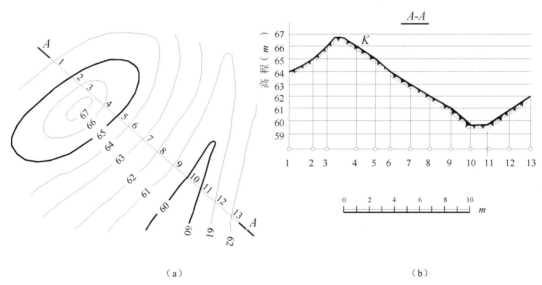

图 10-25　地形坡面图

【例 10-3-2】 如图 10-26（a）所示，已知地形图和直线 AB 的标高投影，求出直线 AB 与地面的交点。

分析：从地形图中直接找不到直线 AB 与地面的交点，若通过 AB 作铅垂辅助面剖切地面，画出地形面的断面图和在剖切面上直线 AB 的实形，即可找到直线 AB 与地面的交点。

作图：如图 10-26（b）所示。

① 包含直线 AB 作铅垂辅助面，画出地形断面图。

② 由 AB 两端点的 $a_{10.5}$、$b_{11.5}$ 用相同比例在断面图中作出直线 AB（实形）。

③ 直线 AB 与地形断面图的交点 K_1、K_2，就是 AB 与地面的交点。

④ 由 K_1、K_2 返回到 ab 上，即可求出直线 AB 与地面交点的水平投影 k_1 和 k_2。线段 k_1k_2 为不可见，应画成虚线。

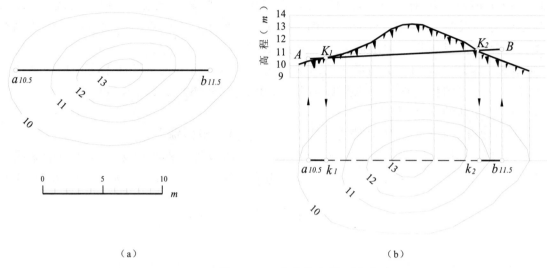

图 10-26　求直线与地面的交点

第四节　工　程　实　例

根据标高投影的基本原理和作图方法，就可以解决工程建筑物表面上的交线问题。求解这些交线的基本方法仍是根据三面共点的原理，以水平面作为辅助面求两个表面的共有点。如所求交线为直线，则只需求出两个共有点相连即得；如所求交线是曲线，则必须求出一系列的共有点，然后依次连接成光滑曲线。下面举例说明求交线的方法。

【例 10-4-1】　在图 10-27（a）所示的地形面上，修一土坝。已知土坝的轴线位置和断面图如图 10-27（a）、（b）所示，试完成土坝的平面图和下游立面图。

分析：从图 10-27（c）土坝的轴测图中可以看出，坝顶、马道和上、下游坡面都与地面有交线（坡脚线），它们都是不规则的平面曲线。坝顶、马道是水平面，它们与地面的交线是地面上同高程等高线的一小段。其上、下游坡脚线上的点是坡面与地面的同高程等高线的交点，求出一系列同高程等高线的交点，把它们依次光滑地连接起来，即为土坝各坡面与地面的交线。

作图：如图 10-28 所示。

① 画坝顶平面，如图 10-28（a）所示。在坝轴线两侧各量取 3 m，画出坝顶边线。坝顶高程为 41 m，用内插法在地形图上用虚线画出 41 m 等高线，从而求出坝顶两端与地面的交线。

② 求上游坝面的坡脚线，如图 10-28（a）所示。在上游坝坡面上作与地面相应的等高线，根据上游坡面坡度 1:2.5，即知平距 l=2.5，按比例即可作出与地形面相应的等高线 40、38、…。然后求出坝坡面与地面同高程等高线的交点，例如 a 点，顺次光滑连接诸点，即得

上游坡面的坡脚线。

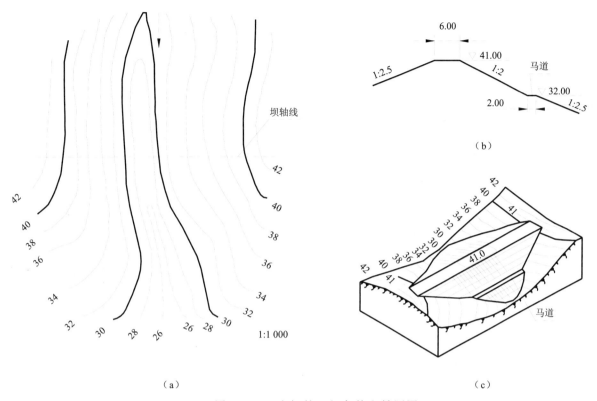

图 10-27 土坝的已知条件和轴测图

应当注意，上游坝面上高程为 30 的等高线与地面等高线 30 有两个交点，但上游坝面上 28 的等高线与地面 28 的等高线没有交点，这时可用内插法各补作一条 29 的等高线（用虚线表示）再找交点。连点时应按交线趋势画出曲线。

③ 求下游坝面的坡脚线，如图 10-28（a）所示。下游坝面的坡脚线与上游坝面的坡脚线求法基本相同，但下游坝面上在高程 32 m 处设有马道，马道以上的坡度为 1:2，马道以下的坡度为 1:2.5，如图 10-27（b）所示。在坝面上作等高线时，应注意不同坡度段要用不同的平距。

马道的求法：先求马道上的内边线至坝顶下游边线的水平距离 $L=\dfrac{H}{i}=\dfrac{41-32}{1/2}=18$ m，按 1:1 000 的比例，即可作出马道上的内边线。按马道的宽度 2 m 求出马道上的外边线。

④ 求下游立面图，如图 10-28（b）所示。逆水流方向看的正立面图称为下游立面图。其作图方法如下：首先按给定比例（1:1 000）画出一组与地面等高线相对应的高程线（水平线），然后将下游坝面坡脚线上各同高程等高线的交点（例如 b 点）垂直地投影到对应的高程线上得到一系列交点（例如 b'），最后顺次光滑地连接各点即得下游坝面坡脚线的正面投影。显然，坝顶和马道的正面投影各积聚一水平直线。

⑤ 画出平面图和下游立面图中坝坡面上的示坡线，并注明坝顶和马道的高程及各坡面的坡度，即完成全图。

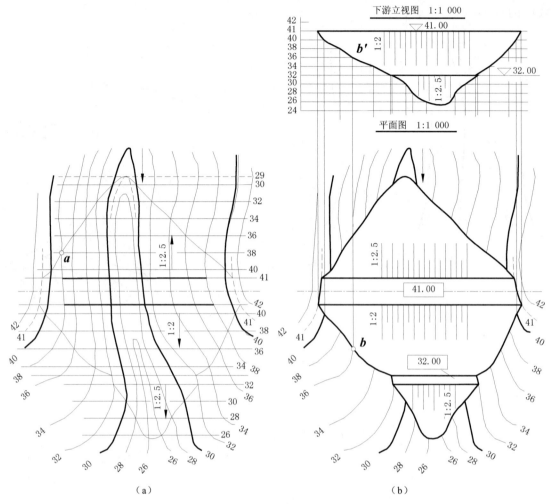

图 10-28　作土坝的平面图和下游立面图

【例 10-4-2】 在图 10-29（a）所给的地形图上修筑如图 10-29（a）所示的水平广场，广场高程为 30，填方坡度为 1:2，挖方坡度为 1:1.5，求填、挖方坡面的边界线和各坡面间的交线。

分析：如图 10-29（b）所示。

1）因为水平广场高程为 30，所以高程为 30 的等高线就是挖方和填方的分界线，它与水平广场边线的交点 C、D，就是填、挖边界线的分界点。

2）广场北边挖方部分包括一个倒圆锥面和两个与倒圆锥面相切的平面。倒圆锥面的等高线为一组同心圆，圆的半径愈大，其高程愈高。由于倒圆锥面和它两侧的平面坡度相同，所以它们的同高程等高线相切。

3）填、挖分界线以南都是填方，广场平面轮廓为矩形，所以边坡面为三个平面，其坡度皆为 1:2。填方坡面上的等高线愈往外其高程愈低。每个坡面不仅与地面相交，而且相邻两个坡面也相交。因此，广场左下角和右下角都有三面（两个坡面和地面）共点的问题，即三条交线必交于一点，如图 10-29（b）中的 A、B 两点。由于相邻两坡面的坡度相等，故此两坡面的交线是两坡面同高程等高线相交的角平分线（即 45°线）。

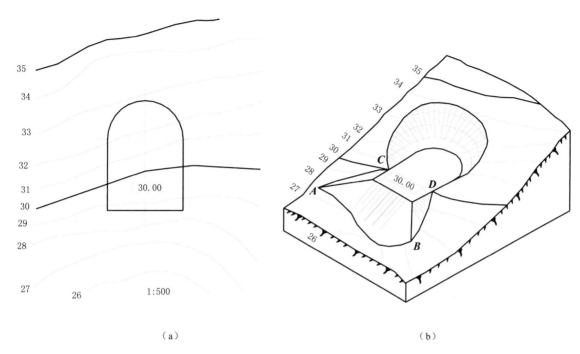

图 10-29 求广场的标高投影图（一）

作图： 如图 10-30 所示。

① 求挖方边界线。过圆心 o 任画一坡度线，现利用 oe 的延长线自 e 点起，用挖方平距 $l=1.5$ 来截取若干等高线的定位点，过截点画出广场北端圆弧的同心圆，即得圆锥面上的等高线 31、32、33、…。两侧坡面上的等高线（直线）与锥面上同高程等高线相切。作出填挖分界线以北坡面与地面同高程等高线的交点 1、2、3、…、7，即边界线上的点，依次连接各点，即得挖方边界线。

② 求填方边界线。首先画出两邻坡面的交线，过广场顶角 f、g 画广场边角的角平分线，即为坡面间的交线。然后作出各坡面的坡度线，在此线上按填方平距 $l=2$ 截取等分点，分别作出各坡面上的等高线 29、28、…等，找出同高程等高线的交点 8、9、…，顺次连接各点，即得填方边界线。

从图 10-30（a）中左下角圆圈部分可以看出，西面坡脚线 c-8-9-n 与南面坡脚线 13-12-11-10-m 一定交于 a 点（二面共点）。am、an 已到了两坡面交线 fa 的另一侧，因此画成了虚线。图中右下角的 b 点也用同样方法求出。

③ 画出各坡面的示坡线。注意填、挖方示坡线有别，长、短的细实线都是从高端引出，如图 10-30 所示。

【例 10-4-3】 在图 10-31 所示的地形面上，修有弯曲段的倾斜道路，道路顶面示出了整数高程线 22、24、…。道路两侧的填方坡度为 1:1.5，挖方坡度为 1:1，求填、挖边界线。

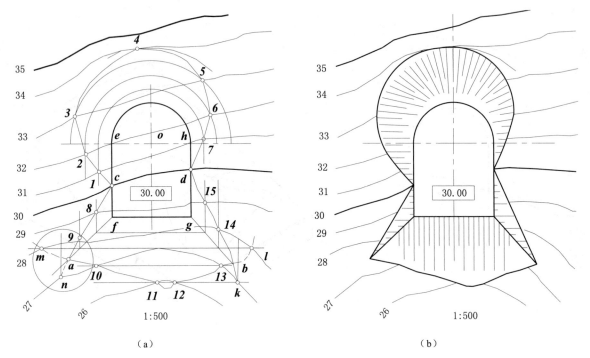

(a)   (b)

图 10-30 求广场的标高投影图（二）

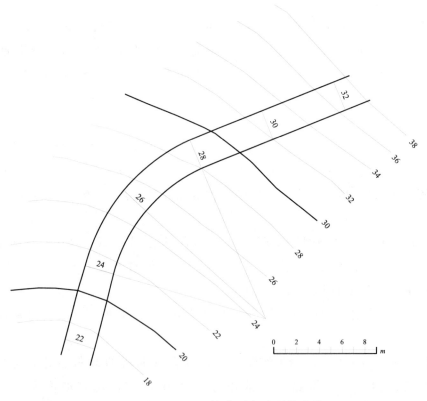

图 10-31 同坡曲面与地面的交线（一）

分析： 道路中间一段为弯曲段，两侧边坡面为同坡曲面，其他两段是直道，边坡面为平面。从图 10-31 中可以看出，道路南边地面等高线 28 与路面高程线 28 恰好相交，可求出路

边的 n 点，如图 10-32 所示，即为南坡面填、挖分界点；道路北坡面的填、挖分界点是在路面高程线 26 和 28 之间，确切的分界点要通过作图求得。道路南北两侧坡面的填、挖边界线求法相同，下面仅就北坡面的填、挖边界线的求法加以叙述。

作图：如图 10-32 所示。

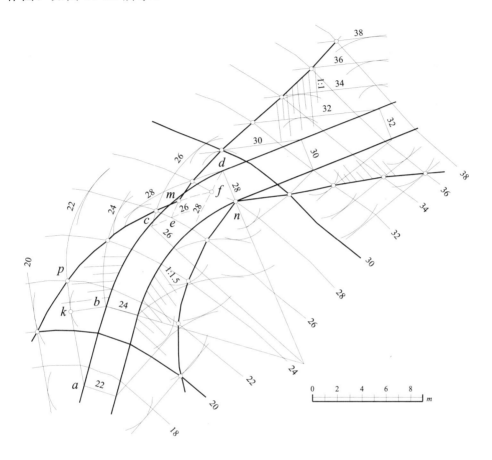

图 10-32　同坡曲面与地面的交线（二）

① 作填方范围内坡面上的等高线。以路边线上的高程点 22、24、26、28 即 a、b、c、d 为圆心，分别以 R（即平距 $l=1.5$ m）、$2R$、$3R$ 为半径画圆弧，作同高程圆弧的公切线，即为坡面上的等高线。其中同坡曲面范围内的等高线为曲线，平坡面范围内的等高线为直线，其同高程的等高线直线与曲线应相切。例如过 a 点的高程为 22 的等高线直线和曲线相切于 k 点。

② 作填方范围内坡面边界线。坡面上各等高线与地面上同高程等高线相交，其交点即为边界线上的点，如边坡面上等高线 22 与地面上等高线 22 的交点为 p，顺次连接各点，即得填方坡面边界线。

③ 挖方范围内坡面上等高线和坡面边界线的作法与填方相同，但应注意挖方坡度为 1:1。辅助圆锥为倒圆锥，圆弧半径愈大，其等高线高程数值愈大。

④ 定出填、挖分界点　扩大填方边坡面范围，如过 d 点向路面内作一条虚等高线 28 与地面等高线 28 交于 f 点，将求得的填方边界线延长与 f 点相连交路边线于 m 点，即填挖分界点。同理，从挖方段来作，过 c 点向路面内作挖方边坡面上的虚等高线 26 与地面等高线 26 交于 e 点，延长挖方边界线与 e 点相连，也必然交于路边线的 m 点。此外，用内插法同样可

求出填、挖分界点，但作图不易准确。

⑤ 画出填挖边坡面上的示坡线。必须注意，同坡曲面上的示坡线也应垂直于坡面上的等高线。

【例 10-4-4】 在图 10-33（a）所示的地形图上修筑道路，图中示出了路面位置。图 10-33（b）、（c）示出了填挖方的标准断面图。已知路面的坡度为 1:20，A-A 断面处的高程为 70，求道路两侧坡面与地面的填、挖边界线。

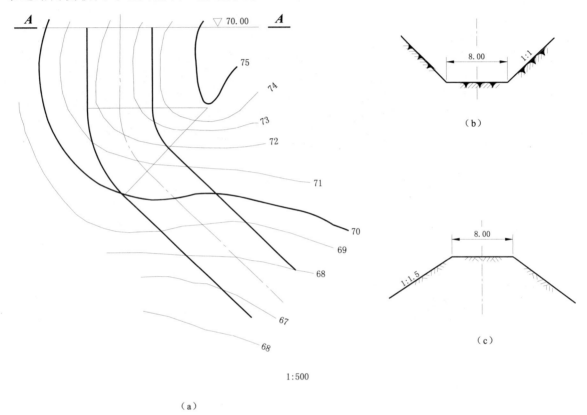

图 10-33　求道路两侧坡面与地面的交线（一）

分析： 求道路坡面与地面的交线，常用坡面与地面同高程等高线相交求交点的方法来解决。本例道路的某些地方坡面上等高线与地面等高线接近平行，若采用上述方法则不易求出同高程等高线的交点，而道路路面坡度又较缓，因此，本例采用地形断面法求填、挖边界线上的点。此法是：在道路中线上每隔一定距离作一个与道路中线（投影）垂直的铅垂面同时剖切地面和道路，所得地形断面与道路断面截交线的交点，即填、挖边界线上的点。

作图： 如图 10-34 所示。

① 从 $A-A$ 断面开始，在道路中线上每隔 10 m 作横断面 $B-B$、$C-C$、$D-D$、$E-E$。根据路面坡度 1:20，算出各断面处的路面高程分别为 69.50、69.00、68.50、68.00。

② 作 $A-A$ 断面，如图 10-34（a）所示。为了作图方便，将 $A-A$ 断面作在与 $A-A$ 剖切线投影相对应的位置。首先，按图 10-25 的作图法作出 $A-A$ 地形断面图，并定出道路中心线。然后，把 $A-A$ 断面与道路断面两边的交点 a、b 垂直地投影到高程线 70 上得 a_0b_0。从图中可知，此处路面低于地面，应按挖方坡度 1:1 作出道路断面。最后，把道路断面两边坡线与地形断面的交点 1_0、2_0 按箭头方向返回到 $A-A$ 剖切线上得 1、2 两点，即挖方边界线上的点。

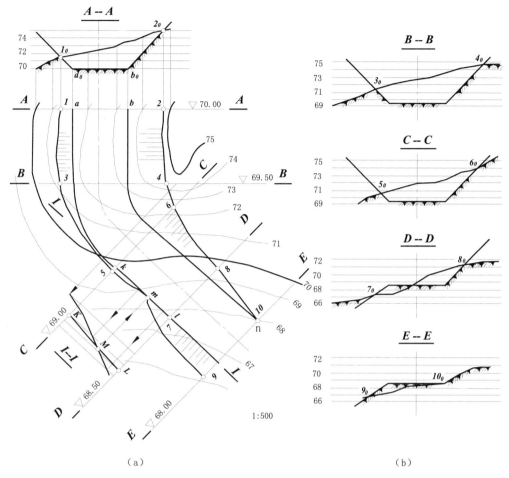

(a)   (b)

图 10-34 求道路两侧坡面与地面的交线

③ 作 $B-B$ 断面，如图 10-34（b）所示。在适当位置作道路断面的中心线，并以此为准，作地形断面图，将 $B-B$ 与路面的交线对应地作到高程线 69.50 上，因路面低于地面，应按挖方坡度 1:1 作出道路断面；然后，从套作的两个断面中，得出交点 3_0、4_0，返回 $B-B$ 剖切线上得 3、4 两点，即挖方边界上的点。

④ 作 $C-C$、$D-D$、$E-E$ 断面，如图 10-34（b）所示。作图方法与 $B-B$ 相同。必须注意，D-D 断面中，东边为挖方，西边为填方，应分别按不同坡度作出道路断面的边坡线。E-E 断面全是填方。

⑤ 求填、挖分界点。道路东侧的填、挖分界点 n 可直接从图中求得。西侧的填、挖分界点不能直接求出，但从图 10-34（b）中可以看出，这个分界点一定在 $C-C$、$D-D$ 两剖切面之间，它是此两断面间路面边线与该处地形断面的交点。其作法如下：通过边线 kl 作铅垂断面 $1-1$，在 $1-1$ 断面中求出直线 KL 与地面的交点 M，将 M 点返回 kl 上得 m 点，即填、挖分界点。在图 10-34（a）的左下方 1-1 断面中，为了作图清楚，高度方向的比例尺适当放大了，但并不影响交点的位置。

⑥ 用曲线依次连接所求同侧各点，即得填、挖边界线。画出边坡面的示坡线，即完成全图。

必须指出，用断面法求交点只有当路面坡度较小，即路面比较平缓的情况下适用。如路面坡度较大时，断面图上的边坡线和实际相差较大，则不宜采用断面法。

第十一章　水利工程图

为了防洪、灌溉、发电和通航等，需要在河流上修建一系列建筑物来控制水流和泥沙，这些与水有密切关系的建筑物称为水工建筑物，这些相互联系的建筑物群组成了水利枢纽。一个水利枢纽一般由以下 5 部分组成。

1）挡水建筑物(如图 11-36 所示水坝、图 11-32 所示水闸)——用以拦截河流，抬高上游水位，形成水库和落差的建筑物。

2）发电建筑物(如图 11-45 所示水电站厂房)——利用上、下水位差及流量进行发电的建筑物。

3）通航建筑物(如图 11-34 和图 11-41 所示船闸，升船机)——用以克服水位差产生的通航障碍的建筑物。

4）输水建筑物(如图 11-43 所示溢洪道、泄水孔，图 11-37 所示引水洞、渠道)——用以排放上游水流，进行水位和流量调节的建筑物。

5）其他建筑物（如冲砂闸——用以排放水库泥沙的建筑物)。

在水利水电工程中，表达水工建筑物设计、施工和管理的工程图样称为水利工程图，简称水工图。水工图中应包含视图、剖视图、断面图、尺寸、图例符号和技术说明等内容，它是反映设计思想、指导施工的重要技术资料。

前面的章节讲述了表达物体的形状、大小、结构的基本图示原理和方法，本章将结合水利工程的实际，研究如何运用这些基本原理和图示方法来绘制和识读水利工程图。

第一节　水工图的分类和特点

水利工程的兴建一般需要经过勘测、规划、设计、施工、竣工验收五个阶段。各个阶段都应绘制相应的图样，每一阶段对图样都有具体的图示内容和表达方法。如勘测阶段有地形图、工程地质图；设计阶段有枢纽布置图、建筑物结构图、细部构造图；施工阶段有施工图；验收阶段有竣工图等。其中常见的水工图有规划图、枢纽布置图、建筑物结构图和施工图等。

一、水工图的分类

1. 勘测图

勘探测量阶段绘制的图样称为勘测图，包括地质图和地形图。勘测阶段的地质图、地形图以及相关的地质、地形报告和有关的技术文件由勘探和测量人员提供，是水工设计最原始的资料，水利工程技术人员利用这些图纸和资料来编制有关的技术文件。勘测图样常用专业图例和地质符号表达，并根据图形的特点允许一个图上用两种比例表示。

2．规划图

在规划阶段绘制的图样称为规划图。规划图是一个示意性图样，它是表达水利资源综合开发全面规划的示意图。按照水利工程的范围大小，规划图有流域规划图、水利资源综合利用规划图、灌区规划图、行政区域规划图等。

规划图应以勘测阶段的地形图为基础，采用符号图例示意的方式，反映出对水利资源开发的整体布局、拟建工程类别、分布位置等内容。

图11-1是某河流域规划图，此河是乌江的一条支流，图中示出了在河道上拟建的六个电站。第一级电站的上游有四条小河。一、二级电站建成后形成了水库。

3．枢纽布置图和建筑物结构图

1）枢纽布置图

在水利工程中，由几个水工建筑物、相互协同工作的综合体称为水利枢纽。每个水利枢纽都是以它的主要任务称呼的，如以发电为主的称为水力发电水利枢纽，以灌溉为主的称为灌溉水利枢纽。把整个水利枢纽的主要建筑物的水平投影在地形图上，形成的平面图称为水利枢纽布置图，如插页图11-42为某河二级电站的枢纽布置图。

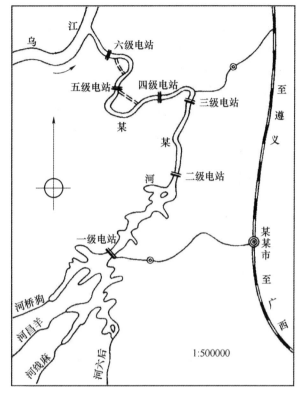

图11-1 某河流域规划图

枢纽布置图的主要作用是作为各建筑物定位、施工放线、土石方施工以及施工总平面布置的依据。

枢纽布置包括下列内容：

（1）水利枢纽所在地区的地形、河流及水流方向（用箭头表示）、地理方位（用指北针表示）和主要建筑物的控制点（即基准点）的测量坐标；

（2）各建筑物的平面形状及其相互位置关系；

（3）各建筑物与地面的相交情况；

（4）各建筑物的主要高程和其他主要尺寸。

2）建筑物结构图

表达水利枢纽或渠道系建筑中某一建筑物的形状、大小、结构和材料等内容的图样称为建筑物结构图，如插页图11-39所示进水闸设计图和插页图11-43所示溢洪道设计图等。建筑物结构图应包括下列内容：

（1）建筑物的整体和各组成部分的形状、大小、构造和所用材料；

（2）建筑物基础的地质情况及建筑物与地基的连接方法；

（3）建筑物的工作情况，如上、下游工作水位、水面曲线等；

（4）该建筑物与相邻建筑物的连接情况。

（5）建筑物的细部构造及附属设备的位置。

4．施工图

用于指导施工的图样称为施工图。它主要表达施工组织、施工方法和施工程序等情况。如反映施工场地布置的施工总平面布置图；反映建筑物基础开挖的开挖图；反映混凝土分期分块的浇筑图；反映建筑物内钢筋配置的配筋图等。

5．竣工图

竣工图是指工程验收时根据建筑物建成后的实际情况所绘制的建筑物图样。水利工程在兴建过程中，由于受气候、地理、水文、地质、国家政策等各种因素影响较大，原设计图纸随着施工的进展要调整和修改，竣工图应详细记载建筑物在施工过程中对设计图修改的情况，以供存档查阅和工程管理之用。

二、水工图的特点

水工图的绘制，除遵循制图的基本原理外，还根据水工建筑物的特点制定了一系列的表达方法，主要有以下四种。

1）水工图允许一个图样中纵横方向比例不一致。由于水工建筑物形体庞大，有时水平方向和铅垂方向相差较大，水工图允许一个图样中纵横方向比例不一致，如图 11-18 所示。

2）水工图中应适当采用图例、符号等特殊表达方法及文字说明。由于水工图整体布局与局部结构尺寸相差大，所以在水工图的图样中可以采用图例、符号等特殊表达方法及文字说明。

3）水工图的绘制应考虑到水的问题。水工建筑物总是与水密切相关，因而处处都要考虑到水的问题。

4）水工图中应表达建筑物与地面的连接关系。由于水工建筑物直接建筑在地面上，因而水工图必须表达建筑物与地面的连接关系。

第二节　水工图的表达方法

一、水工图表达的一般规定

1．《水利水电工程制图标准》中规定：实线、虚线和点画线的宽度分为粗、中粗、细三个等级，要求在同一张图纸上、同一等级的图线，其宽度应该一致，如图 11-2 所示。当图上线条较多、较密时，可按图线的不同等级，将建筑物的外轮廓线、剖视图的截面轮廓等用粗实线画出，将廊道断面轮廓、闸门、工作桥墩等用中粗线画出，使所表达的内容重点突出，主次分明。

图 11-2　图线　　　　　　图 11-3　曲面表示

2．在水工图中，为了增加图样的明显性，图上的曲面应用细实线画出其若干素线，斜坡面应画出示坡线，如图 11-3 所示。

3．水工图中常用符号的规定画法

1）水流方向的画法

水工图中一般应用水流方向符号注明水流方向。水流方向符号应根据需要按如图 11-4 所示"水标"规定的 3 种形式之一绘制，图中"B"值根据需要自定。

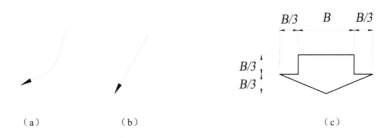

图 11-4　水流方向符号

2）指北针的画法

在水工图中的指北针符号应根据需要按图 11-5 所示的 3 种形式之一绘制，图中"B"值根据需要自定。指北针一般画在图纸的左上角，必要时也可画在图纸的右上角或其他适当位置，箭头指向正北。

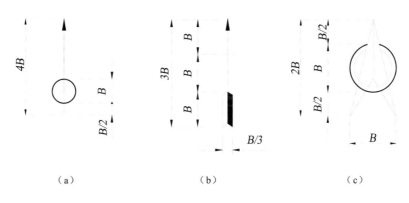

图 11-5　指北针

3）图形对称符号的画法

水工图中的图形对称符号应按照图 11-6 所示的样式用细单点画线绘制。对称线两端的平行细实线长度为 6～8 mm，平行细实线间距为 2～3 mm。

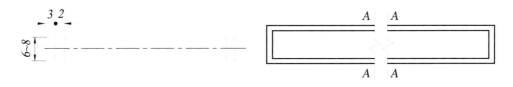

图 11-6　图形对称符号　　　　　图 11-7　图形连接符号

4）图形连接符号的画法

水工图中的图形连接符号应以折断线表示需连接的部位，以折断线两端靠近图形一侧的大写拉丁字母表示连接编号，两个被连接图形必须用相同字母编号，如图11-7所示。

4．在水利水电工程中规定，河流以挡水建筑物为界，逆水流方向在挡水建筑物上方的河流段称为上游，在挡水建筑物下方的河流段称为下游。为了区分河流的左右岸，制图标准规定：视向顺水流方向（面向下游），左边为左岸，右边为右岸，如图11-8所示。在水工图中习惯将河流的流向布置成自上而下，如图11-8（a）所示，或自左而右，如图11-8（b）所示。

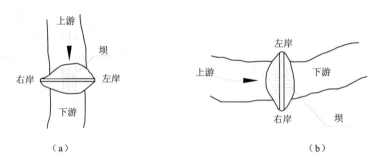

图11-8 河流的上下游和左右岸

二、水工图的基本表达方法

1．视图的名称和作用

1）平面图

建筑物的俯视图在水工图中称为平面图。常见的平面图有表达单一建筑物的平面图和表达一组建筑物相互位置关系的总平面图（枢纽布置图）。平面图主要用来表达水利工程的平面布置，建筑物水平投影的形状、大小及各组成部分的相互位置关系，剖视、断面的剖切位置、投影方向和剖切面名称等。图11-9为泄水闸的投影图。

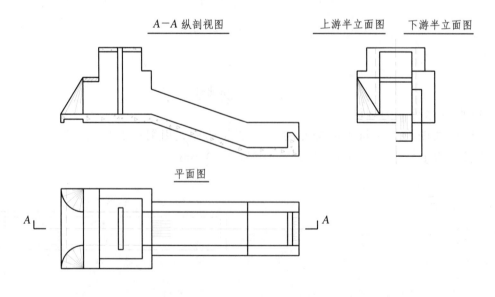

图11-9 泄水闸的投影图

2）立面图

建筑物的主视图、后视图、左视图、右视图，即反映高度的视图，在水工图中称为立面图。立面图的名称与水流方向有关，观察者顺水流方向观察建筑物所得到的视图称为上游立面图；观察者逆水流方向观察建筑物得到的视图称为下游立面图。上、下游立面图主要表达建筑物的外形，它们均为水工图中常见的立面图，如图 11-9 所示。

3）剖视图和断面图

各种剖视图和断面图的内容详见第十章。在水工图中，当剖切平面平行于建筑物轴线或顺河流流向时，剖切得到的视图称为纵剖视图或纵断面图；当剖切平面垂直于建筑物轴线或河流流向时，剖切得到的视图称为横剖视图或横断面图，如图 11-10 和图 11-11 所示。

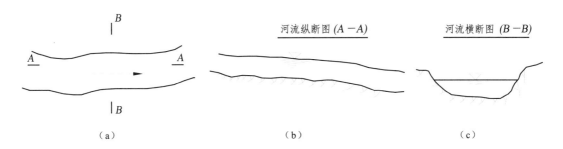

图 11-10 河流的纵、横断面

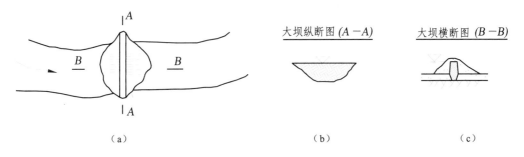

图 11-11 建筑物的纵、横断面

剖视图主要用来表达建筑物的内部结构形状和各组成部分的相互位置关系，也可以表达建筑物主要高程、水位以及地形、地质和建筑材料及工作情况等。断面图的作用主要是表达建筑物某一组成部分的断面形状、尺寸、构造及其所采用的材料。

4）详图

如图 11-12 所示，当建筑物的局部结构由于图形太小而表达不清楚时，可将物体的部分结构用大于原图所采用的比例画出，这种图形称为详图。

详图主要用来表达建筑物的某些细部结构形状、大小及所用材料。详图可以根据需要画成视图、剖视图或断面图，它与放大部分的表达方式无关。

详图一般应标注图名代号，其标注的形式为：把被放大部分在原图上用细实线小圆圈圈住，并标注字母，在相应的详图上方用相同字母标注图名、比例。

详图具体实例可参见插页图 11-44 所示输水隧洞进口图中的详图 A。

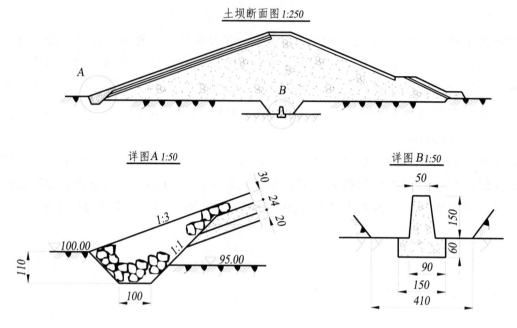

图 11-12　土坝投影图中的详图

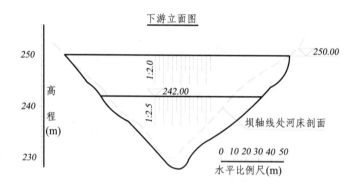

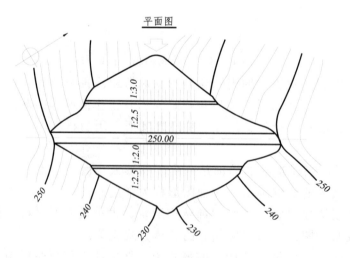

图 11-13　挡水坝的视图布置

2．视图的配置

水工图的配置应满足下列 3 个原则。

1）水工图应尽可能按投影关系将同一建筑物的各视图配置在一张图纸上。为了合理地利用图纸，也允许将某些视图配置在图幅的适当位置。对较大或较复杂的建筑物，因受图幅限制，可将同一建筑物的各视图分别画在单独的图纸上。

2）在水工图中，由于平面图反映了建筑物的平面布置和建筑物与地面的相交等情况，所以平面图是比较重要的视图。平面图应按投影关系配置在正视图的下方，必要时可以布置在正视图的上方。

3）水工图的配置还应考虑水流方向，对于过水建筑物，如进水闸、溢洪道、输水隧洞、渡槽等，应使水流方向在平面图中呈现自左向右，如插页图 11-39 所示的进水闸；对于挡水建筑物，如挡水坝、水电站等，应使水流方向在平面图中呈现自上而下，且用箭头表示水流方向，以便区分河流的左、右岸，如图 11-13 所示挡水坝的视图布置。

3．视图的标注

1）视图名称和比例的标注

在水工图中，为了明确各视图之间的关系，各视图都要标注名称，其名称一律注在图形的正上方（尽可能靠近图形正中），并在名称的下面绘一粗实线，其长度应以图名所占长度为标准，如图 11-13 所示。

当整张图只用一种比例时，比例是统一注写在图纸标题栏内，否则，应逐一标注。比例的字高应比图名的字高小 1~2 号，标注方式为：

$$\underline{\text{平面图}_{1:500}} \quad \text{或} \quad \underline{\frac{\text{平面图}}{1:500}}$$

2）水流方向的标注

水工图中一般采用如图 11-4 所示的水流方向符号注明水流方向。

3）地理方位的标注

在水工的规划图和枢纽布置图中应用指北针符号注明建筑物的地理方位。指北针符号可按图 11-5 所示的 3 种形式之一绘制。

二、水工图的其他表达方法（规定画法）

1．合成视图

对称或基本对称的结构，要将两相反方向的视图或剖视图、断面图各画对称的一半，并以对称线为界，合绘成一个图形，标注图名。如图 11-14 中的 B—B、C—C 便是合成剖视图。

2．拆卸画法（掀土画法）

当视图、剖视图中所要表达的结构被另外的次要结构或填土遮挡时，可假想将其拆卸或掀掉，然后再进行投影，如图 11-14 所示平面图中对称线后半部分桥面板及胸墙被假想拆卸，填土被假想掀掉，所以可见弧形闸门的投影，岸墙下部虚线变成实线。

再如插页图 11-39 所示的进水闸的平面图中，部分桥面板及胸墙被假想拆掉；如插页图 11-38 所示分水闸的平面图中，对称线前半部填土被假想掀掉了。

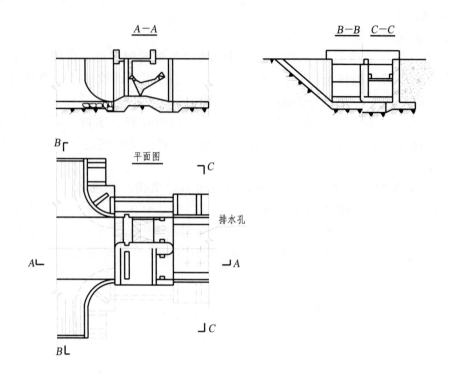

图 11-14 合成剖视图

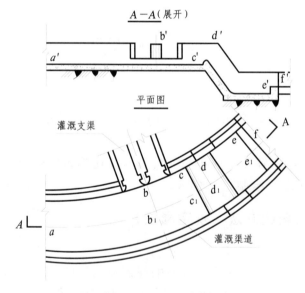

图 11-15 展开剖视图

3．展开画法

当建筑物的轴线（或中心线）为曲线时，可以将曲线展开成直线后绘制成视图、剖视图、断面图。这时应在图名后注写"展开"两字或写成展开视图。将曲线展开成直线后绘制成剖视图，如图 11-15 所示的灌溉渠道，可用柱面 $A-A$ 作剖切面，剖切柱面的水平迹线与渠道的轴线重合。画图时，先把剖切柱面后方的建筑物投影到柱面上，投影方向一般为径向（投影线与柱面正交），对于其中的进水闸，其投影线平行于该闸轴线，然后将柱面展开成平面而得展开剖视图，如图 11-15 中的 $A-A$ 图中 b_1d_1 为 $\overset{\frown}{bd}$ 的柱面上的投影，而 $b'd'$ 是 $\overset{\frown}{bd}$ 在展开剖视图中的投影。显然，$b'd'=b_1d_1>\overset{\frown}{bd}$。为了读图和画图方便，支渠闸孔和闸墩的宽度仍按实际宽度画出。

4．折断画法和断开画法

1）折断画法

当只需要表示物体某一部分的形状时，可以只画出该部分的图形，其余部分折断不画，并在折断处画上折断线，如图 11-16 所示。

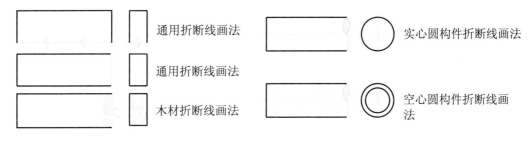

图 11-16　折断画法

2）断开画法

如图 11-17 所示，对于较长的构件，当它沿长度方向的形状为一致，或按一定的规律变化时，可假想将物体中间一段去掉，两端靠拢后画出，在断开处应以折断线表示。折断线的画法如图 11-17 所示。应当注意的是：

（1）原来倾斜的直线，折断后要互相平行；

（2）虽采用了断开的画法，但在标注尺寸时应注写物体的真实长度。

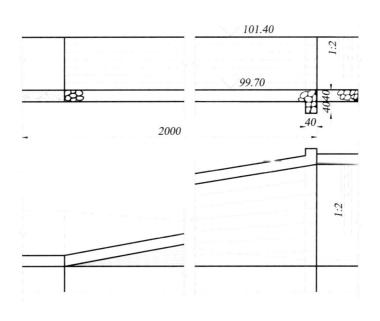

图 11-17　断开画法

5. 连接画法

当构件很长而又需要全部画出时，可将其分段绘制，再用连接符号表示相连，并用大写拉丁字母编号，如图 11-18 所示的土坝立面图。应该注意连接符号中的字母编号必须写在折断线的图形一侧。

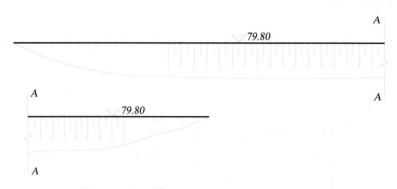

图 11-18 连接画法

6. 省略画法

省略画法就是通过省略重复投影、重复要素、重复图形等达到使图样简化的图示方法。

1) 当图形对称时，可以只画对称的一半，如图 11-19（a）所示，或只画对称的四分之一，如图 11-19（b）所示，但必须在对称线上的两端画出对称符号，图形对称符号的画法可按图 11-16 绘制。图形对称时，也可以超出图形的对称线，此时则不必画出对称符号，如图 11-19（c）所示。

2) 当不影响图样的表达时，根据不同设计阶段和实际需要，视图和剖视图中的某些次要结构和设备可以省略不画，如插页图 11-39 所示的进水闸中的启闭机就没有画出。

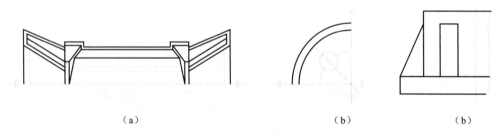

（a） （b） （b）

图 11-19 对称视图的省略画法

7. 简化画法

1) 对于图样中的一些小结构，当其成规律地分布时，可以简化绘制，只在两端或适当的位置画出这些要素的完整形状，其余的用中心线或中心线交点表示，如图 11-20 所示，或如图 11-14 所示进水闸的排水孔。

2) 某些细部结构在整体图中不能详细表达时，也可采用简化画法，如图 11-21 所示的钢筋爬梯和插页图 11-43 所示的溢洪道桥上的栏杆均采用了简化画法。图 11-22 所示的钢筋等结构均简化为用单线条表示。

3) 对于图样中某些设备可以简化绘制，如插页图 11-45 中所示厂房图中的发电机、调速器、行车梁等。

图 11-20　相同要素的简化画法　　图 11-21　钢筋爬梯　　图 11-22　钢筋纵向轮廓

8．缝线的画法

如图 11-23 所示，在绘制水工图时，为了清晰地表达建筑物中的各种缝线，如伸缩缝、沉陷缝、施工缝和材料分界缝等，无论缝的两边是否在同一平面内，在绘图时这些缝线仍按轮廓线处理，规定用粗实线绘制。又如插页图 11-39 所示平面图上护坦上的 *ab* 和 *cd* 就是结构分缝线。材料分界线也规定用粗实线表示。

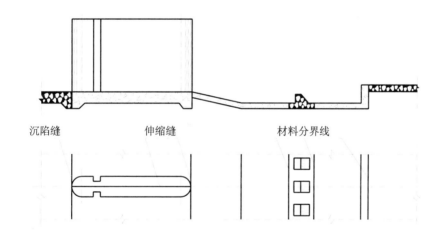

图 11-23　缝线的画法

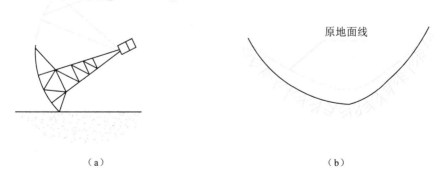

（a）　　　　　　　　　　　　　　　（b）

图 11-24　假想投影画法

9. 假想投影画法

对水工建筑物中的活动部分（如闸门、行车吊钩等）、原地面线等，在画投影图时，用双点画线画出它们在极限位置、中间位置或原轮廓线的假想投影，表示它们的活动范围。如图 11-24 所示；或如插页图 11-43 所示的弧形闸门，$A-A$ 剖视图中用假想投影表示闸门全部开启时的位置。

10. 其他规定画法

1）不剖画法

当剖切平面通过桩、杆、柱等实心构件的轴线或平行于闸墩、支撑板、肋板等薄板结构的板面时，其断面图均不按剖切处理，断面上不画断面材料图例，而用粗实线将其与邻接部分分开。如图 11-25（a）所示 $A-A$ 剖视图中的闸墩和（b）所示 $B-B$ 断面图中的支撑板均按不剖画；如插页图 11-39 中 2－2 断面的支撑板也按不剖画。

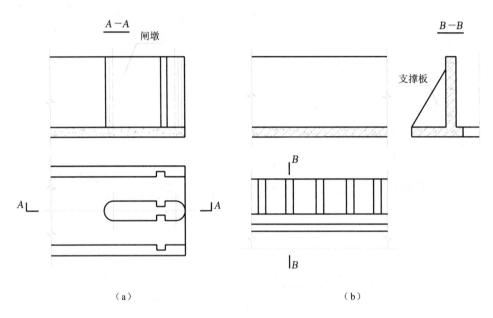

图 11-25 不剖画法

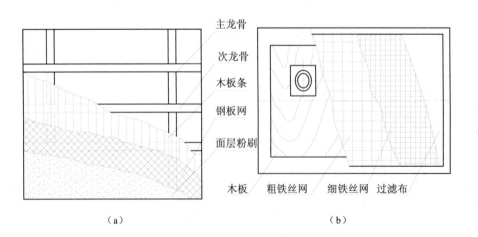

图 11-26 分层画法

2）**分层画法**

当建筑物或某部分结构有层次时，水工图中往往按其构造层次进行分层绘制，相邻层用波浪线分界，并且可用文字注写各层结构的名称。如图11-26(a)为粉刷顶棚的构造做法和所用材料的情况，(b)为混凝土土坝施工中常用的真空模板，均采用了分层画法。

11．水工建筑物图例

在水工图中，常因图形的比例较小，使某些结构无法在图上表达清楚；对于某些附属设备，如闸门、桥式吊车等在图上也不需详细画出，在这种情况下，可以采用示意的图例表示，如表11-1所示。

表 11-1 水工建筑物常见图例

名称	图例	名称	图例	名称	图例
水库	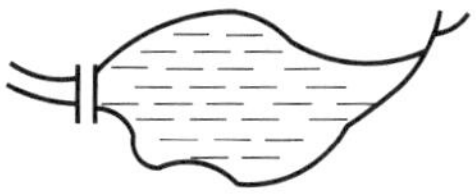	水闸	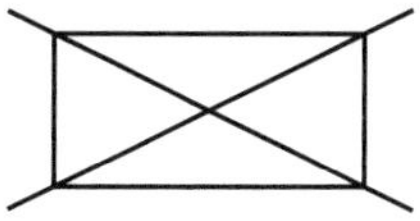	水电站	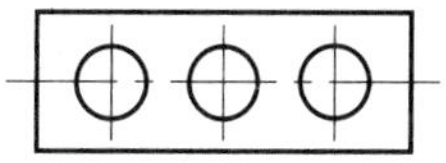 （大比例尺）
	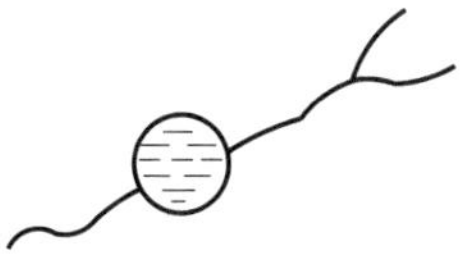	土石坝	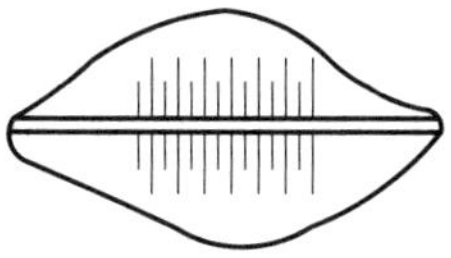		
溢洪道	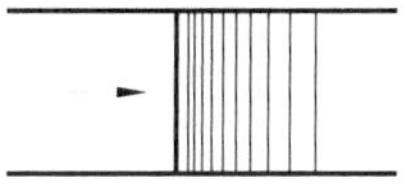	隧洞	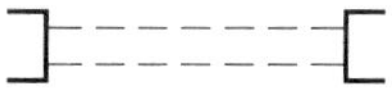	左水文站 右水文站	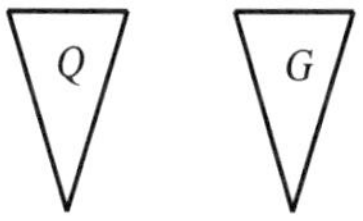 Q G
跌水	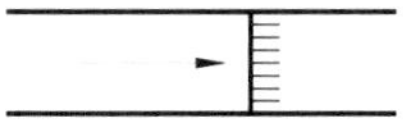	渡槽	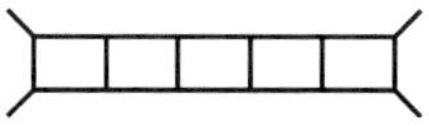	公路桥	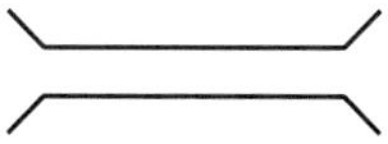
船闸	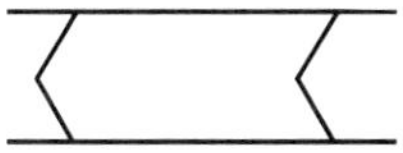	涵洞(管)	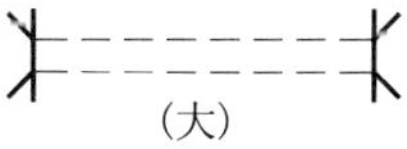 (大)  (小)	渠道	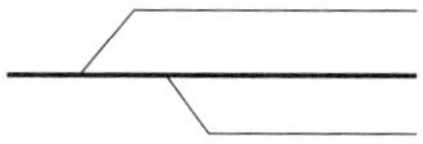
混凝土坝	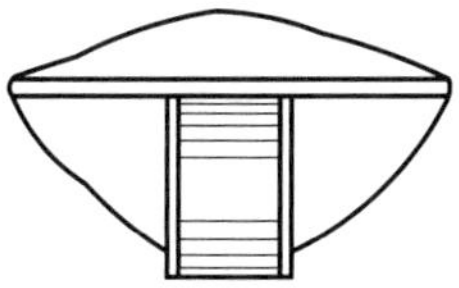	虹吸	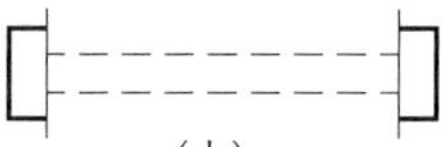 (大) 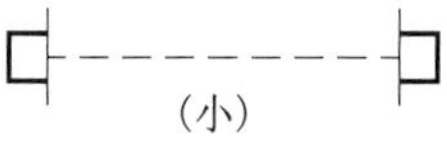 (小)	灌区	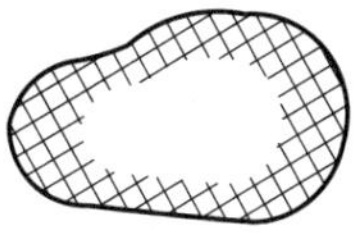

第三节　水工图的尺寸标注

前面有关章节中已详细介绍了尺寸标注的基本规则和方法，本节将根据水工建筑物设计、施工的特点，简单介绍水工图尺寸基准的确定和常用尺寸的标注方法。

一、高度尺寸的注法

由于水工建筑物的体积大，在施工时常以水准测量来确定水工建筑物的高度，所以在水工图中对建筑物较大或重要的面要标注高程，对于次要尺寸，通常以此为基准，仍采用标注高度的方法，如图 11-27 中的 50 和 70。有时也在某些部位兼注两高程间的高度，如图 11-32 中的尺寸 96.2 和 37.8 等。

高程的基准与测量的基准一致，采用统一规定的青岛市黄海某海平面为基准。有时为了施工方便，也采用某工程临时控制点、建筑物的底面、较重要的面为基准或辅助基准。

如图 11-27 所示，高程尺寸的主要基准为测量水准基面，其他高度的次要尺寸则采用主要设计高程（84.50、81.20 等）为基准，或按施工要求选取基准。

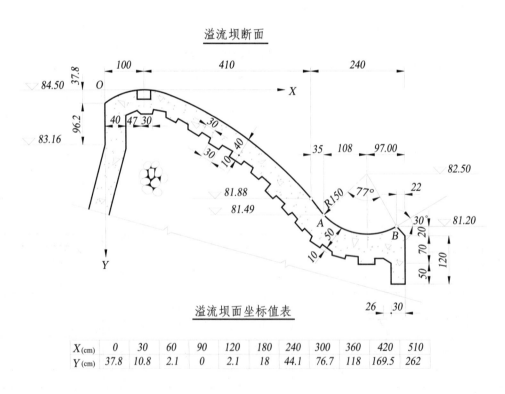

图 11-27　高度尺寸、连接圆弧和非园曲线的尺寸标注

二、平面尺寸的注法

1. 按组合体、剖视图、断面图的规定标注尺寸

对于长度和宽度差别不大的建筑物，选定水平方向的基准面后，可按组合体、剖视图、断面图的规定标注尺寸。

2. 桩号的注法

1）建筑物（坝、隧洞、溢洪道、渠道等）、道路等的宽度方向或其轴线、中心线长度方向的定位尺寸，可采用"桩号"的方法进行标注。标注形式为 $k±m$，k 为公里数，m 为米数。如图 11-28 所示，渠道桩号 0+500 表示第一桩号距起点为 500 m；0+600 表示第二桩号距起点为 600 m，该两桩号之间相距为 100 m。又 1+200 表示第 8 桩号距起点为 1 200 m，其余类推。

2）桩号数字一般垂直于轴线方向注写，且标注在轴线的同一侧。当轴线为折线时，转折点处的桩号数字应重复标注；当轴线为曲线时，桩号沿径向设置，桩号的距离数字应按弧长计算。

3）当同一图中几种建筑物均采用"桩号"标注时，可在桩号数字之前加注文字以示区别。

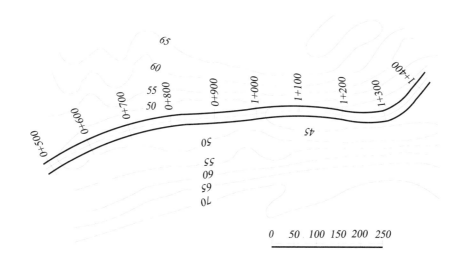

图 11-28 桩号的标注

3. 平面尺寸的基准

这里着重研究水平方向的基准问题。对于水利枢纽中各建筑物的位置都是以所选定的基准点或基准线进行放样定位的。基准点的平面位置是根据测量坐标确定的，两个基准点相连即确定了基准线的平面位置。

插页图 11-42 所示某枢纽平面图中，坝轴线的位置是由坝端两个基准点的测量坐标（x, y）确定的，坝轴线的走向用方位角表示。建筑物在长度或宽度方向若为对称形状，则以对称轴线为尺寸基准，如插页图 11-39 所示，进水闸的平面图的宽度尺寸就是以对称轴线为基准的。若建筑物某一方向无对称轴线时，以建筑物的主要结构端面为基准，如插页图 11-39 所示进水闸的长度尺寸以闸室溢流底槛上游端面为基准之一。

三、曲线尺寸的注法

1. 连接圆弧的尺寸注法

连接圆弧需要标出圆心、半径、圆心角、切点、端点的尺寸，对于圆心、切点、端点除标注尺寸外还应注上高程和桩号。

如图 11-27 所示，连接圆弧注出了圆弧所对的圆心角，使夹角的两边指到圆弧的端点和切点（图中的 B 点和 A 点），切点的一边作为尺寸线，箭头指到切点。根据施工放样的需要，图中还注出了圆弧的圆心、半径、切点和圆弧两端的高程以及它们长度方向的尺寸。

2. 非圆曲线的尺寸注法

在水工图中，通常给出非圆曲线的方程式，画出方程的坐标轴，并在图附近列表给出非圆曲线上一系列点的坐标值，用曲线上各点的坐标值表示非圆曲线的尺寸，如图 11-27 所示。

四、封闭尺寸和重复尺寸

若把水工建筑物某一方向的全部分段尺寸注出以后，又标注总体尺寸，就形成了封闭尺寸链，如图 11-27 中的 50、70 和 120。若既标注高程又标注高度尺寸就会产生重复尺寸。

由于建筑物的施工精度没有机械加工要求高，且建筑物庞大，一个建筑物的几个视图不能画在同一张图纸上，或在同一张图纸上几个视图离得较远，不易找到其相应的尺寸。为了适合仪器测量、施工丈量，便于读图和施工，必要时可标注封闭尺寸和重复尺寸，但要仔细校对和核实，防止尺寸之间出现矛盾和差错。

五、尺寸的简化注法

1. 在水工图中，对多层结构尺寸的标注可用引出线的方式表示，引出线必须垂直通过被引出的各层，文字说明和尺寸数字应按结构的层次注写，如图 11-29 所示。

2. 均匀分布的相同构件或构造，其尺寸也可用简化注法标注，如插页图 11-39 所示的进水闸的排水孔纵向间距用 6×150=900 的标注方法。

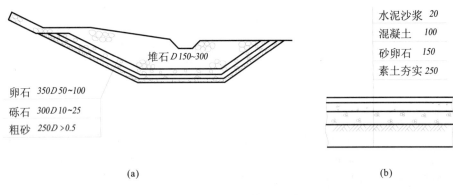

图 11-29 尺寸的简化注法

第四节 水工图的阅读

一、阅读水工建筑物结构图

阅读水工建筑物结构图的方法是：**先概括了解，后深入研究；先整体，后局部；再结合想整体**。具体步骤如下。

1. 概括了解

1）了解建筑物的名称和作用

从标题栏和图纸上的"说明"了解建筑物的名称、作用、比例和尺寸单位等。

2）分析视图

了解建筑物采用了哪些视图、剖视图、断面图、详图，有哪些特殊表达方法，各剖视图、断面图的剖切位置和剖视投影方向怎样以及各视图的主要作用等。以一个特征明显的视图或结构关系较清楚的剖视图为主，结合其他视图概略了解建筑物的组成部分及其作用。

2．形体分析

根据建筑物各组成部分的构造特点，把它分成几个主要组成部分，可以沿长度方向把建筑物分为几段；也可以沿宽度方向把建筑物分为几部分；还可以沿高度方向把建筑物分为几层。如把插页图 11-38 所示的分水闸沿长度方向分为进口段、闸室和出口段。如把插页图 11-44 所示的输水隧洞，沿宽度方向分为边墩、闸墩等部分。如把插页图 11-45 所示的厂房沿高度方向分为发电机层、水轮机层、蜗壳层等。然后用按线框、分部分、找投影、想形状的方法对每一组成部分进行分析。

应当注意，读图时不能孤立地只看一个视图，应以特征明显的视图为主，结合其他视图、剖视图、断面图（或详图）以及图中的高程和尺寸，并注意水工图的特点进行分析。

3．综合想整体

把分析所得各组成部分的形状，对照建筑物有关的各视图、剖视图等加以全面整理，明确各组成部分之间的相互位置关系，从而想出建筑物的整体形状。

【例 11-4-1】读分水闸设计图（见插页图 11-38）。

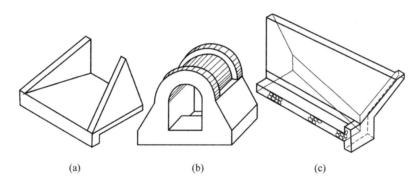

图 11-30 分水闸各主要组成部分轴测图

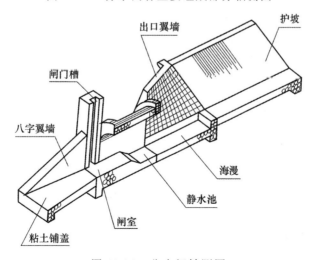

图 11-31 分水闸轴测图

解 读图的步骤如下:

(1) 概括了解

① 了解建筑物的名称和作用。

分水闸是支渠连接干渠的水工建筑物,通过它把干渠的水分给支渠。

② 分析视图。

分水闸采用了一个平面图、三个剖视图和三个断面图。

分水闸剖视图是一个全剖视图,用它表达建筑物的高度和长度方向的形状、大小、构造、材料以及建筑物与地面的连接情况等。

平面图用以表达分水闸的平面形状、大小以及平面布置、各视图、断面图的剖切位置和剖视投影方向以及建筑物各主要组成部分的宽度尺寸等。

$A-A$、$B-B$ 均为阶梯剖视。图中各画了一半,另一半要分别配合 3－3、2－2 断面才能完成。

1－1 是表达梯形渠道的断面;2－2、3－3 都是补充 $A-A$、$B-B$ 的不足而绘制的断面。当 $A-A$、$B-B$ 两个剖视图完成后,这两个断面就不需要了。

(2) 形体分析

以分水闸剖视图和平面图为主结合其他剖视和断面,可知分水闸是由进口段、闸室和出口段三个主要部分组成的。每一部分均可用上述读图方法进行读图,分析想象分水闸的三个主要组成部分的空间形状,如图 11-30 所示。

分水闸的各部分名称和作用有:

① 粘土铺盖。指进口段的底部,上层为浆砌块石底板,下层为回填粘土。它具有防止冲刷和减少渗透水流的作用。

② 八字翼墙。位于进口段两侧,用以防冲刷和造成水流平稳的入闸条件,并起挡土作用。

③ 闸门槽。位于紧靠八字翼墙的边柱内,用以安装闸门来控制水的流量。边柱的材料是钢筋混凝土。

④ 闸室。是由顶拱、边墙和底板组成的过水孔洞。为方便行人,闸室顶上铺盖了一层路面材料。但在平面图中,分水闸的前半部采用了掀土画法。

⑤ 出口翼墙。位于闸室出口处,两侧墙均由扭面组成,是渐变段的一种,作用是使水流由矩形断面平顺地流到梯形断面的渠道。

⑥ 静水池。位于出口连接段内,其底板称为护坦,作用是消水能,防冲刷,保护渠道。

⑦ 海漫。位于出口段与天然渠道之间,有继续消能的作用。

(3) 综合想整体

分析所得各组成部分的具体形状,对照整体图全面整理,从而想出整个分水闸的空间形状,如图 11-31 所示(图中只示出了一半)。

【例 11-4-2】 读进水闸设计图(见插页图 11-39)。

解 进水闸与分水闸的组成部分和视图表达有许多近似的地方,有以下不同点:

① 进水闸是渠道的渠首建筑物,起着调节引水流量和控制水位的作用;

② 进水闸的主要组成部分是闸室,它由溢流底槛、闸墩和边墩组成。闸墩和边墩之间安有弧形闸门,其上有胸墙和工作桥;

③ $A-A$ 剖视的剖切位置没有与对称中心线重合,这是为了避开从闸墩处剖切;

④ $B-B$ 剖视基本上属于上游立面图;

⑤ 平面图中的工作桥，采用了拆卸画法；
⑥ 护坦是混凝土结构，其上有许多排水孔，平面图中的排水孔采用了简化画法；
⑦ 图中的排水孔和反滤层用较大比例画了详图；
⑧ 图中 2—2 断面属于板状结构的剖切。

用【例 11-4-1】的读图方法和步骤可想出进水闸的空间形状。图 11-32 只画出了进水闸闸室的轴测图。

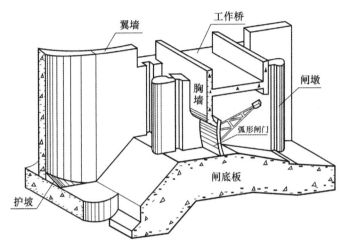

图 11-32　进水闸闸室轴测图

【**例 11-4-3**】读渡槽设计图（见插页图 11-40）。

解　渡槽是渠系上交叉建筑物的一种，插页图 11-40 为石拱渡槽设计图，此图除平面图外，共用了五个剖视图和四个详图来表达建筑物。

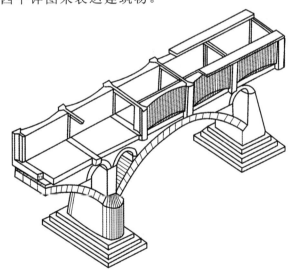

图 11-33　渡槽轴测图

$A—A$ 剖视图是由三个以上剖切面组成的复合剖视。图中左半部表达建筑物的外形，右半部表达建筑物的内部构造和材料。

平面图除表达平面形状以外，还表明了四个剖视图的剖切位置和剖视投影方向。平面图的右半部采用了拆卸画法，拆除了人行道的桥面板，以便表达侧壁的轮廓。

根据平面图和 $A—A$ 剖视图可知渡槽是由进口段、槽身、下部支承结构和出口段四个主要部分组成的。

① 进口段

进口段的渠道横断面是梯形的，而槽身的横断面是矩形的，两者之间用扭面过渡，其结构见 $B-B$、$C-C$ 合成剖视图。

② 槽身

槽身是渡槽的主体部分，由 15 段组成，从 $E-E$ 剖视图中可以看出槽身的断面是矩形的，由两侧壁和底板组成。两侧壁都是浆砌条石拱（详见 $F-F$ 剖视图），侧壁的两端是框架，它是由钢筋混凝土的横杆和竖杆各两根组成整体构件的。从 $E-E$ 中还可以看出两侧壁顶部的桥面板。

③ 下部支承结构

从 $A-A$ 剖视图中可以看出，支承结构是由四个大拱圈、八个小拱圈、三个中墩和两个边墩组成的。拱圈的结构见有关详图。应当注意，中墩前、后两端面是由锥台组成的，而锥台顶面与墩子顶面之间则是由锥状面和锥面组成的组合面。

④ 出口段

从平面图中可知出口段是圆弧弯曲段，其结构可从 $D-D$ 剖视图中了解。

经上述分析可想出渡槽的空间形状如图 11-33 所示。

【例 11-4-4】读船闸设计图（见插页图 11-41）。

解 船闸是通航建筑物。修建挡水建筑物（如闸、坝等）以后，船舶通过坝或闸时常要靠船闸。船闸设计图中共用了一个平面图、四个剖视图和两个断面图来表达建筑物。

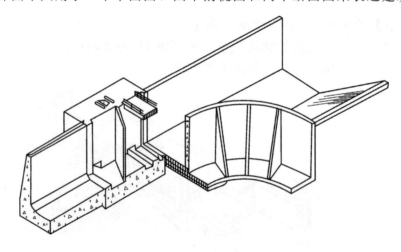

图 11-34 船闸轴测图

平面图主要表达船闸的平面形状和平面布置以及各剖视、断面的剖切位置等。

船闸剖视图是一个全剖视图，主要表达建筑物高度和长度方向的结构形状、大小、材料以及各组成部分的相互位置关系。

根据平面图和船闸剖视图可把船闸按长度方向分为上游引航道、上闸首、闸室、下闸首、下游引航道五个主要组成部分。

① 引航道

为了使船只平稳地进出闸室，布置有上、下游引航道，它们的一侧有圆柱形导墙与闸首相连，圆柱形导墙是扶壁式挡土墙，其断面形状和建筑材料见 2—2 断面。另一侧也为扶壁式挡土墙，但迎水面为平面，其断面形状、渠道底部边坡的断面形状和建筑材料等见 $A-A$ 剖视图。

② 闸首

闸首（包括上闸首和下闸首）是船闸的主体。从平面图和船闸剖视图可以看出，上、下闸首的结构相似，均设有人字形钢闸门，两侧有矩形输水廊道。廊道中各有三个闸门槽。上、下闸首的位置不同，均设有检修闸门，下闸首还多了一个工作桥（见插页图 11-41 中的 $B-B$ 剖视）。

③ 闸室

从船闸剖视图和平面图中可以看出闸室共分四段，每段长度为 22.5 m。闸室的断面形状和建筑材料见 1—1 断面。闸室两侧墙上有护船木和铁链，墙顶设有栏杆。

根据上述分析，想出各主要组成部分的空间形状，然后搞清各部分的相互位置关系，从而想出船闸的整体形状，如图 11-34 所示。

二、阅读某河流域二级水电站枢纽的几张主要图纸

一个水利枢纽的图纸是很多的，读图的重点是流域规划图、枢纽布置图、建筑物结构图和详图等。读图的步骤仍然是从粗到细，由大到小。

1．流域规划图

流域规划图的主要作用是了解二级水电站的工程位置以及某河流域的规划情况，如图 11-1 所示。

2．读枢纽布置图

插页图 11-42 为某河二级水电站枢纽布置图，基本内容已在本章第一节叙述。下面仅就其他有关内容介绍如下。

1）该枢纽的地形如图中等高线所示。河流自上而下，有指北针并标明方位角 NW62°00'28.64"，用字母 E、S、W、N 分别代表东南西北（NW 是北偏西的意思）。角度大小均以北南方向为基准计起。若在数值前加 SE 则为南偏东。坝轴线上各段标明了桩号。坝轴线控制点在桩号 0+000 处，其测量坐标为 x=2 954 735.779，y=652 892.075。另一控制点在桩号 0+410 处，坝轴线在桩号 0+177 处转折了一个方向。转折处至左岸的南段称为副坝。

2）本枢纽的主要建筑物有溢洪道、堆石坝、输水隧洞和厂房等。各建筑物之间的相互关系如插页图 11-42 所示。

3．读建筑物结构图

建筑物结构图的读图方法和步骤见本节第一部分。现将本枢纽中的几个主要建筑物的结构图分述如下：

1）**溢洪道结构图**（见插页图 11-43）

溢洪道是渲泄洪水，保证大坝安全的建筑物，它是水利枢纽的主要组成部分之一，布置在离右岸不远的一个垭口上。

该溢洪道共用两个视图、两个剖视图和一个断面图来表达。

溢洪道剖视图主要表达溢洪道长度和高度方向的结构形状和各部分的相互位置关系、上、下游的连接情况和地质情况等。

平面图表达了溢洪道的平面形状、平面布置、与地面相交情况和剖视、断面的剖切位置。

根据上述情况，可把溢洪道按长度方向分为上游连接段、溢流段、陡槽段等几个主要组成部分。

（1）上游连接段

从溢洪道剖视图和平面图中可以看出，上游连接段是由扭面和底板组成的，两者都用浆

砌块石护坡，扭面与底板的连接情况见上游立面图。

（2）溢流段

溢流段是溢洪道的主体，起着控制水位和渲泄洪水的作用。沿溢流坝段宽度方向可知有两个边墩和两个闸墩与主体相连，构成三个闸孔，设弧形闸门，支撑在"牛腿"上（详见 $A-A$ 剖视）用启闭机操作。边墩和闸墩顶上有工作桥和公路桥。溢流段的空间形状如图 11-35 所示。

（3）陡槽段

从溢洪道剖视图和平面图中可知，陡槽段由底板、挑流鼻坎和挡土墙组成，底板为 1：20 和 1：5 两种坡度，中间用曲面连接，底板下面有纵向排水沟和横向排水沟。槽底两侧是浆砌块石挡土墙，墙顶的外侧有排水沟。陡槽的末端设有挑流鼻坎，把水挑流到空中，分散到空气中消能，以减少出口处的冲刷。

把溢洪道各段联系起来即可想出整个建筑物的形状。

应当指出，因本图比例太小，有很多地方尚未表达清楚，按施工要求还需补充一些详图。

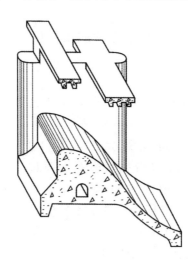

图 11-35　溢流坝段轴测图

2）堆石坝结构图（见图 11-36）

堆石坝的平面布置和它与地面的相交情况见插页图 11-42 所示的枢纽布置图。堆石坝的结构情况一般采用标准断面（垂直于坝轴线的最大断面称为标准断面）表达，坝体内的构造、材料以及坝基的地质情况均可从图中看出。坝的上游面防渗体是钢筋混凝土斜墙，斜墙下面是混凝土垫层。垫层后面相当大的干砌块石体，起着支承混凝土斜墙的作用。干砌块石的下游面是体积很大的堆石体，堆石坝就是靠堆石体的重量保持坝体稳定的。堆石坝的下游设置有三条宽 2 m 的马道。

斜墙与地基之间用齿墙连接。齿墙的基础用帷幕灌浆处理，坝基有 F41、F45 两处断层。下游坝脚处是堆石的坝趾。

3）输水隧洞进口结构图（见插页图 11-44）

输水隧洞布置在右岸紧靠堆石坝的位置，因它的进水口结构比较复杂，现仅选择隧洞进口结构图为例进行读图。

本图共用了三个剖视图、三个断面图和一个详图表达。

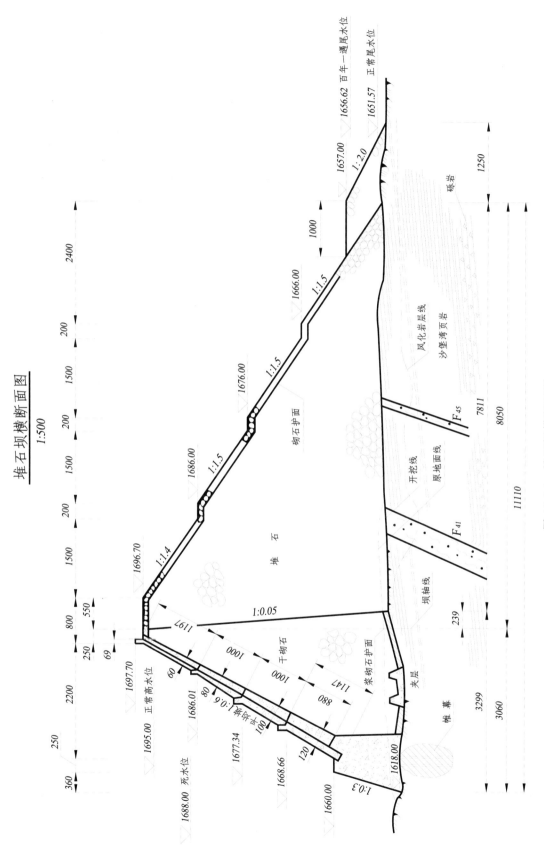

图 11-36 堆石坝横断面图

$A-A$ 剖视不是从整个建筑物的对称中心线剖切的，见 $B-B$ 剖视图，沿长度方向的结构在此图上表达得很清楚。$B-B$ 是阶梯剖视，实际上是半个俯视图和半个剖视图合成的平面图，其剖切位置见 $C-C$。而 $C-C$ 的剖切位置见 $B-B$。$A-$ 和 $B-B$ 是按投影关系配置的互作剖切的两个剖视图。

读图时应以 $A-A$、$B-B$ 为主，结合 $C-C$ 进行分析。

从 $B-B$ 和 $C-C$ 中可以看出，沿宽度方向可把建筑物分为三部分：两个边墩和一个中墩。

从 $A-A$ 和 $C-C$ 中看出，沿高度方向可把建筑物分为两大部分：隧洞上部结构和洞身构造。然后再沿顺水流方向长度划分：① 隧洞上部结构可分为排架、检修闸门、定轮闸门、通气孔等部分。其中排架的投影较为复杂，分析时首先把它的各投影从整体中分离出来（见习题集 78 页），再结合有关投影想出其空间形状。② 隧洞的洞身可分为喇叭口段、矩形断面段、渐变段和圆形断面段四段。其中喇叭口的顶面在 $A-A$ 中是有积聚性的曲面，底面为水平面，两侧面都是铅垂面。在 $A-A$ 中，斜靠喇叭口的细长平行四边形是拦污栅的正面投影，拦污栅在 $B-B$、$C-C$ 中的投影分别采用了拆卸画法。

在 $B-B$ 中，中墩内有一矩形线框，它是平压阀竖井的水平投影，从 $C-C$ 中看出竖井内有一根竖管，上通顶面，下连横管，此管通向两个闸孔。从 $B-B$ 中可看出，此横管接通闸门前后的旁通管。开闸门前，先把水从旁通管注入闸门后的隧洞内，以平衡闸门前后的水压力，减少启门力量。输水隧洞的轴测图如图 11-37 所示。

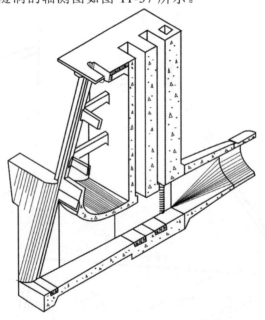

图 11-37 输水隧洞的轴测图

4）水电站厂房图（见插页图 11-45）

水电站厂房一般由主厂房、副厂房和变电站等组成，也称厂房枢纽。这里只介绍主厂房。主厂房一般分水上部分和水下部分。水上部分是指上层房屋，主要是发电机层，内有发电机、电气设备、仪表及调速设备等。水下部分包括蜗壳、水轮机和尾水管等。

读厂房图应该注意以下几点：

（1）了解水电站厂房的表达特点

① 当剖切平面沿发电机、导水机构、水轮机的轴线剖切时，被剖切部分按未剖切时画出。

② 在水轮机层的平面图中，水轮机和导水机构均采用拆卸画法。

③ 厂房的剖视图有沿通过几台机组的中心线剖切的纵剖视图、沿水道轴线剖切的横剖视图以及发电机层、水轮机层、尾水管层等平面图。而这些平面图都是水平剖视图。

（2）应先了解发电机、水轮机、尾水管等的布置及类型，再进一步了解它们之间的关系。

（3）应特别注意厂房的总体尺寸、机组中心距、发电机高程、吊车高程和行程、最高、最低和正常尾水位等。对管道布置（特别是管道孔）、门窗大小等也要了解清楚。

下面以插页图 11-45 为例说明水电站厂房的读图方法。该图用了五个剖视图表达厂房。

$A-A$ 剖视图是一个横剖视，它是表达厂房最主要的视图，从 $D-D$ 剖视中可以找出它的剖切位置。沿高度方向把厂房分为发电机层、水轮机层、蜗壳层等几层。发电机层的厂房构造有钢筋混凝土的梁和柱、吊车以及屋顶等。屋顶的投影比较复杂，应先把它的有关各投影从整体中分离出来，然后进行分析。发电机层以下有发电机、主轴、水轮机、蜗壳、尾水管等，由于剖切平面通过这些机组的轴线，画图时均按未剖切处理。

$B-B$ 剖视图是一个纵剖视。从图中可以看出两台机组在长度方向的布置情况以及行车梁的长度方向形状。

$C-C$ 剖视图是剖切平面通过发电机层的一个水平剖视。该图表达了发电机组、吊车柱、调速器和安装间的门窗等的平面布置情况。

$D-D$ 剖视图是通过水轮机层的水平剖视。该图表达了水轮机层的蝴蝶阀、吊物孔、旋梯以及尾水闸门等的平面布置情况。本层的水轮机采取了拆卸画法。

$E-E$ 剖视图是剖切平面通过蜗壳中心线的水平剖视。本图表达了输水管与蜗壳的关系、进人孔过道的位置和它与蜗壳的相互位置关系。隔墩的平面形状也在图中清楚地表达出来了。

综合上述分析可以想象出厂房的空间形状。

第五节　水工图的绘制

一、绘制水工图的一般步骤

设计、施工阶段的图样内容，应视其要求的详细程度和准确程度而定，但绘制图样的步骤基本相同，其作图步骤建议如下。

1．根据已有的设计资料，分析确定要表达的内容；

2．选择视图的表达方案；

3．确定恰当的比例；

4．布置视图：

1）视图应按投影关系配置，并尽可能把有关几个视图集中在一张图纸上，以便看图；

2）估算各视图（包括剖视和断面等）所占的范围大小，然后合理布置（参考第五章第二节中的视图布置）；

5．画出各视图的作图基准线，如轴线、中心线或主要轮廓线等；

6．先画主要部分，后画次要部分；先画大轮廓，后画细部；先画特征明显的视图，后画其他视图；

7．标注尺寸；

8．画建筑材料图例；

9．填写必要的文字说明；

10．经校核无误后描深或上墨；

11．填写标题栏，画图框线。

二、描绘分水闸设计图并作指定位置的剖视图

描绘分水闸设计图并作指定位置的剖视图如插页图 11-38 所示。

1．要求

详见作业指示书。

2．读图

画图前，一定要深入阅读图纸，才能画图正确，并提高绘图速度。反过来，画图又加深了对视图的理解，两者是相辅相成的。

分水闸设计图已于前一节读过，当时可能读得不够深入，因此应对进口段的八字翼墙、出口段的扭面等作更深入的分析，并可参考有关的轴测图或模型，彻底把图弄懂。

3．画图

1）布置视图。必须注意补完 $A-A$、$B-B$ 两剖视以后应省掉哪些断面，一共应画哪几个图。

2）画出各视图的作图基准线。分水闸剖视图以闸室底板高程 100.00 为高度方向基准，平面图以分水闸对称线为宽度方向基准；分水闸剖视图和平面图均以建筑物左端面轮廓线为长度方向基准。$A-A$ 剖视图最好按投影关系布置在左视图的位置。

3）画图时，有关的几个视图应同时考虑。

4）先画主要部分的轮廓线，如分水闸剖视图中先画进口段、闸室、护坦、海漫等段的长度方向轮廓线，然后再画细部。

5）标注尺寸，画材料图例，描深并完成全图。

第六节　钢筋混凝土结构图

在水利工程中，很多结构都是由钢筋混凝土构成的。混凝土的抗拉强度却只有抗压强度的 $1/10\sim1/20$，因此，在混凝土中按照结构受力和构造的需要，配置一定数量的钢筋以增强其抗拉能力。这种由混凝土和钢筋两种材料制成的构件称为钢筋混凝土，用来表达钢筋混凝土结构的图样称为钢筋混凝土结构图，当钢筋混凝土结构图主要表达钢筋时，简称钢筋图。

钢筋的基本知识、钢筋图的表达方法、钢筋图的识读等相关内容详见第十二章第五节，这里不再赘述。

第十二章　房屋建筑图

第一节　概　　述

按正投影原理并遵守《建筑制图标准》绘制的房屋建筑物的图样称为房屋建筑图，简称房屋图。

建筑物是用来供人们在其中生活、生产、娱乐等活动的场所。由于它处于自然与人为较为复杂的环境之中，所以要受到来自各方面因素的限制。1986年建设部总结了以往建设的实践经验，结合我国的实际情况，制定了新的建筑技术政策，明确指出建筑业的主要任务是"全面贯彻适用、安全、经济、美观"的方针。

一、影响房屋建筑设计的主要因素

在设计过程中，影响建筑设计的因素很多，设计者必须综合分析这些因素的影响，方能获得较为完美的设计，综合起来可以归纳为以下几方面：建筑功能、物质技术条件、环境、经济条件、城市规划的要求、风俗、文化与审美。

二、房屋建筑的分类

房屋建筑通常根据其功能性质、某些规律和特征分类，一般按照以下几个方面划分。

1. 按建筑的使用功能分

1）民用建筑

所谓民用建筑即非生产性建筑，又可以分为居住建筑和公共建筑两大类。

① 居住建筑。居住建筑是供人们生活起居用的建筑物，如住宅、公寓、宿舍等。

② 公共建筑。公共建筑是供人们从事政治文化活动、行政办公、商业、生活服务等公共事业所需要的建筑物，如行政办公建筑、文教建筑、科研建筑、托幼建筑、医疗建筑、商业建筑、生活服务建筑、旅游建筑、观演建筑、体育建筑、展览建筑、交通建筑、通讯建筑、园林建筑、纪念建筑、娱乐建筑等。

2）工业建筑

工业建筑即生产性建筑，如生产厂房、动力建筑、储藏建筑等。

3）农业建筑

农业建筑概指农副业生产建筑，如温室、畜禽饲养场、水产品养殖场、农副产品加工厂、粮仓等。

2. 按建筑的层数分

建筑根据其高度和层数又可分为低层建筑、多层建筑、高层建筑和超高层建筑。

1）住宅建筑。1~3层为低层；4~6层为多层；7~9层为中高层；10层以上为高层。

2）公共建筑及综合性建筑。总高度超过 24 m 者为高层（不包括高度超过 24 m 的单层主体建筑）。

3）建筑物高度超过 100 m 时，不论住宅或公共建筑均为超高层。

4）工业建筑（厂房）。分为单层厂房、多层厂房、混合层数的厂房。

3．按建筑的主要承重材料分

1）钢筋混凝土结构。

2）块材砌筑结构。是砖砌体、砌块砌体、石砌体建造的结构统称，一般用于多层建筑。

3）钢结构。

4）木结构。

5）其他结构建筑，如生土建筑、充气建筑、塑料建筑等。

此外，按建筑的结构体系又可分为混合结构、框架结构、空间结构、现浇剪力墙结构等。

三、房屋建筑的分级

不同类别的建筑其质量要求也不同，为便于控制和掌握，常按建筑物的耐久年限及耐久程度分级。

1．建筑物的耐久年限等级

建筑物的耐久年限主要是根据建筑物的重要性和建筑物的质量标准而定，它作为建筑投资、建筑设计和选用材料的重要依据。在我国《民用建筑设计通则》中，以主体结构确定的建筑耐久年限分为下列四级。

一级耐久年限：100 年以上，适用于重要的建筑和高层建筑。

二级耐久年限：50~100 年，使用于一般性建筑。

三级耐久年限：25~50 年，适用于次要的建筑。

四级耐久年限：15 年以下，适用于临时性建筑。

2．建筑物的耐火分级

建筑物的使用性质、规模大小、重要程度等不同，对建筑物的耐火能力要求也有所不同。建筑物的耐火等级分为四级，其构件的燃烧性能和耐火极限可查阅《建筑设计防火规范》。

四、房屋施工图的分类

建筑物的建成一般要经过以下阶段：提出拟建项目建议书；编制可行性研究报告；进行项目评估；编制设计文件；施工前准备工作；组织施工；竣工验收；交付使用。其中编制设计文件是工程建设中不可缺少的重要一环。建筑设计一般又分为初步设计和施工图设计两个阶段，两个阶段所画的图样分别为初步设计图和施工图。施工图是进行房屋建筑施工的重要依据，按照施工图的内容和作用一般分为以下三种。

1．建筑施工图(简称建施)

建筑施工图包括施工总说明、总平面图、平面图、立面图、剖面图和构造详图。

2．结构施工图（简称结施）

结构施工图包括结构布置平面图（基础平面图、楼层结构平面图、屋里结构平面图等）和各构件的结构详图（基础、梁、板、柱、楼梯、屋面等的结构详图）。

3. 设备施工图（简称设施）

设备施工图包括给水排水、采暖通风、电气照明等设备的平面布置图、系统图和施工详图及其说明书等。

由此可见，各工种的施工图一般又包括基本图和详图两部分。基本图表示全局性的内容；详图则表示某些配件和局部节点构造等详细情况。

建筑房屋施工图繁多，为了便于看图，易于查找，一般的编排顺序是：首页图（包括图纸目录、施工总说明、汇总表等）、建筑施工图、结构施工图、给水排水施工图、采暖通风施工图、电气施工图等。各专业的施工图，应按图纸内容的主次关系系统的排列。例如基本图在前，详图在后；总体图在前，局部图在后；主要部分在前，次要部分在后；布置图在前，构件图在后；先施工的图在前，后施工的图在后等。

为了绘制和看懂房屋建筑图，首先应了解房屋组成部分的名称和作用。无论哪种建筑，它们都是由许多构件、配件和装修构件组成的。图12-1所示为一幢四层楼的职工宿舍，该楼房的组成有：基础、内外墙、楼板、门、窗和楼梯；屋顶设有屋面板。此外，还设有阳台、雨篷、保护墙身的勒脚和装饰性的花格等。

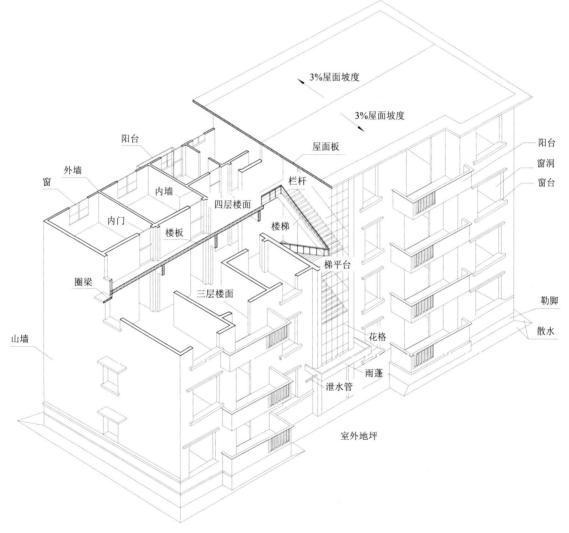

图 12-1 房屋的组成

五、房屋建筑图的国家标准

绘制房屋图必须遵照国家制定的以下标准：

《房屋建筑制图统一标准》GB/T50001-2001(以下简称"统一标准")；

《总图制图标准》GB/T50103-2001(以下简称"总标")；

《建筑制图标准》GB/T50104-2001(以下简称"建标")；

《建筑结构制图标准》GB/T50105-2001(以下简称"结标")；

《给水排水制图标准》GB/T50106-2001(以下简称"给标")。

第二节 房屋图的视图表达和特点

一、图样画法

1. 基本投影图

工程制图中的投影图称为视图。如图 12-2（a）、（b）所示，若放在三面投影体系中的形体按箭头 A、B、C 方向分别向 V、H、W 三个投影面作正投影，所得的正面投影图、水平投影图、侧面投影图分别称为正立面图(正视图)、平面图(俯视图)、左侧立面图(左视图)。

以上三个图样主要表示形体前表面、上表面、左侧面的形状，为满足工程需要，按"建标"规定，在三面体系基础上，再增加三个与 V、H、W 面平行的新投影面 V_1、H_1、W_1，上述六个投影面称为六个基本投影面，它们组成一个平行六面体。如图 12-2（a）所示，再按箭头 D、E、F 方向分别向投影面 V_1、H_1、W_1 作正投影，得右侧立面图（右视图）、底面图（仰视图）、背立面图（后视图），并将各投影面按图 12-2（b）所示方法展开摊平到一个平面上，即得形体的六个基本投影图，如图 12-2（c）所示，这种直接在各投影面上得到形体多面正投影图的方法称为第一角画法。房屋建筑图常用直接正投影法绘制。

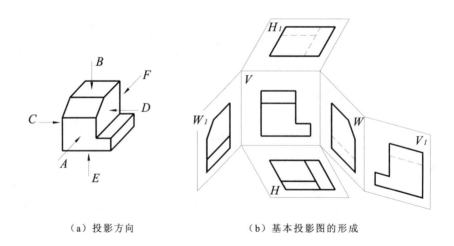

（a）投影方向　　　　　（b）基本投影图的形成

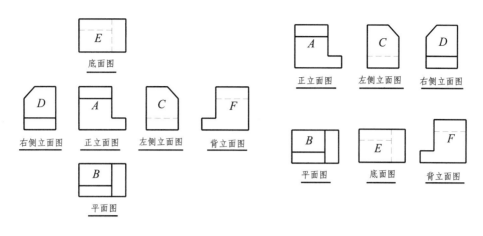

(c) 基本投影图的配置（一）　　　　（d) 基本投影图的配置（二）

图 12-2　基本投影图

2．图样的布置及标注

在一张图纸上绘制几个基本视图时，其图样可按图 12-2（c）所示的展开摊平关系配置，也可如图 12-2（d）配置，图样顺序宜按主次关系从左至右依次排列，若仅画图 12-2（d）中的 A、B、C 三个图样时，三投影之间应符合投影关系。每个图样均应标注图名，图名一般标注在图样下方或一侧（如详图图名），并在图名下画一粗横线，其长度应以图名所占长度为准。

3．镜像投影图

某些工程构造（如顶棚）用直接投影法不易表达清楚时，可用镜像投影图绘制。如图 12-3（a）所示，若将形体放在镜面之上，用镜面代替投影面，按镜中反映的图像得到形体正投影图的方法称为镜像投影法，用此方法绘制的图样应在图名后面标注"镜像"二字，如图 12-3（b）所示。镜像投影法是第一角画法的辅助方法。

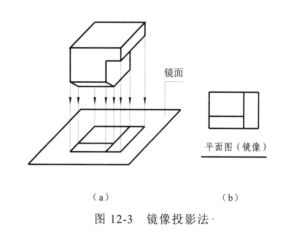

图 12-3　镜像投影法

二、剖面图和断面图

1．基本概念

作物件的投影图时，看不见的轮廓线用虚线表示，如图 12-4 所示。当物体内部构造较复杂，图中会出现较多虚线，既影响图形清晰，又不利于读图和尺寸标注。为了清晰表达物体的内部构造及材料组成等，制图中通常采用剖面和断面的画法（注：建筑制图中不采用 GB/T 的剖视图名称，而采用剖面图）。

假想用剖切平面剖开物体，将处在观察者和剖切平面之间的部分移去，而将剩余部分向投影面作投影所得的图形，称为剖面图。图 12-5 所示为假想用一个正平面 P 作为切平面，通过物体前后对称面切开，将前半部分移去，剩余的后半部分向 V 面投影，所得的正面投影图称为该物体的剖面图（简称剖面），如图 12-6 所示。

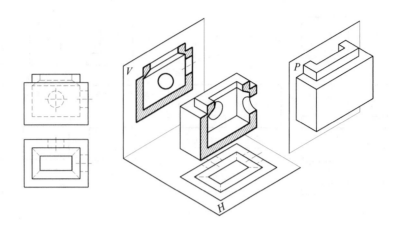

图 12-4　物体的二视图　　　图 12-5　剖面图的形成

若仅画出物体与切平面接触部分的图形称为断面图，如图 12-7 所示。

断面图与剖面图的主要区别：断面图只画出剖切面与物体接触部分（截口）的实形，而剖面图除画出截口实形外，还需画出沿投影方向物体余留部分的投影。实质上，断面是"面"的投影，剖面是"体"的投影，如图 12-8 所示。图 12-8（c）为钢筋混凝土梁的断面图，图 12-8（d）为该梁的剖面图。

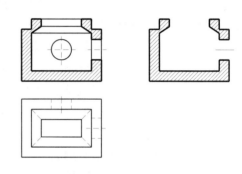

图 12-6　全剖面图　　图 12-7　断面图

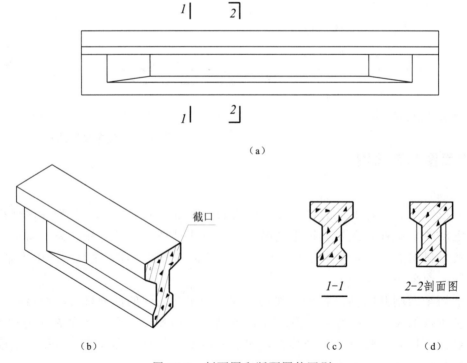

图 12-8　剖面图和断面图的区别

2. 剖面图

1) 剖面图的画法

（1）确定剖切面的位置

剖切面规定为投影面平行面或投影面垂直面。若将正面投影画成剖面图，一般剖切面应选正平面，如图 12-6 所示。

（2）剖面图中的图线和图例

为了突出剖面图中截口（实体）的形状，常将断面部分的线型画成粗实线，尚未剖切到的可见部分的物体轮廓画成中实线，不可见轮廓一般不画出。在剖面图中剖到的实体部分应画上建筑材料图例，见表 12-1。图例中的斜线一律画成与水平方向成 45°的细实线，当画断面轮廓的材料图例有困难时，可涂黑（或涂红）表示。

表 12-1 常用建筑材料图例

名称	图例	名称	图例	名称	图例
自然土壤		钢筋混凝土		混凝土	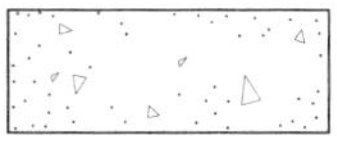
夯实土壤		空心砖		石膏板	
砂、灰土		耐火砖	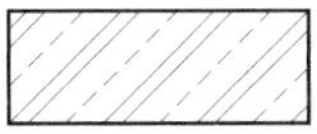	多孔材料	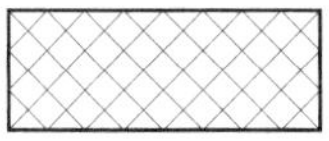
砂砾石、碎砖、三合土	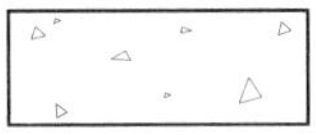	饰面砖	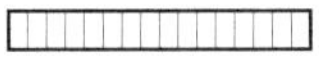	毛石	
天然石材	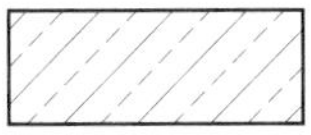	木材		金属	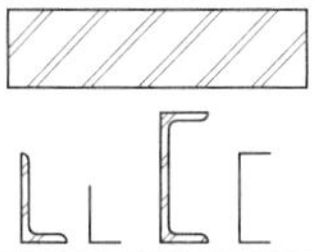
胶合板		纤维材料	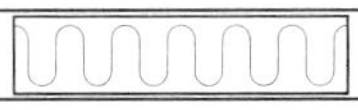	玻璃	
普通砖		粉刷材料	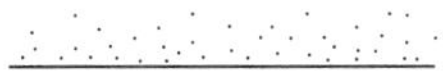	防水材料	

（3）剖面图的标注

为了表明图样之间的关系，在画剖面图时，应用规定的剖切符号标明剖切位置。投影方向和编号，如图 12-9 所示。切符号是由剖切位置线和剖视方向线组成，它们均应以粗实线绘制，长度如图 12-9 所示。剖切符号不宜与图上任何图线接触，其编号采用阿拉伯数字，从左至右，或从上至下连续编排，并根据剖视方向注写于剖视线的端部。剖面图名称用相同的编号表示，注写在相应图样的下方，名称下面画一道粗实线，如图 12-9 的 1—1 剖面、2—2 剖面等。

（4）画剖面图还应注意以下几点：

① 用剖切面剖切物体是假想的，因而物体的某投影图画成剖面图时，其他未剖的投影图应按完整的物体画出；

② 为了清楚地表达物体内部构造，若物体对称时剖切面一般应该通过物体的对称面或轴线，若不对称时剖切面应尽量通过物体的孔洞轴线；

③ 若剖面图和投影图已表明物体的内部（或被遮挡部分）结构，则不必用虚线重复地画

出其投影,如图 12-6 剖面图中省略了外形虚线,图 12-11 平面图中省略了不可见结构的虚线。

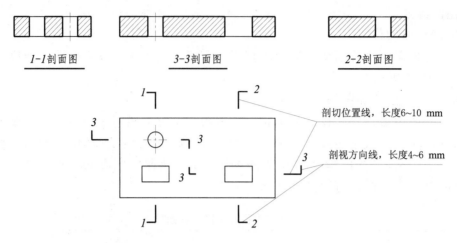

图 12-9 剖面图的标注

2) 常用的剖切方法及剖面图种类

(1) 一个剖切面的剖切——单一剖

这是指假想用一个剖切面剖开物体做剖面图的方法,按剖切面剖开物体的范围大小,可分全剖面图和半剖面图。

① 全剖面图

假想用一个剖切面将物体全部剖开所画的剖面图,称为全剖面图,如图 12-6 和图 12-9 中 1-1、2-2 剖面所示。

对外形简单内部构造较复杂的非对称物体,或内外形构造都较复杂,且外形又可用其他图形表示清楚的非对称物体常采用全剖面图。

② 半剖面图

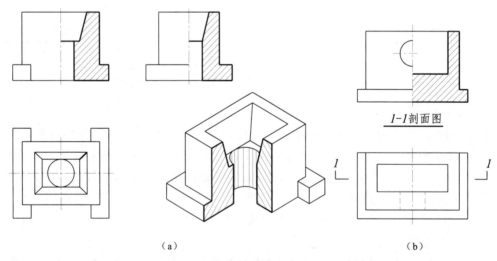

图 12-10 半剖面图

当物体具有对称面时,在垂直于对称面的投影上进行投影所得到的图形,以对称中心线为分界线,一半画成剖面图,另一半画成外形视图,这样得到的图形称为半剖面图。

在半剖面图中,剖切平面通过形体的对称面,且半剖面图位于基本投影图位置时可不标注。如图 12-10 (a) 可省略一切标注。当剖切平面不通过对称面,则应按全剖面图的标注方式进行，如图 12-10（b）必须标注。

注意，在半剖面图中，外形视图和剖面图的分界线是细点画线，而不能画成粗实线；与粗实线对称的虚线可省去，详见第九章第二节。

（2）两个或两个以上平行的剖切面剖切

用两个或两个以上相互平行的剖切面剖切物体得到的剖面图称为阶梯剖面图，如图 12-11 所示。图中 1—1 剖面图就是假想用两个正平面 P 和 Q 剖开物体后，在 V 面上得到的阶梯剖面图，图中清楚地表达了槽板的方孔和圆孔。

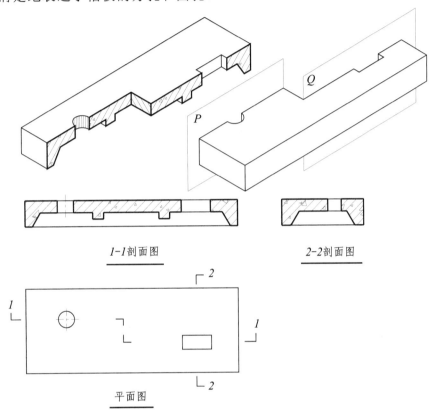

图 12-11　阶梯剖面图

对于物体的一些内部结构，如孔、槽等，它们的轴线不位于某基本投影面的同一个投影面平行面内时，应采用阶梯剖方法将它们同时在一个剖面图中反映出来。

画阶梯剖面时应注意，因剖切面是假想的，故在剖面图上规定不画两个剖切平面直角转折处的分界线。

阶梯剖面图的标注：在剖切面的起始、转折、终止处，一般应画出剖切符号，且标注相同的数字，同时在剖面图下方标注剖面图名称"×—×剖面图"，如图 12-11 所示。

（3）两个相交剖切面剖切

用相交的剖切面剖开物体时，应使二剖切面的交线垂直于某一投影面，并使其中一剖切面与选定的投影面平行，剖切后与投影面倾斜的部分用展开的方法画在选定的投影面上，这样所得到的剖面图称为展开剖面图。

图 12-12 表示一块槽形弯板，底部两孔之间成一定的夹角，其中四棱柱孔所在的"b"段与 V 面倾斜。为了反映该物体的构造情况，采用两个相交的剖切平面（正平面和铅垂面）分别通过孔的轴线剖开弯板，并将倾斜的"b"段展开与 V 面平行后，再向 V 面投影得到的展

开剖面图。注意，应在该剖面图的图名后加注"展开"字样。

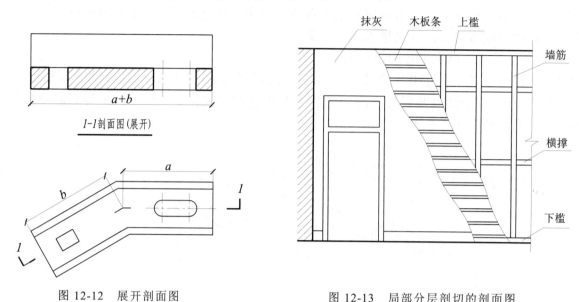

图 12-12　展开剖面图　　　　图 12-13　局部分层剖切的剖面图

（4）局部分层剖切

为了表示建筑物的构造层次，用分层剖切的方法画出各构造层的剖面图称为局部分层剖切的剖面图。画该图时，应按层次以波浪线将各层隔开，波浪线不应与任何图线重合，也不能超出形体轮廓。局部分层剖切可以是多层，也可以是一层。

图 12-13 表示板条抹灰隔墙分层材料和注法，以波浪线为界，采用了局部分层剖面图表示材料层次和构造。

图 12-14（a）表示钢筋混凝土管的局部剖面图，以波浪线为界，将形体外形视图和局部剖面图分隔开，以示管壁的厚度和管孔与管内壁接头处的连接情况。图 12-14（b）为单独基础局部剖面图表示基础的配筋情况。

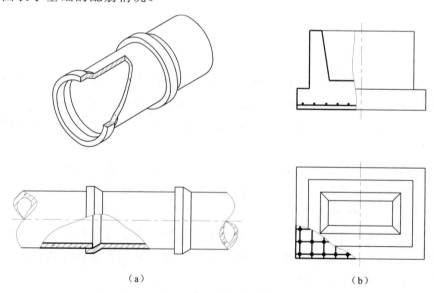

图 12-14　局部剖面图

3．断面图

图 12-8（c）介绍过断面图是假想用剖切面切断物体后，只画出剖切面与物体接触部分

的图形。当只需表示物体某部分的断面形状时，常采用断面图，如图 12-15（b）所示。断面图上应画上建筑材料图例。断面的剖切符号只画剖切位置线，编号用阿拉伯数字写在该断面的剖视方向的同一侧，如编号在右边表示剖视方向从左向右投影。断面名称注写在相应图样的下方可省略"断面"二字，如图 12-15（b）所示。

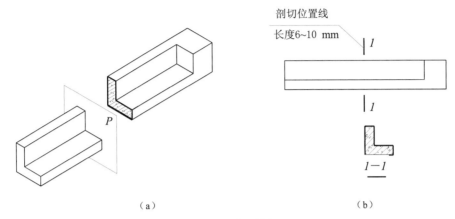

图 12-15 断面图

按断面图在图样中配置不同，一般可分为移出断面、中断断面和重合断面三种。

1) **移出断面**

画在投影图形以外的断面图称为移出断面，如图 12-16 所示。当移出断面配置在剖切位置的延长线上，断面又对称时，可不标注，如图 12-16（a）所示，工字钢断面的画法用细点画线代替剖切位置。若断面形状不对称时，则应画出剖切位置线和编号，写出断面名称，如图 12-16（b）所示槽钢断面的画法。

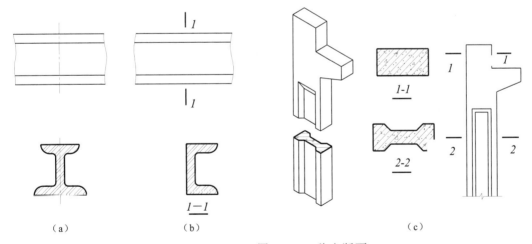

图 12-16 移出断面

对一些变断面的构件，常采用一系列的断面图，以表示不同断面形状。断面编号应按顺序连续编排，若断面配置在其他适当位置时，均应标注，如图 12-16（c）所示的 1—1、2—2 断面表示变断面钢筋混凝土柱在不同高度的横断面形状。

2) **中断断面图**

当断面图画在杆件投影图的中断处称为中断断面图，可不标注，多用于长度较长且均匀变化的杆件，如图 12-17 所示。

画中断断面时，原长度可以缩短，构件断开处画波浪线，但尺寸应标注构件总长尺寸，如图12-17中的1 500 mm和2 000 mm均是构件的总长度。中断断面是移出断面的特殊情况。

（a）挑梁断面图　　　　　　　　　　（b）槽钢断面图

图12-17　中断断面图

3）重合断面图

将断面图画在投影图之内称为重合断面图。图12-18所示为梯板和挑梁的重合断面图的画法，可省略标注。重合断面的轮廓线用粗实线画出，而物体的轮廓线用中实线画出。当原投影图轮廓线与重合断面的图形重叠时，投影图的轮廓仍按完整画出，不可间断。

（a）　　　　　　　　　　　　　（b）

图12-18　重合断面

在结构施工图中，常将梁板式结构的楼板或屋面板断面图画在结构布置图上，按习惯不加任何标注，如图12-19所示为屋面板重合断面图画法，它表示梁板式结构横断面的形状。

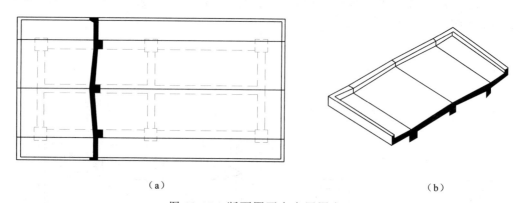

（a）　　　　　　　　　　　　　（b）

图12-19　断面图画在布置图上

三、简化画法

1. 对称画法

对称配件的对称图形，可只画一半或四分之一，并在图中对称线的两端画出对称符号，如图12-20（a）所示。对称线用细点画线表示，两端的对称符号是与相应的对称线垂直且互相平行的两条细实线，其长度为6~10 mm，平行线间距为2~3 mm。

对称物体的图形若有一条对称线时，可只画该图形的一半；若有两条对称线时，可只画图形的四分之一，但均应画出对称符号，如图12-20（b）所示。

在对称图形中，当所画部分稍超出图形对称符号，不能画对称符号，如图12-20（c）所示。

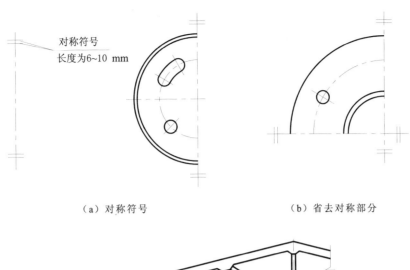

（a）对称符号　　　　　　（b）省去对称部分

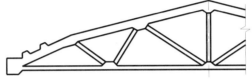

（c）省去对称符号

图 12-20　对称图形的画法

2. 省略画法

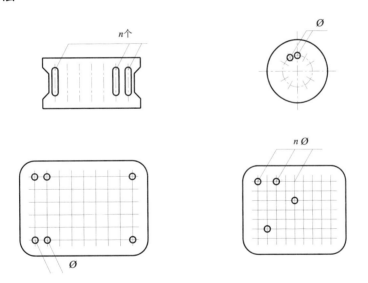

（a）相同要素省略画法

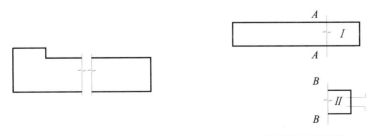

（b）折断省略画法　　　　　（c）构件局部不同画法

图 12-21　省略画法

1）省略相同要素。构配件内多个完全相同而连续排列的构造要素，可仅在两端或适当位置画出其完整形状，其余部分以中心线或中心线交点表示，若相同构造要素少于中心线交点，则其余部分应在相同的构造要素位置的中心线交点处用小圆点表示，如图 12-21（a）所示。

2）省略折断部分。较长的构件，沿长度方向的形状相同或按一定规律变化，可断开省略绘制，断开处应以折断线表示，如图 12-21（b）所示。

3）省略局部相同部分。一个构配件，若与另一构配件仅部分相同，该构件可只画不相同部分，但应在两个构配件的相同部分的分界线处，分别绘制连接符号，两个连接符号应对准在同一线上，如图 12-21（c）所示。连接符号是用带字母的折断线表示的，字母应分别写在符号的同一侧。

四、房屋图的特点

1．图线

因房屋形体大，比例小，构造比较复杂，图线多而密，所以在图样上往往只画可见轮廓线，很少画不可见轮廓线。

绘图时为了分清主次，房屋图的图线除折断线、波浪线为细实线外，其余的实线、虚线、点画线、双点画线的宽度一般分为粗、中、细三种。各种实线表示不同的轮廓线，如平面图上剖切到墙、柱，立面图的屋脊和外墙等均用粗实线绘制（线宽用 b 表示）；平面图的门开启线，踏步、窗台、花池等，立面图的门、窗洞、台阶、檐口、雨蓬轮廓线等均用中实线（$0.5b$）表示；房屋图中次要线、图例线、粉刷线、尺寸线、尺寸界线、索引符号、标高符号等均用细实线（$0.25b$）表示；中虚线表示结构平面布置图上梁、门窗过梁、圈梁和不可见的墙身轮廓线等；粗虚线用于排水管道布置平面图等。绘制较简单的房屋图可用 b、$0.25b$ 两种线型表示，线宽 b 通常取 0.7 mm，见表 12-2。

表 12-2　线宽取值

线宽比	线宽组（mm）					
b	2.0	1.4	1.0	0.7	0.5	0.35
$0.5b$	1.0	0.7	0.5	0.35	0.25	0.18
$0.25b$	0.5	0.35	0.25	0.18	—	—

2．比例

房屋图比例一般为缩小的比例，比例注写在图名的右侧，如图 12-22（a）。标注详图的比例，一般写在详图索引标志的右下角，如图 12-22（b）所示。

(a)　　　　　　(b)

图 12-22　详图比例的标注

房屋图的比例一般采用表 12-3 列出的常用比例，必要时可按增加比例选取。

表 12-3　图纸比例

图名	常用比例	必要时可增加的比例
总平面图	1:500，1:1 000，1:2 000	1:2 500，1:5 000，1:10 000，
平、立、剖面图	1:50，1:100，1:200	1:500，1:5 000
局部放大图	1:10，1:20，1:50	1:150，1:300，1:500
配件及构件详图	1:1，1:2，1:5，1:10，1:20，1:50	1:3，1:4，1:30，1:40

3．尺寸及定位轴线

房屋建筑图的平、立、剖面图的尺寸除标高以米（m）为单位外，其余均以毫米（mm）为单位。尺寸的起止符号用45°中实线短划表示，尺寸界线的一端应离开轮廓线不小于2 mm，另一端宜超出尺寸线 2~3 mm，可标注封闭尺寸。平面图中尺寸常注三排，如图 12-25（a）所示。常将外部尺寸和内部尺寸分开标注，标注尺寸的基本原理仍是完整、清晰、正确、合理。

1）标高

标高是标注建筑物高度的一种尺寸方式，在图纸上标高尺寸的注法都是以 m 为单位。在建筑施工图上用绝对标高和建筑标高两种方法表示不同的相对高度。

绝对标高。它是以海平面高度为 0 点（我国以青岛黄海海平面为基准），建筑物高出海平面的高度值叫绝对标高。绝对标高一般只用在总平面图上，以标志新建筑处地面的高度。有时在建筑施工图的首层平面上也注写，它的标注方法是如+0.000=▼495.00，表示该建筑的首层地面比黄海海面高出 495.00 m。

建筑标高。除总平面图外，其他施工图上用来表示建筑物各部位的高度，都是以该建筑物的首层（即底层）室内地面高度作为 0 点（写作+0.000）来计算的，这种标高值称为建筑标高。

房屋图样上的标高符号的绘制如图 12-23 所示，符号均以细实线绘制，等腰直角三角形的二直角边与水平线成 45°，直角顶点应指至被标注的高度处，可向上，也可向下。

总平面图室外地坪标高符号

图 12-23 标高绘法

标高数值一般注写到小数点后三位，如图 12-24 所示。在总平面图上只要注写到小数点后两位就可以了，在同一张图纸上标高的符号应大小相同、整齐。若在图样的同一位置需标注几个不同标高时，标高数字可按图 12-24（b）的形式注写。图 12-24（c）所示为总平面图上的标高。

2）定位轴线

定位轴线用来确定房屋的墙、柱等承重构件的位置，是施工放线的主要依据。定位轴线用细点画线绘制，一般应编号，横向编号用阿拉伯数字，从左至右顺序编写。竖向编号应用大写的拉丁字母，从下至上顺序编写。国标还规定轴线编号中不得采用 I、O、Z 三个字母。

编号应写在轴线端部的圆内，圆用细实线绘制，直径为 8 mm，详图可增加为 10 mm，如图 12-25（a）所示。附加轴线的编号应以分数表示，分母表示前一轴线的编号，分子表示附加轴线的编号，如图 12-25（b）所示。

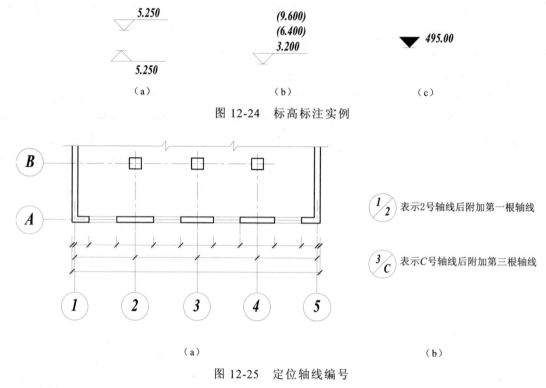

图 12-24　标高标注实例

图 12-25　定位轴线编号

4．图例

由于建筑图比例较小，总平面图中的各种建筑物，平、立、剖面图中各种构配件，如门、窗、楼梯、卫生器具等的投影难以详尽表达，均应采用国家公布的"统一标准"、"总标"、"建标"等规定的图例绘制。表 12-4 为常用建筑构件及配件图例，表 12-5 为常用的总平面图例。

表 12-4　常用建筑构件及配件图例

名称	图例	说明	名称	图例	说明
土墙		包括土筑墙、土坯墙、三合土墙等	栏杆		上图为非金属扶手，下图为金属扶手。
隔断		1. 包括板条抹灰、木制、石膏板、金属材料等隔断。 2. 适用于到顶与不到顶隔断。	检查孔		右图为可见检查孔，左图为不可见检查孔。
			孔洞		

续表

名称	图例	说明	名称	图例	说明
楼梯	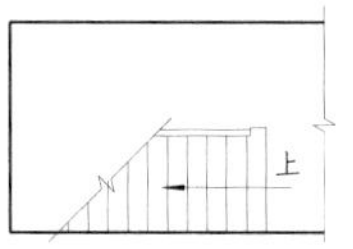 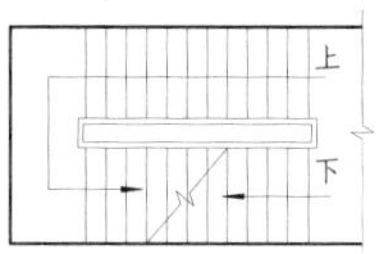 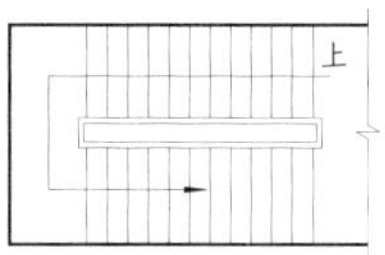	1. 上图为底层楼梯平面，中图为中间层楼梯平面，下图为顶层楼梯平面。 2. 楼梯的形式和步数应按实际情况绘制	单扇门（包括平开或单面弹簧）	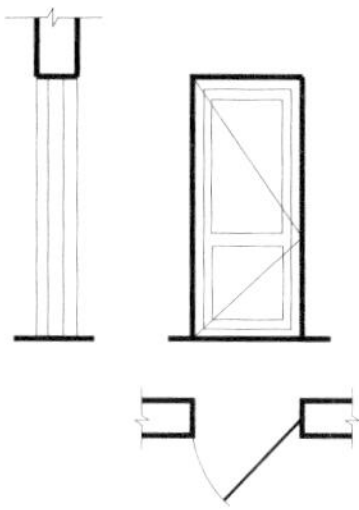	1. 门的名称和代号用 M 表示。 2. 剖面图上左为外，右为内，平面图上下为外，上为内。 3. 立面图上开启方向线交角的一侧为安装合页的一侧，实线为外开，虚线为内开。 4. 平面图上的开启弧线及立面图上的开启方向线，在一般设计图上不需要表示，仅在制作图上表示。 5. 立面形式应按实际情况绘制。
			双扇门（包括平开或单面弹簧）	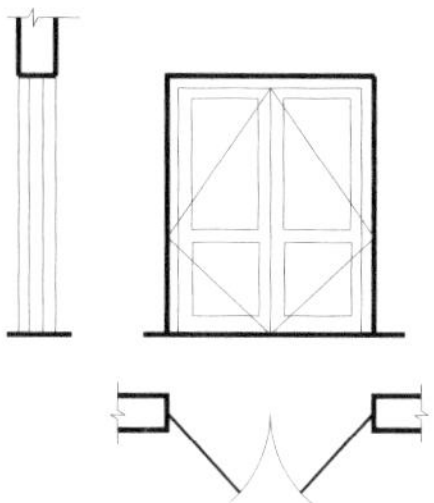	
空门洞	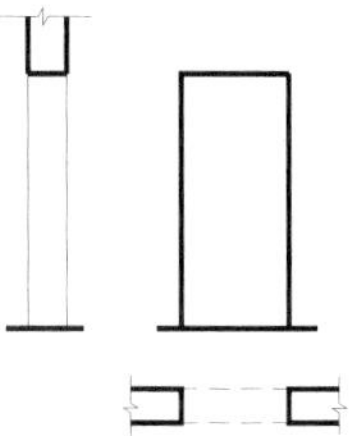		单层固定窗	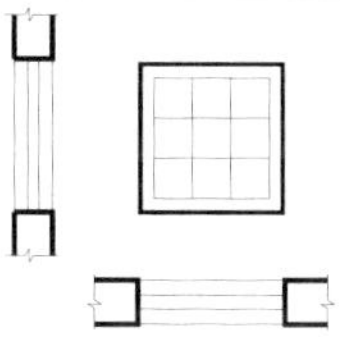	1. 窗的名称代号用 C 表示。 2. 立面图中的斜线表示图的开关方向，实线为外开，虚线为内开；开启方向线交角的一侧为安装合页的一侧，一般设计图中不表示。 3. 剖面图上左为外，右为内，平面图上下为外，上为内。 4. 平、剖面图上的虚线仅说明开关方式，在设计图中需表示。 5. 窗的里面形式应按实际情况绘制。
墙预留洞	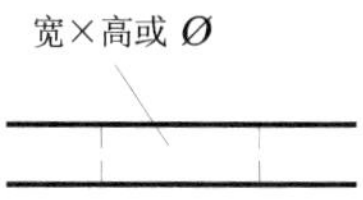 宽×高或⌀				
墙预留槽	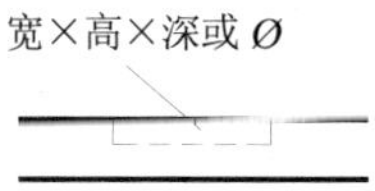 宽×高×深或⌀		单层外开平开窗	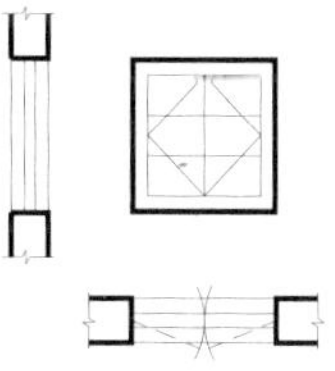	
烟道	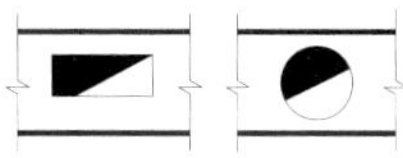				
通风道	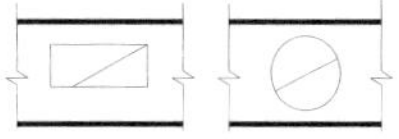				

表 12-5　总平面图例

名称	图例	说明	名称	图例	说明
新建的建筑物	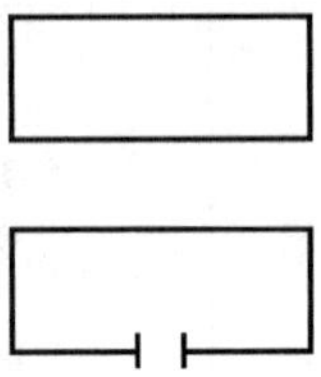	1. 上图为不画出入口图例，下图为画出入口图例。 2. 需要时，可在图形内右上角以点数或数字（高层宜用数字）表示层数。 3. 用粗实线表示。	烟囱	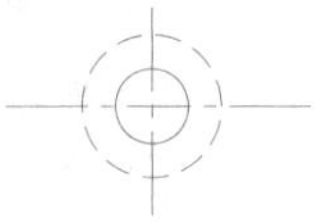	实线为烟囱下部直径，虚线为基础，必要时可注写烟囱高度和上下口直径。
原有的建筑物		1. 应注明拟利用者。 2. 用细实线表示。	围墙及大门	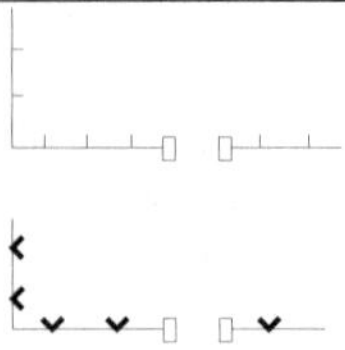	上图为砖石、混凝土或金属材料的围墙。 下图为镀锌铁丝网、篱笆等围墙。 如仅表示围墙时不画大门。
计划扩建的预留地或建筑物		用中虚线表示。	坐标	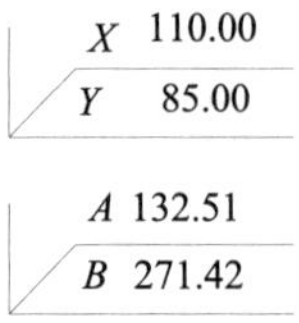 X 110.00 Y 85.00 A 132.51 B 271.42	上图表示测量坐标，下图表示施工坐标。
拆除的建筑物		用细实线表示
新建的地下建筑物或构筑物		用粗虚线表示	雨水井		
漏斗式贮仓		左、右图为底卸式，中图为拆卸式	消火栓井		
			室内标高	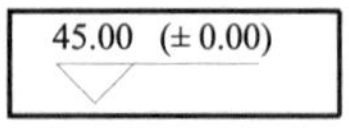 45.00 (±0.00)	
散装材料露天堆场		需要时可注明材料名称	室外标高	 ▼ 80.00	
水塔、贮罐	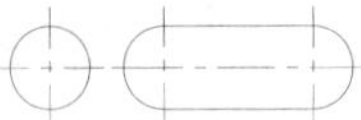	左图为水塔或立式贮罐，右图为卧式贮罐	原有道路	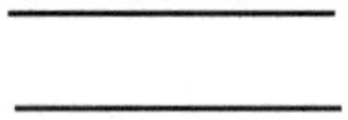	
桥梁	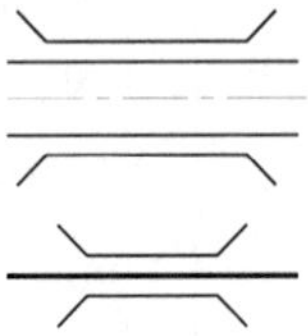	1. 上图为公路桥梁，下图为铁路桥梁。 2. 用于焊桥时应说明。	计划扩建道路		
			铺砌场地	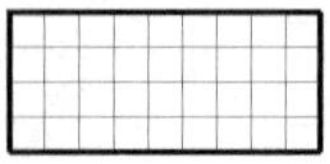	

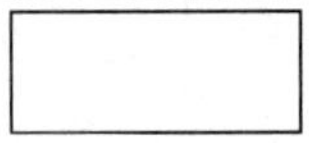

第三节　房屋建筑施工图的阅读

阅读房屋建筑施工图时，首先要概括性了解相关的房屋，然后再阅读细部。先从施工总说明、总平面图中了解房屋的位置和周围环境的情况，再看平面图、立面图、剖面图和详图等。读图是要注意各图样间的关系，配合起来分析。本节以一幢四层职工宿舍为例（轴测图如图 12-1），说明房屋建筑施工图的阅读方法。

一、总平面图

1．用途

在地形图上画出原有和新建房屋外轮廓的水平投影，即为总平面图。图 12-26 为某校一个生活区的总平面图，主要表示原有和新建房屋的位置、标高、道路布置、构筑物、地形、地貌等，作为新建房屋定位、施工放线、土方施工以及施工总平面布置的依据。

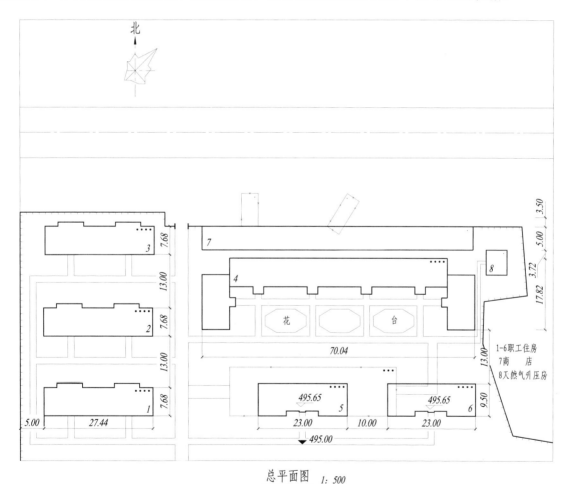

图 12-26　某校职工生活区总平面图

2．基本内容

1）表明新建区的总体布局，如拔地范围、各建筑物及构筑物的位置、道路、管网的布置等。
2）确定建筑物的平面位置，一般根据原有房屋或道路定位。

修建成片住宅、较大的公共建筑物、工厂或地形较复杂时，用坐标确定房屋及道路转折点的位置。

3) 表明建筑物首层地面的绝对标高，室外地坪、道路的绝对标高，说明土方填挖情况、地面坡度及雨水排除方向。

4) 用指北针表示房屋的朝向。有时用风向玫瑰图表示常年风向频率和风速。

5) 根据工程需要，有时还有水、暖、电等管线总平面图、各种管线综合布置图、竖向设计图、道路纵横剖面图以及绿化布置图。

3．新建建筑物的定位

1) 根据已有的建筑或道路定位。如图 12-26 所示，新建建筑物的定位置是根据新建区域的最上端与最左端的边缘和已有的建筑进行定位。

2) 根据坐标定位。为了保证在复杂地形中放线准确，总平面图中常用坐标表示建筑物、道路、管线的位置。常用的方法有：

（1）标注测量坐标。在地形图上绘制的方格网叫测量网，与地形图采用同一比例尺，以 100 mm×100 mm 或 50 mm×50 mm 为一方格，竖轴为 x，横轴为 y，一般建筑物定位应注明两个墙角的坐标，如果建筑物的方位为正南北向，就可只注明一个角的坐标。

（2）标注建筑坐标。建筑坐标就是将建设地区的某一点定为"O"，水平方向为 B 轴，垂直方向为 A 轴，进行分格。用建筑物墙角距"O"点的距离确定其位置。如图 12-27 所示，根据甲点和乙点的坐标，放线时即可从"O"点导测出甲乙两点的位置。

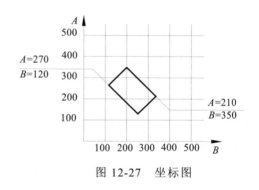

图 12-27　坐标图

二、平面图

1．用途

平面图是假想用水平剖切面沿房屋门、窗洞的位置把房屋剖切后，对切平面以下部分所作出的水平剖面图，它表示房屋的平面形状、大小和房间布置，墙（或柱）的位置、厚度和材料，门窗的类型和位置等情况。在施工中放线、砌墙、安装门窗、作室内装修以及编制预算、备料等都要用到平面图。

2．基本内容

一般说来，楼房有几层，就应该画出几个平面图。如底层平面图、二层平面图等。如果上下各层的布置与大小完全相同，可用一个平面图表示。如果房屋平面图左右对称，也可将两层平面图画在一个平面图上，各画一半，用点画线分开，在点画线两端画对称符号，并在图下方分别注出图名。本例属于左右基本对称形状，而且二、三、四层房间布置完全相同，故只画底层平面图和二层平面图。

图 12-28 中，水平剖切面是沿底层门、窗洞位置剖切的，称为底层平面图。图 12-29 中，水平剖切面是沿二层门、窗洞位置剖切的，称为二层平面图。从图中可以看出以下内容：

1）房屋形状、总长和总宽（指从房屋的一端外墙面到另一端外墙面的长度）。本例平面图基本上是长方形，总长为 23.24 m，总宽为 9.68 m。

2）从图中墙的分隔情况和房间的名称看出房间的布置、用途、数量和相互间的联系情况。这幢宿舍为一个单元，每层有两套房间，每套房间除有三间卧室、一间工作室、一间起居室外，还有门厅、厨房、浴室、厕所、阳台等。

3）根据图中定位轴线的编号了解墙、柱的位置和数量等。该楼房竖向有 6 根，水平方向有 8 根承重墙轴线，它们是纵横向内外墙定位放线的基准线。另外还有 5 根附加轴线，它们分别是浴室、厕所的隔墙轴线。

4）根据图中标注的内部和外部尺寸可以了解各房间的门、窗及室内设备的位置和大小。

外部尺寸标注分三排：第一排为房屋的总长和总宽，第二排表示定位轴线的距离，用来说明房间的开间和进深尺寸。图 12-28 中，房间的开间有 3.60 m、3.00 m 等，房间的进深南面为 5.50 m，北面为 4.00 m；第三排尺寸表明门、窗的宽度和位置，它们的位置是以轴线为基准的，如窗 $C2$，宽度为 1.80 m，窗边距轴线为 0.90 m。

内部尺寸包括纵横方向的尺寸，说明房间大小、墙厚、内墙上门、窗洞的大小和位置，固定设备的大小和位置等。

室内外地面的高度用标高表示，一般以底层主要房间的地面高度为零，标注为 ±0.000。

5）从图中门、窗图例及其编号，了解门、窗类型、数量和位置。"建标"中还规定，门的代号为 M，窗的代号为 C。代号后面的数字是编号，如 $M1$、$M2$ 和 $C1$、$C2$ 等。同一编号表示同一类型的门、窗，一般在建筑施工总说明或建筑平面图上附有门、窗表，列出它们的编号、名称、尺寸、数量以及选用的标准图集的编号等，详见表 12-6。

表 12-6 门窗统计表

门或窗	编号	名称	洞口尺寸 B×H	樘数	标准图代号	标准图集及页次
门	$M1$	全板镶板门	1000×2700	8	×-1027	西南 J601，3
	$M2$	半玻镶板门	900×2700	40	P×-0927	西南 J601，5
	$M3$	半玻镶板门	800×2700	8	仿 P×-0927	西南 J601，5
	$M4$	半玻镶板门	1800×2700	8	P×-1827	西南 J601，5
	$M5$	全板镶板门	800×2700	16	×-0824	西南 J601，3
	$M6$	百页镶板门	700×2000	8	Y×-0720	西南 J603，3
	$M7$	带窗半玻门	1500×2700	8	C×-1527	西南 J601，4
窗	$C2$	上幺玻纱窗	1800×1800	8	S. 1818	西南 J701，7
	$C3$	上幺玻纱窗	1200×1800	16	S. 1218	西南 J701，7
	$C4$	上幺玻纱窗	1000×1800	8	S. 1018	西南 J701，7
	$C5$	无幺玻窗	400×600	16	仿 S. 0610	西南 J701，3
	$C6$	中悬窗	900×700	8	F. 0907	西南 J701，6

6）底层平面图绘制的指北针，所指方向应与总平面图一致。指北针应按"统一标准"规定绘制，圆宜用细实线，圆的直径宜为 24 mm，指针尾部宽度宜为 3 mm，指针头部应注"北"或"N"字。从指北针看出该楼房的朝向是正南北向。

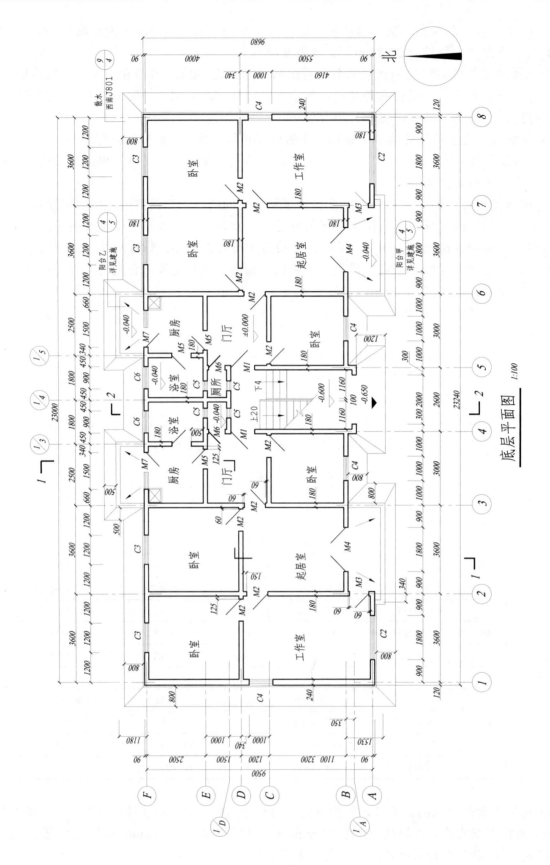

图 12-28 建筑平面图（一）

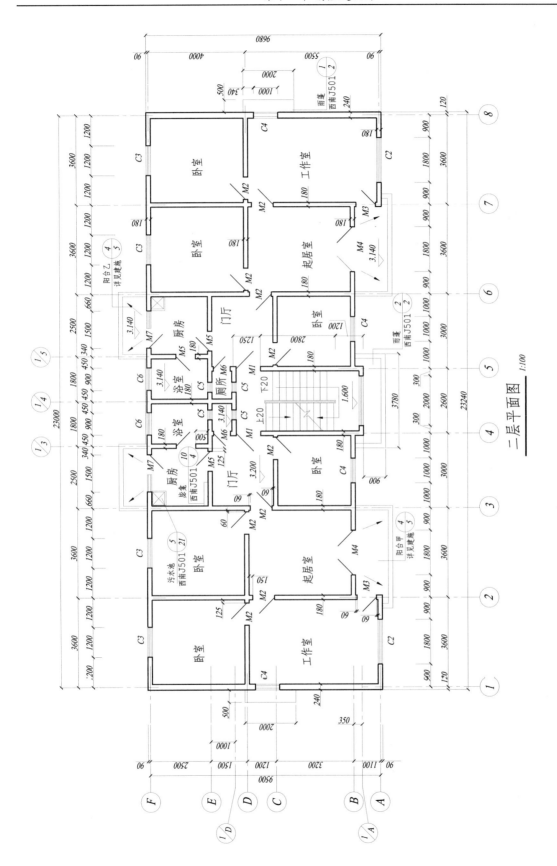

图 12-29 建筑平面图（二）

7）还必须表示出楼梯、阳台、雨蓬、散水的大小和位置以及剖切面位置，如图 12-28 所示的 1－1 剖面和 2－2 剖面。

三、立面图

1．命名

立面图有正立面图、背立面图、侧立面图，但立面图往往也按朝向确定图样名称，如南立面图，北立面图等。还有按轴线的编号来确定名称的，如图 12-30 所示的南立面图就是正立面图，也称①~⑧立面图。图 12-31 所示的北立面图就是背立面图，也称⑧~①立面图。

2．基本内容

图 12-32 所示的侧立面图就是西立面图。由于立面图比例较小，门、窗等细部只能用图例表示。若房屋外形左右对称，南北立面图也可各画一半合并成一个图，中间用细点画线分界，并画对称符号。

阅读立面图时，应当了解以下几方面的内容：

1）房间整个外貌形状。本图为平顶屋面，四层楼房，外墙是清水砖墙（即未加抹灰粉刷的砖墙面），如图 12-30、12-31、12-32 所示的四面共有四排窗户，南立面、北立面各有四排阳台，外表面装饰的详细作法另有施工说明或标准图集（或建筑详图）。

2）其他细部，如窗台、雨蓬、阳台花格等样式与位置，图中均用图例表示。

3）图中房屋高度方向的外形尺寸，一般用相对标高表示，室外地坪、楼面、阳台面、檐口等注写标高，一般注在图形外面，要求在铅垂方向排列整齐。

四、剖面图

1．用途

假想用平行于房屋正面或侧面的剖切平面将房屋剖开后，所画出的剖面图称为建筑剖面图，它主要表达房屋内部的结构、构造、分层情况及各部位之间的联系、高度、材料等，它与平面图、立面图同样重要。

2．基本内容

剖切位置应选择在房屋内部结构和构造比较复杂的地方，一般是通过门、窗洞或楼梯间。如图 12-33 所示，1－1 剖面是通过厨房、门厅、卧室、起居室剖切的，2－2 剖面是通过浴室、厕所、楼梯间剖切的，从该图中可以了解以下内容：

1）房屋从地面到楼顶的内部构造和结构形式，如各层楼板、梁、楼梯、门、窗和屋面的结构形式以及它们的相互关系。

2）房屋内部和外部高度方向的尺寸和标高。标高有完成面标高和毛面标高之分，如图 12-34 所示，完成面标高一般是指楼地面、屋面装修完成后表面的标高。在平、立、剖面图及详图中，楼地面、地下层地面、楼梯、阳台、平台、台阶等处均标注完成面标高。毛面标高是指各结构件未经装修（即不包括粉刷）的表面标高，门、窗洞的上、下沿，檐口、雨蓬底面等标注的毛面标高。

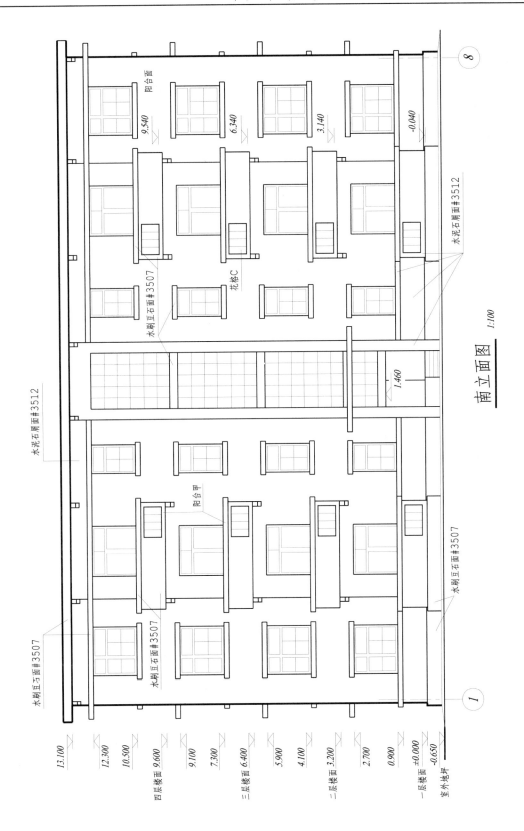

图 12-30 建筑立面图（一）

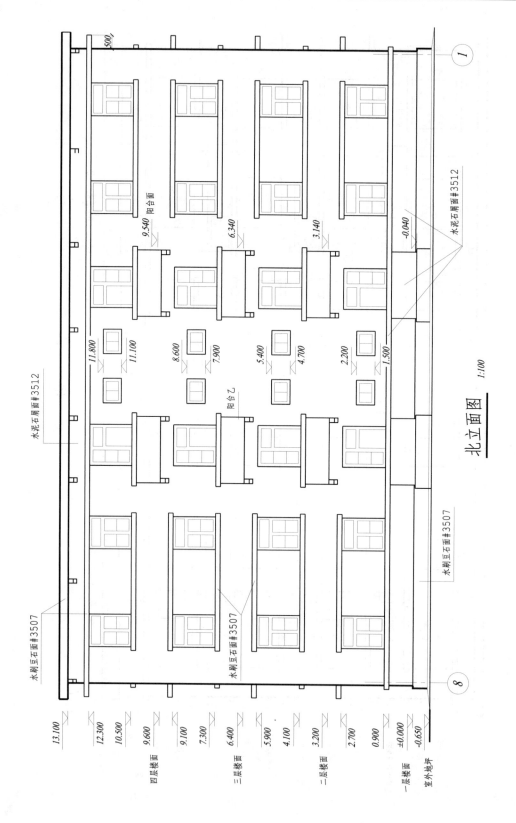

图 12-31 建筑立面图（二）

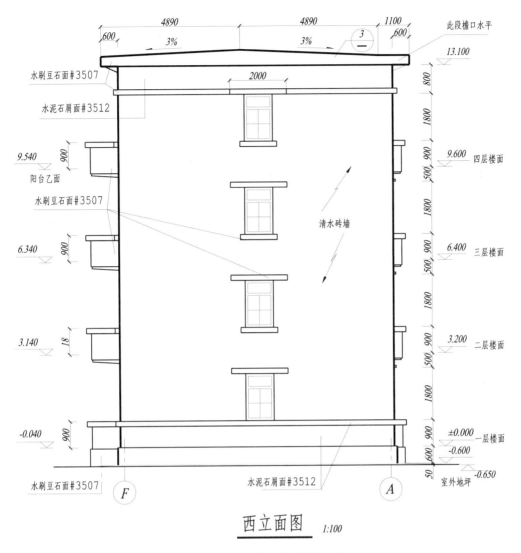

图 12-32　建筑立面图（三）

3）房屋的地面、楼面、屋面等是由不同材料构成的，因此在剖面图中常用引出线按层次顺序用文字说明，如图 12-38 中屋面构造的说明。

4）房屋倾斜的地方（如屋面、散水、排水沟等）需用坡度表明倾斜的程度，如图 12-33 中，屋面上方的坡度是用百分数表示坡度大小，其下用半边箭头表示水流方向。

五、建筑详图

由于房屋建筑图的平、立、剖面图的比例都比较小，细部构造无法表达清楚，所以需要用较大的比例把房屋细部构造及构配件的形状、大小、材料和施工方法详细表达出来，这种图样称为建筑详图。

画详图时，首先在平、立、剖面图中用索引符号注明所画详图的位置和编号，索引符号画法如图 12-35 所示。

索引符号若用于索引剖面详图，应在被剖切的部位绘制剖切位置线，并应以引出线引出索引符号，引出线所在的一侧应为剖视方向，如图 12-36 所示。索引符号的编写按图 12-35 所示的规定。

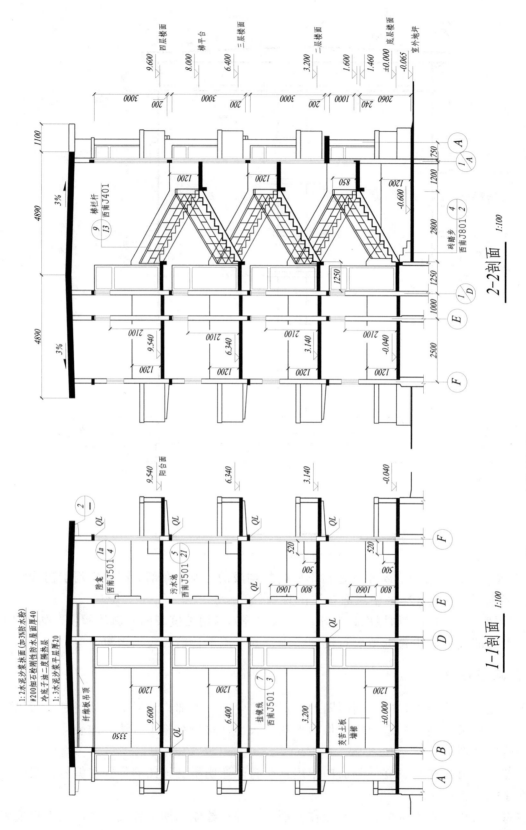

图 12-33 建筑剖面图

引出线指向详图所要表示的位置，线的另一端画圆圈，圆和直径用细实线绘制，圆的直径应为 10 mm，水平直径上面标注详图的编号，下面标注该详图所在的图纸编号。若详图在本张图纸内时，则用一横线代替编号，如图 12-35（a）表示第 3 号详图在本张图纸内。图 12-36（a）表示第 1 号剖面详图在本张图纸内，作剖面图时的投影方向是从右向左投影，如图 12-36（a）中的箭头所示。

其次，在所画的详图下面，相应地用详图符号表示详图的编号，如图 12-37 所示。详图符号应以粗实线绘制，直径应为 14 mm。图 12-37（a）表示详图画在被索引的图纸上，12-37（b）表示画在另一张图纸上。图 12-38 为檐口、山墙檐口的详图。

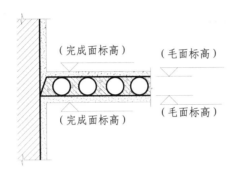

图 12-34　完成面标高与毛面标高注法示例

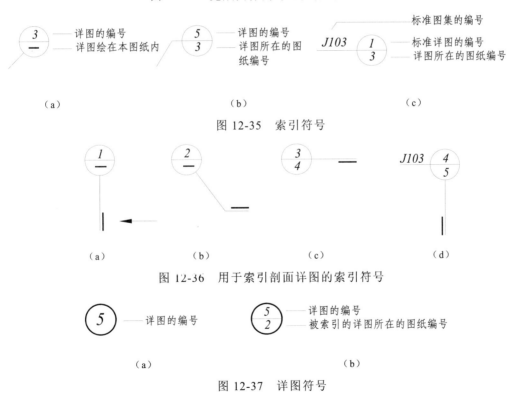

图 12-35　索引符号

图 12-36　用于索引剖面详图的索引符号

图 12-37　详图符号

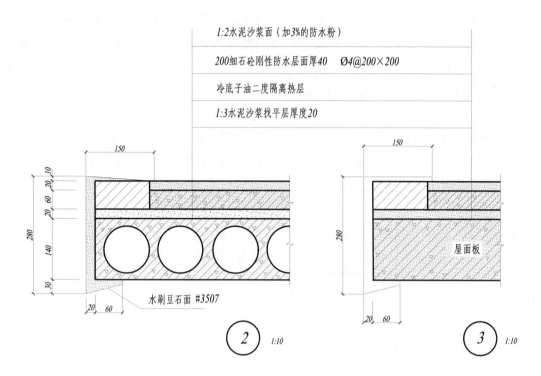

图 12-38 檐口、山墙檐口的详图

下面仅介绍楼梯详图的内容和阅读方法。

楼梯是楼房上下交通的主要设施，它是由楼梯段（简称楼段，包括踏步和斜梁）、平台和栏杆（或栏板）组成的，构造一般较复杂，需画详图才能满足施工要求。楼梯详图一般包括平面图、剖面图及踏步、栏杆的详图等，它主要表示楼梯类型、结构形式、尺寸和装修作法，是楼梯施工放样的主要依据。

1．楼梯平面图

一般每层楼梯都要画一个平面图。若中间各层楼梯的梯段数、踏步数和大小尺寸等都相同时，通常只画底层、中间层和顶层三个平面图。本例画了底层、二层、顶层的楼梯平面图，如图 12-39 所示。

楼梯平面图的剖切位置在该层向上走的第一楼段的中间，被剖切的梯段用折断线表示，在每一楼段处画一个箭头，并注写"上"或"下"和踏步数。如图 12-39 所示，二层楼梯平面图中"下 20 步"表示二层楼面往下走 20 步级可到达底层楼面，"上 20 步"表示二层楼面向上 20 步级可到达三层楼面。此外，还要标注踏面数、踏面宽和梯段长，这几个尺寸通常合并标注在一起，但在该平面图中，注写的 10×280=2 800 mm，包括一个真实梯段长度（9×280=2 520）和另一楼段的一个踏面宽度（280）。

2．楼梯剖面图

假想用一个铅垂剖切平面通过各层的一个楼段和门、窗洞将楼梯切开，并向另一个没有被切到的梯段方向投影所得的剖面图就是楼梯剖面图，如图 12-40（a）所示，其剖切位置规定画在底层平面图中，如图 12-39 所示。图 12-40（b）为 3-3 剖面的轴侧图。从剖面图中可以了解楼房的层数、梯段数、步级数和楼梯构造形式。

剖面图中注有地面、平台、楼面的标高以及各梯段的高度尺寸。在高度尺寸中，如 10×

160=1 600 mm，其中 10 是步级数，160 mm 指每步级高度，1 600 mm 为梯段高。该楼房每层楼面之间有两个梯段，从底层楼面到四层楼面共六个梯段。楼梯栏杆为空花式钢木结构，扶手选用西南建筑标准图集的硬木扶手。

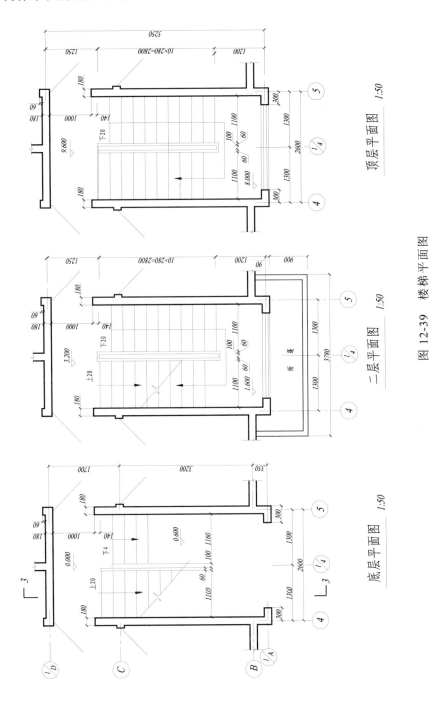

图 12-39 楼梯平面图

六、断面图

详见本章第二节。

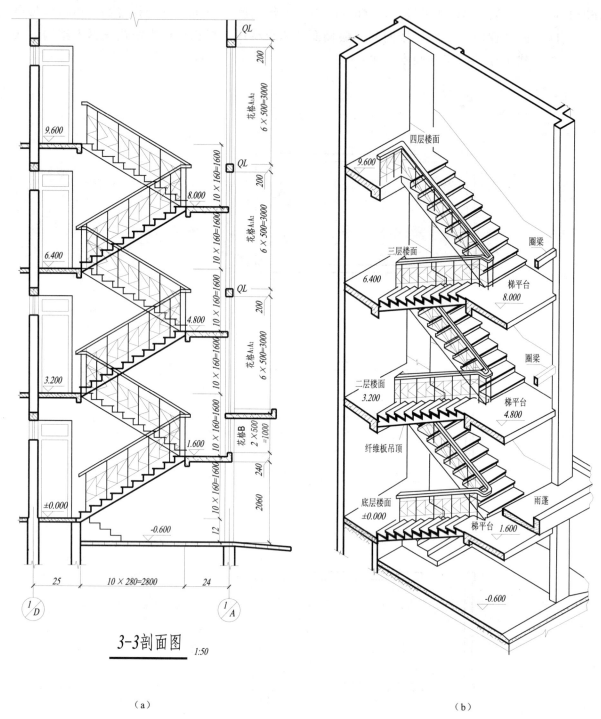

(a)　　　　　　　　　　　　　　　　　(b)

图 12-40　楼梯剖面图

第四节　房屋建筑施工图的绘制

施工图的绘制除了必须掌握平、立、剖面图及详图的内容和图示特点外，还必须遵照绘制施工图的方法步骤。一般先绘平面图，然后再绘立面图、剖面图、详图等。

现以职工宿舍建筑平、立、剖面图为例,说明绘图的几个步骤。

一、平面图的绘制步骤

平面图的绘制步骤如 12-41 所示。

　　第一步。画定位轴线。

　　第二步。画墙身线和门窗位置。

　　第三步。画门窗、楼梯、台阶、阳台、厨房、散水、厕所等细部。

　　第四步。画尺寸线、标高符号等。

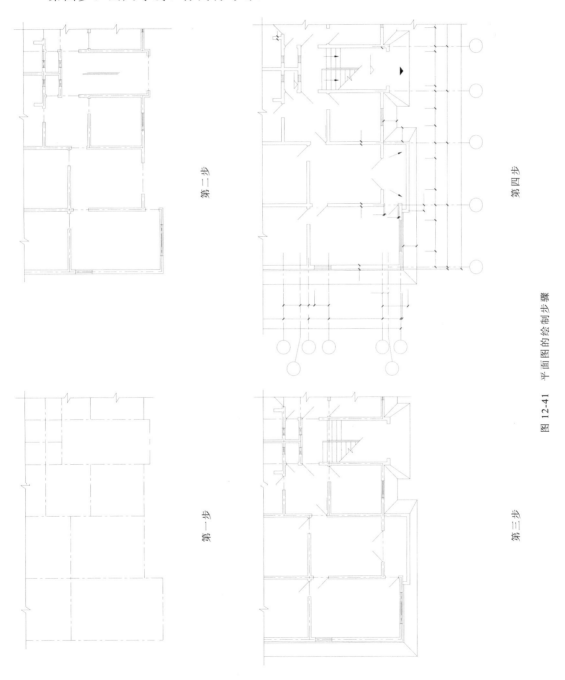

图 12-41 平面图的绘制步骤

完成底图,认真校核,确定无误后,按图线粗细要求加深(或上墨),最后注写尺寸、标

二、立面图的绘制步骤

第一步　画地坪线、轴线、楼面线、屋面线和外墙轮廓线；
第二步　画门窗位置、雨蓬、阳台、台阶等部分的轮廓线；
第三步　画门窗扇、窗台、台阶、勒脚、花格等细部；
第四步　画尺寸线、标高符号和注写装修说明等。

三、剖面图的绘制步骤

第一步　画室内外地坪线、楼面线、墙身轴线及轮廓线、楼梯位置线；
第二步　画门窗位置、楼板、屋面板、楼梯平台板厚度、楼梯轮廓线
第三步　画门窗扇、窗台、雨蓬、门窗过梁、檐口、阳台、楼梯等细部；
第四步　画尺寸线、标高符号等。

由此看出，平、立、剖面图的绘制步骤为：首先画定位轴线网；然后画建筑物的构配件的主要轮廓；再画各建筑物细部；最后画尺寸线、标高符号、索引符号等。在检查底图无误后，才加深图线、注写尺寸、标高数字和有关文字说明及填写标题栏等，并完成全图。

第五节　房屋结构施工图的阅读

一、概述

房屋的基础、墙、柱、梁、楼板、屋架和屋面板等是房屋的主要承重构件，它们构成支撑房屋自重和外载荷的结构系统，好象房屋的骨架，这种骨架称为房屋的建筑结构，简称结构，如图 12-42 所示。各种承重构件称为结构构件，简称构件。

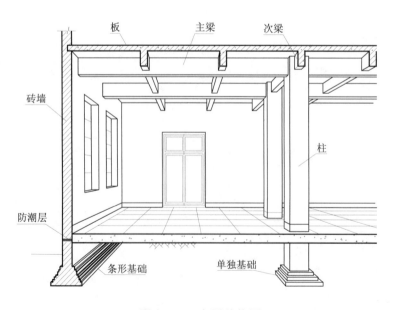

图 12-42　房屋结构图

在房屋设计中，除进行建筑设计，画出建筑施工图外，还要进行结构设计和计算，决定房屋的各种构件形状、大小、材料及内部构造等，并绘制图样，这种图样称为房屋结构施工图，简称"结施"。

结构施工图主要作为施工放线、挖基坑、安装木板、绑扎钢筋、浇制混凝土、安装梁、板、柱等构件以及编制施工预算、施工组织、计划等的依据。结构施工图包括以下三方面内容：

1．结构设计说明。
2．结构平面图。包括基础平面图，楼层结构平面图，房屋结构平面图。
3．构件详图。包括梁、板、柱及基础结构详图，楼梯结构详图，屋架结构详图和其他详图等。

房屋结构的基本构件（如梁、板、柱等）品种繁多，布置复杂，为了图示简单明确，便于施工查阅，"结标"规定，常用构件名称用代号表示，见表12-7。

表12-7 常用构件代号表

序号	名称	代号	序号	名称	代号	序号	名称	代号
1	板	B	15	吊车梁	DL	29	基础	J
2	屋面板	WB	16	圈梁	QL	30	设备基础	SJ
3	空心板	KB	17	过梁	GL	31	桩	ZH
4	槽形板	CB	18	连系梁	LL	32	柱间支撑	ZC
5	折板	ZB	19	基础梁	JL	33	垂直支撑	CC
6	密肋板	MB	20	楼梯梁	TL	34	水平支撑	SC
7	楼梯板	TB	21	檩条	LT	35	梯	T
8	盖板或沟盖板	GB	22	屋架	WJ	36	雨篷	YP
9	挡雨板或檐口板	YB	23	托架	TJ	37	阳台	YT
10	吊车安全走道板	DB	24	天窗架	CJ	38	梁垫	LD
11	墙板	QB	25	框架	KJ	39	预埋件	M
12	天沟板	TGB	26	刚架	GJ	40	天窗端壁	TD
13	梁	L	27	支架	ZJ	41	钢筋网	W
14	屋面梁	WL	28	柱	Z	42	钢筋骨架	G

预应力钢筋混凝土构件代号，应在上列构件代号前加注"Y"，如Y-KB表示预应力钢筋混凝土空心板。

承重构件所用材料，有钢筋混凝土、钢、木、砖石等，所以按材料不同可分为钢筋混凝土构件、钢构件、木构件等。

本节仍以前节"建施"的职工宿舍为例，说明结构施工图的图示内容和阅读方法。该四层楼房的主要承重构件除砖墙外，其他都采用钢筋混凝土构件。砖墙的布置、尺寸已在建筑施工图中表明，所以不需再画砖墙施工图，只要在施工总说明中写明砖和砌筑砂浆的规格和标号。该楼房的"结施"图中需画出基础平面图和详图、楼层结构平面图、屋面结构平面图、楼梯结构详图、阳台结构详图、各种梁、板的结构详图及各构件的配筋表等。

对于钢结构图、木结构图和构件详图等，均有各自的图示方法和特点，本节从略。下面仅以"结施"图中的基础图、楼层结构平面图和部分钢筋混凝土构件详图为例，说明图示特点和读图方法。

二、基础图

基础图是表达房屋内地面以下基础部分的平面布置和详细构造的图样，通常包括基础平面图和基础断面详图。它是房屋建筑施工时，在地面上放灰线，开挖基坑和砌筑基础的依据。

基础是在建筑物地面以下承受房屋全部载荷的构件，由它把载荷传给地基，地基是支承基础下面的土层，基坑是为基础施工开挖的坑槽，基底就是基础底面。砖基础由基础墙、大放脚、垫层组成，如图 12-43（a）所示。基础的形式一般取决于上部承重结构的形式，常用的形式有条形基础（见图 12-43（b））和单独基础（见图 12-43（c））。现以职工宿舍的条形基础为例进行介绍。

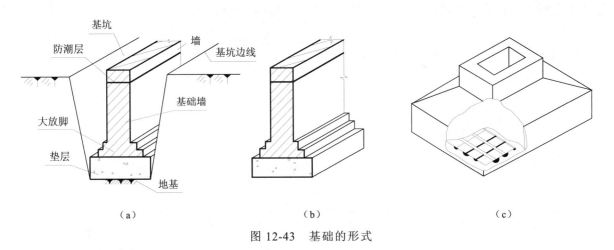

图 12-43 基础的形式

1．基础平面图

基础平面图是假想用一个水平剖面沿房屋的室内地面与基础之间把整幢房屋剖开后，移开上层房层和基坑回填土后画出的水平剖面图如图 12-44 所示，它表示回填土时基础平面布置的情况。

在基础平面布置图中，要求只用粗实线画出墙（或柱）的边线，用细实线画出基础边线（指垫层底面边线）。习惯上不画大放脚（基础墙与垫层之间做成阶梯形的砌体称为大放脚）的水平投影，基础的细部形状将具体在基础详图中反映。基础平面图常用比例为 1∶100 或 1∶200。纵横向轴线编号应与相应的建筑平面图一致，剖到的基础墙或柱的材料图例应与建筑剖面图相同。尺寸标注主要注出纵横向各轴线之间的距离以及基础宽和墙厚等。

图 12-44 是图 12-1 所示的职工宿舍的基础平面图，比例为 1∶100，该房屋的基础全部是条形基础。纵横向轴线两侧的粗实线是基础墙边线，细实线是基础底面边线，如①号轴线，图中注出的基础宽度为 1400，基础山墙厚为 370，左右墙边到①号轴线的定位尺寸为 185，基础边线到轴线的定位尺寸为 700。总的看来，①、②、③、⑥、⑦、⑧轴线墙基宽度都是1400，④、⑤轴线墙基宽度为 1200；（A）、（B）、（D）、（F）轴线墙基宽度为 900，其他（C）、（E）、（1/A）、（1/D）轴线墙基宽度为多少由读者分析。对于南北阳台基础平面布置图，本图中未表示。

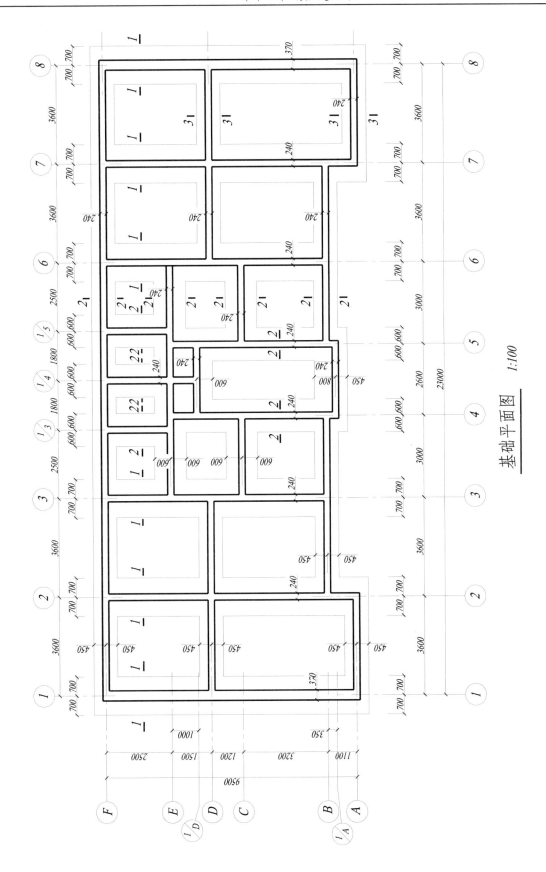

图 12-44 基础平面图

2．基础断面详图

基础平面图只表示出房屋基础的平面布置，而基础各部形状、大小、材料、构造及基础的埋置深度均未表达出来，所以需要画出基础断面详图。同一幢房屋，由于各处载荷不同，地基承载能力不同，基础形状、大小也不同。对于不同的基础都要画出它们的断面图，并在基础平面图上用 1—1，2—2，3—3 等剖切线表明该断面的位置（如图 12-44 所示）。如果基础形状相同，配筋形式类似，只需画出一个通用断面图，再加上附表列出不同基础底宽及配筋即可。

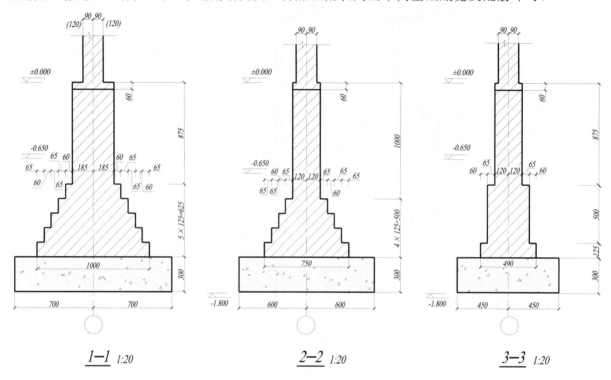

图 12-45 条形基础断面详图

基础详图就是基础的垂直断面图，如图 12-45 所示。基础详图是用 1∶20 的比例画出的 1—1，2—2，3—3 表示出条形基础底面线，室内外地面线，但未画出基坑边线。详细画出了砖墙大放脚形状和防潮层的位置，标注了室内地面标高±0.000，室外地坪标高−0.650，基础底面标高−1.800，由此可以算出基础的埋置深度是 1.80 m（指室内地面至基础底面的深度）。三种断面的基础都用混凝土做垫层，上面是砖砌的大放脚，再上面是基础墙。所有定位轴线（点画线）都在基础墙身的中心位置。如 2—2，它是条形基础 2—2 断面详图，混凝土垫层高 300，宽 1 200，垫层上面是四层大放脚，每层两侧各缩 65（或 60），每层高 125，基础墙厚 240，高 1 000，防潮层在室内地面下 60 mm 处，轴线到基底两边距离均为 600，轴线到基础墙两边的距离均为 120。阳台的基础详图从略。

三、楼层结构平面图

楼层结构平面图是表示建筑物室外地面以上各层承重构件平面布置的图样。在楼房建筑中，当底层地面直接建筑在地基上时，一般不再画底层结构平面图，它的做法、层次、材料直接在建筑详图中表明，此时只需画出楼层结构平面图、屋顶结构平面图。楼层结构平面图是施工时布置、安放各层承重构件的依据，其图示内容、要求和阅读方法如下：

1. 图示内容和要求

楼层结构平面图是用来表示每层楼的梁、板、柱、墙的平面布置、现浇楼板的构造和配筋以及它们之间的结构关系,一般采用1:100或1:200的比例绘制。对楼层上各种梁、板、构件(一般有预制构件和现浇构件两种),在图中都用"结标"规定的代号和编号标记。定位轴线及其编号必须与相应的建筑平面图一致。画图时可见的墙身、柱轮廓线用中实线表示,楼板下不可见的墙身线和柱的轮廓线画成中虚线。各种构件(如楼面梁、雨蓬梁、阳台梁、圈梁和门窗过梁等)也用中虚线表示它们的外行轮廓,若能用单位表示清楚时也可用单位表示,并注明各自的名称、代号和规格。预制楼板的布置可用一条对角线(细实线)表示楼板的布置范围,并沿着对角线方向写出预制楼板的块数和型号。还可用细实线将预制板全部或部份分块画出,显示铺设方向。构件布置相同的房间可用代号表明,如甲、乙、丙等。

楼梯间的结构布置较复杂,一般在楼层结构平面图中难以表明,常用较大的比例(如1:50)单独画出楼梯结构平面图。

2. 读楼层结构布置平面图

现以职工宿舍的二层结构平面图为例说明楼层平面图的阅读方法(见图12-46)。

二层结构平面图是假设沿二层楼面将房屋水平剖切后画出的水平剖面图,比例为1:100。楼板下被挡住的①~⑧轴线、(A)~(F)轴线的内外墙、阳台梁都用中虚线画出。门、窗过梁 GL_1、GL_2、圈梁 QL、阳台梁 YTL_{04}、YTL_{12}、YTL_{15} 等用粗点画线表示它们的中心位置。楼层上所有的楼板(如3KB3662、5B3061、B02、2KB2等)、各种梁(如 GL_1、GL_2、YTL_{12}、QL 等)都是用规定代号和编号标记的。查看这些代号、编号和定位轴线就可以了解各构件的位置和数量。从这张结构平面图可以看出,这幢四层楼房属于混合结构,用砖墙承重。楼面荷载通过楼板传递给墙(或楼面梁、柱)。①~⑧轴线,A~F轴线之间的楼面以下,用砖墙分隔成卧室、工作室、起居室、门厅、厕所、厨房等。楼板放置在①~⑧轴线间的横(或纵)墙上。出入口雨蓬、山墙窗口上方雨蓬由雨蓬板 YP_M、YP_C 构成。阳台由阳台挑梁 YTL_{12}、YTL_{15}、YTL_{04} 等支撑。此外,为了加强楼房整体的刚度,在门、窗口上方设有圈梁 QL、过梁 GL_1、GL_2 等以及轴线①~④、⑤~⑧部分铺设的预制钢筋混凝土空心板 KB。空心板的编号各地不同,没有统一规定,本图用的是西南地区的编法。如工作室的二层楼面板由 3KB3662 和 7KB3652 铺设。3KB3662 中的第一个"3"表示构件块数,KB 表示钢筋混凝土多孔板代号,36 表示板的跨度为3 600,6 表示板的宽度为600,2 表示活荷重等级。3KB3662 表示3块跨度为3 600、宽度为600、活荷重为2级的钢筋混凝土多孔板。

四、钢筋混凝土构件详图

1. 概述

楼层结构平面图只表示建筑物各承重构件的平面布置及它们的相互位置关系,构件的形状、大小、材料、构造等还需要画出构件详图表达。职工宿舍的承重构件除砖墙外,主要是钢筋混凝土结构。钢筋混凝土构件有定型构件和非定型构件两种。定型构件不绘制详图,可根据选用构件所在的标准图集或通用图集的名称、代号,便可直接查到相应的结构详图。

为了正确绘制和阅读钢筋混凝土构件详图,应对钢筋混凝土有一个初步了解。

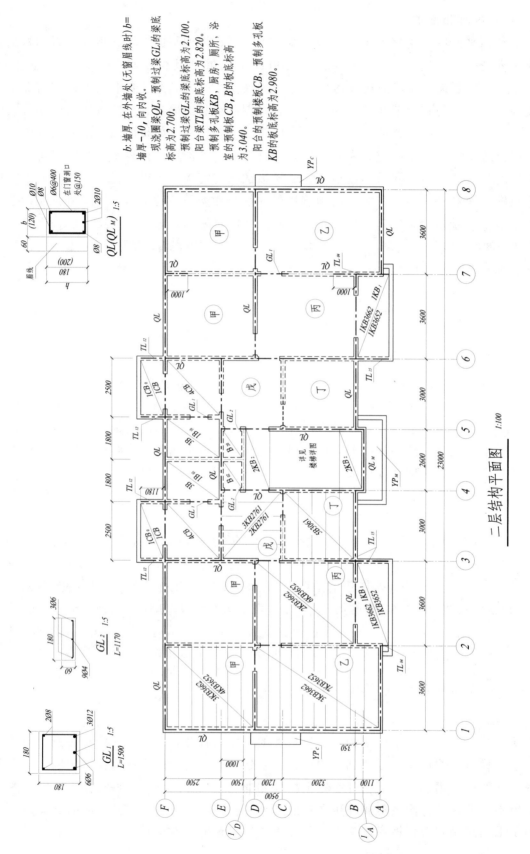

图 12-46　二层结构平面图

混凝土是由水泥、砂子、小石块和水按一定比例拌和而成的，凝固后坚硬如石，其受压能力好，但受拉能力差。为此可在混凝土受拉区域内加入一定数量的钢筋，并使两种材料粘结成一整体，共同承受外力。这种配有钢筋的混凝土称为钢筋混凝土；用钢筋混凝土制成的梁、板、柱等结构构件称为钢筋混凝土构件。

按钢筋在结构中的作用，可分为下列五种（见图12-47）。

1）受力钢筋（主筋）。主要承受拉应力的钢筋，用于梁、板、柱等各种钢筋混凝土构件中。

2）箍筋。用以固定受力钢筋或纵筋的位置，并承受一部分斜向拉应力，多用于梁和柱内。

3）架立钢筋。用以固定钢筋和受力钢筋的位置，构成梁、柱内的钢筋骨架。

4）分布钢筋。用以固定受力钢筋的位置，并将承受的外力均匀分布给受力钢筋。一般用于钢筋混凝土板内。

5）其他钢筋。有吊环、腰筋和预埋锚固筋等。

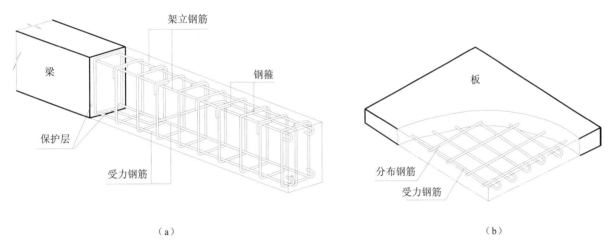

图 12-47 钢筋混凝土梁、板的配筋图

国产建筑用钢筋种类很多，为了便于标注与识别，不同种类和级别的钢筋在"结施"图中用不同的符号表示，如表12-8所示。

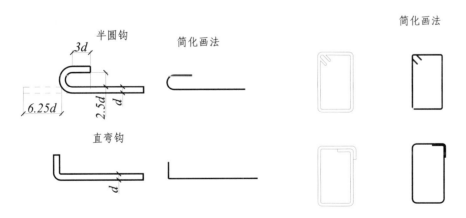

图 12-48 钢筋和钢箍的弯沟

由钢筋边缘到混凝土表面的一层混凝土保护层（如图12-47所示），用以保护钢筋，防止锈蚀。梁、柱保护层一般厚25 mm，板和墙的保护层可薄到10~15 mm。

对于光面（表面未做凸形螺纹或节纹）的受力钢筋，为了增加与混凝土的粘结、抗滑力，在钢筋的两端要做成弯钩。钢筋端部的弯钩常用的两种类型为：半圆钩和直弯钩，如图 12-48 所示。

表 12-8　钢筋的种类和符号

钢筋种类	曾用符号	强度设计值（N/mm^2）	钢筋种类	曾用符号	强度设计值（N/mm^2）
Ⅰ级（A3、AY3）	ϕ	210	冷拉Ⅱ级钢	ϕ^l	380
Ⅱ级（20MnSi） $d \leqslant 25$ $d=28\sim40$	ϕ	310 290			360
			冷拉Ⅲ级钢	ϕ^l	420
			冷拉Ⅳ级钢	ϕ^l	580
Ⅲ级（25MnSi）	ϕ	340	钢　$d=9$ 绞　$d=12.0$ 线　$d=15.0$	ϕ^j	1 130 1 070 1 000
Ⅳ级（40MnSiV）	ϕ	500			
冷拉Ⅰ级钢	ϕ^l	250			

2．构件详图

钢筋混凝土构件详图是加工钢筋和浇制构件的施工依据，其图形内容包括模板图、构件配筋图、钢筋详图、钢筋明细表及必要的文字说明等。

1）模板图。指构件外形立面图，供模板制作、安装之用，一般对外形复杂、预埋件多的构件需绘制模板图。

2）构件配筋图。钢筋混凝土构件中钢筋布置的图样称为配筋图，它是主要构件的详图。配筋图除表达构件的形状、大小以外，着重表示构件内部钢筋的配置部位、形状、尺寸、规格、数量等，因此需要用较大的比例将各构件单独地画出来。画配筋图，不画混凝土图例。钢筋用粗实线表示，钢筋的断面用小黑圆点表示，构件轮廓用细实线表示。要对钢筋的类别、数量、直径、长度及间距等加以标注。

下面以图 12-49 所示的钢筋混凝土梁为例，说明配筋图的内容和表达方法。梁的配筋图包括立面图、钢筋详图、断面图和钢箍详图。

（1）立面图。立面图（假设混凝土为透明体）反映梁的轮廓和梁内钢筋总的配置情况。图中①、②、③、④四个编号表示该梁内有四种不同类型的钢筋：①、②号都是受力钢筋；②号是弯起钢筋；③号是架立钢筋；④号是钢箍，其引出线上写的 $\dfrac{\phi 6}{@200}$ 表示直径为 6 mm 的

Ⅰ级光面钢箍，每隔 200 mm 放一根，@是相等中心距的代号。为使图面清晰和简化作图，配置在全梁的等距钢箍，一般只画出三、四个，并注明其间距。

画立面图时,先画梁的外形轮廓,后画各类钢筋,要注意留出保护层厚度。为了分清主次,钢筋用粗实线画出,梁的外形轮廓用细实线。纵钢筋、钢箍的引出线应尽量采用 45º 斜细实线或转折成 90º 的细实线。各种钢筋编号圆用细实线绘制,圆的直径为 4~6 mm。

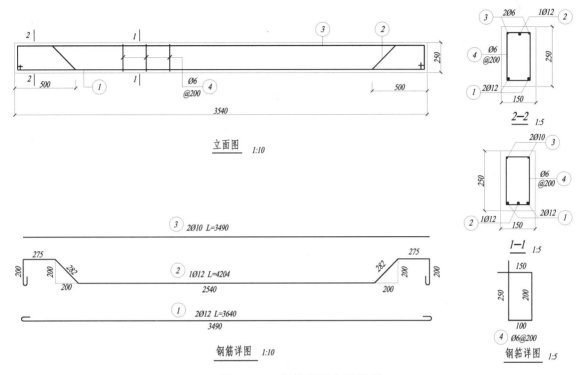

图 12-49 钢筋混凝土梁详图

(2) 钢筋详图。对于配筋较复杂的钢筋混凝土构件,应把每种钢筋抽出,另画钢筋详图表示钢筋的形状、大小、长度、弯折点位置等,以便加工。

钢筋详图应按钢筋在梁中位置由上向下逐类抽出,用粗实线画在相应的梁(柱)的立面图下方或旁边,应用相同的比例,其长度与梁中相应的钢筋一致。同一编号的钢筋只需画一根。依次画好各类钢筋的详图后,应随后在每一类钢筋的图形上注明有关数据与符号,例如②号钢筋是弯起钢筋,从标注 1φ12 可知这种钢筋只配有一根Ⅰ级钢筋,直径为 12 mm,总长 L 为 4 204 mm,每分段的形状和长度直接注明在各该段处,不必画尺寸线,如 282、275、200 等。有斜段的弯折处,用直接注写两直角边尺寸数字的方式来表示斜度,如图中的水平和竖向的 200。对于③、①号直筋,除同样给以编号,注出根数 2、直径和型号 φ、总长 L 外,还要注出平直部分(①号钢筋是算到弯钩外缘的顶端)的长度为 3 490。

(3) 断面图。梁的断面图表示梁的横断面形状、尺寸和钢筋的分布情况。下面以 1—1 断面为例加以说明:1—1 断面是一个矩形,高 250、宽 150,图中黑圆点表示钢筋的横断面。梁下部有三个圆点,其编号是①和②,①号钢筋共 2 根,分居梁的两侧,直径均为 12 mm。②号钢筋在两根①号钢筋的中间,只有一根,其直径为 12 mm。断面的上部有两个黑圆点,编号为③,是架立钢筋,直径为 10 mm,围住五个黑圆点的矩形粗实线是④号钢箍,直径是 6 mm。显然,横断面图是配合立面图进一步说明梁中配筋构造的。

由于梁的两端都有钢筋弯起,所以在靠近梁的左端面处,再截取 2—2 断面,以表示该处的钢筋布置情况。一般在钢筋排列位置有变化的区域都应取断面,但不要在弯起段内(如②

号钢筋的两个斜段）取断面。

绘制立面图的比例可用 1∶50 或 1∶40，断面图的比例也可比立面图的比例放大一倍，即用 1∶25 或 1∶20 画出。

（4）钢箍详图。钢箍详图一般画在断面图的旁边，如图 12-49 画在断面图的下方，用与断面图相同的比例画出，并注明钢箍四个边的长度，如 250、200、150、100。这里要注意带有弯钩的两个边，习惯上假设把弯钩板直后画出，以方便施工人员下料。

此外，为了做施工预算，统计用料以及加工配料等，还要列出钢筋表，如表 12-9 所示。

表 12-9　钢筋表

钢筋编号	直径（mm）	简图	长度（mm）	根数	总长（mm）	总重（kg）	备注
1	φ12		3 640	2	7.280	7.41	
2	φ12		4 240	1	4.204	4.45	
3	φ10		3 490	2	6.980	4.31	
4	φ6		700	18	12.600	2.80	

第六节　室内给水排水工程图

一、概述

给水排水工程包括给水工程和排水工程两个部分。给水工程是指水源取水、水质净化、净水输送、配水使用等工程；排水工程是指污水（生活、粪便、生产等污水）排除、污水处理、处理后的符合排放标准的水进入江湖等工程。给水排水工程都是由各种管道及其配件、水的处理和存储设备等组成的。

给水排水工程的设计图样，按其工程内容的性质大至可分为三类：1. 室内给水排水工程图；2. 室外给水排水工程图；3. 净水设备工艺图。室内给水排水工程图一般由管道平面图、管道系统图、安装图及施工说明等组成。

本节只介绍室内给水排水工程图的表达和图示特点。

在用水房间的建筑平面图上，用直接正投影法画出卫生设备、盥洗用具和给排水管道布置的图样，这种图称为室内给排水管道布置平面图。

为了说明管道的空间联系和相对位置，通常将室内管道布置绘成正面斜轴测图，这种图称为室内给排水系统图。管道平面图是室内给排水工程图的基本图样，是画管道轴测图的重要依据。

由于管道断面尺寸比长度尺寸小得多，所以在小比例的施工图中均以单线条表示管道，用图例表示管道配件，这些图线和图例符号应按"给标"绘制，常用的给排水图例见表 12-10。

表 12-10 给排水图例

名称	图例	名称	图例
水盆水池	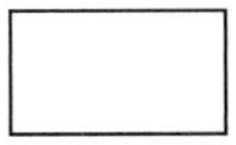	管道	
洗脸盆	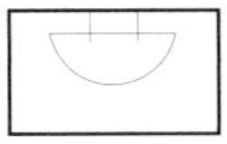	管道	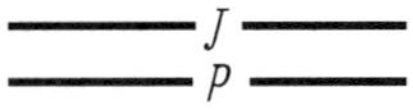 J / P
立式洗脸盆	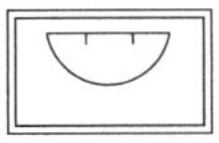	管道	
浴盆	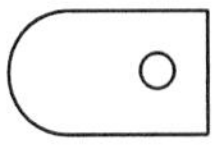	交叉管道	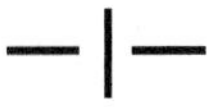
化验盆、洗涤盆	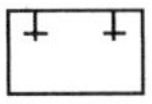	三通管道	
漱洗槽	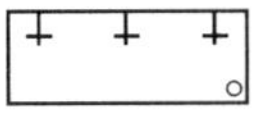	四通管道	
污水池		坡向	
蹲式大便器	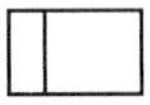	管道立管	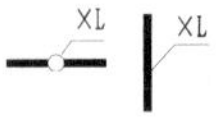 XL | XL
坐式大便器	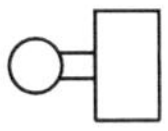	存水弯	
小便槽	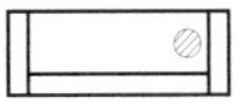	检查口	
水表井		清扫口	
沐浴喷头		通气帽	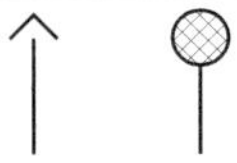
排水漏斗		旋塞阀	
圆形地漏		止回阀	
截止阀		延时自闭冲洗阀	
放水龙头		室内消火栓（单口）	

二、室内给水工程图

1．室内给水管道的组成

图 12-50 所示为三层楼房中给水系统的实际布置情况。给水管道的组成如下：

1）引入管。是自室外（厂区、校区等）给水管网引入房屋内部的一段水管。每条引入管都装有阀门或泄水装置。

2）水表节点。记录用水量，根据用水情况可在每个用户、每个单元、每幢建筑物或在一个居住区设置一个水表。

3）室内配水管道。包括干管、立管、支管。

4）配水器具。包括各种配水龙头、闸阀等。

5）升压和贮水设备。当用水量大而水量不足时，需要设置水箱和水泵等设备。

6）室内消防设备。包括消防水管和消火栓等。

2．布置室内管道的原则

1）管系统选择应使管道最短，并便于检修。

2）根据室外给水情况（水量和水压等）和用水对象以及消防要求等，室内给水管道可布置成水平环形下行上给式或树枝形上行下给式两种。图 12-51（a）所示的布置为干管首尾相接，两根引入管，一般应用于生产性建筑；图 12-51（b）所示的布置为干管首尾不相接，只有一根引入管，一般用于民用建筑。

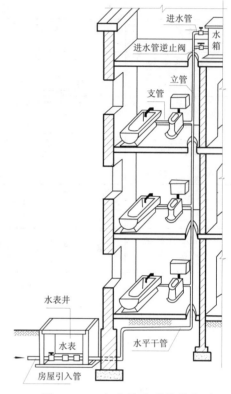

图 12-50 室内给水系统的组成

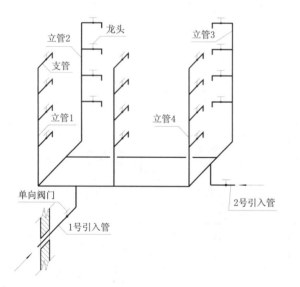

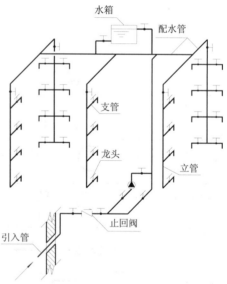

（a）水平环行下行上给式布置　　　　（b）树枝形上行下给式布置

图 12-51 室内给水系统管道图

3．室内给水平面图

1）平面图。主要为给水管道、卫生器具的平面布置图。图 12-52 是本章介绍的职工宿舍给水管道布置平面图，其图示特点如下：

（1）用 1∶50 或 1∶100 比例画出简化后的用水房间（如厕所、厨房、盥洗间等）的平面图，墙身和其他建筑物轮廓用细实线绘制。轴线编号和主要尺寸与建筑平面图相同；

（2）卫生设备的平面图以中实线（也用细实线）按比例用图例画出大便器、小便斗、洗脸盆、浴盆、污水池等卫生设备的平面位置；

（3）管道的平面布置通常用单线条粗实线表示管道，底层平面图应画出引入管，水平干管、立管、支管和放水龙头。

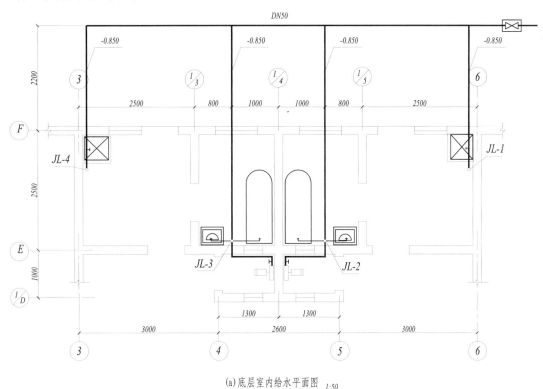

图 12-52　室内给水平面图

管道有明装和暗装敷设方式，暗装时要有施工说明，而且管道应画在墙断面内。

从图 12-52 可知，给水管自房屋轴线③～⑥之间北面入户，通过四路水平干管进入厨房、浴室等用水房间，再由 4 条给水立管分别送到二、三、四层楼，通过支管送入用水设备，图中 JL 为给水立管的代号，1、2 为立管编号，DN50 表示管道公称直径，给水管标高－0.850

是指管中心线标高。

2）管道系统图。图 12-53 是 45° 正面斜等测绘制的给水管系统图，为了表示管道、用水器具及管道附件的空间关系，绘图时应注意以下三点。

① 轴向选择的原则是：房屋高度方向作为 OZ 轴，OX、OY 轴的选择使管道简单明了，避免过多的交错。图 12-53 是根据图 12-52 管道平面图绘制的，图中方向应与平面图一致，并按比例绘制。

② 轴测图比例应与平面图相同，OX 和 OY 向的尺寸直接由平面图量取，OZ 方向的尺寸是根据房屋层高（本例层高为 3.200 m）与配水龙头的习惯安装高度来决定的。该图配水龙头安装高度一般距楼地面 1.00 m 左右。

③ 轴测图中仍以粗实线表示给水管道，大便器、高位水箱、配水龙头、阀门等图例符号用中实线表示。当各层管道布置相同时，中间层的管道系统可省略不画，在折断处注上"同×层"即可，如图 12-53 所示。

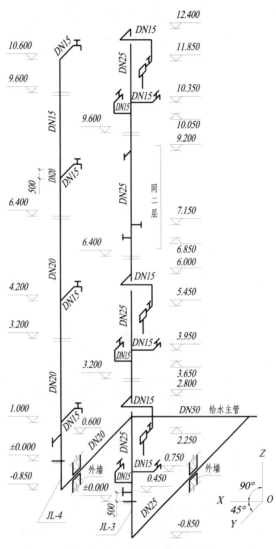

图 12-53　室内给水系统图

三、室内排水工程图

1. 室内排水管道的组成（见图12-54）

1）排水横管。连接卫生器具和大便器的水平管段称为排水横管，管径不小于100 mm，且流向立管的坡度为2%。当大便器多于一个或卫生器具多于两个时，排水横管应设清扫口。

2）排水立管。管径一般为100 mm，但不能小于50 mm或所连接的横管管径。立管在顶层和底层应有检查口，在多层建筑中每隔一层应有一个检查口，检查口距地面高度为1.00 m。

3）排出管。将室内排水立管的污水排入检查井（或化粪池）的水平管段称为排出管，管径应大于或等于100 mm。倾向检查井方向应有1~3%的坡度。

4）通气管。在顶层检查口以上的一段立管称为通气管，通气管应高出屋面0.3 m（平屋顶）至0.7 m（坡屋顶）。

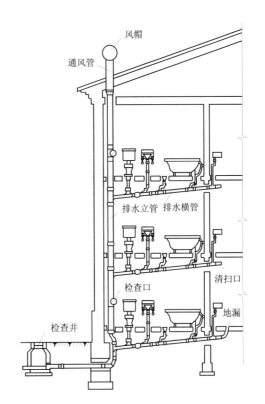

图12-54　室内排水系统的组成

2. 布置室内排水管应注意的问题

1）立管布置要便于安装和检修。

2）立管应尽量靠近污物、杂质最多的卫生设备（如大便器、污水池等），横管应有坡度倾向立管。

3）排水管应选择最短途径与室外管道相接，连接处应设检查井或化粪池。

3. 室内排水工程图

1）平面图。主要表示排水管、卫生器具的平面布置。图12-55是本章所示职工宿舍用水房间排水管道平面图，排水横管和排出管均用粗虚线绘制，排水立管用小圆圈表示，$\frac{P}{1}$代表排水管出口符号，卫生器具等按图例用中实线绘制。P为排水横管代号，PL为排水立管代号，1、2、3等分别为立管和横管的编号。通常将给、排水管道平面布置放在一起绘成一个平面图，但必须注意图中管道的清晰性。

2）室内排水管道系统图。排水管道同样需要用系统图表示空间连接和布置情况。排水管道系统图仍选用45°正面斜等测图表示，在同一幢房屋中给排水系统图的轴向选择应一致。由图12-53可知，一个单元的用水房间分四路排水管将污水排出室外，由于每两路排水管道布置均相同，所以只画出从底层至顶层四个用户的两路排水系统图即可。图12-56（a）是用户厨房的污水排水系统图，用直径100 mm的排出管将污水排入窨井。图12-56（b）是用户的厕所、盥洗间等排水系统图，用直径100 mm的排出管把污水排入化粪池。排水横管标高是管内底标高。

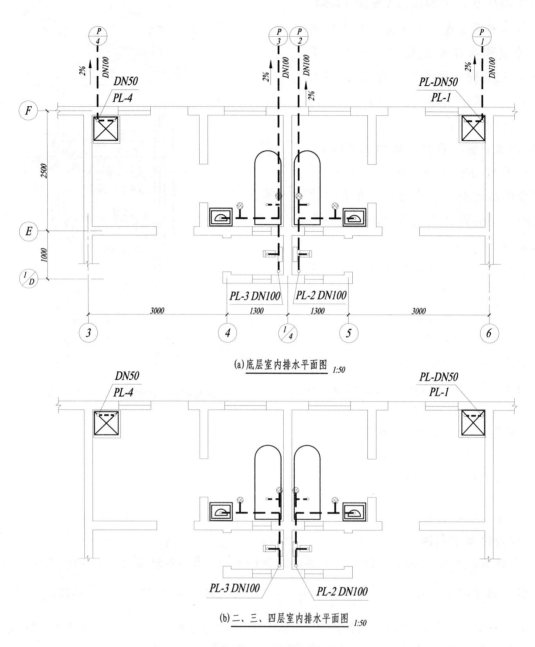

图 12-55 排水平面图

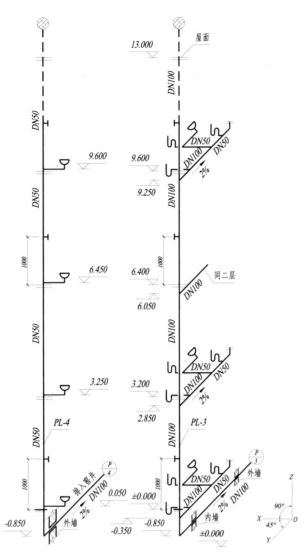

图 12-56 室内排水系统图

第十三章 透 视 图

第一节 概 述

一、基本概念

当观察者透过一个平面观看物体时,观察者的视线与该面交成的图形,称为透视图。所以,透视图实际上是以人眼为投影中心的中心投影,也称透视投影。图 13-1 是一个建筑形体的透视图。

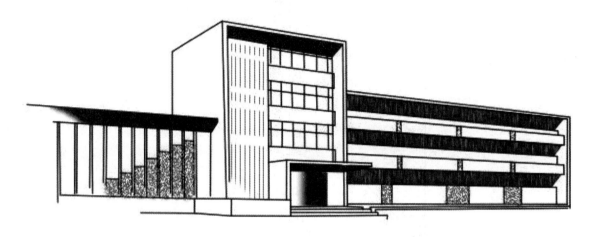

图 13-1 建筑物的透视

由于透视图符合人们的视觉印象,富有立体感和真实感,故在建筑设计过程中,常用透视图来表现建筑物的外貌,供设计人员本身研究、分析建筑物的体型和布局,也可供他人对建筑物予以了解、评价和欣赏。

二、基本术语

如图 13-2 所示,在人和物之间设立一个铅垂平面 V,称为画面,也就是绘制透视图的面;把物体所在的地平面 H 称为基面;画面与基面的交线 OX 轴,称为基线。

眼睛所在的位置,相当于中心投影中的投影中心 S,称为视点;视点 S 的 H 面投影 s,称为站点;高度 Ss 称为视高;视点 S 在画面上的正投影 s',称为主点;此时的投射线 Ss' 称为主视线;距离 Ss' 称为视距;过视点 S 且平行于基面 H 的平面称为视平面;视平面与画面的交线 $h-h$,称为视平线。

从 S 射向物体上各点的射线称为视线(如 SA),它与画面 V 的交点 A^o,即为 A 点的透视。A 点的 H 面投影 a,称为基点,其透视 a^o 称为 A 点的次透视。透视 A^o 与次透视 a^o 间连线 $A^o a^o$,称为连系线。

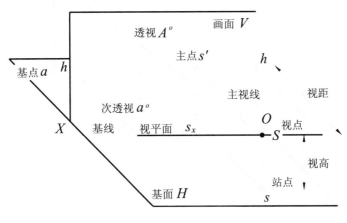

图 13-2 基本术语

三、点的透视

1. 点的透视特点

点的透视仍为一点，为通过该点的视线与画面的交点。如图 13-3 所示，画面 V，视点 S，现有一点 A 位于画面 V 的后方，则视线 SA 与画面的交点 A° 为 A 点的透视。点 B 位于画面 V 的前方，则延长视线 SB 后与画面 V 的交点 B° 为 B 点的透视。若 C 点在画面上，则透视为它本身。点 D 的视线 SD 平行画面 V 时，则与画面相交于无限远处，因而在有限大小的画面上不存在透视。

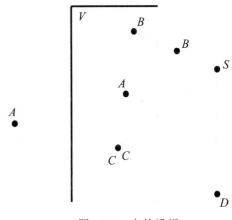

图 13-3 点的透视

2. 点的透视作法——正投影法

在透视图中，要确定 A 点的空间位置，除求出透视 A° 外，还需作出其次透视 a°。如图 13-4 所示，由于 $Aa \perp H$，过 S 引视线 SA、Sa 形成的视线平面 SAa 必垂直于 H。因此，SAa 与画面 V 的交线 $A^\circ a^\circ \perp H$，当然，也垂直于基线 OX。于是可以得出：

1) 一点 A 的透视 A°，位于该点的 H 面投影 a 和站点 s 间连线 sa 与 OX 交点 a_x° 处竖直线上。

2) 一点 A 的透视 A° 与次透视 a°，位于 OX 轴的同一条垂直线上，即 A° 与 a° 间连系线为一竖直线。

为了使 H 面和 V 面上的图形不重叠且便于作图，将画面 V 和基面 H 沿基线 OX 拆开排列，分开画出，如图 13-4（b）所示。

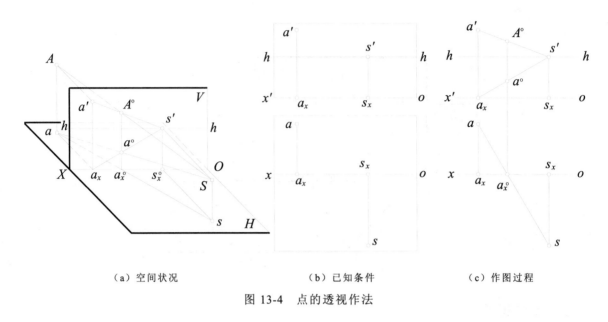

（a）空间状况　　　　　　（b）已知条件　　　　　　（c）作图过程

图 13-4　点的透视作法

作图步骤： 如图 13-4（c）所示。

① 在基面 H 上，连 s、a，得视线 SA、Sa 的水平投影 sa。

② 在画面 V 上，连 s'、a' 和 s'、a_x，得视线 SA、Sa 的正面投影 $s'a'$、$s'a_x$。

③ 过 sa 与 ox 的交点 a_x^o 向上引垂直线，与 $s'a_x$ 交于 a^o，与 $s'a'$ 交于 A^o，得 A 点的次透视 a^o 和透视 A^o。

这种确定 AB 直线透视的方法叫视线法。

第二节　直线的透视

一、直线的透视特性

直线的透视就是通过该直线的视线平面与画面的交线，一般情况下，仍为直线，如图 13-5 中直线 AB。当直线通过视点 S 时，其透视为一点，如图中的直线 EF。当直线在画面上时，透视为其本身，如图中直线 KL。

直线的透视，也为直线上各点透视的集合。直线上点的透视，必在直线的透视上。

直线对画面的相对位置不同，可以分为两大类：画面平行线——与画面平行的直线；画面相交线——与画面相交的直线。

1．画面平行线

画面平行线与画面不相交，根据与基面的相对位置可分为：正平线——平行于画面，倾斜于基面的直线；铅垂线——平行于画面，垂直于基面的直线；侧垂线——与画面、基面都平行的直线。

如图 13-6 所示，画面平行线的透视，与直线本身平行。两条平行的画面平行线的透视，仍互相平行。推而广之，画面平行线上各线段的长度之比，等于这些线段的透视长度之比。

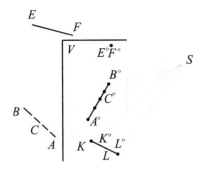
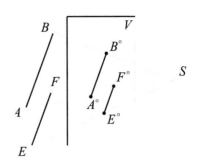

图 13-5　直线的透视　　　　　　　图 13-6　画面平行线的透视

2. 画面相交线

1) 迹点：画面相交线（或其延长线）与画面的交点，称为画面迹点，简称迹点。如图 13-7 所示，直线 L 与画面 V 的交点 A，其点在画面上，透视为其本身，所以画面相交线的透视，必通过迹点。

2) 灭点：画面相交线上无限远点的透视，称为灭点。如图 13-7 所示，当直线 L 离画面 V 向后延伸到无限远时，其视线 S 必平行于直线 L，与画面 V 交于 F 点，即直线 AB 的灭点。故画面相交线的透视必过其灭点。直线 L 自迹点 A 直至其灭点 F 的线段 AF 称为画面后的全长透视。

从图中可以看出，当在直线 L 上取相同长度的线段，如 $AA_1=A_1A_2=A_2A_3$，但透视 $A^°A_1^°>A_1^°A_2^°>A_2^°A_3^°$。即在空间中，一条画面相交线上的线段，离视点越远，其透视长度越短，这种现象称为近大远小。

两条互相平行的画面相交线有同一灭点。如图 13-8 所示，画面相交线 L_1 和 L_2 的灭点都是 F，但是有不同的迹点。

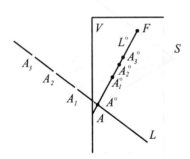
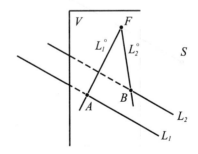

图 13-7　画面相交线的迹点和灭点　　　　图 13-8　平行的两画面相交线

画面相交线又分为：水平线——平行于基面 H 且与画面 V 倾斜相交的直线；正垂线——平行于 H 且与 V 垂直相交的直线；一般位置直线——与 V、H 都倾斜的直线。

二、直线的透视画法

1. 画面相交线的透视

1) 水平线的透视

画面相交线的透视过其迹点和灭点，所以作透视时，先作其迹点和灭点，即把迹点和灭点相连而得该直线的全长透视。已知水平线 AB 及其水平投影，如图 13-9 所示，其距离基面

H 的距离为 h，其空间状况如图 13-9（a）所示。

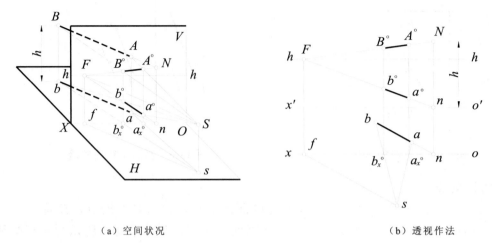

（a）空间状况　　　　　　　　　　　（b）透视作法

图 13-9　水平线的透视作法

作图步骤：如图 13-9（b）所示。

① 求灭点 F。在 H 面上过站点 s，作 $sf // ab$，与 ox 交于 f 点，即灭点的水平投影。过 f 点引铅垂线，与视平线 $h-h$ 相交于 F 点，即 AB 的灭点。

② 求迹点 N。在 H 面上延长 ab 与 ox 交于 n，即迹点 N 的水平投影。过 n 作铅垂线与画面 V 上的基线 ox 交于 n，量取水平线 AB 的真实高度 h，即得迹点 N。

③ 求 AB 的透视与次透视。在 V 面上连线 FN、Fn 即 AB 的全长透视、全长次透视。在 H 面上连 sa、sb 与 ox 交于 a_x^o、b_x^o，分别过 a_x^o、b_x^o 作铅垂线与 Fn、FN 交于 a^o、A^o 和 b^o、B^o，即得 AB 的透视 A^oB^o、次透视 a^ob^o。

2）正垂线的透视

如图 13-10（a）所示，直线 AB 为一正垂线，由于正垂线垂直于画面，其灭点为主点 s'，$s'N$、$s'n$ 为其全长透视、全长次透视，然后用视线法确定 AB 的透视。其透视作图如图 13-10（b）所示。

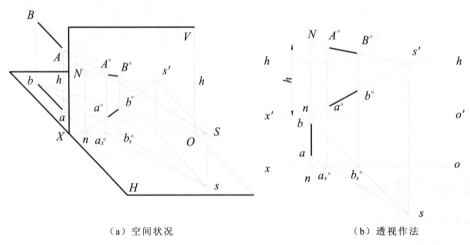

（a）空间状况　　　　　　　　　　　（b）透视作法

图 13-10　正垂线的透视作法

3）一般位置直线的透视

与画面相交的一般位置直线，可通过分别求出直线上两点的透视相连即得；也可根据灭点原理先求出该直线的灭点和迹点，即直线的全长透视，再求出该直线的两端点透视。下面介绍用灭点和迹点来求其透视。

如图13-11（a）所示，设有一条一般位置直线AB，其H面投影为ab，AB的水平倾角为$α$。作平行于AB的视线SF_1，与画面V交得AB的灭点F_1，又平行ab的视线与V面交得ab的灭点F。F又称为一般位置直线AB的次灭点。

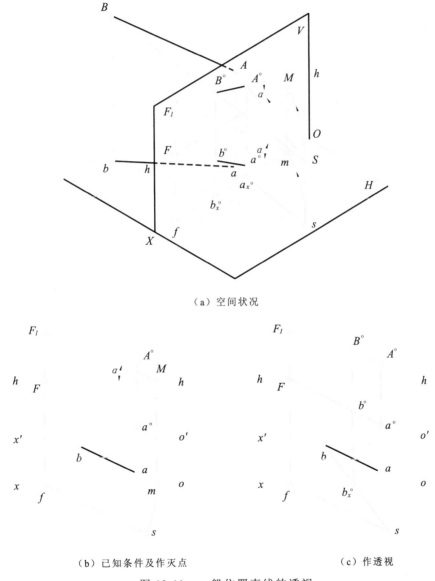

（a）空间状况

（b）已知条件及作灭点　　　　　　　　　（c）作透视

图 13-11 一般位置直线的透视

因$SF_1 // AB$，$SF // ab$，故$\angle FSF_1 = α$。且平面FSF_1平行竖直的投射面$ABba$，所以也是竖直面。故与竖直的画面的交线FF_1也是一条竖直的连系线，即$FF_1 \perp h-h$。如将$\triangle FSF_1$以竖

直线 FF_1 为旋转轴，转至 V 面上的 $\triangle FMF_1$ 位置，则 S 转至 M 点。因 SF 为一水平线，故旋转后与水平线 $h-h$ 重合，故可得出 $\angle FMF_1 = \angle FSF_1 = \alpha$。

在投影图 13-11（b）中，已知 ab 及其 A 点的透视与次透视，过 s 作 $sf \parallel ab$，与 ox 交于 f 点，作铅垂线至 $h-h$，求得 F 点。再以 f 为圆心，sf 为半径，将 s 点旋转至 ox 轴上的 m 点，由之作连系线，求得画面上的 M 点，量取 $\angle FMF_1 = \alpha$，便求得 F_1，即为 AB 直线的灭点。当直线向远方上仰时，α 在 $h-h$ 的上方；当直线向远方下倾时，α 在 $h-h$ 的下方。

如图 13-11（c）所示，求出直线 AB 的灭点和次灭点后，直线 AB 的全长透视与全长次透视过其灭点和次灭点，然后用视线法定出 B 点的透视和次透视，即完成了一般位置直线 AB 的透视与次透视。

2. 画面平行线的透视

1）正平线的透视

根据画面平行线的透视特点，可得出：正平线的透视，与直线本身平行，其次透视与 OX 轴平行。如图 13-12（a）所示，设直线 $AB \parallel V$，与 H 面的倾角为 α，其透视 $A^\circ B^\circ \parallel AB$，次透视 $a^\circ b^\circ \parallel ab$，与 OX 轴的倾角仍为 α。其透视的作法是用点的正投影法作出 a° 和 A° 后，再用 AB 与 H 面的倾角来确定 B° 点，然后求点 b°，如图 13-12（b）所示。

侧垂线，即与基面平行的正平线，其透视、次透视均平行于基线 OX 轴，故这里不再举例。

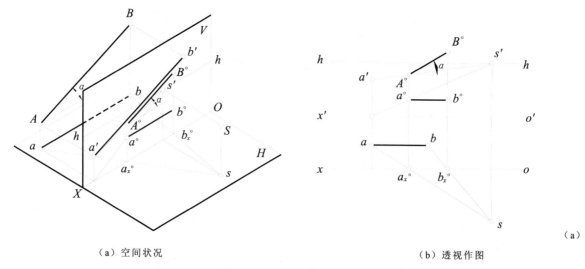

（a）空间状况　　　　　　　　　　（b）透视作图

图 13-12　正平线的透视

2）铅垂线的透视

铅垂线的透视仍为铅垂线。如图 13-13（a）所示，过站点 s 作直线 sa，与 OX 交于 a_x°，铅垂线 Aa 的透视必位于过 a_x° 且垂直于 OX 的直线上。将铅垂线 Aa 沿任一水平方向（如 AN 方向）平移到画面 V 上 Nn 位置，此时 $Nn = Aa$。过 S 作 AN 的平行线与 $h-h$ 交于 F 点，即平移方向 AN 的灭点。AN 的全长透视 FN、全长次透视 Fn 与过 a_x° 作的铅垂线交于 $A^\circ a^\circ$，即为 Aa 的透视。其透视作图过程如图 13-13（b）所示。

在画面上用来测定 Aa 高度的直线 Nn，称为真高线。

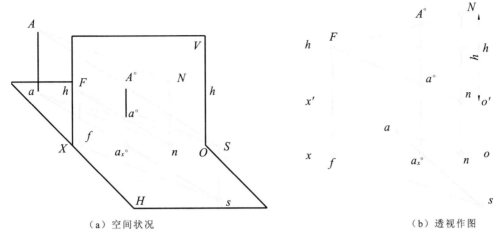

（a）空间状况　　　　　　　　　　　　　（b）透视作图

图 13-13　铅垂线的透视

第三节　立体的透视

一、透视图的分类

立体占有三度空间，可以用它的长、宽、高，即 X、Y、Z 三组主要方向轮廓线的位置和大小来确定。根据 X、Y、Z 三组主要方向轮廓线与画面 V 平行还是相交，可以把立体的透视分为：平行透视（一点透视）；成角透视（两点透视）；斜透视（三点透视），如图 13-14（a）、（b）、（c）所示。本节只研究一点透视和两点透视的画法。

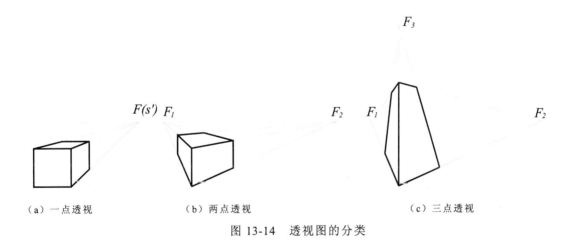

（a）一点透视　　　　　　（b）两点透视　　　　　　（c）三点透视

图 13-14　透视图的分类

二、平面立体的透视

平面立体的表面形状、大小和位置，是由它的棱线所决定的。因此，求平面立体的透视，实际上就是求立体表面上各种不同位置直线的透视。

1．四棱柱的一点透视

图 13-15（a）所表示的是一个四棱柱的投影，将四棱柱正面重合（或平行）于画面，正面的透视反映实形（或相似形），无灭点，仅宽度方向四条棱线垂直于画面，其透视消失于主

点（灭点）。因此，根据已知的站点 s、基线 OX、视平线 $h-h$ 以及四棱柱的平面图，即可画出棱柱的一点透视。

作图步骤： 如图 13-15（b）所示。

① 在基面 H 上，将平面图 $abcd$ 的 ab 边靠齐 ox，在图面上画出正面实形，即得正面透视 $A_1^o A^o B_1^o B^o$。

② 在画面上连线 $A_1^o s'$、$B_1^o s'$、$A^o s'$（$B^o s'$ 为不可见），即四棱柱宽度方向棱线的全长透视。

③ 在基面上，连线 sd 与基线 ox 交于 d_x^o，自 d_x^o 向上作铅垂线，与画面上 $A^o s'$、$A_1^o s'$ 交于 D^o、D_1^o，过 D_1^o 作 $A_1^o B_1^o$ 的平行线与 $B_1^o s'$ 交于 C_1^o，即完成四棱柱的一点透视作图。在立体的透视图中，一般不画虚线。

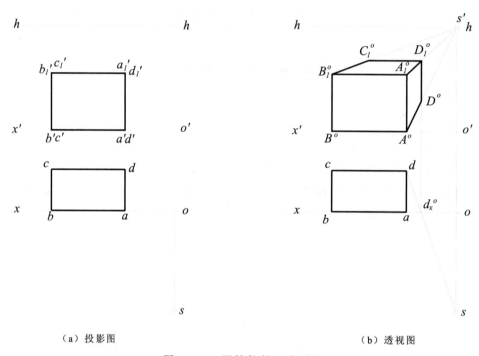

（a）投影图　　　　　（b）透视图

图 13-15　四棱柱的一点透视

2．四棱柱的两点透视

图 13-16（a）所表示的是一个四棱柱的投影，将四棱柱正面与画面 V 倾斜成一个角度（一般为 30°）放置，且画面通过其一铅垂棱线，如图 13-16（b）所示。四棱柱长宽两个主要方向的棱线与画面相交，这就产生了两个灭点，高度方向平行于画面，无灭点。根据灭点原理，先作出四棱柱底面的透视（次透视），如图 13-16（c）所示。再作出高度方向四条棱线的透视及顶面的透视，即可完成四棱柱的两点透视作图，如图 13-16（d）所示。

作图步骤： 如图 13-16（b）所示。

① 作出已知的基线 ox、视平线 $h-h$、站点 s。在基面上作出四棱柱的平面图 $abcd$，使与 ox 成 30°，如图 13-16（b）所示。

② 在基面上过 s 分别作 ab、ad 的平行线，与 ox 交于 f_1、f_2，过 f_1、f_2 作铅垂线与视平

线 $h-h$ 交于 F_1、F_2 点，即长、宽方向的灭点，如图 13-16（c）所示。

③ 用视线法求出四棱柱底面的透视 $a^ob^oc^od^o$，其作图过程如图 13-16（c）中箭头所示。

④ 确定四棱柱的高度，如图 13-16（d）所示。画面通过 A_1a 棱线，$A_1^oa^o$ 为真高线，因此由 a^o 垂直向上直接量取四棱柱的高度得 A_1^o，再由 b^o、d^o 引垂线与 $A_1^oF_1$、$A_1^oF_2$ 交于 B_1^o、D_1^o，画出了四棱柱的两点透视图。在作图中，常把四棱柱的正（侧）面图画在旁边，以便直接量高，如图 13-16（d）中画面所示的箭头。

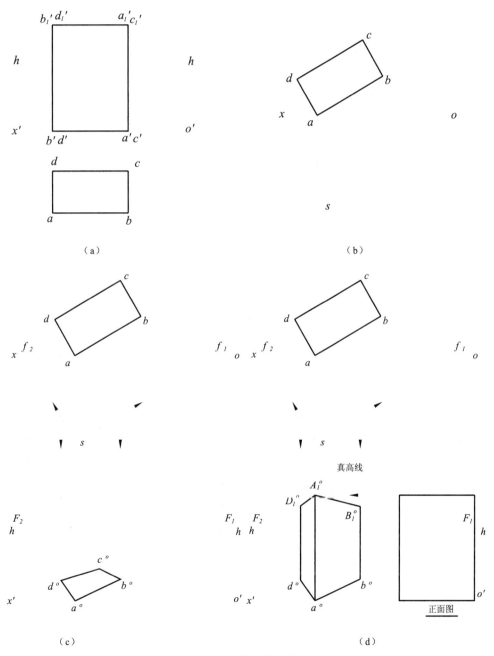

图 13-16　四棱柱的两点透视

第四节 房屋的透视

人们在不同位置观察一幢楼房时，会产生不同的视觉印象，要恰如其分地用透视图表达出来，首先要选择好视点和画面及其与建筑物的相互位置关系，然后作出建筑物的基本轮廓的透视，最后完成建筑物细部的透视。

一、视点、画面和建筑物的相对位置

1．画面与建筑物的相对位置

如果画建筑物的一点透视，画面应平行于该建筑物的正立面，如图 13-15 所示。如果画建筑物的两点透视，应使画面通过一墙角（转角）且与建筑物正立面成夹角（称画面偏角 θ），一般以 30° 为宜，如图 13-17 所示。

2．视点的选择

视点的位置包括确定站点的位置和选定视高。

1）站点的位置　当画面与建筑物的相对位置确定后，由站点 s 作平面图的两边缘视线的水平投影夹角 ϕ 应在 30°~40° 之间，主视线的水平投影 ss_x 应在建筑物的画面宽度 B 的中间 1/3 范围内，视距 ss_x 等于 1.5~2.0 B，如图 13-17 所示。

2）视高　当人立于水平的地面上，视高为 1.5~1.8 m。有时根据需要，可将视高升高或降低，即得俯视（鸟瞰）图和仰视图的效果，如图 13-18 所示。

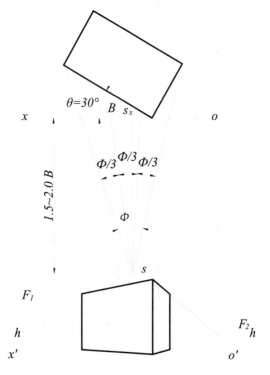

图 13-17　画面、站点的位置

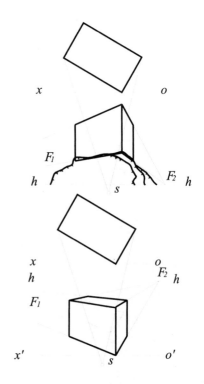

图 13-18　视高的选择

二、房屋形体基本轮廓的透视

1. 作平顶房屋形体的两点透视

图 13-19 所示为根据平面图和侧面图作其两点透视的作图。平顶房屋实际上是两个四棱柱的叠加。根据灭点原理和视线迹点法，先作出四棱柱墙身的透视，再作出四棱柱屋顶的透视，即完成该形体的两点透视。

作图步骤： 如图 13-19 所示。

① 按图 13-16 的方法作出墙身的透视。

② 作屋顶的透视。由于棱边 Aa 在画面之前，因此 $A^\circ a^\circ$ 的高度大于真高度。正面 $AabB$ 和侧面 $AadD$ 分别与画面相交于 Nn 和 Ll，其透视 $N^\circ n^\circ$、$L^\circ l^\circ$ 为真高。在基面上 ab、ad 与 ox 交于 n、l，过 n、l 向下引垂线，根据侧面图高度，定出 $N^\circ n^\circ$、$L^\circ l^\circ$ 真高度。连线 $N^\circ n^\circ$、$L^\circ l^\circ$ 和 $L^\circ F_2$、$l^\circ F_2$，并延长相交得 $A^\circ a^\circ$，再根据平面图的 b 和 d 点，即可得出屋顶正面和侧面的透视。最后，连线 $d^\circ F_1$、$b^\circ F_2$，得出后、右檐口线的透视 $d^\circ c^\circ$、$b^\circ c^\circ$ 的可见部分。

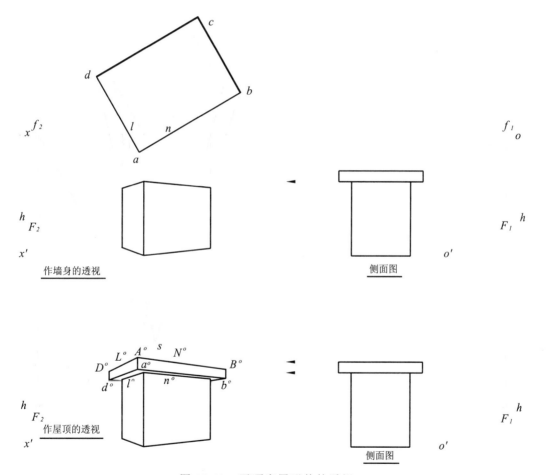

图 13-19 平顶房屋形体的透视

2. 作两坡顶房屋形体的两点透视

根据图 13-20（a）所示两坡屋顶房屋形体的三面投影图，作出其透视图的方法与图 13-19 的作法基本相同。所不同的是两坡屋顶是三棱柱，当作出四棱柱墙身透视图后，只要再作出屋脊线（GE）两端点的透视，然后与四棱柱顶端点相连，即得坡屋顶的透视。

作图步骤：如图 13-20（b）所示。

① 按图 13-16 的方法作出四棱柱墙身的透视。

② 作坡屋顶的透视。在基面上延长 ge 与 ox 交于 n（即 GE 的画面迹点的水平投影），由 n 引垂线，在画面上定出屋脊线 GE 的真高线 Nn，连线 NF_1，即 GE 的全长透视。分别过 se、sg 与 ox 的交点 e_x^o、g_x^o 作垂线，交 NF_1 于 E^o、G^o，连线 E^oA^o、E^oB^o、G^oD^o，即完成坡屋顶的透视。

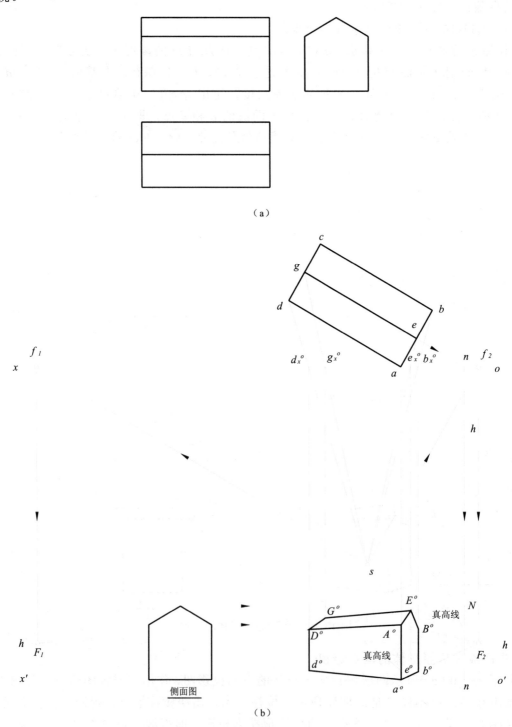

图 13-20　两坡顶房屋形体的透视

三、建筑细部的透视

在画出建筑形体基本轮廓的透视后，可根据一定的方法将直线段和透视平面进行分割，然后画出建筑细部的透视，如门、窗、雨篷、阳台及其他构件等的透视。下面介绍几种常用的透视分割方法。

1．画面平行线的分段

利用画面平行线的透视与直线平行的性质，可推导出直线上的点分割线段之比，在透视图中保持不变，即定比性。

图 13-21（a）所示为画面平行线段 $ACDB$ 的空间情况。在图 13-21（b）中，已知 A、B 透视 A^o、B^o，作出 C、D 两点的透视 C^o、D^o。过 A^o 作任一直线，让 A 和 A^o 重合，在直线上取空间直线段 $ACDB$ 的真实长度，连接 BB^o，作 $CC^o \parallel DD^o \parallel BB^o$，就作出 C、D 的透视 C^o、D^o。

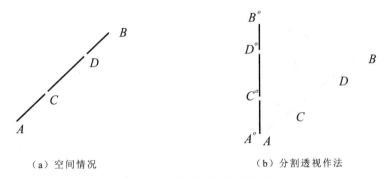

（a）空间情况　　　　　　　　（b）分割透视作法

图 13-21　画面平行线透视的分割

2．H 面平行的画面相交线的分割

画面相交线的透视不再保持定比性质，在分割 H 面平行的画面相交线的透视时，作一条与 H 和画面 V 都平行的直线作为辅助线来作图。图 13-22（a）所示是与 H 面平行的画面相交线段 $ACDB$ 的空间情况。在图 13-22（c）中，已知 A、B 透视 A^o、B^o，作出 C、D 两点的透视 C^o、D^o。

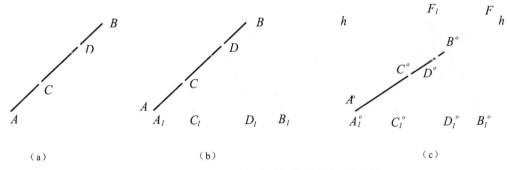

（a）　　　　　　　　（b）　　　　　　　　（c）

图 13-22　H 面平行的画面相交线的透视分割

作图步骤：

① 过 A 点作一条水平线 $A_1C_1D_1B_1=ACDB$，如图 13-22（b）所示。$A_1C_1D_1B_1$ 是一条画面平行线，并平行于 H 面。

② 如图 13-22（c）所示，过 A° 作一水平线，此线为 A_1B_1 的全长透视。因 $A_1C_1D_1B_1$ 为画面平行线，根据画面平行线透视的定比定义，可直接在水平线上取 $A_1^\circ C_1^\circ D_1^\circ B_1^\circ = A_1C_1D_1B_1$。连接 $B_1^\circ B^\circ$，延长至 $h-h$，可得出灭点 F_1，因 CC_1、DD_1、BB_1 是互相平行的画面相交线，故 F_1 为其灭点，所以连接 $F_1C_1^\circ$、$F_1D_1^\circ$，与 $A^\circ B^\circ$ 的交点就是 C、D 的透视 C°、D°。

3．一般位置直线的分割

分割一般位置直线的透视方法有两种。第一种：因为一般位置直线的次透视就是 H 面平行的画面相交线，故可按 H 面平行的画面相交线透视的分割，先分割其次透视，而透视与次透视在竖直一条连系线上，故分割了一般位置直线的透视。图 13-23（a）为一般位置直线的空间情况，图 13-23（b）为其透视分割的作法。第二种：直接分割直线的透视，如图 13-23（c）所示，通过 A° 点任作一直线，在直线上量取线段的实际长度，然后作 $P_F // A_1^\circ B_1^\circ$，连接 $B_1^\circ B^\circ$，延长后与 P_F 交于 F_1，连接 $F_1C_1^\circ$，$F_1D_1^\circ$ 与 $A^\circ B^\circ$ 的交点就是 C、D 的透视 C°、D°。

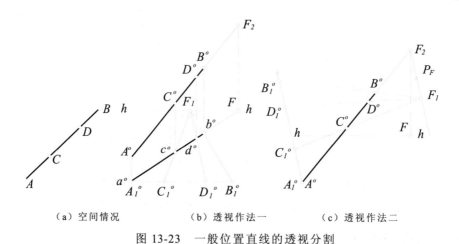

（a）空间情况　　　　（b）透视作法一　　　　（c）透视作法二

图 13-23　一般位置直线的透视分割

【例 13-4-1】 如图 12-24（a）所示，已知墙面的透视 $A^\circ a^\circ B^\circ b^\circ$ 和墙面上门、窗的形状和大小位置，添作门、窗洞口的尺寸。

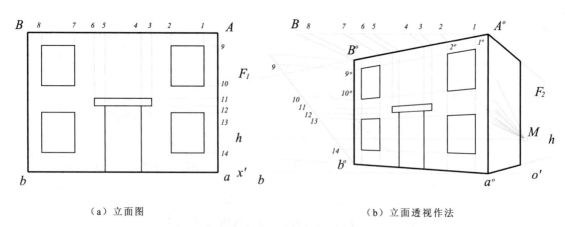

（a）立面图　　　　　　　　　　　　（b）立面透视作法

图 13-24　建筑立面透视的分割

分析： 此题就是分割墙面上的高度方向和宽度方向的透视，高度方向为一条画面平行线，宽度方向为一条 H 面平行的画面相交线，故按相应的种类进行线段分割。

作图步骤： 如图 13-24（b）所示。

① 门窗透视的高度线分割。B^ob^o 为画面平行线的透视，按定比性质作出高度方向的各分点透视，然后连接各分点与 F_1 的连线。

② 门窗透视的宽度线分割。将 A^oB^o 按 H 面平行的画面相交线进行分割，各分点连接 M，作出各分点的透视，然后作竖直线，就完成宽度方向的分割。

【例 13-4-2】 如图 13-25 所示，已知楼梯斜面的透视 $A^oB^oC^oD^o$，楼梯的踏步数为 5 级，完成楼梯踏步的透视。

分析：此题实际上是分割透视图中楼梯斜面上的边 A^oB^o，而 A^oB^o 是一般位置直线，故有两种方法分割。

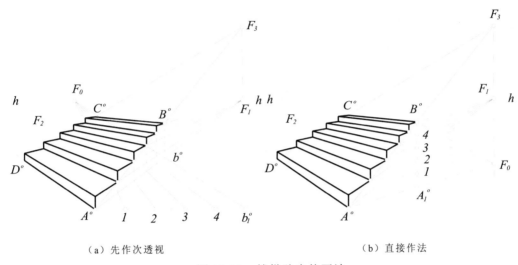

（a）先作次透视　　　　（b）直接作法

图 13-25　楼梯踏步的画法

作图步骤：

方法一：先分割次透视，如图 13-25（a）所示。分割 A^oB^o 的次透视，按 H 面平行的画面相交线分割法，在水平线上取 5 等分点，连接 $b_1^ob^o$，得 F_0；连接 F_0 与各等分点，便把直线 AB 的次透视分割了。作竖直连系线与 A^oB^o 的透视相交就完成了斜边的分割，然后连接相应的灭点，完成全图。

方法二：直接分割，如图 13-25（b）所示。作竖直辅助线 $A_1^oB^o$ ∥ F_1F_3，在 $A_1^oB^o$ 上取等分点，连接 $A^oA_1^o$ 延长后与 F_1F_3 的交点为 F_0，连接 F_0 与各等分点，便完成 A^oB^o 的透视分割。然后连接相应的灭点，完成全图。

4．矩形的分割

利用矩形对角线和对称中线，可以进行连续等距的分割。如图 13-26（a）中，已知四棱柱的透视，利用正面矩形透视对角线交点 N，将 $A^o\,a^ob^o\,B^o$ 分割成透视上相等的两个矩形、四个矩形。再利用对角线交点 K、L，就可以将 $A^o\,a^ob^o\,B^o$ 分割成相等的四个、八个矩形，依此类推。

图 13-26（b）表示一排等距等高的电杆的透视图。如已知第一、二根电杆的透视图，利用矩形透视的分割，即可求出连续追加等距电杆的透视图（K 为电杆高度的中点）。

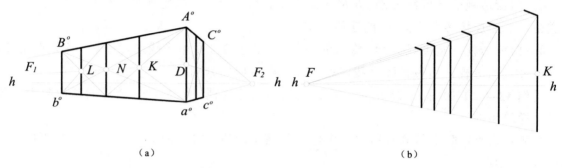

图 13-26 矩形透视的分割

【例 13-4-3】 如图 13-27 所示，已知站点 s、基线 ox、视平线 $h-h$，以及门洞、雨篷的平面图和剖面图，试求其两点透视图。

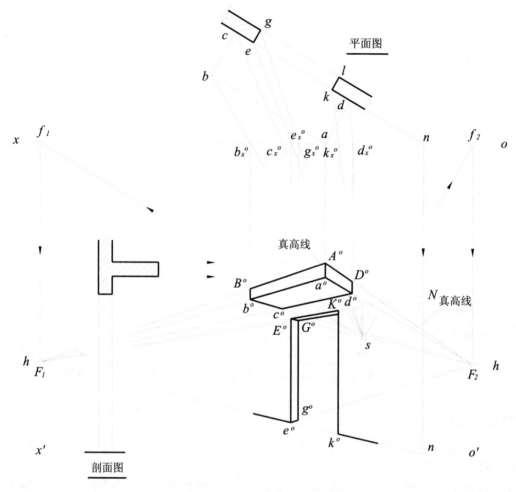

图 13-27 门洞及雨篷的两点透视

分析： 从图 13-27 中可知，雨篷、门洞都为四棱柱形体，按前述立体的透视画法，即可作出。雨篷板有一棱边（Aa）在画面上，利用 $A^o a^o$ 真高线可直接画出其透视。门洞处于画面后，可利用迹点 N，求出门洞的真高线，根据灭点原理用视线法，即可作出门洞的透视。

作图步骤： 如图 13-27 所示。

① 求灭点 F_1、F_2。

② 作雨篷板的透视。过 a 点作铅垂线，根据剖面图上雨篷高和板厚，直接得 $A^o a^o$；连线 $A^o F_1$、$a^o F_1$ 及 $A^o F_2$、$a^o F_2$，分别与过 b_x^o 和 d_x^o 引的铅垂线相交，得 B^o、b^o 及 D^o、d^o；连线 $d^o F_1$ 和 $b^o F_2$ 相交得 c^o，即完成雨篷板的透视作图。

③ 作门洞的透视。在基面上，将平面图中 ek 延长与基线 ox 相交于 n 点，在过 n 作的铅垂线上，根据剖面图中门洞高度，可得 Nn 真高线；连线 NF_1、nF_1，与过 e_x^o、k_x^o 所作的铅垂线相交，得墙面上门框的透视 $e^o E^o K^o k^o$；连线 $E^o F_2$、$e^o F_2$ 与过 g_x^o 所作的铅垂线相交，即得门洞厚度的透视 $E^o e^o g^o G^o$。

④ 擦去多余的线，加深，完成全图。

第十四章 机 械 图

在建筑工程和水利工程设计和施工及管理中,广泛使用各种机械设备和施工机械,常会遇到机械方面的问题,所以土建、水利工程技术人员应该掌握一定的机械专业知识和具备一些识读机械图样的初步能力。本章根据最新颁布的国家标准《机械制图》和其他有关最新标准对机械图的知识进行了介绍。

第一节 螺纹紧固件和圆柱齿轮

螺纹紧固件和圆柱齿轮是机器部件中常见的标准件和常用件,由于使用量大,其结构和尺寸都已经全部或部分地标准化,以便制造和使用。制图标准规定了它们的简化画法,以便于画图和读图。

一、螺纹和螺纹紧固件

1. 螺纹的形成和螺纹要素

螺纹是在圆柱表面或圆锥表面上,沿着螺旋线所形成的、具有相同轴向断面的连续凸起和沟槽。它常在螺钉、螺母、丝杆等零件上起连接和传动作用。在圆柱或圆锥外表面上所形成的螺纹,称为外螺纹;在圆柱或圆锥孔内表面上所形成的螺纹,称为内螺纹。

螺纹的要素有以下五个。

1)螺纹牙型。在通过螺纹轴线的断面上,螺纹的轮廓形状称为螺纹牙型。常见的螺纹牙型有三角形、梯形、矩形和锯齿形等,不同的牙型有不同的用途,如图14-1所示。

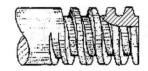

(a) 三角形螺纹　　　　(b) 梯形螺纹　　　　(c) 锯齿形螺纹

图 14-1 螺纹牙型

2)公称直径。如图14-2所示,公称直径代表螺纹的直径,指螺纹大径的基本尺寸。与外螺纹牙顶或内螺纹牙底相重合的假想圆柱面的直径称为大径。外螺纹大径用 d 表示,内螺纹大径用 D 表示。与外螺纹牙底或内螺纹牙顶相重合的假想圆柱面的直径称为小径,用 d_1(为外螺纹时)或 D_1(为内螺纹时)表示。一个假想圆柱面的母线通过牙型上沟槽和凸起宽度相等的地方,此圆柱面的直径即为中径,用 d_2、D_2 表示。

3)线数(n)。螺纹有单线和多线之分。沿一条螺旋线所形成的螺纹称为单线螺纹,沿两条或二条以上,在轴向等距分布的螺旋线所形成的螺纹称为双线或三线螺纹,如图14-3所示。

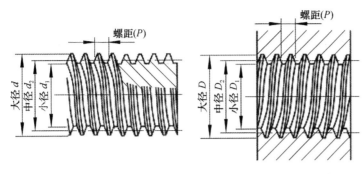

图 14-2 螺纹的大径（公称直径）、小径

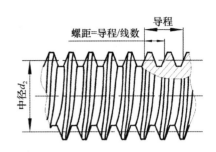

图 14-3 双线螺纹中的螺距与导程

4）螺距（P）和导程（S）。螺纹上相邻两牙在中径线上的对应两点之间的轴向距离称为螺距。同一条螺旋线上相邻两牙在中径线上的对应两点之间的轴向距离称为导程。如图 14-3 所示，单线螺纹的导程等于螺距，多线螺纹的导程等于线数乘以螺距，即 $S=nP$。

5）旋向。螺纹的旋向有右旋和左旋两种，当螺纹旋进，顺时针方向旋转时称为右螺纹；逆时针方向旋转时称为左螺纹。工程上常用的是右螺纹，在标注时"右"常省略不注。

在螺纹的五个要素中，螺纹牙型、直径和螺距是决定螺纹的最基本要素，称为螺纹三要素。如果这三个要素都符合标准的称为标准螺纹；螺纹牙型符合标准，而大径、螺距不符合标准的称为特殊螺纹；若螺纹牙型不符合标准，则称为非标准螺纹。内、外螺纹总是成对地使用，但只有当五个要素相同时，内、外螺纹才能旋合在一起。

2．螺纹的规定画法

螺纹的视图不按真实投影绘制，而按国家标准《机械制图》（GB/T4459.1－1995）的规定画出。

1）外螺纹的画法

外螺纹的牙顶（指大径）用粗实线表示，牙底（指小径）用细实线表示。小径 d_1 通常近似地画成大径的 0.85 倍，即 $d_1=0.85d$，并当外螺纹画出倒角或倒圆时，应将表示牙底的细实线画入圆角或倒圆部分。在投影为圆的视图上，表示牙底（小径）的细实线圆只画约 3/4 圈，其中空出的约 1/4 圈的位置不作规定，表示轴或孔上倒角的圆省略不画。螺纹终止线用粗实线表示。当需要表示螺纹的螺尾时，螺尾部分的牙底用与轴线成 30°的细实线绘制，如图 14-4 所示。

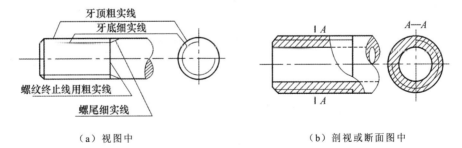

（a）视图中　　　　　　　　　（b）剖视或断面图中

图 14-4　外螺纹的画法

2）内螺纹的画法

内螺纹一般采用全剖视图表达，如图 14-5（a）所示。在剖视图中，牙顶（指小径）用粗实线表示，牙底（指大径）用细实线表示。在投影为圆的视图上，表示牙底的细实线圆只画约 3/4 圈，倒角圆省略不画。螺纹终止线用粗实线表示。无论外螺纹或内螺纹，在剖视图

中的剖面线都必须画到粗实线为止。当内螺纹未被剖切而又必须表示出螺纹时，在非剖视图上，螺纹的大径、小径和终止线均用虚线表示，在投影为圆的视图上，表示牙底的细实线圆也只画 3/4 圈，如图 14-5（b）所示。

对不通的螺孔，钻孔深度比螺孔深度大 $0.2d \sim 0.5d$，钻孔底部圆锥孔的锥角应画成 120°。

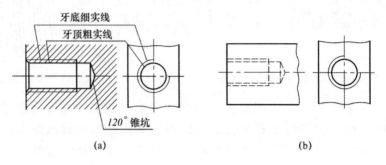

图 14-5　内螺纹的画法

3）内外螺纹连接的规定画法

内外螺纹连接时，常用剖视图表达，在剖视图中，内、外螺纹旋合部分按外螺纹的画法绘制，其余部分仍按各自的画法表示。剖面通过实心螺杆的轴线时，螺杆应按不剖绘制。

要注意的是，只有牙型、大径、小径、螺距及旋向都相同的螺纹才能旋合在一起，所以在剖视图中，表示螺纹牙顶的粗实线必须与表示内螺纹牙底的细实线在一条直线上；表示外螺纹牙底的细实线也与表示内螺纹牙顶的粗实线在一条直线上，如图 14-6 所示。

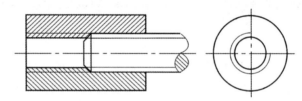

图 14-6　内外螺纹的连接画法

3．螺纹的标记

各种牙型的螺纹如普通螺纹、梯形螺纹等，螺纹的规定画法都是一致的，全由螺纹标记来区分，如表 14-1 所示。

表 14-1　常用螺纹的种类和标注

种类	牙型		牙型代号	图例	标记	标记说明
普通螺纹	粗牙	60°	M	M20左-6g7g	M20 左－6g7g	粗牙普通螺纹，公称直径为20，左旋，中径公差带代号为 6g，顶径公差带代号为 7g。
	细牙			M20×2-5H	M20×2－5H	细牙普通内螺纹，公称直径为20，螺距为2，右旋，中径和顶径公差带代号均为 5H。

续表

管螺纹	圆柱	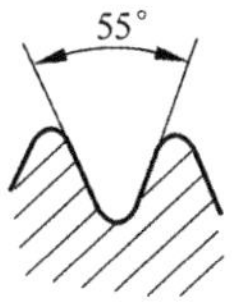 G	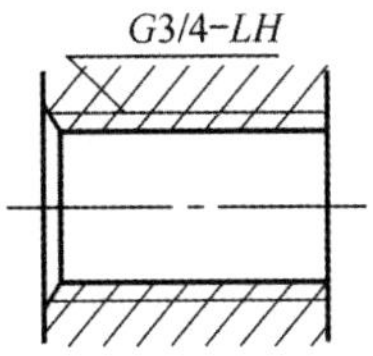 (55°图示)	G3/4-LH	圆柱管内螺纹，螺纹特征代号用字母"G"表示，尺寸代号 3/4，左旋；内螺纹不标记公差等级代号，仅外螺纹的公差等级分 A、B 两级标记。
	圆锥外螺纹	R	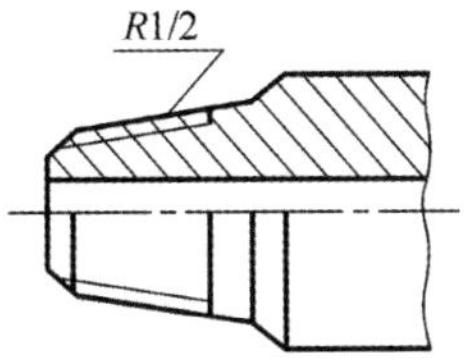 (R1/2图示)	R1/2	圆锥管外螺纹，螺纹特征代号 R，尺寸代号 1/2，右旋。
梯形螺纹	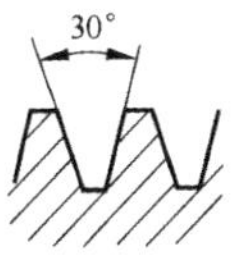	Tr	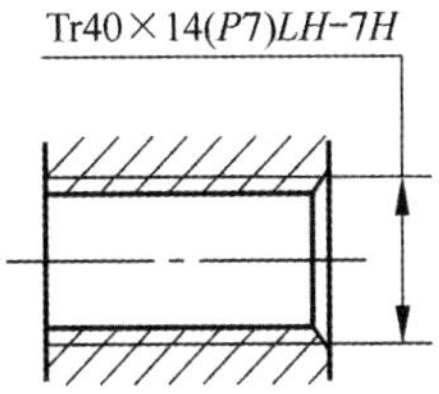 (30°图示 Tr40×14(P7)LH-7H)	Tr40×14（P7）LH-7H	梯形内螺纹，公称直径为 40，螺距为 7，双线，左旋，中径公差带代号为 7H（梯形螺纹不注顶径的公差带代号）。

注：1. 粗牙普通螺纹不注螺距；
2. 凡右旋螺纹不注"右"。
3. 梯形螺纹、管螺纹的左旋注"LH"。
4. 一般情况下，普通螺纹和梯形螺纹不注旋合长度时，表示确定为中等旋合长度。
5. 管螺纹从大径画出指引线进行标注，管子的孔径查表得出。

表 14-1 中，普通螺纹和梯形螺纹的完整标记格式如下：

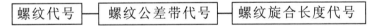

其中，螺纹代号为：

螺纹公差带代号：普通螺纹注中径、顶径，当二者相同时，只注写一个。梯形螺纹只注中径。螺纹旋合长度分为短旋合长度 S、中等旋合长度 N、长旋合长度 L。当旋合长度为 N 时，可不标注。

4．螺栓连接

螺栓连接适用于被连接件不太厚，便于钻通孔的一种可拆连接，它是由螺栓、螺母、垫圈（见图 14-7）等紧固件组成的。螺栓连接装配图的画法如图 14-8 所示。连接时螺栓穿过被连接件的孔后套上垫圈，并在螺纹的一端拧上螺母。

1）螺栓、螺母、垫圈的比例画法

画螺纹紧固件时，各部分的尺寸可从相应标准中查出，然后根据尺寸作图。图上各个尺寸可不按标准中的数值来画图，而用比例画法，即以螺栓上的螺纹大径 d 为准，按与 d 成一定比例关系来画图。

图 14-7 示出了螺栓、螺母、垫圈的比例画法。六角螺母和螺栓头中的正六棱柱应先画有圆的视图。螺母的曲线是圆锥面与正六棱柱的相贯线。画图时不必按投影关系，而直接按图 14-7 所示的比例画法画出。制造六角螺母时，常做出 30°的倒角，所以画图时应作 30°倒角与小圆弧相切。螺栓头的画法除厚度不同外，其余与螺母相同。

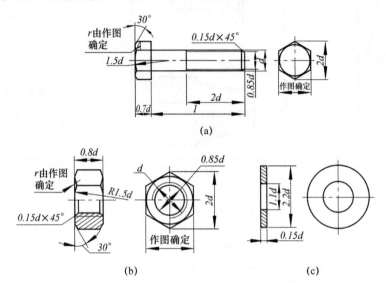

图 14-7 六角头螺栓、螺母、垫圈的比例画法

2）螺栓连接装配图的画法

画螺栓装配图时，对于螺栓连接的各个尺寸不按查表的数值画出，而是采用比例画法，如图 14-8（a）所示。图 14-8（b）所示为简化画法。其中螺栓的公称长度 L 是计算后查表选取相靠近的标准数值。

L＝被连接件的总厚度（$\delta_1+\delta_2$）＋垫圈厚度（b）＋螺母厚度（m）＋a

式中，$a=(0.3\sim0.4)d$，为螺杆顶端伸出螺母的长度。

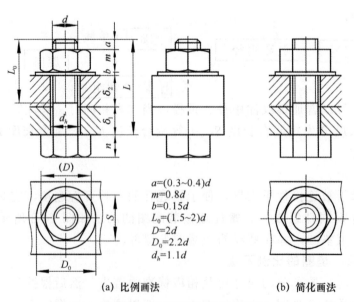

(a) 比例画法　　(b) 简化画法

图 14-8 螺栓连接装配图的比例画法

以图 14-8 为例，画螺纹紧固件连接装配图的规定如下：

（1）两个零件的接触表面只画一条线，非接触表面画两条线。如螺栓杆与被连接零件的通孔不应接触，所以它们的轮廓应分别画出。

（2）当剖切平面通过螺杆、螺母、垫圈（以及实心轴、手柄）等零件的基本轴线时，均按未剖切绘制。

（3）在剖视图或断面图中，同一零件的剖面线应方向相同，间隔相等，而相互邻接不同零件的剖面线倾斜方向应相反，或方向一致而间隔不等。

5．螺钉连接

螺钉连接常用于受力不大，不经常拆卸，而又不便采用螺栓连接时，螺钉连接不用螺母，一般也不用垫圈，而是将螺杆穿过有通孔的被连接件直接拧入另一被连接件的螺孔里。螺钉连接的比例画法如图 14-9 所示。

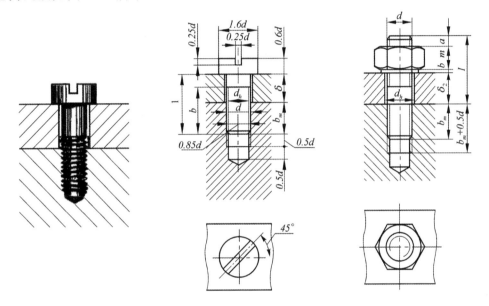

图 14-9 螺钉连接的比例画法　　　　图 14-10 螺柱连接的比例画法

螺钉的公称长度 $L=$ 螺纹旋入深度（b_m）+光孔零件的厚度（δ）

算出此数值后还要查对螺钉长度系列表，选择接近的标准长度。

画图时应注意，螺钉的螺纹终止线应高出螺孔端面。螺钉头的槽口在投影为圆的视图中按规定画成与水平线成 45°，不与其相应视图保持投影关系，如图 14-9 所示。当槽口宽度小于 2 mm 时，允许涂黑表示。

6．双头螺柱连接

双头螺柱连接适用于被连接件之一太厚，不宜钻通孔，或被连接件之一虽然不厚但不准钻通孔的情况。通常在这个被连接件上加工出螺孔，而在另一被连接件上加工出通孔。

螺柱连接的上半部分与螺栓连接相似，而下半部分与螺钉连接相似。

二、圆柱齿轮

齿轮常用来传递动力，改变转速和改变方向。齿轮的种类很多，常用的有渐开线圆柱齿轮、圆锥齿轮等。圆柱齿轮分为直齿齿轮、斜齿齿轮和人字齿轮三种，这里只介绍其中的直齿圆柱齿轮。

1. 直齿圆柱齿轮的各部分名称和相互关系（见图 14-11）

1）齿顶圆直径：通过轮齿顶部的圆周直径，用 d_a 表示。

2）齿根圆直径：通过轮齿根部的圆周直径，用 d_f 表示。

3）分度圆直径：对于标准齿轮来说，齿轮上齿槽（e）和齿厚（s）大小相等处的假想圆柱面的直径，称为分度圆直径，用 d 表示。分度圆是设计计算齿轮各部尺寸及加工齿轮时调整刀具的基准圆。

4）齿高：齿根圆与齿顶圆之间的径向距离，用 h 表示。

5）齿顶高：齿顶圆与分度圆之间的径向距离，用 h_a 表示。

6）齿根高：齿根圆与分度圆之间的径向距离，用 h_f 表示。

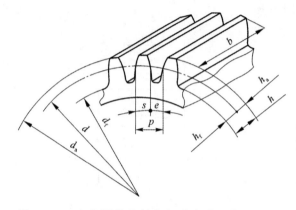

图 14-11　直齿圆柱齿轮各部分名称及代号

7）分度圆齿距：分度圆周上相邻两齿廓对应点之间的弧长（槽宽 e + 齿厚 s），称为分度圆齿距，以 p 表示。两啮合齿轮的齿距应相等。

8）齿数用 z 表示。

9）模数用 m 表示。

因为分度圆周长 $\pi d = zp$，所以 $d = \dfrac{zp}{\pi} = z\dfrac{p}{\pi}$。令 $\dfrac{p}{\pi} = m$，则 $d = mz$。

模数 m 是齿轮设计计算时的一个重要基本参数，单位为 mm。比较齿数相同的两个齿轮，模数大者，其齿距也大，齿厚也随之增大，因而轮齿承载能力也大。因为两啮合齿轮的齿距 p 必须相等，故其模数也必须相等。

为了便于设计和加工，模数的数值已标准化，系列化。有关这方面的数值可查我国齿轮标准（GB/T 1357—1987）。

标准直齿圆柱齿轮各部分尺寸与模数的关系如下：

齿顶高 $h_a = 1\,m$；齿根高 $h_f = 1.25\,m$；齿高 $h = h_a + h_f = 2.25\,m$；

齿顶圆直径 $d_a = d + 2h_a = zm + 2\,m = (z+2)\,m$；

齿根圆直径 $d_f = d - 2h_f = zm - 2.5\,m = (z-2.5)\,m$。

2. 圆柱齿轮的规定画法

1）单个齿轮的规定画法

按照国家标准（GB/T 4459.2—1995）的规定，齿顶线和齿顶圆用粗实线，分度线和分度圆用细点划线绘制，齿根线和齿根圆用细实线绘制或省略不画，如图 14-12（a）所示。在剖切平面通过齿轮轴线的剖视图中，轮齿一律按不剖处理。齿根线改用粗实线绘制，如图 14-12（b）所示。若为斜齿轮或人字齿轮，则该图绘制成半剖视图，在视图上用三条与齿线方向一致的细实线表示轮齿的齿线形状，如图 14-12（c）和（d）所示。

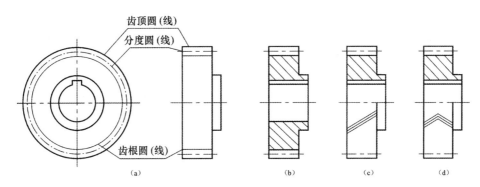

图 14-12 单个圆柱齿轮的画法

2）两圆柱齿轮啮合的画法

两个圆柱齿轮的啮合画法除啮合区外，其余部分的画法与单个齿轮相同，而其啮合区的画法如图 14-13 所。

在投影为圆的视图中，一对啮合齿轮的节圆要相切，啮合区内的齿顶圆均用粗实线绘制，如图 14-13（a）所示。也可以用省略画法，如图 14-13（f）所示。

在非圆的外形视图中，啮合区内的齿顶线不画，两齿轮的节线互相重合，用粗实线绘制，如图 14-13（b）、（c）、（d）所示。在剖视图中，两齿轮的节线相互重合，用点划线绘制。当剖切平面通过两啮合齿轮的轴线时，轮齿部分一律按不剖切处理，此时，两齿根线应画成粗实线，在啮合区内，将其中一个齿轮的齿顶线画成虚线或省略不画。一个齿轮的齿顶线和另一个齿轮的齿根线之间应留有 0.25 的间隙，如图 14-13（e）所示。注意，画图时需仔细，此时啮合区应出现三条实线、一条虚线和一条点划线共五条线。

斜齿轮和人字齿轮分别在两个齿轮上用三条细实线表示齿线形状，图 14-13（c）、（d）所示。

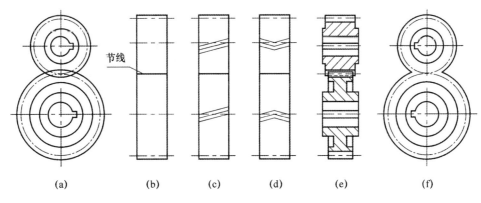

图 14-13 两圆柱齿轮啮合画法

第二节 零件图

一、零件图的内容

零件是组成机器或部件的基本单位。制造零件所依据的图样称为零件图（或称为零件工作图），零件图应包括以下四项内容。

1）一组图形

用视图、剖视图、断面图和其他表达方法等组成的一组图形来正确、完整、清晰地表达零件的结构形状。

2）完整的尺寸

确定零件各部分的形状大小及其相互位置关系所必需的全部尺寸。

3）技术要求

规定零件在制造和检验中应达到的技术要求，如零件的表面粗糙度、尺寸公差、形状和位置公差、热处理等。

4）标题栏

说明零件的名称、数量、材料、绘图比例、图号以及制图、审核的签名和日期等。

二、零件的视图选择

机械图中的视图名称和配置与第九章所述的不同点是：第九章中的正视图在机械图中称为主视图。

1．零件的视图选择

零件的视图选择必须考虑：使零件的内、外结构形状都表达得正确、完整、清晰，并符合设计、制造的要求，且便于看图。

1）主视图的选择

主视图是零件图中的主要视图。选择主视图时应考虑下列三个原则。

（1）形状特征原则。选择主视图应能表达零件的形状特征和结构特征，这一原则与第五章组合体视图选择的特征原则基本相同。

（2）加工位置原则。选择的主视图应尽量符合零件的主要加工工序位置，以便加工制造。

（3）工作位置原则。选择的主视图应尽量符合零件的工作位置。有时加工位置与工作位置会相互矛盾，因此要对具体情况进行分析。从有利于读图的角度出发，以显示其形状和结构特征的原则为主，尽量考虑加工位置和工作位置，并考虑避免虚线和合理利用图纸等因素来选择适当的视图。

2）其他视图的决定

原则上与组合体相同，即配合主视图，在完整、清晰地表达零件形状、结构的条件下，视图数量应尽量少。

2．典型零件的表达分析

零件的结构形状各不相同，因此所用的表达方法也各异。下面选择几类典型零件进行分析。

1) 轴套类零件

轴套类零件包括各种轴、丝杆、套筒、衬套等，其结构主要是由回转体组成，加工主要在车床上进行。为了便于加工，轴套类零件的主视图均按加工位置安放，将轴线画成水平。一般只采用一个基本视图，对尚未表达清楚的部分常采用剖面和局部放大图等补充表达其次要结构，如图 14-14 所示的阀杆。

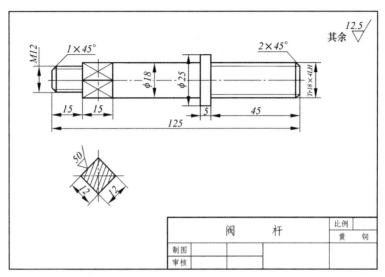

图 14-14　阀杆表达方案的选择

2) 轮盘类零件

轮盘类零件包括齿轮、手轮、皮带轮、法兰盘等，主要结构是回转体，多数工序是在车床和磨床上加工的，一般选择非圆视图作为主视图，并按加工位置放置，如图 14-15 所示的手轮。一般常用 1～2 个基本视图来表达主要结构，并选用局部视图、剖面图、局部放大图等补充表达某些次要结构。

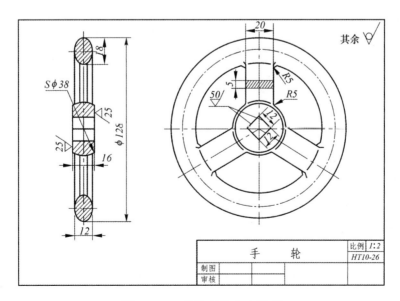

图 14-15　手轮表达方案选择

3) 叉架类零件

叉架类零件包括拨叉、连杆、摇杆、支架、支座等，形状多样，且相同的结构不多，其工作位置和加工方法多不固定，因此主要根据它们的形状特征选择主视图，并按正常位置或便于画图的位置放置。一般需要 2~3 个基本视图，常采用一些局部视图、局部剖视图、斜视图或斜剖视图、断面图等来补充表达其次要结构，如图 14-16 所示的铣床拨叉。

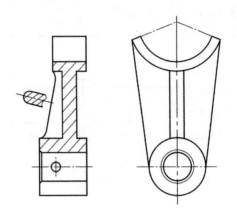

图 14-16　拨叉表达方案的选择

4）箱体类零件

箱体类零件包括箱体、外壳、座体等，在机器中多用来支撑其他零件，其结构形状复杂，加工程序多，加工位置变化大。这类零件的主视图主要是根据形状特征原则和工作位置原则来选择的。如图 14-17 所示的阀体，通常使用三个以上的基本视图。

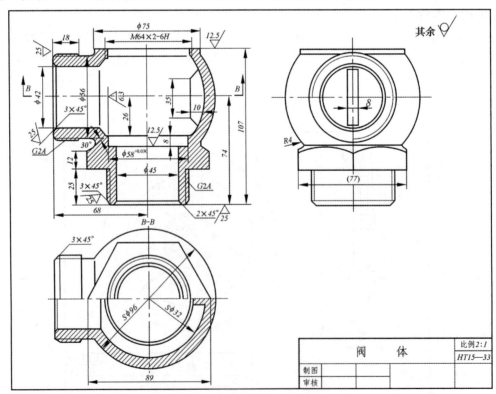

图 14-17　阀体的表达方案选择

三、零件的其他表达方法

1. 斜视图

机械图中的斜视图相当于水电部标准《水利水电工程制图》中所述的特殊视图,其表达方法参见第十一章。

2. 局部视图

当零件只有局部形状尚未表达清楚,而又没有必要画出某一方向的基本视图时,可将零件的某一部分向基本投影面投影,这样所得的视图称为局部视图,如图 14-18 所示。

1)画局部视图时,必须在相应视图的投影部位附近,用箭头指明投影方向,并注上字母,在局部视图上方注 "×",如图 14-18(a)A。

2)局部视图一般配置在箭头所指的方向,必要时也可以配置在其他适当的位置。

3)局部视图的断裂边界应以波浪线表示,如图 14-18(a)所示的 A 向视图,但当表示的结构是完整的时候,波浪线可以省略,如图 14-18(b)所示的 A 向视图。

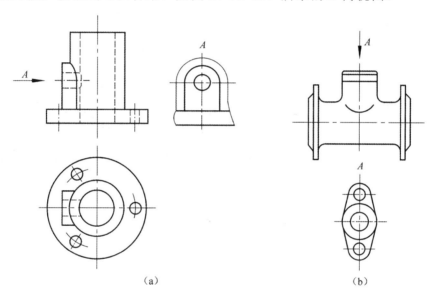

图 14-18 局部视图

3. 简化画法

1)**折断画法**

对于较长的零件,如沿长度方向的形状不变或按一定规律变化时,可假想将中间部分断掉,同时将两端移近画出,这与水工图中的折断画法基本相同,但在一般情况下机械图的断裂边界用波浪线画出。

2)**肋、薄壁、轮辐剖面的规定画法**

对机械上的肋、薄壁、轮辐等结构,若按纵向剖切(即剖切平面平行或通过这些结构的对称平面或基本轴线时),这些结构的剖面内不画剖面符号(相当于材料图例)而用粗实线把它与邻接部分分开。但当剖切平面垂直于肋、薄壁、轮辐的对称平面或基本轴线时,仍需要在剖面内画出剖面符号,如图 14-19 所示。

3)**称图形及均布的肋、孔等的规定画法**

当需要表达的零件是回转体结构,其上均匀分布有肋、薄壁、轮辐等,但又不处于剖切平面时，可将这些结构旋转到剖切平面上画出。对于若干直径相同，且成规律分布的孔，也可以仅画出一个或几个，其余只需要表示出它们的中心位置，如图 14-20 所示。

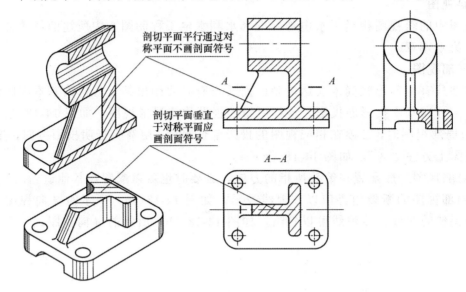

图 14-19 零件上肋和薄版在剖视图中的画法

4）平面符号表示法

当平面在图形中不能充分表达时，用符号（相交的两细实线）表示，如图 14-21 所示。

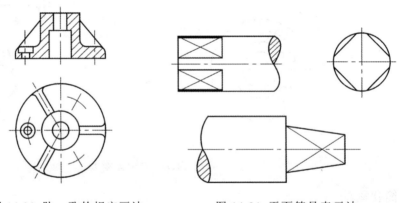

图 14-20 肋、孔的规定画法　　图 14-21 平面符号表示法

四、零件的工艺结构及其在视图中的画法

1．铸造圆角

为了避免浇铸时金属液将砂型和铸件产生应力集中而被破坏，砂型各表面相交处都做成圆角，通常称为铸造圆角，如图 14-22 所示。

2．倒角

零件上经过切削加工表面的相交处是尖角，不便于装配，运输时也易损坏零件或划伤皮肤，所以常在两加工表面之间制成倒角，如图 14-23 所示。

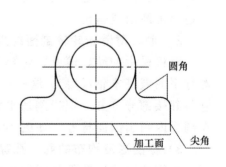

图 14-22 铸造圆角

3．倒圆

零件上两表面相交之处若切削成尖角，则在某些情况下易产生应力集中而致使零件受到破坏，因此为了提高零件的强度，常在零件表面相交处做成倒圆，如图 14-24 所示。

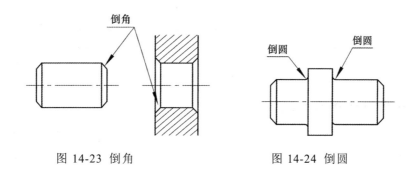

图 14-23 倒角　　　　图 14-24 倒圆

4．过渡线

由于零件的不加工表面之间有圆角存在，使两表面交线不明显，这种交线称为过渡线。在不致于引起误解时，图形中的过渡线、相贯线允许简化，用圆弧或直线代替非圆曲线。

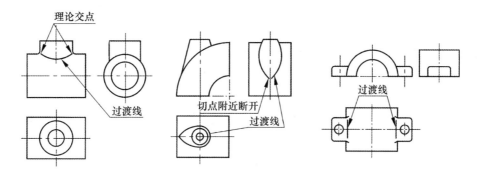

图 14-25 过渡线的画法

5．退刀槽和砂轮越程槽

在切削加工时，为了便于退出刀具或砂轮稍稍越过加工面，常在待加工面的末端先加工出退刀槽和砂轮越程槽。

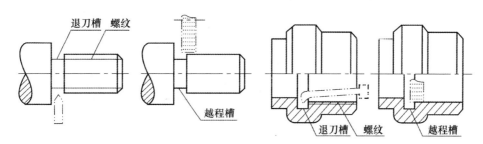

图 14-26 退刀槽和砂轮越程槽

6．凸台和凹坑

在机器中，两零件互相接触的表面需要进行局部的切削加工。为了保证装配质量，降低制造成本，并使两零件接触良好，通常需要在零件表面上做出凸台、凹坑或通槽，以减少两零件的接触面积或加工面，如图 14-27 所示。

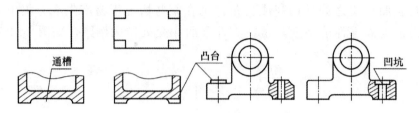

图 14-27 凸台和凹坑

五、零件图中的尺寸标注

在零件图中标注尺寸的要求仍然是正确、完整、清晰和合理，其中正确、完整和清晰的要求与组合体的尺寸标注相同。其方法也是先对零件进行形体分析，然后标注定形尺寸和定位尺寸。机械图的尺寸合理就是要满足结构设计的要求和制造过程中的工艺需要，要做到这一点，必须具有一定的生产经验和专业知识，下面介绍这方面的一些基本知识。

1）机械图中的尺寸单位为 mm。

2）不应注重复尺寸。在一个视图上，某结构的尺寸一经注出，其他视图就不要重复标注了。

3）不应标注封闭尺寸。当标注总体尺寸和分部尺寸时，对各分部尺寸不能全部标注出，应该去掉其中一个不重要的尺寸。如图 14-28 所示，标注了总长 110 以后，在长度尺寸 66 和 35 的一排中就要求去掉一个尺寸，使这一排尺寸不成封闭尺寸。当必须标注封闭尺寸时，要加括号作为参考尺寸。

4）尺寸基准。在机械图中，按照零件的功能、结构和工艺上的要求，在机器设计中或在加工测量时，决定零件上其他点、线、面位置所依据的那些点、线、面称为尺寸基准。

按照作用的不同，基准可分为设计基准和工艺基准。

（1）设计基准：根据零件的结构要求所确定的尺寸基准，称为设计基准。

（2）工艺基准：零件在加工和测量时所使用的基准称为工艺基准。

因为基准是每个方向的起点，所以长、宽、高三个方向都应有基准。如果在同一个方向上有两个以上的基准，则其中一个是主要基准，其余均为辅助基准（如图 14-28 所示）。

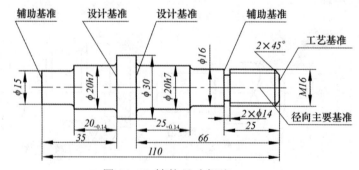

图 14-28 轴的尺寸标注

尺寸基准的选择是尺寸标注合理的问题。所谓选择尺寸基准，就是选择从设计基准出发标注尺寸，还是选择从工艺基准出发标注尺寸。从设计基准出发标注尺寸，反映设计要求，保证零件在机器中的工作性能。从工艺基准出发标注尺寸，反映工艺要求，使零件便于加工和测量。当然，设计基准和工艺基准最好能统一起来。图 14-28 所示为一台阶小轴，除各段直径尺寸和轴向尺寸 $20_{-0.14}$、$25_{-0.14}$ 为按设计要求标注尺寸外，其余各轴向尺寸均按加工顺序选择基准和标注尺寸。

六、公差与配合

1. 零件的互换性

成批生产出来的同一零件中，在装配时，任取其中一个，无需修配，就能实现预定的配合要求，这种性质称为互换性。由于在生产中应用了零件的互换性，简化了零件、部件的设计、制造和装配过程，提高了劳动生产率，降低了生产成本，并保证了产品质量的稳定。

2. 尺寸公差

为了保证零件的互换性，就应该对零件的尺寸规定一个允许误差的范围，即规定零件实际尺寸允许的变动量，称为尺寸公差。有关尺寸公差的一些名词介绍如下，如图 14-29 所示。

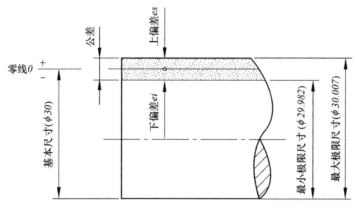

图 14-29 尺寸公差名词解释

1) 基本尺寸是设计给定的尺寸，是根据零件的强度、结构及工艺性要求设计确定的，如图 14-29 中的 $\phi 30$。

零线为确定偏差的一条基准直线，零线之上偏差值为正，之下为负，常以零线表示基本尺寸。

2) 最大极限尺寸是允许实际尺寸变化的最大极限值（如 $\phi 30.007$）。

最小极限尺寸即允许实际尺寸变化的最小极限值（如 $\phi 29.982$）。

3) 上偏差 es（孔代号为 ES）为最大极限尺寸与基本尺寸之差。如 $es = 30.007 - 30 = 0.007$。

下偏差 ei（孔代号为 EI）为最小极限尺寸与基本尺寸之差。如 $ei = 29.982 - 30 = -0.018$。

偏差可为正、负或零值。

4) 尺寸公差（简称公差）为允许实际尺寸的变动量。公差等于最大极限尺寸与最小极限尺寸之代数差的绝对值，如 $30.007 - 29.982 = 0.025$，也等于上偏差与下偏差之代数差的绝对值。如 $0.007 - (-0.018) = 0.025$。

5) 标准公差与公差等级。对于国家标准中规定的，确定公差带大小的任一公差称为标准公差。标准公差是由"基本尺寸"和"公差等级"两个因素确定的。

公差等级是用以确定尺寸精确程度的等级。国家标准把标准公差分为 20 个等级，即 IT01，IT0，IT1，…，IT18。"IT"为标准公差代号，阿拉伯数字 01，0，1，…，18 表示公差等级代号。在同一基本尺寸中，公差等级由 IT01~IT18 依次降低，即 IT01 公差等级最高，其公差值最小，尺寸精确程度也最高；IT18 公差等级最低，其公差值最大，尺寸精确程度也最低。基本尺寸和公差等级相同的孔与轴，它们的标准公差值相同。

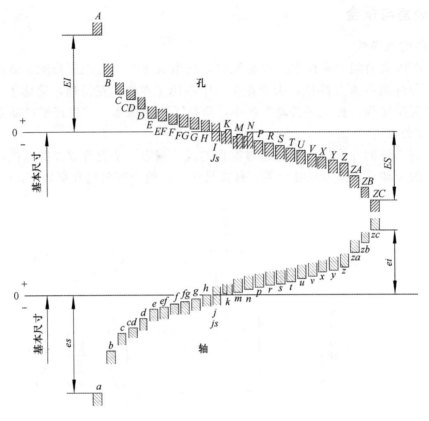

图 14-30 基本偏差系列图

6）基本偏差。基本偏差是用以确定公差带相对于零线位置的上偏差或下偏差，一般指同一基本尺寸的上偏差和下偏差中，距零线最近的那个偏差，如 $\phi 30^{+0.007}_{-0.018}$ 中 +0.007 为基本偏差。国家标准对孔和轴的每一分段尺寸规定 28 个基本偏差，并规定用一个或两个拉丁字母分别作为代号。大写字母代表孔，小写字母代表轴。图 14-31 为某一基本尺寸的基本偏差系列图。

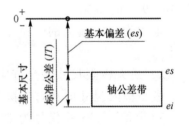

图 14-31 轴公差带大小及位置

7）公差带。公差带是由"公差带大小"和"公差带位置"这两个要素组成的。"公差带大小"由标准公差确定，"公差带位置"由基本偏差确定，如图 14-31 所示。

3. 配合

在装配图中，基本尺寸相同的、互相结合的孔与轴公差带之间的关系称为配合，如图 14-32 所示。在公差带图中，为了区别孔与轴的公差带，一般用金属剖面线表示孔公差区域，用细点表示轴公差区域。

随着使用的要求不同，孔与轴之间的配合有松有紧，配合种类分为下列三种。

1）间隙配合

孔的实际尺寸总是大于轴的实际尺寸,则孔与轴装配时具有间隙(包括最小间隙等于零),这种配合称为间隙配合。此时,孔的公差带在轴的公差带之上,如图 14-32 所示。

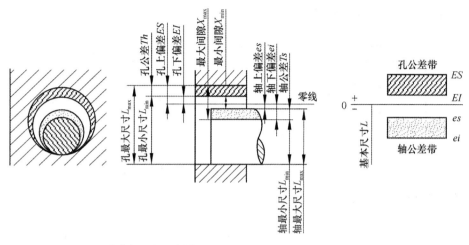

（a）公差与配合示意图　　　　　　　（b）公差带图

图 14-32 配合时孔与轴公差带之间的关系

2）过盈配合

孔的实际尺寸总是小于轴的实际尺寸,则孔与轴装配时具有过盈(包括最小过盈等于零)这种配合称为过盈配合。此时,孔的公差带在轴的公差带之下,如图 14-33 所示。

3）过渡配合

孔与轴装配时可能具有间隙,也可能具有过盈,这种配合称为过渡配合。在过渡配合中,孔的公差带与轴的公差带相互交叠,如图 14-34 所示。在图 14-30 中,孔的基本偏差代号 J~N,而轴的 j~n 则主要用于过渡配合。

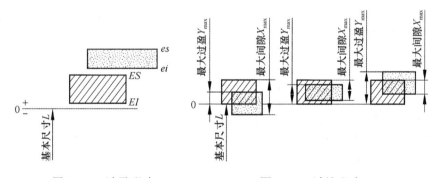

图 14-33 过盈配合　　　图 14-34 过渡配合

4. 配合的基准制度

为了便于零件的设计和制造,国家标准规定了两种配合制度。

1）基孔制配合

基本偏差为一定的孔的公差带与不同基本偏差的轴的公差带相结合而形成的各种配合的一种制度,称为基孔制配合。基孔制中的孔称为基准孔,用代号 H 表示。基准孔的下偏差为零,只有上偏差,如图 14-35（a）所示。

2)基轴制配合

基本偏差为一定的轴的公差带与不同基本偏差的孔的公差带相结合而形成的各种配合的一种制度,称为基轴制配合。基轴制中的轴称为基准轴,用代号 h 表示。基准轴的上偏差为零,只有下偏差,如图 14-35(b)所示。

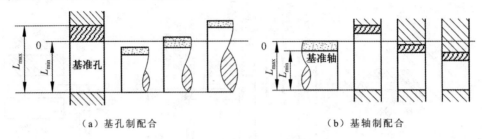

图 14-35 配合的基准制度

5. 公差与配合的标注

1)在装配图上的标注

在装配图上标注基本尺寸相同的两个零件结合在一起的公差与配合时,基本尺寸后面标注配合代号。配合代号用孔和轴的公差带组成分数形式表示。分子为孔的公差带代号,分母为轴的公差带代号(公差带代号由基本偏差代号和公差等级代号组成),如图 14-36(a)所示。

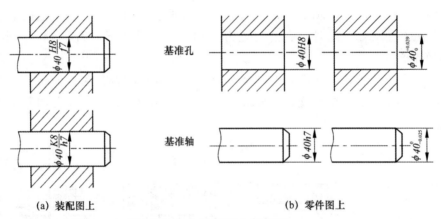

图 14-36 公差与配合的标注

凡分子中含有 H 的为基孔制配合的基准孔,凡分母中含有 h 的为基轴制配合的基准轴。

2)零件图上的一般标注

(1)在孔或轴的基本尺寸后面标注公差带代号,如图 14-36(b)所示。

(2)在孔或轴的基本尺寸后面标注该公差带的极限偏差数值,如图 14-36(b)所示。

(3)配合尺寸标注的含义举例说明如下:

$\phi 40 \frac{H8}{f7}$ 表示孔与轴的基本尺寸为 $\phi 40$,公差等级为 8 级的基准孔与基本偏差和公差等级为 f7 的轴组成的间隙配合。$\phi 40 \frac{K8}{h7}$ 表示孔与轴的基本尺寸为 $\phi 40$,公差等级为 7 级的基准轴与基本偏差和公差等级 K8 的孔组成的过渡配合。

七、零件的表面粗糙度

零件表面上具有较小间距的峰和谷所组成的微观几何形状特征,称为表面粗糙度。一般来说,不同加工方法可以获得不同的表面粗糙度。

国家标准 GB/T 3505—2000 中规定了评定表面粗糙度的参数有三项,即轮廓算术平均偏差 R_a,轮廓微观不平十点高度 R_z 和轮廓最大高度 R_y。国家标准对 R_a、R_z 和 R_y 均有系列数值规定,且在常用参数值范围内选用。本书仅介绍优先推荐选用的轮廓算术平均偏差 R_a。

1. 表面粗糙度的代(符)号

图样上表示表面粗糙度的代号,包括表面粗糙度的基本符号和表面粗糙度参数允许值两项。标写轮廓算术平均偏差 R_a 时,可以省去"R_a"代号,标注其他参数必须加上参数代号。

表 14-2 表面粗糙度的符号和意义

符 号	含 义
 ∨	基本符号,表示可以用任何方法获得该表面。若不加注粗糙度参数值或有关说明,单独使用这个符号是没有意义的。
 ∇	基本符号加一短划线,表示表面特征是用去除材料的方法(例如车、铣、刨、钻、磨、剪切、气割、抛光、腐蚀、电火花加工等)获得的。
 ∨○	基本符号加一小圆,表示表面特征是用不去除材料的方法(例如铸、锻、热轧、冷轧、冲压、粉末冶金等)获得的,或者是用于保持原供应状况的表面(包括保持上道工序的状况)。
 3.2 ∨	表示用任何方法获得的表面,R_a 的上限值为 3.2 μm。
 3.2 ∇	表示用去除材料的方法获得的表面,R_a 的上限值为 3.2 μm。
 3.2 ∨○	表示用不去除材料的方法获得的表面,R_a 的上限值为 3.2 μm。

2. 表面粗糙度的代(符)号在图样上的标注方法(见图 14-37)

1)零件的表面具有不同的粗糙度时,应分别标出其粗糙度代(符)号。在同一图样中,每一表面的粗糙度代(符)号只标注一次。表面粗糙度应注在可见轮廓线、尺寸线、尺寸界线或它们的延长线上。符号的尖端必须从材料外指向所注表面,并尽可能靠近有关的尺寸线。代号中数字和符号的方向必须与尺寸数字一致,如图 14-37(a)所示。

2)零件上连续表面和重复要素(孔、槽、齿等)表面,其粗糙度代(符)号只标一次,如图 14-37(b)所示。

3)当零件所有表面具有相同的表面粗糙度时,其代(符)号可在图样的右上角统一标注,如图 14-37(c)所示。

4）当零件的大部分表面具有相同的表面粗糙度要求时，对其中使用最多的一种代（符）号可以统一标注在图上的右上角，并加注"其余"两字，如图 14-37（d）所示。

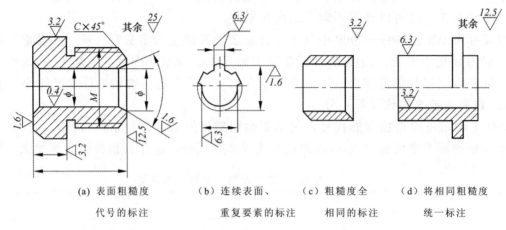

(a) 表面粗糙度代号的标注　　(b) 连续表面、重复要素的标注　　(c) 粗糙度全相同的标注　　(d) 将相同粗糙度统一标注

图 14-37　表面粗糙度代号在图样上的标注

第三节　装　配　图

表达机器或部件的装配图样称为装配图。图 14-38 为滑动轴承的装配图。装配图必须清晰、准确地表达出机器或部件的工作原理、传动路线、性能要求、各组成零件间的装配、连接关系和主要零件的主要结构形状，以及有关装配、检验、安装时所需要的技术要求。

一、装配图的内容

装配图应包括以下四方面内容。

1）一组图形

用视图、剖视图、断面图和特殊表达方法等组成的一组图形来完整、清晰地表达机器或部件的工作原理、零件间的装配关系和主要零件的结构形状等。

2）必要的尺寸

反映机器或部件的性能、规格、零件（或零、部件）间的相对位置、配合和安装等所必需的尺寸。

（1）性能规格尺寸。表示机器或部件的规格、性能和特征的尺寸，它是机器或部件设计时的原始数据，如图 14-39 中消火栓的管子尺寸代号 G2A。

（2）装配尺寸。表示机器或部件中各零件间配合、连接关系以及表示其相对位置的尺寸。包括配合尺寸（如图 14-39 中的 $\phi 58H7/m6$）、连接尺寸、相对位置尺寸。

（3）安装尺寸。部件安装在基座上，确定其安装位置的尺寸，如图 14-38 主视图中的 180 和图 14-39 中 G2A。

（4）总体尺寸。注出总长、总宽、总高尺寸，作为包装、运输、安装等的依据，如图 14-39 中的 190 和 $\phi 128$。

（5）其他重要尺寸。运动零件的极限位置尺寸和非标准零件上的螺纹标记。

3）技术要求

用文字或（和）符号说明机器（或部件）性能、质量规范和装配、调试、安装应达到的技术指标和使用要求等。

4）标题栏、零件的序号和明细表

（1）标题栏说明机器或部件的名称、图号、比例和重量等。

（2）明细表位于标题栏的上方，是说明装配图中零件的名称、材料、数量和规格等的表格，填写时应配合序号进行，每一序号占一格，并由下向上递增填写，详见图 14-38、14-39 的明细表。

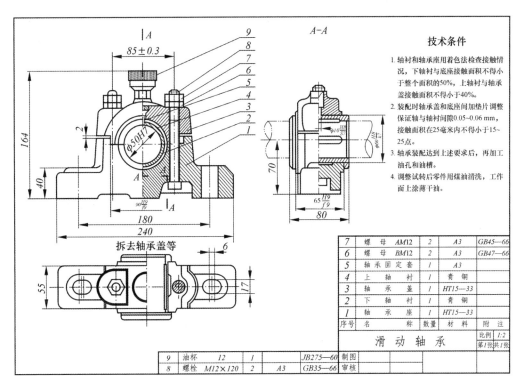

图 14-38 滑动轴承装配图

（3）装配图中相同零件只编一个序号，一般只标写一次。

（4）指引线不要与剖面线平行，引至表示该零件较明显的可见轮廓线内，并在末端画一个小黑圆点。

（5）图中序号按顺时针或反时针依顺次排列，并要求在水平或竖直方向排列整齐，如图 14-38、14-39 所示。

二、 装配图的特殊表达方法

1．拆卸画法

当某一零件或几个零件在装配图的某视图中遮挡了主要装配关系或主要零件，可假想沿某些零件的结合面选取剖切平面剖切后，或假想将零件拆卸后再绘制该视图，需要说明时可加注"拆去××等"。图 14-38 中，滑动轴承的俯视图是将轴承盖（件 3）等拆去后画出的（它相当于半剖视图），并在俯视图的上方加以标注"拆去轴承盖等"。滑动轴承的左视图是把油杯拆去后画的。

采用拆卸画法时要特别注意"拆卸"不能随心所欲，必须坚持拆卸后能更清晰地表达装配关系或主要零件，而不是损害要表达的装配关系或主要零件。有时，为了拆卸一个零件，有些其他零件要被同时拆去。

2．假想投影表示法

1) 与机器或部件相关的零、部件需要表示时，用假想轮廓线（双点划线）画出其轮廓。为说明轴与孔的装配，参见图 14-38 所示的左视图中用双点划线表示轴。

2) 为表示机器或部件中某一运动零件的运动范围，在一个极限位置画出该零件，而在另一极限位置用双点划线画出其轮廓。

3．省略重复投影和简化画法

对于装配图中若干相同的零件组，如螺纹连接件组等，仅详细地画出一组或几组，其余只需用中心线表示其位置。

装配图中，零件的工艺结构如小圆角、倒角、退刀槽等可不画出。

4．夸大画法

部件的薄片零件、钢丝以及微小间隙等，在装配图中无法按实际尺寸画出时，可将其厚度、直径、锥度及间隙等适当夸大画出。

三、装配图的阅读

读装配图就是根据已经给出的装配图去了解：机器（或部件）的性能、功用和工作原理；各零件之间的装配关系；传动路线；密封装置；各零件的主要结构形状和作用。

读装配图的方法和步骤是：概括了解、分析零件和综合想整体。下面以图 14-39 所示的消防栓装配图为例，说明读装配图的方法和步骤。

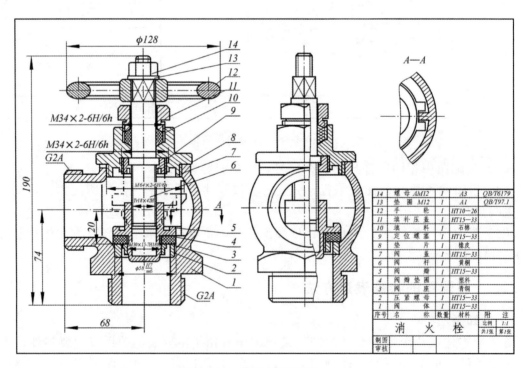

图 14-39 消火栓装配图

1．概括了解

1) 从标题栏、明细表、技术要求及有关的说明书中，了解机器或部件的名称、性能和功用等。图14-39所示的装配体是消火栓,它是消防用的水阀,用来控制流量的一个开关,因此必须有一套控制流量和防漏的装置。从明细表中得知,该装配体共有14个零件。

2)分析视图。看装配图采用了哪几个视图和表达方法,并找出各视图间的投影关系,进而明确各视图所表达的内容。分析视图时,一般应以主视图为主,配合其他视图,结合明细表,全面分析、领会该图的表达意图。

图14-39采用了全剖视图的主视图和局部剖视图的左视图以及$A-A$局部剖视图。主视图表达了装配体的工作原理和各零件的装配关系。左视图采用了略小于一半的局部剖视图,这是因为视图是对称的,但螺母的棱线与对称轴线重合,不宜采用半剖。采用局部剖视图既可表达装配体外形,又可了解它的内部构造。在左视图中,手轮采用了拆卸画法。为了表达阀体内腔肋和阀瓣的装配关系,采用了$A-A$局部剖视图。这样消火栓只用了两个基本视图和一个辅助视图就表达清楚了。

2. 分析零件

分析零件就是要搞清楚每一个零件的主要结构形状及其作用以及各零件间的装配关系。一台机器或部件上的零件,有标准件、常用件和一般零件。对于标准件和常用件一般是容易搞清楚的。但一般零件有简单的,也有复杂的。它们的作用各不相同,应从主视图中的主要零件开始分析。在分析零件时,首先要分离零件,即把该零件在各视图的投影轮廓中划出它的范围,从其他零件中分离出来。主要的方法是利用投影关系和剖视图中各零件的剖面线不同的方向及间距,结合明细表进行分离(应注意实心零件和肋、轮辐等被剖切时的规定画法)。零件分离出来后,利用形体分析法和线面分析法想出零件的形状。

从明细表可以看出,虽然消火栓共有14个零件,但除了螺母、垫圈等标准件和垫片、手轮、阀杆等常用零件外,剩下的零件就不多了。下面着重对这些剩下的零件进行分析。

1号零件是阀体,它是装配体的主要零件。利用剖面线比较容易地把它和其他零件分离开来,从而得到如图14-17所示阀体的三视图,然后按零件的读图方法想出它的空间形状。按照同样方法分离阀盖(件7,图14-40)、阀瓣(件5,图14-41)等。阀杆的视图如图14-14所示,手轮的视图如图14-15所示。

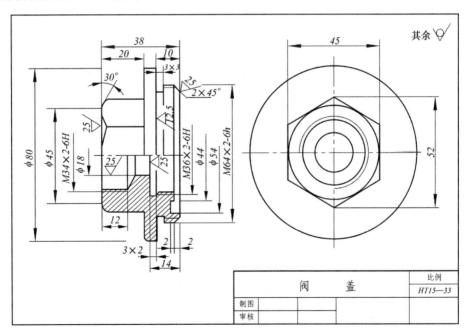

图14-40 阀盖

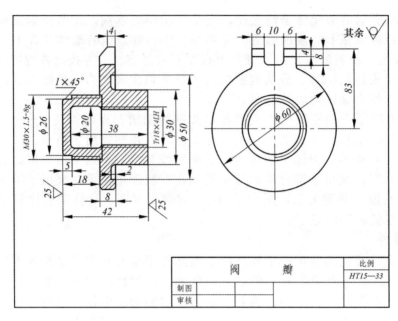

图 14-41　阀瓣

3．综合想整体

对各个零件的结构形状读懂后，再进一步分析各零件之间的装配和连接关系，然后总结该装配体的工作原理。手轮的中心有一方形孔，用来与阀杆端部的四个平面结合，使两零件之间不发生相对转动，阀杆有梯形螺纹的一端与阀瓣连接。填料压盖与阀盖之间有填料，阀盖与阀座之间有垫片，阀瓣与压紧螺母之间有垫圈。阀盖与阀体，阀瓣与压紧螺母都是用螺纹连接的。

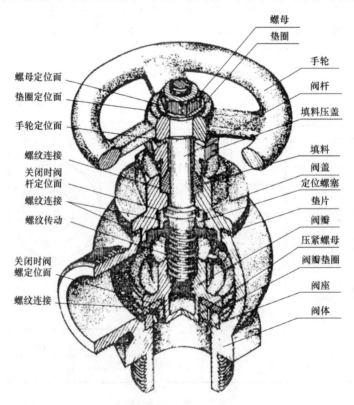

图 14-42　消火栓轴测图

分析了装配体的装配关系和连接方式之后，把各个零件的形状综合起来，就可以想出整个消火栓的空间形状，如图 14-39 所示。进而也可以从装配图中了解到消火栓的工作原理：当手轮带动阀杆转动时，定位螺塞（件 9）限制了阀杆的上下移动，阀体上的肋限制了阀瓣的转动。由于螺纹的作用，而使阀瓣上下移动，阀瓣垫圈也随着阀瓣上下移动。当关断水流时，阀瓣垫圈紧靠阀座，开启时阀瓣垫圈离开阀座。

第十五章　计算机绘图

在水利和土建工程设计中，图样是表达和交流设计思想的工具。长期以来，无论是二维平面图，还是三维立体图都采用手工绘图，效率较低，精度较差。计算机绘图是从 20 世纪 50 年代开始发展的一项新技术，是使用图形软件和硬件进行绘图及有关标注的一种方法和技术。随着计算机应用技术的不断发展，计算机辅助设计和绘图技术也日趋完善，使人们逐渐摆脱了繁重的手工绘图，进入了设计和绘图自动化的新时代。计算机绘图作图精度高、出图速度快，可绘制机械、水工、建筑、电子等许多行业的二维图样，还可以进行三维建模，预见设计效果，在绘图过程中，具有很强的交互作图功能。

作为计算机辅助设计和绘图的重要图形支持手段，美国 Autodesk 公司设计开发的 AutoCAD 是目前国际上最为流行、应用最广范的绘图软件。本章仅介绍以 AutoCAD 2005 简体中文版作为计算机绘图软件的使用方法。以此为基础，对市场上众多的 CAD 软件可触类旁通。

第一节　AutoCAD 软件概述

一、AutoCAD 2005 主界面

AutoCAD 2005 启动之后，将出现如图 15-1 所示的 AutoCAD 2005 的主操作界面，这就

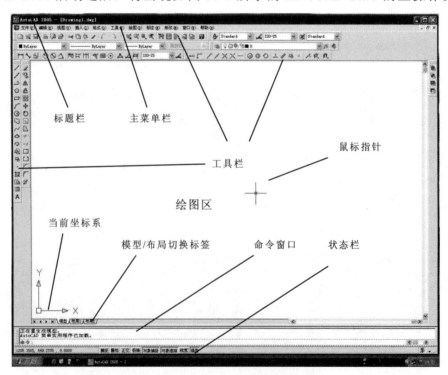

图 15-1　AutoCAD 2005 的绘图界面

是 AutoCAD 2005 提供的绘图环境。屏幕分成标题栏、主菜单栏、工具栏、绘图区、命令窗口、状态栏 6 个不同的区域。

1．标题栏

在屏幕的顶部是标题栏，其中显示了软件的名称（AutoCAD 2005），以及当前打开的文件名。若是刚启动 AutoCAD 2005，也没有打开任何图形文件，则显示 Drawing1。

2．主菜单栏

标题栏的下面是主菜单栏，它提供了 AutoCAD 2005 的所有菜单文件，用户只要单击任一主菜单，便可以得到它的一系列子菜单。AutoCAD 2005 的菜单非常接近 Windows 系统的风格。

AutoCAD 2005 提供的上下文跟踪菜单即右键菜单，可以更加有效地提高工作效率。如果没有选择实体，则显示 AutoCAD 的一些基本命令。

3．工具栏

工具栏（Toolbar）是 AutoCAD 重要的操作按钮，它包括了 AutoCAD 中绝大多数的命令。AutoCAD 2005 的工具栏也非常接近 Windows 系统风格，并且显示更为突出。

AutoCAD 中的工具栏还有许多种，可以根据需要通过"视图"菜单中的"工具栏"选项进行定制，控制是否让它在屏幕上显示。

4．绘图区

AutoCAD 2005的界面上最大的空白窗口是绘图区，亦称视图窗口。它可以用来绘图，可以观察绘图过程中创建的所有对象。在AutoCAD 2005视窗中有十字光标（crosshairs cursor）、用户坐标系图标（user coordinate system icon）。

在 AutoCAD 2005 绘图区的左下角是图纸空间与模型空间的切换按钮，利用它可以方便地在图纸空间与模型空间之间切换。

5．命令窗口

在绘图区的下面是命令窗口，它由命令行和命令历史窗口共同组成。命令行显示的是从键盘上输入的命令信息，而命令历史窗口中含有 AutoCAD 启动后的所有信息中的最新信息。命令历史窗口与绘图窗口之间的切换可以通过"F2"功能键进行。

在绘图时要注意命令行的各种提示，以便准确快捷地绘图。

6．状态栏

AutoCAD 2005 界面的底部是状态栏，它显示当前十字光标的三维坐标和 AutoCAD 2005 绘图辅助工具的切换按钮。单击切换按钮，可在这些系统设置的 ON 和 OFF 状态之间切换。

二、对图形文件的操作

用 AutoCAD 绘制的图形以图形文件的形式保存。对图形文件的操作包括创建一张新图、打开已有的图形文件以及把当前绘制的图形存储为文件。

1．创建一张新图

不管使用何种方式新建图形文件，AutoCAD 都会出现如图 15-2 所示的"创建新图形"对话框。利用该对话框通过"从草图开始"选项、"样板"选项或"向导"选项可以建立一个新的图形文件。

选择"样板"选项时，即是选择新建图形应用的模板，模板被保存为样板文件（用扩展名.dwt 表示）。AutoCAD 模板可以理解为一切初始化设定，包括尺寸单位类型、图纸边界都已设置好，而且已经按照一定的标准绘制完标题栏的图纸，可以直接在上面进行图形的绘制。

图 15-2 "创建新图形"对话框

AutoCAD 2005中文版提供了多种模板，主要包括了依据ISO（国际标准化组织）、ANSI（美国国家标准）、JIS（日本国家标准）和GB（中国国家标准）等系列绘制的各种图纸模板。

如果许多图形使用相同的设置，那么使用样板文件开始一张新图就会显得更为快捷。

选择"向导"选项时，可根据 AutoCAD 的指引应用"快速设置"和"高级设置"两个选项创建新图形。"快速设置"选项用于设置新图形的绘图单位和绘图区域。"高级设置"用于设置新图形的绘图单位、角度测量单位、角度测量方向和绘图区域。

2．打开现有图形

在打开图形文件时，AutoCAD 都会出现"选择文件"对话框，从中选择文件打开。还可以在对话框中选择"历史记录"，查看近期处理过的图形。

3．保存图形

与使用其他 Windows 应用程序一样，保存图形文件以便日后使用。AutoCAD 还提供自动保存、备份文件和其他保存选项。存储AutoCAD 图形文件的扩展名为.dwg。

保存图形的步骤为：从"文件"菜单中选择"保存"选项，如果当前图形已经保存并命名，则 AutoCAD 保存上一次保存后所做的修改。如果是第一次保存图形，则显示"图形另存为"对话框；在"图形另存为"对话框中的"文件名"下，输入新建图形的名字，并选择正确的路径，存储文件。

第二节　AutoCAD 绘图初步

一、计算机绘图的基本绘图流程

1．启动 AutoCAD 进入绘图状态。

2．设置绘图环境。

在 AutoCAD 中绘制一张新图，需要设置符合用户要求的绘图环境，主要包括：设置图形的图幅尺寸和单位；设置捕捉和栅格；按绘图标准设置各种图线所用图层、颜色、线型、宽度等，以及文字和标注的样式。

3．用 AutoCAD 提供的基本绘图命令绘制图形。

4．用 AutoCAD 提供的编辑命令修改图形。

5．按文字和标注的标准样式，标注尺寸和文字说明。

6．图形的存储，打印和退出 AutoCAD 系统。

二、AutoCAD 的命令和数据输入

在运用 AutoCAD 绘图时，主要依靠命令的输入以及对命令提示的响应。

1．命令的输入

用户输入命令的方式有以下几种：

- 在"命令："提示下，通过键盘直接输入命令字符，然后按回车键。
- 在工具栏中，单击工具栏中相应的图标。
- 从下拉菜单中，选择相应的命令选项。
- 使用快捷键。
- 使用功能键输入。

在后面的叙述中，将结合不同命令，介绍各种输入方式的操作方法。

2．数据的输入

在 AutoCAD 中，指定一个点的位置方式有多种，可以直接通过鼠标在屏幕上点取，通过目标捕捉方式指定特殊位置点，或通过键盘输入点的坐标值等。

用键盘输入一个点的二维坐标值，有 3 种常用的坐标输入方式。

1）绝对坐标

当绘制诸如直线等几何图形时，必须使用某种方法准确地输入距离。最简单、基本的坐标形式是绝对坐标，其格式为：X，Y。用绝对坐标时，所有的坐标值都以原点（0，0）为参考点。当建立一张新图时，AutoCAD 2005 屏幕上的原点通常位于屏幕左下角。

2）相对坐标

在绝对坐标中，总是要追踪原点（0，0），以便输入正确的坐标值。对于复杂的对象，有时这样做很困难，很容易输错坐标。解决的办法是将前一点重置为一个新的原点，新点坐标相对于前一点来确定。新点的坐标称为相对坐标，其格式为：@ X，Y。在这个格式中，同样使用了 X、Y 值，@符号是将前一点的坐标设置为（0，0），这样输入坐标不易混乱。

3）相对极坐标

相对极坐标输入法输入坐标的格式为：@距离＜方向。@符号提示将前一点设置为（0，0），方向由"＜"符号引入，其后面的数值表示坐标的角度方向。例如，要指定相对于前一点距离为1、角度为45度（逆时针）的点，输入@1<45。

除了以上介绍的几种方法以外，还可以用直接距离输入的方法定位点。即开始执行命令并指定了第一个点之后，移动光标即可指定方向，然后直接输入相对于第一点的距离，即可确定一个点。这是一种快速确定直线长度的好方法，特别是与正交和极轴追踪（AutoCAD中的精确绘图方式）一起使用时更为方便。

三、AutoCAD 的基本绘图命令

任何一张工程图纸，都是由一些基本实体（这里所讲的实体是指 AutoCAD 预先定义好的图形元素）组成。AutoCAD 提供了这些实体的绘制命令，既可以通过如图 15-3 所示的"绘图"菜单调用，也可以从如图 15-4 所示的"绘图"工具栏中调用。但是，有些命令只能在命令提示行中输入。

图 15-4 "绘图"工具栏

图 15-3 "绘图"菜单

在 AutoCAD 2005 中新增加了鼠标右键菜单，在绘制实体的过程中，也可以利用该菜单调用绘制实体的命令。

1．直线

直线是图形中最常见、最简单的几何元素。直线对象可以是一条线段，也可以是一系列相连的线段，但每条线段都是独立的直线对象。用户通过执行该命令可以绘制一条或多条连续直线。启动直线 Line 命令的方法有：

◇ 键盘输入　line 或 l。

◇ "绘图"菜单　在"绘图"子菜单中单击"直线"选项。

◇ "绘图"工具栏　在"绘图"工具栏上单击"直线"图标。

输入命令后，AutoCAD 将提示：

指定第一点：（指定如图 15-5 所示的点 1。）

指定下一点或 [放弃(U)]：（指定如图 15-5 中的点 2。）

指定下一点或 [放弃(U)]：（回车，结束命令。）

执行完以上操作后，AutoCAD 绘制出如图 15-5 所示的直线。

图 15-5 由两点绘制直线

如果在"指定下一点或 [放弃(U)]："提示行中继续指定点，则可以绘制出多条线段；如果在提示行中输入 u，则取消当前所绘的直线。多次输入 u，可按绘制顺序的逆序依次取消线段。用户在画两条以上线段后，AutoCAD 将提示"指定下一点或 [闭合(C)/放弃(U)]："，此时在提示行中输入 c，则形成闭合的折线。

2．多线

1）多线的绘制

多线是由一组平行的直线构成的集合体。其中每一条直线称为一个元素，各个元素可以使用各自的线型，平行线间的距离可以设定。多线在建筑制图中十分有用。用户可以通过 AutoCAD 提供的 Mline 命令绘制多线。启动 Mline 命令的方法有：

◇ 键盘输入　mline。

◇ "绘图"菜单　在"绘图"菜单中单击"多线"子菜单。

◇ "绘图"工具栏　在"绘图"工具栏上单击"多线"图标。

输入命令后，AutoCAD 将提示：

当前设置： 对正 ＝ 上，比例 ＝ 20.00，样式 ＝ STANDARD
指定起点或 [对正(J)/比例(S)/样式(ST)]:
该提示行中主要选项的含义如下：
① 指定起点 默认项。用户直接输入一点作为多线的起点。AutoCAD 以当前的线型样式、当前的线型比例以及绘线方式绘出多线。其后的操作与前述绘制直线（Line）命令提示相似。
② 对正(J) 决定如何在指定的点之间绘制多线。
③ 比例(S) 控制多线的全局宽度。即确定多线的各条平行线之间的距离。
④ 样式(ST) 指定用于多线的样式，默认线型样式为 STANDARD。
2）设置多线的样式
在 AutoCAD 中，多线的样式可由用户确定。确定多线的样式可通过以下两种途径：
◇ "格式"菜单 在"格式"菜单下单击"多线样式"选项。
◇ 键盘输入 mlstyle。
命令输入后，AutoCAD 弹出多线样式对话框。对话框中多线样式区域显示了系统默认的多线样式的名称为 STANDARD，它由 2 个元素组成，均为由层决定的线型。可以利用该对话框定义新多线的线型式样，控制多线中元素的数量、每个元素的特性及背景填充和端点封口，并在对话框中进行预览。

3．圆

圆是图形中一种常见的几何元素。在 AutoCAD 中，可以用如下几种方法输入 Circle 命令：

◇ 键盘输入 circle 或 c。
◇ "绘图"菜单 在"绘图"菜单上单击"圆"子菜单，出现如图 15-6 所示的"圆"子菜单。
◇ "绘图"工具栏 在"绘图"工具栏上单击"圆"图标 。

图 15-6 "圆"子菜单

输入命令后，AutoCAD 提示：
指定圆的圆心或 [三点(3P)/两点(2P)/相切、相切、半径(T)]:
① 指定圆的圆心 通过输入圆心、半径或直径，绘制圆。
执行该选项时，AutoCAD 会继续提示：
指定圆的半径或 [直径(D)]:（默认项，直接指定半径值。若输入 d，则选择输入直径值。）
② 三点(3P) 通过指定圆上三点确定一个圆。结果如图 15-7 所示。
③ 两点(2P) 通过指定直径上的两点绘制圆。结果如图 15-8 所示。
④ 相切、相切、半径（TTR） 通过两个切点和半径确定一个圆。
执行该选项时，AutoCAD 的默认目标捕捉方式提示为递延切点，命令行提示：
指定对象与圆的第一个切点:（选取一个相切的对象，选择如图 15-9 所示直线。）
指定对象与圆的第二个切点:（选取一个相切的目标对象，选择如图 15-9 所示小圆。）
指定圆的半径 <25>:（输入圆的半径值。）
结果如图 15-9 所示。

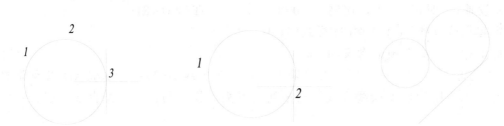

图 15-7 执行 3P 项绘制的圆　　图 15-8 执行 2P 项绘制的圆　　图 15-9 执行 TTR 项绘制的圆

4．圆弧

圆弧是图形中的一个重要的几何元素。在 AutoCAD 2005 中，可以通过如下几种方法输入 Arc 命令：

✧ 键盘输入　arc 或 a。

✧ "绘图"菜单　在"绘图"菜单上单击"圆弧"子菜单，如图 15-10 所示。

✧ "绘图"工具栏　在"绘图"工具栏上单击"圆弧"图标 。

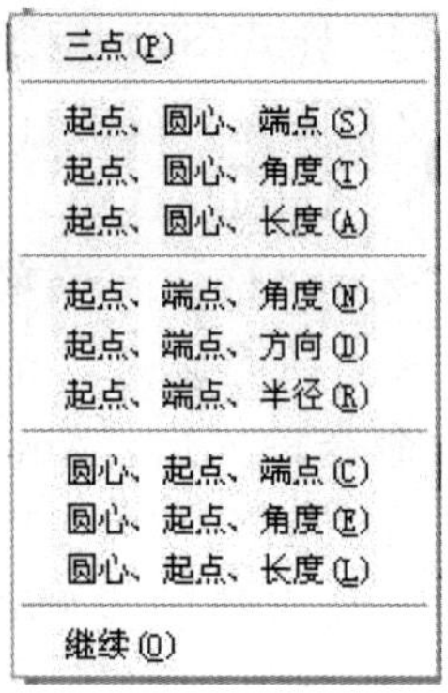

AutoCAD 2005 提供了 10 种绘制圆弧的方法。图 15-10 显示了包含这 10 种方式的下拉菜单。默认的方法是指定三点：起点、圆弧上一点和端点。默认情况下，AutoCAD 将按逆时针方向绘制圆弧。

图 15-10　"圆弧"子菜单

对于每种绘制圆弧命令的具体操作，不一一详述。这里仅介绍几种较为常用的绘制方法，其余方式要求读者自己逐步实践。

（1）三点　通过三点确定圆弧。

命令输入后，AutoCAD 将提示：

指定圆弧的起点或 [圆心(C)]：（指定如图 15-11 所示点 1。）

指定圆弧的第二个点或 [圆心(C)/端点(E)]：（选择默认项，指定如图 15-11 所示点 2。）

指定圆弧的端点：（指定如图 15-11 所示点 3。）

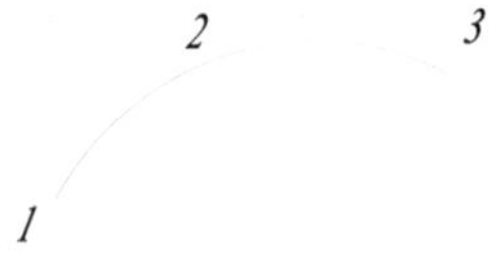

结果如图 15-11 所示。通过三个指定点可以顺时针或逆时针绘制圆弧。

图 15-11　三点确定圆弧

（2）起点、圆心、终点　通过指定起始点、圆心以及终点（如图 15-12（a）所示，终点可以不在圆弧上）绘制圆弧的方式。

（a）　　　　　　　　（b）　　　　　　　　（c）

图 15-12　指定中心点绘制圆弧的三种方式

（3）起点、圆心、角度　通过指定起始点、圆心及角度绘制圆弧的方式。此时，输入的角度（圆弧所对圆心）为正值，按逆时针画圆弧；输入的角度为负值，按顺时针画圆弧。如图 15-12（b）所示。

（4）起点、圆心、弦长　通过指定起始点、圆心及弦长绘制圆弧的方式。如果弦长为正，AutoCAD 将使用圆心和弦长计算端点角度，并从起点逆时针绘制一条劣弧（较短的弧），如图 15-12（c）所示；如果弦长为负，AutoCAD 将逆时针绘制一条优弧。

5．多段线

1）多段线的绘制

多段线由相连的直线段或弧线序列组成，作为单一对象使用。与其他对象如单独的直线、圆弧和圆不同的是，多段线既可以具有固定不变的宽度，也可以在一定长度范围内使任意线段逐渐变细或变粗。多段线可用于一些特殊图线的绘制，而且还常常用多段线绘制边框和标题栏。

利用 AutoCAD 提供的 Pline 命令可以绘制多段线。启动 Pline 命令的方法有：

◇　键盘输入　pline 或 pl。

◇　"绘图"菜单　在"绘图"菜单中单击"多段线"子菜单。

◇　"绘图"工具栏　在"绘图"工具栏上单击"多段线"图标。

命令输入后，AutoCAD 将提示：

指定起点：（与绘制直线相似，指定一点。）

当前线宽为 0.0000（AutoCAD 显示当前直线的宽度。）

指定下一个点或 [圆弧(A)/半宽(H)/长度(L)/放弃(U)/宽度(W)]:

该提示行中主要选项的含义如下：

① 指定下一个点　默认项。直接输入一点作为直线的一个端点，并保持当前线宽。

② 圆弧(A)　选择 A 后，AutoCAD 将提示如下，并生成多段线中的圆弧。

指定圆弧的端点或[角度(A)/圆心(CE)/闭合(CL)/方向(D)/半宽(H)/直线(L)/半径(R)/第二个点(S)/放弃(U)/宽度(W)]:

多段线中绘制圆弧的操作与前述绘制圆弧（Arc）相似；其他选项与 Pline 命令中的同名选项含义相同。

③ 宽度(W)　设置多义线的宽度。根据起点和终点宽度的不同，可以绘制宽度不同的线。

2）与多段线有关的编辑命令

创建多段线之后，可用 Pedit 命令进行编辑，控制现有多段线的线型显示或使用 Explode 命令将其分解成单独的直线段和弧线段。

（1）Pedit 命令

可以通过如下几种方法输入 Pedit 命令：

◇　键盘输入　pedit。

◇　"修改"菜单　在"修改"菜单上的"对象"选项上单击"多段线"子菜单。

◇　"修改Ⅱ"工具栏　在"修改Ⅱ"工具栏上单击"编辑多段线"图标。

输入命令后，AutoCAD 将提示：

选择多段线或 [多条(M)]:（选择对象。）

此时如果选定对象是直线或圆弧，则 AutoCAD 继续提示：

选定的对象不是多段线，是否将其转换为多段线?<Y>：（如果输入 y，则所选择的对象被转换为可编辑的单段二维多段线。）

AutoCAD 继续提示：

输入选项[闭合(C)/合并(J)/宽度(W)/编辑顶点(E)/拟合(F)/样条曲线(S)/非曲线化(D)/线型生成(L)/放弃(U)]：

该提示行中主要选项的含义如下：

① 闭合(C)　连接第一条与最后一条线段，从而创建闭合的多段线线段。

② 合并(J)　将直线、圆弧或多段线添加到打开的多段线中。

③ 拟合(F)　创建一条平滑曲线，它由连接各对顶点的弧线段组成。曲线通过多段线的所有顶点并使用指定的切线方向。

在绘制工程图样的过程中，常常需要绘制波浪线。AutoCAD 2005 中一般是先用多段线命令画一条折线，再用 Pedit 命令中的"拟合"选项将该折线改成波浪线。

（2）Explode 命令

使用 Explode 命令，可以将组合对象分解开。组合对象是指包含不止一个 AutoCAD 对象。AutoCAD 可以分解的组合对象有三维网格、三维实体、块、体、标注、多线、多面网格、多边形网格、多段线以及面域等。分解后组合对象成为多个单一对象。

可以通过如下几种方法输入 Explode 命令：

◇ 键盘输入　explode。

◇ "修改"菜单　在"修改"菜单上单击"分解"子菜单。

◇ "修改"工具栏　在"修改"工具栏上单击"分解"图标 。

输入命令后，AutoCAD 将提示：

选择对象：（选择需要分解的对象。）

在分解宽多段线时，线宽恢复为 0，分解后的线段将根据先前的多段线的中心重新定位。

6．点

1）点的绘制

点不仅表示一个几何元素，而且具有构造的目的。可以利用 AutoCAD 提供的 Point 命令绘制这些实体。

启动 Point 命令的方法有：

◇ 键盘输入　point。

◇ "绘图"菜单　在"绘图"菜单上单击"点"子菜单，选取"单点"选项。

◇ "绘图"工具栏　在"绘图"工具栏上单击"点"图标 。

输入命令后，AutoCAD 将提示：

当前点模式：　PDMODE=0　PDSIZE=0.0000

指定点：（确定点的位置。）

用户可以在命令行输入点的坐标值，也可以通过光标在绘图屏幕上直接确定一点。

2）点样式的确定

在 AutoCAD 中，点的类型可由自己确定。确定点的类型可通过以下途径：

◇ "格式"菜单　在"格式"菜单下单击"点样式"选项。

◇ 键盘输入　ddptype。

执行后，将出现"点样式"对话框。在对话框上部四排小方框中共列出 20 种点的类型，单击其中任一种，该小框颜色变黑，表明已选中这种类型的点。在"点大小"文本框中可任意设置点的大小。

3）点的定数等分和定距等分

利用 Divide（等分点）命令，可以将点对象或图块沿对象的长度或周长等间隔排列，即沿着直线或圆周方向均匀间隔一段距离排列点或图块。利用该命令可以等分圆弧、圆、椭圆、椭圆弧、多段线以及样条曲线等几何元素。

启动命令的方法有：

◇ 键盘输入　divide。

◇ "绘图"菜单　在"绘图"菜单上单击"点"子菜单中的"定数等分"选项。

输入命令后，AutoCAD 会提示：

选择要定数等分的对象：（选择图 15-13 所示直线）

输入线段数目或 [块(B)]：6

图 15-13 中将直线分为 6 等份。

注意：选择点样式，以便使点为可见。

Divide 命令将点对象或图块按指定的数量等分。

将点对象或图块按指定的间距放置在对象上，则需用到定距等分的命令 Measure。用定距等分对象的最后一段可能要比指定的间隔短。利用定距等分命令，可以沿着直线、多段线、圆周等对象以指定距离排列点或图块。定距等分命令的使用方法类似于定数等分。

图 15-13　等分直线

7．图案填充

AutoCAD 提供的"图案填充"命令可以帮助用户以某种图案对封闭的区域或指定的边界填充剖面线。填充的剖面线图案既可以由用户临时定义，也可以是 AutoCAD 提供的各种常用图案或用户预先定义好的图案。一般可使用 Bhatch 和 Hatch 填充封闭的区域或指定的边界。

启动"图案填充"（Boundary Hatch）对话框的方法有：

◇ 键盘输入　bhatch。

◇ "绘图"菜单　在"绘图"菜单上单击"图案填充"子菜单。

◇ "绘图"工具栏　在"绘图"工具栏上单击"图案填充"图标。

用上述方法中的任一种命令输入后，AutoCAD 会弹出如图 15-14 所示的"边界图案填充"对话框的"图案填充"选项卡对话框。

该对话框中各主要选项的含义如下所述。

1）择剖面线图案

在"预定义"状态下，单击"图案"行最右边的按钮或双击"样例"，将弹出"填充图案控制板"对话框，可以通过这个对话框从 AutoCAD 提供的几十种预定义图案中选择一种作为剖面线图案。每种剖面线图案都有相应的名称对应显示在"类型"列表中。在对话框的顶部有"ANSI"、"ISO"、"其他预定义"以及"自定义"四个选项卡，它们的含义分别是：ANSI——美国国家标准化组织；ISO——国际标准化组织；其他预定义——其他预先确定的图案；自定义——用户自定义的图案。

图 15-14 "边界图案填充"对话框的"图案填充"选项卡

2) 设置图案属性

用户可以在"边界图案填充"对话框中设置剖面线图案的属性,如角度、比例等。

3) 确定填充剖面线的区域

确定填充剖面线的区域包含两个方面的内容,一个是控制剖面线的边界和类型;另一个是拾取填充区域。

(1) 控制剖面线的边界和类型

单击如图 15-14 所示的"边界图案填充"对话框中的"高级"选项卡,在此对话框中可以定义填充边界的创建方式。

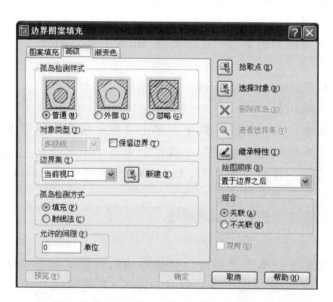

图 15-15 "边界图案填充"对话框中"高级"选项卡

"孤岛检测样式"控制 AutoCAD 填充孤岛的方式,一共有"普通"、"外部"和"忽略" 3 种样式。"普通"样式将从外部边界开始,向内填充剖面线。如果遇到了内部实体与之相交时,剖面线断开,即停止填充,直到遇到下一次相交时再继续画,依次类推。"外部"样式也是从外部边界向内填充,但在下一个边界处停止,只画最外层区域的填充。"忽略"样式将忽略内部边界,剖面线填充整个闭合区域。

注意:如果图案填充线遇到了文字、属性、宽线或实体填充对象,而且这些对象被选作边界的一部分,则 AutoCAD 将不填充这些对象。对于文字,不被填充而保持清晰易读。如果想填充这类对象,可以使用"忽略"样式。

(2)拾取填充区域

有以下两种方法可以在屏幕上拾取填充剖面线的区域:

◇ "选择对象" 在屏幕上拾取作为剖面线边界的实体,进行填充区域的拾取。

◇ "拾取点"   根据构成封闭区域的现有对象确定边界。在希望绘制剖面线的封闭区域内任意拾取一点,进行填充区域的拾取。可以连续拾取多个区域。

若指定边界时,无法给出一个封闭的填充区域,则 AutoCAD 会弹出"定义的边界错误"对话框,指出"未找到有效的图案填充边界"。

3)创建剖面线

完成上述剖面线的设置,并确定了剖面线的填充区域之后,在"边界图案填充"对话框中单击"应用"按钮,完成 Bhatch 命令。

以上介绍了几种常见的绘图命令,在 AutoCAD 中还会涉及很多绘图命令,有些将在后续章节讲解,还有一些命令要求在使用实践中逐步掌握。

第三节 图形的编辑命令

一、构造选择集

构造选择集就是为了在执行编辑命令时,将一些对象组成一组统一操作。一旦一个选择集建立,该组对象将一起执行移动、复制或镜像等编辑命令。

1. 用单选方式建立选择集

当 AutoCAD 提示"选择对象",一个拾取框光标出现在屏幕,这个拾取框拾取到的对象认为被选中时,该对象在屏幕上亮显。

2. 用窗口建立选择集

当需要编辑的对象很多时,可以用窗口模式选择集中的所有对象,这个模式要求指定两个对角点生成矩形框。在图 15-16 中,用第一点和第二点建立一个选择窗。使用这个方式时,完全包容在窗框中的对象被选中。如图 15-17 所示,圆弧亮显被选中。此时尽管窗框与直线相接触,但是它们没有完全包容在窗中,因此没有被选中。

图 15-16 选取对象   图 15-17 用窗口选取对象的结果

3. 用交叉窗口建立选择集

和窗选一样，交叉窗选也需要用两点来定义一个矩形窗框。要使用这种选择模式，需要在提示选择对象时，输入c，再选择。在图15-18中，仍用如图15-16所示的1和2两点定义一个矩形来选择对象，亮显的对象是选中的结果，与交叉窗接触或被交叉窗包容的对象均被选中，交叉窗口穿过直线而没有将它包容，仍然被选中。

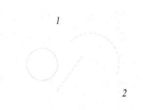

图 15-18 用交叉窗口选取对象的结果

4. 用多边形交叉窗口和多边形窗口建立选择集

当使用窗口或交叉窗口方式生成选择集很难准确地拾取到需要的对象时，可以采用多边形交叉窗口方式，即在选择对象命令提示下输入cp；并在屏幕上拾取表示多边形的各个点，所有与这个多边形相交或位于多边形内部的对象均被选中。另一种类似的但不相同的对象选择方式是多边形窗选(Wpolygon)，只有完全包容在多边形窗框中的对象被选中，这有些类似窗口方式。

5. 从对象选择集中删除对象

前面的例子均为建立对象集，如果选错了对象，可以用Remove选项从当前对象集中去除选错的对象。步骤为：在命令行输入re，激活Remove，单击需要去除的对象。当亮显的某个对象从对象集中去除后，取消亮显并恢复原来的显示。

二、常用的编辑命令

AutoCAD中的图形编辑命令是用于对图形进行修改、移动、删除等操作。了解AutoCAD的一些基本的编辑方法，可以在图纸绘制过程中得心应手，显著提高绘图的效率和质量。

AutoCAD提供了这些实体的编辑命令，既可以通过如图15-19所示的"修改"菜单调用，也可以从如图15-20所示的"修改"工具栏中调用。但是，有些命令只能在命令提示行中输入。下面介绍几种常见的编辑命令。

图 15-20 "修改"工具栏

图 15-19 "修改"菜单

1. 取消

在绘图过程中，难免有绘制错的地方，为了要放弃上步绘图或编辑命令的操作，可以使用 Undo 命令。

可以通过如下几种方法输入 Undo 命令：

◇ 键盘输入　undo 或 u。

◇ "编辑"菜单　在"编辑"菜单上单击"放弃"子选项。

◇ "标准"工具栏　在"标准"工具栏上单击"Undo"图标。

◇ 按快捷键　Ctrl+z。

AutoCAD 的 Undo 命令具有如下强大功能：

1）Undo 可以无限制地逐级取消多个操作步骤，直到返回当前图形的开始状态。

2）Undo 不受存储图形的影响。用户可以保存图形，而 Undo 命令仍然有效。

3）Undo 适用于几乎所有的命令。Undo 命令不仅可以取消用户绘图操作，而且还能取消模式设置、图层的创建以及其他操作。

4）Undo 提供几个用于管理命令组或同时删除几个命令的不同选项，但对于系统设置，如用 Config 所配置的 AutoCAD 选项、New 或 Open 所建立图形等无效。

2．删除

在绘图过程中可能有一些错误或没用的图形，在最终的图纸上不应出现这些痕迹。Erase 命令提供删除功能。

可以通过如下几种方法启动 Erase 命令：

◇ 键盘输入 erase 或 e。

◇ "修改"菜单 在"修改"菜单上单击"删除"子菜单。

◇ "修改"工具栏 在"修改"工具栏上单击"删除"图标。

输入命令后，AutoCAD 将提示：

选择对象：（采用构造选择集的方法选取对象。）

执行命令后，将选择亮显的几何元素删除。

3．复制对象

图形编辑命令中的Copy命令可以在当前图形中复制对象。其默认的方式是创建一个选择集，然后指定起始点或者基准点，以及第二个点或者位移，用于进行复制操作。此命令还可以完成多重复制。

可以通过如下几种方法输入 Copy 命令：

◇ 键盘输入 copy 或 co。

◇ "修改"菜单 在"修改"菜单上单击"复制"子菜单。

◇ "修改"工具栏 在"修改"工具栏上单击"复制对象"图标。

输入命令后，AutoCAD 将提示：

选择对象：（选择所要复制的几何元素。）

选择对象：（可继续选取，或按回车键结束选择。）

指定基点或位移，或者 [重复(M)]：（要求确定复制操作的基准点位置，或确定是否进行多次复制。）

1）复制单个图形

直接借助对象捕捉功能或十字光标确定复制的基点位置，AutoCAD 会出现如下提示：

指定位移的第二点或 <用第一点作位移>：（确定复制目标的终点位置。）

给出终点位置后，将复制单个图形，如图 15-21 所示。

2）复制多个图形

在"指定基点或位移，或者 [重复(M)]："提示下，输入 m 并回车，AutoCAD 将提示：

指定基点：（确定复制基点。）

指定位移的第二点或 <用第一点作位移>：（要求确定复制终点位置。）

确定一点后，AutoCAD 会反复提示，要求确定另一个终点位置，直至按回车键或右击鼠标才会结束。图 15-22 所示的是对矩形进行多次复制后的结果。

图 15-21 复制单个图形　　　　　图 15-22 复制多个图形

4. 修剪

Trim 命令可以在一个或多个对象定义的边上精确地修剪对象，剪去对象上超过需要交点的那部分，并可以修剪到隐含交点。可被修剪的对象包括直线、圆弧、椭圆弧、圆、二维和三维多段线、参照线、射线以及样条曲线，有效修剪边界可以是直线、圆弧、圆、椭圆、二维和三维多段线、浮动视口、参照线、射线、面域、样条曲线以及文字。

可以通过如下几种方法输入 Trim 命令：

◇ 键盘输入　trim。

◇ "修改"菜单　在"修改"菜单上单击"修剪"子菜单。

◇ "修改"工具栏　在"修改"工具栏上单击"修剪"图标 。

输入命令后，AutoCAD 将提示：

当前设置：投影=UCS，边=无

选择剪切边…

选择对象：（选取实体对象作为剪切边界。）

选择对象：（可继续选取，或按回车键结束选择。）

选择要修剪的对象，按住 Shift 键选择要延伸的对象，或 [投影(P)/边(E)/放弃(U)]：

该提示行中默认选项为选择要修剪的对象，直接选取所选对象上的某部分，则 AutoCAD 将剪去所选取部分。如选择命令提示行中的"放弃（U）"，则放弃 Trim 命令的上一次操作。修剪对象结果如图 15-23 所示。

要修剪的两个对象

选择两条边作为剪切边　　　　　　　　　　　　　　修剪后的对象

图 15-23 修剪对象

5. 镜像

镜像（Mirror）命令可以建立一个对象的镜像复制，这个命令在绘制对称图形时非常有用，调用 Mirror 命令可以帮助用户完成对称图形的绘制。

可以通过如下几种方法输入 Mirror 命令：

◇ 键盘输入　mirror。

◇ "修改"菜单　在"修改"菜单上单击"镜像"子菜单。

❖ "修改"工具栏 在"修改"工具栏上单击"镜像"图标▲。
输入命令后，AutoCAD会提示：
选择对象：（选择需要镜像的对象，用窗口选择如图15-24（a）所示的1点和2点）
指定镜像线的第一点：（指定图15-24（a）所示的中心线的端点）
指定镜像线的第二点：（指定图15-24（a）所示的中心线的另一端点）
注意：选择镜像线可以为不可见或未绘制的线段。
是否删除源对象？［是(Y)/否(N)］<N>：默认选项为保留源对象。如图15-24（b）所示。选择Y，将删除源对象。如图15-24（c）所示。

图 15-24 镜像对象

除了以上介绍的几种编辑命令外，AutoCAD中还有许多常用的编辑命令，如移动（Move）、旋转（Rotate）、延伸（Extend）、缩放（Scale）、偏离（Offset）、断开（Break）、阵列（Array）、倒角（Chamfer）等。这些命令也十分有用，但限于篇幅，在此不能一一详细介绍。有些编辑命令将在以后的章节中讲解或在例题中涉及。

第四节 显 示 控 制

在很多方面用AutoCAD绘图比手工绘图要简单得多。手工绘图时，查看与修改微小的细节常常是很困难的。在AutoCAD中，通过观察整幅图形的一部分可以解决这个难题。本节将讨论一些图形显示命令，如Zoom、Pan（平移），这些命令可以在透明模式中使用。"透明"命令指那些可以在其他命令执行过程中运行的命令。一旦所调用的透明命令执行完毕，系统会自动返回到被该透明命令中断的命令中。

一、视图缩放

在AutoCAD中Zoom命令可以放大或缩小屏幕中图形的视图，但并不改变对象的实际大小。在这个意义上，Zoom命令的功能与照相机中的变焦镜头有点相似。当放大图形一部分的显示尺寸时，可以更清楚地查看这个区域；相反，如果缩小图形的尺寸，可查看更大的区域。
启动 Zoom 命令的方法有：
❖ 键盘输入 zoom 或 z。
❖ "视图"菜单 在"视图"菜单上单击"缩放"子菜单（如图 15-25 所示）。
❖ "缩放"工具栏 在"缩放"工具栏（如图 15-26 所示）上单击"缩放"图标。

图 15-25　"缩放"子菜单

图 15-26　"缩放"工具栏

命令输入后，AutoCAD 会提示：

指定窗口角点，输入比例因子 (nX 或 nXP)，或

[全部(A)/中心点(C)/动态(D)/范围(E)/上一个(P)/比例(S)/窗口(W)] <实时>：

该提示行中主要选项的含义如下：

① 全部(A)　相对应的工具栏图标为 。执行该选项，在绘图区域内显示全部图形。

② 窗口(W)　相对应的工具栏图标为 。该选项允许用窗口的方式选择要视察的区域。所选窗口区域内的对象占满显示屏幕。

③ 比例(S)　相对应的工具栏图标为 。执行该选项时，可以放大或缩小当前视图，但视图的中心点保持不变。

④ <实时>　默认项，实时缩放。执行该选项时，在屏幕上出现类似于放大镜形状的光标；同时，AutoCAD 会提示：若按 Esc 或回车键，则结束 Zoom 命令。

二、视图平移

在绘图过程中，由于屏幕大小有限，当前文件中的图形不一定全部显示在屏幕内，若想察看屏幕外的图形可使用 Pan 命令，它的执行速度比 Zoom 命令快，操作比较直观而且简便。

启动 Pan 命令的方法有如下几种：

◇ 键盘输入　pan 或 p。

◇ "视图"菜单　在"视图"菜单上单击"平移"子菜单。

◇ "标准"工具栏　在"标准"工具栏上单击"平移"图标。

执行该选项时，将出现手形的光标，用手状的光标可以任意拖动视图，直到满足需要为止。当用户达到某一边界时，将出现到达边界的图形提示。按 Esc 键或按回车键，结束该命令的操作。

第五节　精确绘图

利用 AutoCAD 的捕捉和栅格设置有助于准确地创建和对齐对象，对象追踪和对象捕捉工具能够快速、精确地绘图。使用这些工具，无须输入坐标或进行烦琐的计算就可以绘制精确的图形。另外，还可以用 AutoCAD 查询方法快速显示图形和图形对象的信息。

一、捕捉和栅格

栅格是按指定间距显示的点，提供直观的距离和位置参照，类似于可自定义的坐标纸。捕捉功能使光标只能以指定的间距移动。打开捕捉模式时，光标由原来的自由移动变为受约束的移动，即光标只能在已设置好的栅格的位置上移动。可以调整捕捉和栅格间距，使之更适合进行特定的绘图任务。通常，捕捉和栅格有相同的基点和旋转角度，间距也一样。

捕捉和栅格的设置方法有：

◇ 键盘输入　dsettings。
◇ "工具"菜单　在"工具"菜单中选择"草图设置"。
◇ 状态栏　在状态栏的"捕捉"选项卡上单击鼠标右键，然后选择"设置"。

输入命令后出现如图 15-27 所示的"草图设置"对话框。

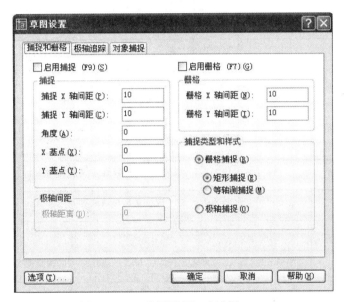

图 15-27　"草图设置"对话框

在"捕捉和栅格"选项卡中，可以选择"捕捉类型和样式"；并在"捕捉"分栏中设置 X、Y 方向的捕捉间距，X、Y 方向与水平、竖直方向的夹角和捕捉栅格网的基点坐标。选中"启用捕捉"选项后，就可以使用捕捉功能绘图。

在屏幕上显示栅格，便于观察和人为控制光标移动。对于栅格的设置也在"草图设置"对话框中，要求在"栅格"分栏下设置栅格间距，并选中"启用栅格"选项。

二、对象捕捉

对象捕捉（object snap）可以快速地选择在已经绘制的对象上的确切几何点，而无须知道这些几何点的确切坐标。对于对象捕捉，可以选择直线或圆弧的端点、圆的圆心、两个对象之间的交点或其他几何特征位置点；也可以应用对象捕捉模式绘制与已经绘制完成的对象的相切或垂直的对象。

注意：在 AutoCAD 提示指定一点时，才可以使用对象捕捉模式。

1．单一目标的捕捉

图 15-28 所示为"对象捕捉"工具栏。该工具栏中各按钮的功能如表 15-1 所示。

图 15-28 "对象捕捉"工具栏

表 15-1 对象捕捉工具栏相应按钮功能

对象捕捉	工具栏	命令行	捕 捉 到
端点		end	对象端点
中点		mid	对象中点
交点		int	对象交点
外观交点		app	对象外观交点,包括两种不同的捕捉方式——对象外观交点(在三维空间中不相交但屏幕上看起来相交的图形交点)和延伸外观交点(两个图形对象沿着图形延伸方向的虚拟交点)
延伸		ext	对象的延伸路径
		cen	圆、圆弧及椭圆的中心点
节点		nod	用 Point 命令绘制的点对象
象限点		qua	圆弧、圆或椭圆的最近象限
插入点		ins	块、形、文字、属性或属性定义的插入点
垂足		per	对象上的点,构造垂足与法线对齐
平行		par	对齐路径上一点,与选定对象平行
切点		tan	圆或圆弧上一点,与上一点连接可以构造对象的切线
最近点		nea	与选择点最近的对象捕捉点
无		non	下一次选择点时关闭对象捕捉
设置对象捕捉		osnap	显示"草图设置"对话框的"对象捕捉"选项卡。

在 AutoCAD 中用拾取框(Pick box)进行捕捉,选择对象时,AutoCAD 将捕捉离靶框中心最近的符合条件的捕捉点。只要在所要捕捉的目标上单击,即可选中目标,此时被选中的目标以高亮度显示。

2. 运行对象捕捉

如果要经常使用对象捕捉,那么可以将对象捕捉命令一直处于打开状态。这里可以通过图 15-29 所示的"草图设置"对话框中的"对象捕捉"选项卡设置完成。

打开"草图设置"对话框的方法有:

◇ 键盘输入 osnap。
◇ "工具"菜单 在"工具"菜单上单击"草图设置"子菜单。
◇ "对象捕捉"工具栏 在"对象捕捉"工具栏上单击"对象捕捉设置"图标 。
◇ 状态栏 在状态栏上的"对象捕捉"选项卡上单击鼠标右键,选择设置选项。

输入命令后，AutoCAD 将弹出如图 15-29 所示的"草图设置"对话框。通过该对话框可以控制目标捕捉的运行情况。其中，在"对象捕捉模式"设置区中，可以设置自动运行目标捕捉的内容。

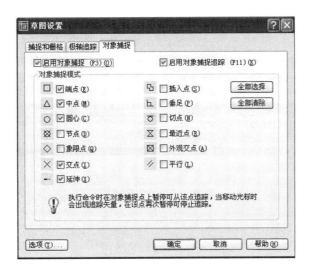

图 15-29 "草图设置"对话框中的"对象捕捉"选项卡

三、功能键和控制键

前面所叙述的内容中，包含了许多功能键的介绍。用功能键或控制键可以改变绘图的状态，如坐标显示、捕捉、正交、数字化仪、等轴平面、运行对象捕捉、栅格、极轴和对象追踪。表 15-2 给出了相应功能键和控制键的列表及其作用。

表 15-2 对象捕捉工具栏各按钮功能

功能键	作用及控制键	功能键	作用及控制键
F1	帮助	F7	打开/关闭栅格（Ctrl+G）
F2	命令历史窗口/绘图窗口	F8	打开/关闭正交（Ctrl+L）
F3	打开/关闭对象捕捉（Ctrl+F）	F9	打开/关闭捕捉（Ctrl+B）
F4	打开/关闭数字化仪（Ctrl+T）	F10	打开/关闭极轴追踪
F5	等轴测平面上/右/左（Ctrl+E）	F11	对象捕捉追踪
F6	打开/关闭坐标显示（Ctrl+D）		

第六节 图形的管理

一、图层的概念及操作

作为一种有效的组织对象的方法，AutoCAD 可以为每一幅图设计若干个图层，图层相当于图纸绘图中使用的透明重叠的图纸，它们组成了一幅完整的图，可以使用它们按功能编组信息以及执行线型、颜色和其他标准。通过创建图层，可以方便地对图形进行管理和修改。

一个有效的建立和管理图层的方法是使用"图层特性管理器"对话框。通过对话框建立图层，可以使许多信息一目了然。启动该命令的方法如下：

◇ 键盘输入　layer 或 la。

◇ "格式"菜单　在"格式"菜单上单击"图层"子菜单。

◇ "对象特性"工具栏　在"对象特性"工具栏上单击图层图标 。

输入命令后，AutoCAD 会弹出如图 15-30 所示的"图层特性管理器"对话框。

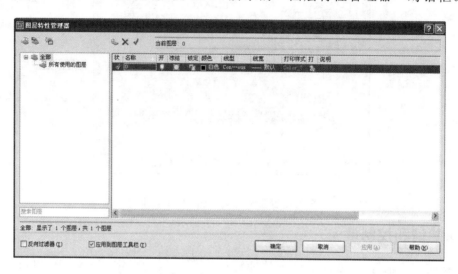

图 15-30　"图层特性管理器"对话框

该对话框中主要选项的含义如下所述。：

（1）图层名称　图形中每一个图层都有相关的名称、颜色、线宽和线型等。图层的名称最多可由 255 个字符组成，这些字符包含字母、数字和特殊符号。

（2）图层开/关（　/　）可以通过开/关控制图层的可见性。

（3）在所有视口冻结/解冻（　/　）　在 AutoCAD 中，可以冻结图层或将图层解冻。冻结图层上的对象不能显示也不能打印，同时不会随着图形的重新生成而重新生成，也不能在被冻结的图层上绘图。

（4）锁定/不被锁定（　/　）　图层还可以被锁定或者不被锁定。在锁定图层上的对象仍然可见，并可打开和打印，但不能被编辑。锁定图层可以防止对图形的意外修改。

（5）颜色　通过该选项可以设置不同图层的颜色。若想设置某一图层颜色，单击该图层的"颜色"图标，则可以利用"选择颜色"对话框进行颜色的设置。

（6）线型　利用该选项可以控制图层的线型。单击该图层的"线型"名，则会弹出"选择线型"对话框，进行线型的设置。对于没有加载的线型，可以单击"加载"按钮，进行添加。

（7）线宽　通过该选项可以设置新的线型宽度。单击该选项，AutoCAD 会弹出"线宽"对话框，可从中选取新的线宽。

（8）图层状态管理器　可展示选中的图层的特性。

（9）新建图层　可创建新的图层。

（10）删除图层 × 可删除已有的图层。
（11）当前 ✓ 可以将图层设置为当前层。

要将一个对象绘制在一个特定的图层上，首先应将该图层设置为当前层。在 AutoCAD 中有且只有一个当前层。无论绘制任何对象，都要将该对象放置在当前层上。当前层就像手工绘图时最上面的透明描图纸。总之，要在这个特定的图层上绘制对象，首先要创建这个特定的图层，如果该图层不是当前层，必须将它设置为当前层。

在定义线型、线宽和颜色时，要注意遵守国家标准的有关规定。国家标准 GB/T 14665—1998《机械工程 CAD 制图规则》中，对图线与颜色和图层号与图线的对应关系作了如表 15-3 和 15-4 所示的规定。

表 15-3 图线与颜色的对应关系

图 线 类 型	颜 色	图 线 类 型	颜 色
粗实线	绿色	虚线	黄色
细实线	白色	细点划线	红色
波浪线		粗点划线	棕色
双折线		双点划线	粉红

表 15-4 图层号与图线的对应关系

图 层 号	描 述	图 层 号	描 述
01	粗实线，剖切面的粗剖切线	08	尺寸线，投影连线，尺寸终端与符号细实线
02	细实线，细波浪线，细折断线	09	参考圆，包括引出线和终端（如箭头）
03	粗虚线	10	剖面符号
04	细虚线	11	文本（细实线）
05	细点划线，剖切面的剖切线	12	尺寸值和公差
06	粗点划线	13	文本（粗实线）
07	细双点划线	14、15、16	用户选用

对于各种线型结构形式和线素的长度以及线宽，要遵守国家标准 GB/T 17450—1998《技术制图 图线》的规定（相应规定已在第一章阐述）。

二、设置线型比例

在 AutoCAD 中，当选取虚线、中心线等有间距的线型进行绘制时，可以使用配制适当的线型比例，使其符合需要。

1．利用对话框设置线型比例

在"格式"菜单中单击"线型"子菜单，系统会弹出如图 15-31 所示的"线型管理器"对话框。在"全局比例因子"中可以输入新的比例数值，则 AutoCAD 会按新比例重新生成图形。

2．利用命令设置线型比例

通过键盘输入 Ltscale 命令后，AutoCAD 会有如下提示：

命令：ltscale

输入新线型比例因子 <1.0000>：0.5
正在重生成模型
则 AutoCAD 会根据新的线型比例重新生成图形。

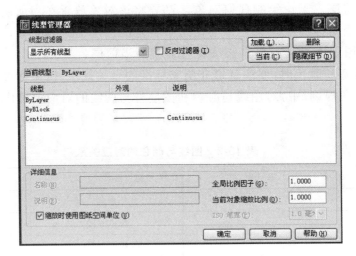

图 15-31 "线型管理器"对话框

三、图块和属性

AutoCAD 中的图块是由多个对象组成并赋予块名的一个整体，可以随时将它作为一个对象插入到当前图形中的指定位置，而且可以在插入时指定不同的比例缩放系数和旋转角。图形中的块可以被移动、删除、复制，还可以给图块定义属性，在插入时填写不同的信息。另外，也可以将图块分解为一个个单独对象并重新定义图块。图块可以嵌套，即一个块中包含另一个或几个块。

1．创建块定义

将对象进行组合可以在当前图形中创建块定义，也可以将块保存为独立的图形文件。在定义块时，需要指定基点和要编组的对象，创建的定义存储在图形数据库中，同一图块可以根据需要多次被插入到图案中去。

1）为创建图块绘制对象

图块可以包含一个或多个对象。创建图块的第一步就是要求组成块的对象在屏幕上是可见的，即进行块定义的对象必须已经被画出，这样在使用创建块定义时才能选择它们。可以考虑将任何多次使用的符号、形状或视图转换为块，甚至一个被多次使用的图形也可以作为一个块插入。

2）以对话框的形式创建内部块定义

在 AutoCAD 2005 中，用 Block 命令以对话框的形式创建块定义。可按下述方法激活 Block 命令：

◆ 键盘输入　Block。
◆ "绘图"菜单　在"绘图"菜单上单击"块"子菜单中的"创建"选项。
◆ "绘图"工具栏　在"绘图"工具栏上单击"创建块"图标 。

激活 Block 命令后，AutoCAD 显示如图 15-32 所示的"块定义"对话框。

对话框中主要控件解释如下：

（1）名称 在"名称"下拉列表框可以输入块的名称，或者从当前图形所有的块的名称列表中选择一个。如果给定的块名与已有的块名重名，则 AutoCAD 会提出警告信息。

（2）基点 在对话框中的基点设置区，可以指定块的插入点。在创建块定义时，指定的插入点就成为该块将来插入的基准点，它也是块在插入过程中旋转或缩放的基点。从理论上讲，可以选择块上的任意一点或图形区内的一点作为基点。但为了作图方便，应根据图形的结构选择基点，一般选取在块的中心、左下角点或其他有特征的位置上。AutoCAD 默认的基点在坐标原点。

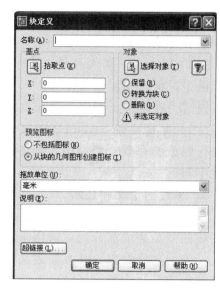

图 15-32 "块定义"对话框

可以用两种方式确定基点的位置，一种是选择"拾取点"，使用定点设备指定一个点；另一种方式是直接输入基点的 x、y、z 坐标值。

（3）对象 在对话框中的对象设置区，可以单击 按钮，指定包括在新块中的对象，并且可以指定在创建块定义之后，是否保留、删除所选的对象，或将它们转化成一个图块。

2．块的插入

AutoCAD 允许将已定义的块插入到当前的图形文件中。在插入块时，需确定几组特征参数，即要插入的块名、插入点的位置、插入的比例系数以及图块的旋转角度。

可以通过如下几种方法启动 Insert（插入块）对话框：

◇ 键盘输入 insert。
◇ "插入"菜单 在"插入"菜单上单击"块"子菜单。
◇ "绘图"工具栏 在"绘图"工具栏上单击"插入块"图标 ![]。
◇ "插入"工具栏 在"插入"工具栏上单击"插入块"图标 ![]。

用上述方法中的任一种输入命令后，可以弹出如图15-33所示的"插入"对话框。

图 15-33 块的"插入"对话框

下面介绍该对话框中主要选项的含义：

（1）名称　可以直接在"名称"输入框中输入要插入的图形文件名，或从块定义列表中选择名称。

（2）插入点　插入点是块插入的基准点。块插入后，图形中参考点和基准点重合。在该设置区中，可以设置直接在 X、Y、Z 的输入框中输入 X、Y 和 Z 轴方向所设置的坐标值。也可以通过"在屏幕上指定"复选框确定利用定点设备来指定块的插入点。

（3）缩放比例　AutoCAD 自动调整被插块的比例而不理会新图形的边界。比例系数是块进行缩放的系数，可以按不同的比例插入块。X、Y 和 Z 轴方向的比例系数可以相同，也可以不同。

3．属性的定义和显示

属性（Attribute）是 AutoCAD 中特有的概念，它是图块中对其进行说明的非图形信息，是图块的一个组成部分，可被用于在块的插入过程进行自动注释。属性是特定的且可包含在块定义中的文字对象，并且在定义一个块时，属性必须预先定义而后被选定。它是包含文字信息的特殊实体，既不能独立地存在，也不能独立地使用，只能对图形中的块作说明。

1）创建属性定义

可以利用 AutoCAD 2005 提供的对话框来定义属性。调用对话框的方法有：

◇ 键盘输入　ddattdef 或 attdef。

◇ "绘图"菜单　在"绘图"菜单中"块"子菜单上单击"定义属性"选项。

用上述方法中的任意一种输入命令后，AutoCAD 2005 会弹出如图 15-34 所示的"属性定义"对话框。

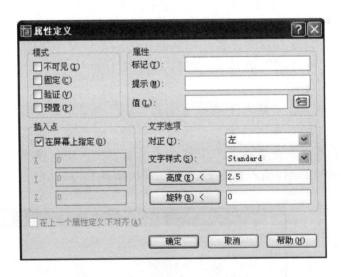

图 15-34　"属性定义"对话框

该对话框中主要选项的含义分别如下所述：

（1）在"属性"设置区内，"标记"编辑框用于设置属性名（或符号）。AutoCAD 2005 将属性标志中的小写字母自动转换为大写字母，并要求必须输入属性标志。"提示"编辑框用于设置插入属性块时的提示。"值"编辑框用于给属性指定默认值。

（2）在"插入点"设置区，确定属性块的插入点 X、Y、Z 坐标。

（3）在"文字选项"设置区，控制属性文本对齐方式、字高、旋转角度等属性文本选项。

2）插入一个带有属性的块

插入一个带有属性的块与插入一个一般的块的方法是一样的。如果存在有任何不是常量的属性，即在"属性定义"对话框中未选择常量选项，那么在插入块时将被提示为每一个属性输入一个值。

在属性块定义之前，属性字符串仍然为文本对象，可用各种文本编辑命令对其进行编辑。

简而言之，属性块的操作步骤是：先定义属性，再定义成为属性块，然后将其插入到图形中。

第七节 文字和尺寸标注

一、标注文字

文本是 AutoCAD 图形最重要的组成部分之一，它与其他图形元素紧密结合。添加到图形中的文字可以表达各种信息。它可能是复杂的技术要求、标题栏信息、标签，或者是图形的一部分。

1. 创建文字

1）单行文字

Text 命令是最简单的文本输入和编辑格式，它允许用户逐一输入单行文本。使用 Text 命令创建单行文字每行文字都是独立的对象，可以重新定位、调整格式或进行其他修改。

可以通过如下的方法启动 Text 命令：

◇ 键盘输入 text。

◇ "绘图"菜单 在"绘图"菜单的下拉菜单"文字"中单击"单行文字"选项。

输入命令后，AutoCAD 会提示：

当前文字样式："Standard" 当前文字高度：2.5000

指定文字的起点或[对正(J)/样式(S)]：

（1）指定文字的起点 默认项。此选项用来确定文本行基线的起点。用户既可以从命令行输入插入点的坐标，也可以使用鼠标单击屏幕上的某一点，还可以在先前的文本之后按回车键为新文本定位。执行该选项时会提示：

指定高度 <2.5000>：（输入文本的字高。）

指定文字的旋转角度 <0>：（输入文本行的倾斜角度。）

输入文字：（输入字符串。）

（2）对正(J) 确定所标注文本的排列方式。执行该选项时会提示：

输入选项 [对齐(A)/调整(F)/中心(C)/中间(M)/右(R)/左上(TL)/中上(TC)/右上(TR)/左中(ML)/正中(MC)/右中(MR)/左下(BL)/中下(BC)/右下(BR)]：

该提示要求选择一种定位方式。主要选项含义如下：

① 对齐(A) 确定所标注文本行基线的起点位置与终点位置。输入的字符串均匀分布在指定的两点之间，且文本行的倾斜角度由起点与终点之间的连线确定；字高、字宽由 AutoCAD 根据起点和终点间的距离、字符的多少以及文字的宽度系数自动确定。

② 中心(C) AutoCAD 把用户确定的一点作为所标注文本行的基线的中点。

（3）样式(S)　确定标注文本时所用的字体式样。执行该选项时，AutoCAD会提示：

输入样式名或 [?] <Standard>：　?

在此提示下，用户既可输入标注文本时所使用的字体式样名字，也可输入"?"，显示当前已有的字体式样。

2）多行文字

AutoCAD提供了MText命令，用于以段落方式"处理"文字。段落的宽度是由指定的矩形框决定的，这样就可以很容易地将绘制的文本作为一个整体，用左、右、中对正方式进行自动排版。每个多行文字段无论包含多少字符，都被认为是一个单个对象。

可以通过如下的几种方法启动标注多行文本的 MText 命令：

◇ 键盘输入　mtext。

◇ "绘图"菜单　在"绘图"菜单上单击"文字"子菜单中的"多行文字"选项。

◇ "绘图"工具栏　在"绘图"工具栏上单击"多行文字"图标 A。

输入命令后，AutoCAD将提示：

当前文字样式："Standard"　当前文字高度：2.5

指定第一角点：（指定矩形框的第一点。）

指定对角点或[高度(H)/对正(J)/行距(L)/旋转(R)/样式(S)/宽度(W)]：

（1）指定对角点　AutoCAD会以这两个点为对角点形成一个矩形区域，以后所标注的文字行宽度即为该矩形区域的宽度，且以第一个点作为文字顶线的起始点。同时，AutoCAD会弹出如图15-35所示的"文字格式"对话框，用于控制文字的格式。

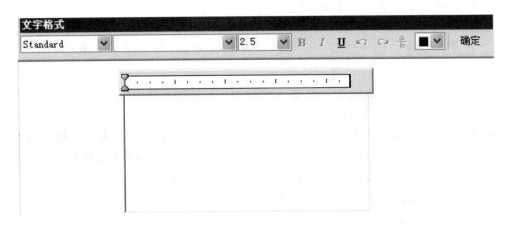

图 15-35　"文字格式"对话框

（2）高度(H)/对正(J)/行距(L)/旋转(R)/样式(S)/宽度(W)　各选项用于确定文字字符的高度、文字的排列形式、文字的每排之间的间距、文字行的倾斜角度、标注文字的字体式样和文字的宽度。

2．标注特殊字符

几乎在所有的制图应用中，都需要在一般文本与尺寸文本中绘制特殊字符（符号）。而这些字符不能从键盘上直接输入，为此AutoCAD提供各种控制符（控制码）用来完成特殊字符的输入。一些符号的控制符序列见表15-5。

表 15-5　特殊字符的表示

控 制 符	特 殊 字 符	示　　　例
％％c	直径符号 Φ	Φ25　输入％％c25
％％d	角度符号°	30°　输入30％％d
％％p	正负公差符号±	25±0.2　输入25％％p0.2
％％o	上划线模式开/关切换	AUTOCAD　输入％％oAUTOCAD
％％u	下划线模式开/关切换	AUTOCAD　输入％％uAUTOCAD

在Text命令中，这些代码只有在命令执行完毕后才会转换为相应的符号。

3．创建和修改文字样式

在一张图纸上，可以用不同的字体标注文字。创建不同的文字样式，要通过"文字样式"对话框来定义。Text 命令中默认选用 Standard 的字体样式名，其默认字体为 txt.shx，也可以通过"样式"选项选择另外的字体式样。

可以利用下述的 2 种方法输入命令，启动如图 15-36 所示的"文字样式"对话框。

✧ 键盘输入　ddstyle 或 style。

✧ "格式"菜单　在"格式"菜单上单击"文字样式"子菜单。

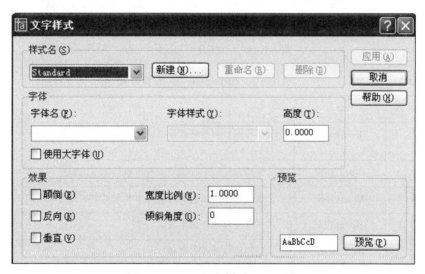

图 15-36　"文字样式"对话框

通过"文字样式"对话框，可以建立新的文字样式；一旦建立一种新的文字样式，一个字体名会与之匹配。单击"字体名"编辑框，出现一个由当前操作系统支持的所有字体的列表。

"效果"选择区允许按"颠倒"、"反向"或"垂直"方式显示文字。另外，"宽度比例"文本框用于设置字符宽度与高度的比值；"倾斜角度"文本框设置字符的倾斜角度。

当选定字体和效果后，在对话框右下角的"预览"区会显示这种效果的字体。

二、标注尺寸

因为不同的工业领域,如建筑、机械、民用或电子,都有尺寸标注的不同标准。AutoCAD 的尺寸标注功能为尺寸标注提供了极大的灵活性,它可以用不同的方法,为不同的对象标注尺寸。

1. 常用的尺寸标注

AutoCAD 提供了 11 种标注,用以测量设计对象。实现尺寸标注命令的方法有:

◇ 键盘输入 dimlinear 或 dimlin 或 dli(标注线性尺寸)、dimaligned(标注对齐尺寸)、dimang 或 dimangular 或 dam(标注角度尺寸)……

◇ "标注"菜单 在"标注"菜单的子菜单中选择所需标注的命令,如图 15-37 所示。

◇ "标注"工具栏 在"标注"工具栏选择相应绘制标注的图标,如图 15-38 所示。

表15-6 列出了 AutoCAD 标注及标注的常用方法。在创建标注时,可能要用到多个方法,这取决于用户的经验、偏好或设计任务。

图 15-37 "标注"菜单

图 15-38 "标注"工具栏

表 15-6 AutoCAD 标注和方法

菜 单	工具栏按钮	命令行	说 明
线性标注		Dimlinear	测量两点间的直线距离。包含的选项可以创建水平、垂直或旋转线性标注
对齐标注		Dimaligned	创建尺寸线平行于尺寸界线原点的线性标注
坐标标注		Dimordinate	创建标注,显示从给定原点测量出来的点的 X 或 Y 坐标
半径标注		Dimradius	标注圆或圆弧的半径
直径标注		Dimdiameter	标注圆或圆弧的直径
角度标注		Dimangular	标注角度
基线标注		Dimbaseline	创建一系列线性、角度或坐标标注,都从相同原点测量尺寸
连续标注		Dimcontinue	创建一系列连续的线性、对齐、角度或坐标标注。每个标注都从前一个或最后一个选定的标注的第二个尺寸界线处创建,共享公共的尺寸线
引线标注		Qleader	创建注释和引线,标识文字和相关的对象
公差标注		Tolerance	创建形位公差标注
圆心标注		Dimcenter	创建圆心和中心线,指出圆或圆弧的圆心
快速标注		Qdim	通过一次选择多个对象,创建标注阵列,例如基线、连续和坐标标注

1）线性标注

线性标注表示当前坐标系 (UCS) *XOY* 平面中的两个点之间的距离测量值。标注时，可以指定点或选择一个对象。线性标注有3种类型，即：

  ◇ 水平：测量平行于 *X* 轴的两个点之间的距离。
  ◇ 垂直：测量平行于 *Y* 轴的两个点之间的距离。
  ◇ 旋转：测量当前 UCS 中指定方向上的两个点之间的距离。

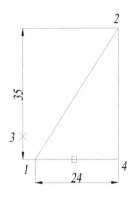

图 15-39　标注线性尺寸

启动线性标注命令后，AutoCAD将提示：
指定第一条尺寸界线起点或 <选择对象>：
此时，可以使用2种方式确定尺寸界线的起点。

（1）指定第一条尺寸界线的起点：（指定如图15-39所示点1。）
指定第二条尺寸界线起点：（指定如图15-39所示点2。）

（2）对上述提示，按Enter键，AutoCAD出现提示：
选择标注对象：（如图15-39选择14直线。）
完成尺寸界线选取后，AutoCAD会提示：
指定尺寸线位置或[多行文字(M)/文字(T)/角度(A)/水平(H)/垂直(V)/旋转(R)]：（使用默认选择，指定尺寸线位置，如对于12直线，指定如图15-39所示点3位置，完成尺寸标注。）

对于此提示，其他各选项含义如下：

① 多行文字(M)　显示"文字格式"对话框，如图15-35所示，可用它来编辑标注文字。AutoCAD 用尖括号（<>）表示默认的测量长度。默认测量长度的前缀或后缀放在尖括号的前边或后边。用控制代码可输入特殊字符或符号（见表15-5）。此时若编辑或替换默认的测量长度，可以把尖括号删除，输入新的标注文字然后，选择"确定"。

② 文字(T)　提示在命令行输入新的标注文字。
③ 角度(A)　修改标注文字的角度。
④ 水平(H)　强制创建水平尺寸标注，如图15-40（a）所示。
⑤ 垂直(V)　强制创建垂直尺寸标注，如图15-40（b）所示。
⑥ 旋转(R)　将尺寸线和尺寸数字旋转一个角度，使它们成倾斜状态。如图15-40（c）所示。

（a）水平标注   （b）垂直标注   （c）旋转 315°标注

图 15-40　线性标注类型

2）基线标注和连续标注

在设计过程中，有时标注要求从同一个基准面或基准引出；或者，将几个标注相加得出总测量值。AutoCAD 中的基线和连续标注可以完成这些任务。基线标注是创建一系列由相同的标注原点测量出来的标注。连续标注创建一系列端对端放置的标注，每个连续标注都从前一个标注的第二个尺寸界线处开始。

在创建基线和连续标注之前，必须先创建（或选择）一个标注作为基准标注。AutoCAD 将从基准标注的第一个尺寸界线处测量基线标注。基线标注和连续标注都是从上一个尺寸界线处测量的，除非指定另一个点作为原点。

注意：必须是线性、坐标或角度关联尺寸标注，才可进行基线和连续尺寸标注。

（1）基线标注

基线标注命令输入后，AutoCAD在默认情况下，把上一个创建的线性标注的原点用作新基线标注的第一尺寸界线。AutoCAD 提示指定第二条尺寸线。如果在上一次操作中没有标注尺寸，AutoCAD会先提示——选择基准标注：（选择如图15-41（a）所示尺寸12。）完成基准标注并确定后，AutoCAD提示：

指定第二条尺寸界线原点或 [放弃(U)/选择(S)] <选择>：（指定如图15-41（a）所示尺寸24的右边界点。）

连续按两次回车键，完成如图15-41（a）所示的基线标注。

（2）连续标注

创建连续标注与创建基线标注类似。然而，虽然基线标注都是基于同一个标注原点，但是，对于连续标注，AutoCAD 使用每个连续标注的第二个尺寸界线作为下一个标注的原点。连续标注共享一条公共的尺寸线，如图15-41（b）所示。

图 15-41　基线标注和连续标注

2．设置标注样式

为了适应不同应用领域的标准或规定，AutoCAD 2005 提供了强大的尺寸标注样式设置功能。标注样式控制标注的格式和外观，用标注样式可以建立和强制执行图形的绘图标准，并使对标注格式及其用途的修改更易于实施。标注样式包括以下几个部分的定义：尺寸线、尺寸界线、箭头和圆心标记的格式和位置；标注部分的位置相互之间的关联，且与标注文字的方向之间的关系；标注文字的内容和外观；主单位、换算单位和角度标注单位的格式和精度等。

启动"标注样式管理器"对话框的方法有：

◇ 键盘输入　　dim 或 d。

◇ "格式"菜单　　在"格式"菜单上单击"标注样式"子菜单。

◇ "标注"菜单　　在"标注"菜单上单击"样式"子菜单。

◆ "标注"工具栏 在"标注"工具栏上单击"标注样式"图标 。

输入命令后，AutoCAD 弹出如图 15-42 所示的"标注样式管理器"对话框。

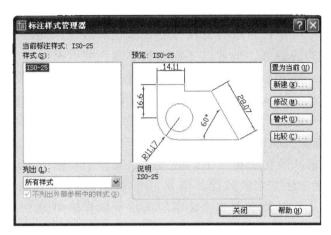

图 15-42 "标注样式管理器"对话框

在图示对话框中列出了当前的尺寸标注样式是 ISO-25，新建的图都可以自动获得该样式标注尺寸。对话框的右方提供了各种按钮用来将某个尺寸标注样式设置为当前样式、建立一个新的尺寸标注样式、修改现有的尺寸标注样式、局部修改尺寸标注样式，以及比较两种尺寸标注样式的异同。

下面以设置一种新的样式为例，介绍具体的设置过程。修改现有的尺寸标注样式和局部修改与此操作类似。

要建立一个新的尺寸标注样式，单击"新建"按钮，激活"创建新标注样式"对话框，可选择新的样式名称，如"建筑"，并由此进入"新建标注样式"对话框，如图 15-43 所示。

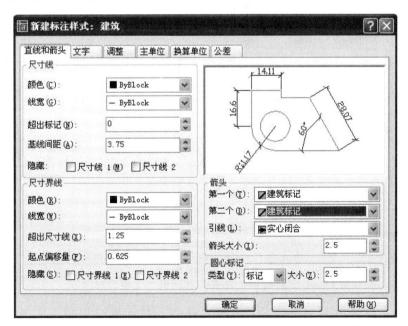

图 15-43 "新建标注样式"对话框"直线和箭头"选项卡

在"新建标注样式"对话框中，有如下几个选项卡的设置：

(1)"直线和箭头" 设置尺寸线、尺寸界线、箭头、圆心标记和中心线的外观和作用。

在"尺寸线"设置区中,可以设置尺寸线颜色和线宽,指定基线标注的间距。"基线间距"所确定的值,是标注基线尺寸时两个相邻尺寸线之间的距离值。

在"尺寸界线"设置区中,可以设置尺寸界线颜色和线宽,通过"超出尺寸线"设置将尺寸界线延伸出尺寸线外的距离,或通过"起点偏移量"将其从标注原点偏移,也可以设置隐藏第一条或第二条尺寸线。AutoCAD 通过设置标注点的次序判断第一条和第二条尺寸线。对于角度标注,第二条尺寸线从第一条尺寸线按逆时针顺序旋转。

在"箭头"设置区中,箭头列表提供了可以用于尺寸线和引线的各种箭头类型,包括箭头、45°粗短线、小斜线箭头和标记。如果修改了第一个箭头,AutoCAD 将自动修改第二个箭头。如果要使第二个箭头不同于第一个,必须在"第二个"框中另选一个箭头样式。

(2)"文字" 设置标注文字的外观、位置、对齐和移动方式。

单击"新建标注样式"对话框中的"文字"选项卡,弹出如图 15-44 所示的对话框。

在"文字外观"设置区内,可以为标注文字指定文字样式。"文字样式"列表中显示了图形中可用的文字样式。要创建或编辑一种文字样式,就要选择"文字样式"列表旁边的按钮来显示图 15-36"文字样式"对话框。

也可以设置文字的颜色和高度,并且指明是否要在文字周围绘制边框。在"文字位置"设置区内,可以控制文字与尺寸线、尺寸界线和被标注对象的相对位置。在"文字对齐"设置区内,可以调整文字的对齐方式。"水平"选项是指不管尺寸线方向如何,文本字符串一律水平排列;"与尺寸线对齐"选项是指文本字符串排列方向与尺寸线方向一致;"ISO 标准"要求遵循 ISO 标准。在上述各项设置中,都可以通过对话框中的图形预览效果。

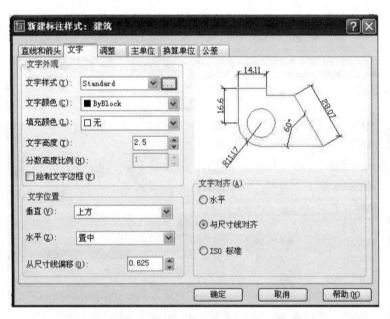

图 15-44 "新建标注样式"对话框"文字"选项卡

(3)"调整" 设置控制 AutoCAD 放置尺寸线、尺寸界线和文字的选项;同时还定义全局标注比例。

(4)"主单位" 设置线性和角度标注单位的格式和精度。

AutoCAD 提供了多种方法设置标注单位的格式,可以设置单位类型、精度、分数格式和小数格式，还可以添加前缀和后缀。在"新建标注样式"对话框的"主单位"选项卡中，可以设置主单位标注的格式。在"线性标注"设置区内，可以设置线性、角度、半径、直径、坐标标注、非角度基线和连续标注的格式。在"角度标注"设置区内，可以设置角度标注的格式和精度。角度标注选项包括十进制度数、度/分/秒、百分度和弧度。

（5）"换算单位" 设置换算单位的格式和精度。

AutoCAD 可以同时创建两种系统测量值的标注。"换算单位"是指在以一种计量方法或单位所表示的尺寸数值后，附加显示出以另一种计量方法或单位制所表示的尺寸数值。

（6）"公差" 设置尺寸公差的值和精度。

尺寸公差显示允许尺寸变化的范围。通过指定制造公差，可以控制部件所需的精度等级。可以将公差作为标注文字添加到图形中，使用"新建标注样式"对话框中的"公差"选项卡上的选项设置公差的格式。这些标注公差指示标注的最大和最小允许尺寸。还可以应用形位公差，用于指示形状、轮廓、方向、位置以及跳动的极限偏差。

值得注意的是，在进行尺寸公差的标注时，因该标注样式经常需要局部调整，所以在设置时，不用新建标注样式，只需要使用标注样式的"替代"方式重新设置即可。这样在调整了某些尺寸标注之后，不会影响前面的尺寸标注，只会影响以后的尺寸标注。

3．编辑尺寸标注

AutoCAD 提供了一些与尺寸标注一起使用的特殊编辑命令编辑尺寸标注。这些编辑命令可用来定义新的尺寸标注文字、建立倾斜尺寸标注以及旋转和更新尺寸标注文字。

启动 Dimedit 命令的方法有：

✧ 键盘输入 dimedit。

✧ "标注"工具栏 在"标注"工具栏上单击"编辑标注"图标。

输入命令后，AutoCAD将显示如下提示：

输入标注编辑类型 [默认(H)/新建(N)/旋转(R)/倾斜(O)] <默认>：

下面就主要选项作一说明：

① 旋转(R) 将尺寸文本按指定角度旋转。这个选项常用于将不符合国家标准要求的角度标注数字改为水平状态。

② 倾斜(O) 修改线性尺寸标注，使尺寸界线旋转一定的角度，与尺寸线不垂直。该选项可用于对轴测图的标注情况。

最后需要提示的是，在标注尺寸时，应当新建图层，将尺寸设置在同一层上，以方便绘图、编辑、修改和提取信息。

第六节　实例示范

用 AutoCAD 绘制如图 15-45 所示的滚水坝剖面。

操作步骤如下：

1．启动 AutoCAD 2005，在创建新图形中，采用"快速设置"或"高级设置"进行图形单位、精度和图纸界限的设置，或直接采用 AutoCAD 2005 中的样板文件。（样板文件中包含了图层和线型的设置，可忽略第二步的操作。）

2．根据图 15-45 所示内容，进行图层设置。

根据国家标准规定（见表15-4），对图层做如下设置：

01层——绿色、粗实线、线宽0.5；

08层（尺寸线层）——白色、细实线、线宽0.25。

注意在线宽的设置中，粗实线选择0.30 mm以上的线宽，并在屏幕状态栏上单击"线宽"选项，可以使线宽在屏幕上显现。但在草图绘制时，为了表达清晰，可用细实线显示。待完成全图后，单击状态栏上的"线宽"选项，显示线宽。

3．根据图15-45图形特点，进行目标捕捉状态设置。在"草图设置"对话框中的"对象捕捉"选项卡中，设置"端点捕捉"。

4．绘图：

1）绘制定位线和已知线段

（1）将01图层切换到当前层。

（2）打开"正交"方式和对象捕捉（交点和端点）方式，用Line命令绘制定位线段和已知线段。如图15-46所示。

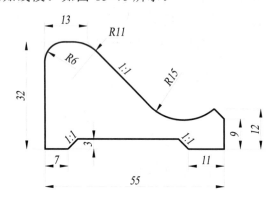
图 15-45 例图

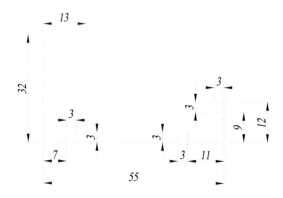
图 15-46 确定滚水坝剖面定位线和已知线段

用相对极坐标方式确定倾斜的已知线段。

命令：l

Line 指定第一点：（指定如图15-47所示 A 点）。

指定下一点或 [放弃(U)]：@30<-45 （绘制到 B 点，长度任意。）

指定下一点或 [放弃(U)]：

（3）用偏移命令绘制与图15-47中与直线 AB 平行的直线。

命令：offset

指定偏移距离或 [通过(T)] <通过>：15

选择要偏移的对象或 <退出>：（选取直线 AB。）

指定点以确定偏移所在一侧：（单击图形外侧。）

2）绘制连接线段

（1）保持01图层为当前层。

（2）用倒角Fillet命令或圆的TTR（相切、相切、半径）方式绘制连接圆弧。以如图15-47所示的与线段 AC、CD 相切的连接圆弧为例说明进行，其余连接圆弧请读者自己实践。

命令：fillet

当前模式：模式 = 修剪，半径 = 8.0000

选择第一个对象或 [多段线(P)/半径(R)/修剪(T)]：R
指定圆角半径 <8.0000>: 6 （指定如图 15-47 中倒角半径为 6。）
选择第一个对象或 [多段线(P)/半径(R)/修剪(T)]：（选择线段 *AC*。）
选择第二个对象：（选择线段 *DC*。）

用同样的方法或圆的 TTR 方式完成半径为 11 的连接圆弧；直接用圆的圆心、半径方式绘制半径为 15 的连接圆弧。完成如图 15-48 所示图形。

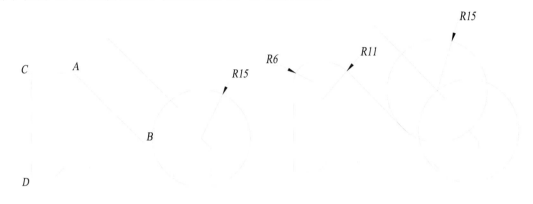

图 15-47 完成已知线段并对连接线段进行定位　　　图 15-48 绘制连接圆弧

（3）用修剪 Trim 命令剪切掉多余线段。

5．标注尺寸

（1）保持 08 图层为当前层。

（2）用线性尺寸、半径标注等方法完成该图的尺寸标注。用文字标注方式完成相关文字标注。

6．检查无误后，显示线宽，完成全图，如图 15-45 所示。

7．保存文件。